中国东北土壤化学矿物学性质

谢萍若　著

科学出版社

北　京

内 容 简 介

本书是在《中国东北土壤》的基础上，研究成土过程中土壤化学矿物学性质的土壤科学专著。全书共分十一章，主要内容为：本区土壤成土母质细粒矿物类型、长白山北坡火山灰土壤、玄武岩火山灰土壤、大兴安岭棕色针叶林土、小兴安岭暗棕色森林土、黑土、白浆土、松嫩平原苏打盐渍土、褐土、红黏土、棕壤等土壤的黏土矿物组成及土壤微形态特征。在白浆土的形成中提出了白浆土成土母质来源于火山灰的新论证；在松嫩平原西部盐渍土区，低矿化重碳酸盐水作用下硫酸钠形成，碳酸钙富集是本区成土过程的特点，利用碳酸钙是改良盐渍土的重要途径；辽西褐土、棕壤地区防治水土流失及钾的储备。

附有土壤微形态、电镜照片、X 射线图谱。

本书可供从事土壤、环保、地质部门的教学、生产及科研工作者参考。

图书在版编目（CIP）数据

中国东北土壤化学矿物学性质/谢萍若著. — 北京：科学出版社，2010. 6
ISBN 978 - 7 - 03 - 027948 - 4

Ⅰ. ①中… Ⅱ. ①谢… Ⅲ. ①土壤化学—矿物学—研究 Ⅳ. ①
S153. 6

中国版本图书馆 CIP 数据核字（2010）第 111072 号

责任编辑：袁海滨　　　　责任校对：侯沈生
责任印制：刘锦华　　　　封面设计：张祥伟

科学出版社 出版
北京东黄城根北街 16 号
邮政编码：100717
http：//www．sciencep．com
沈阳市永鑫彩印厂印刷
科学出版社发行　　各地新华书店经销

*

2010 年 7 月第 一 版　　开本：787×1092　1/16
2010 年 7 月第一次印刷　　印张：25
印数：1—1000　　　　　　字数：597 000

定价：76.00 元

序　言

　　本书是在《中国东北土壤》的基础上，研究土壤成土过程中的矿物学性质的专著。

　　《中国东北土壤》出版后，数十年来，随着土壤科学的发展，研究手段的革新和生产上的需要，对土壤性状的了解提出了更高的要求。

　　东北地区，地质、地貌复杂，近代地质断裂运动强烈，成土母质类型多样，成土过程大都处于幼年阶段，母质对土壤性状的影响更为明显。

　　鉴定土壤细粒矿物，采用土壤微形态等手段，研究成土母质来源和成土过程中的矿物学性质，将能加深对土壤性状的了解。例如，通过这些研究所阐明的白浆土母质中的较易风化矿物与白浆化过程的关系；碱土柱状层中，硅的作用；松嫩平原苏打盐渍土表层盐霜中硫酸钠结晶的形成等，对深化土壤形成过程的认识发挥了重要作用。

　　本书是作者长期研究成果的结晶，研究工作力求联系实际问题，如对土壤中碳酸钙的释放，硅、钾的活动和调控等。

　　作者在 20 世纪 50 年代，留学苏联，学习土壤黏土矿物和微形态研究，回国后，一直从事土壤矿物学研究，她发表的论文《长白山北坡火山灰土壤矿物学性质》一文，曾应邀在第十四届东京国际土壤学会专业会上宣读。

　　我深信，本书的出版，将为振兴东北事业中，进一步合理利用、保护土壤资源提供科学的参考资料。

2009 年 10 月 5 日

前　言

近代科学技术的发展，为土壤科学的研究提供了广阔的途径。

作者在《中国东北土壤》的基础上，综合运用 X 射线衍射、电镜等微观手段，描述了本区主要土壤链（带）土壤细粒矿物的组成及土壤微形态特征，研究了土壤的化学－矿物学性质，进一步揭示了土壤细粒矿物质在土壤形成中的作用。

本区的地质、地貌十分复杂，区内火山作用和断层活动以及深层矿化水等因素广为存在，对土壤形成和性质的影响显著。作者研究了长白山、五大连池地区火山灰土的形成；火山灰母质对白浆土形成的影响以及松嫩平原深层矿化水作用下苏打盐渍土的形成特点。

大兴安岭位于我国最北部，地处寒温带，是我国重要原始林区，该地区森林恢复及生态环境演变，是众所关注的问题。作者研究了该区棕色针叶林土火山岩富硅母质的生物硅化作用，探索加速恢复森林的途径。

鉴定了辽西水土流失地区褐土、棕壤矿物胶体组成，微形态特征、游离铁（铝）、碳酸钙等微垒结特征，探讨了土壤侵蚀的原因，以及钾的储备问题。

本书是作者多年的研究工作和实验分析的积累，主要为承担国家自然科学基金课题及原土壤地理组室内分析任务的资料。在这基础上做了土壤化学矿物学性质研究探讨。在野外调查中得到宋达泉教授、程伯容教授的指导及肖笃宁教授，南京土壤研究所俞仁培教授，黑龙江农科院杨豁林教授，黑龙江八一农垦大学张之一教授的合作和帮助。左敬兰、崔剑波、刘春萍及研究生邹长明参加了化学分析。工作得到所内技术室国际翔、毕庶春、李文清、王丽霞等高工的支持。胡思敏参加部分资料整理。在此一并致以诚挚的感谢。

由于作者知识水平有限，认识浅显，错误之处，诚请指正。

谢萍若

2009 年 10 月 5 日

目　　录

第一章 本区自然地理条件概况及成土母质细粒矿物类型

第一节 自然地理条件概况

本区包括辽宁、吉林、黑龙江及内蒙古东部地区。位于东经115°30′~135°20′，北纬38°30′~55°30′。全区总面积约123.6万 km²，南部濒临黄、渤海、大陆岸线长1971.5km，沿岸岛礁506个，是我国重要工农林牧基地。东北部为大、小兴安岭、长白山环绕，中部平原，松花江、嫩江及辽河穿流其中，将平原分割为松嫩平原和辽河平原。东北部为由黑龙江、松花江及乌苏里江流域形成的三江平原。大兴安岭西部为内蒙古高原的呼伦贝尔盟高平原。东部长白山高峰2691m，为全区之冠，松嫩平原位于本区的中北部，环绕平原周围为洪积物山前台地，辽河平原位于本区的南部，可见固定与半固定的砂丘。山地成土母质主要为酸性花岗岩残坡积物，质地较粗、疏松，个别地方分布有玄武岩和火山灰（渣）等风化物，质地较黏重，呼伦贝尔盟高平原为碳酸盐淤积物，平原地区主要为黄土、黄土状沉积物、河湖沉积物及部分风积物。本区受季风影响，夏季高温多雨，植物生长繁茂，冬季寒冷，棕色针叶林土区有多年冻土层和其它土区季节性冻层，广泛分布，土壤腐殖质易于积累，土壤草甸化、潜育化及沼泽化普遍发展。

本区火山、断层广为分布，地质地貌复杂，见图1-1、图1-2。

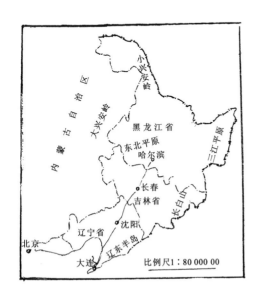

图1-1 东北地区示意图

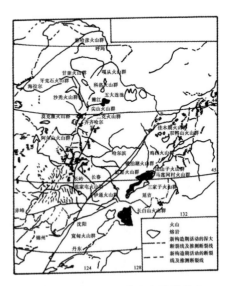

图1-2 东北地区火山和熔岩分布

（比例尺1:10 000 000）（中国科学院地质研究所：中国大地构造纲要，科学出版社，1959）

第二节　成土母质细粒矿物类型

本区地质、地貌复杂，断裂运动十分强烈，成土母质类型复杂多样。成土年龄较短，成土过程大都处于年幼阶段，如长白山、五大连池地区土壤的成土年龄有的仅200年左右，大兴安岭沾河地区冻土是在1720年德都火山喷发后形成的。成土年龄愈短，承继母岩的岩性成分愈多，母岩原有的特性愈益明显。广大玄武岩山地丘陵的成土母质多花岗岩、片麻岩等多种基岩风化的残积坡积物，分布最为广泛，是山地土壤中最重要的成土母质，并直接影响山麓和平原地带洪积冲积物，洪积物主要分布在大、小兴安岭山麓。上部为更新世中晚期冲积的黄土状黏土堆积物，下部则为更新世早中期的砂壤质堆积物，间或可见埋藏的古红色风化壳。

本区土壤中的原生矿物多较易风化矿物，如斜长石和黑云母，因此，在风化和成土过程中，主要是黑云母的风化蚀变以及长石在酸碱条件下的风化过程。同时，由于气候上的差异，由半湿润到半干旱地区，矿物的风化和积累差异较大，各地质单元，有其自身的特点。按矿物组成中的石英/长石值，K/Na 值和 K/Ca 值，可粗略反映在风化和成土过程中成土母质继承母岩的成分以及风化和成土过程的特征〔方法是用 $Na_2S_2O_7$ 熔融（Kiely Jackson，1965），将熔融分解云母和层状硅酸盐后的残渣 K、Na、Ca 分别算成 K－、Na－、Ca－长石，残余物则归属石英；云母 K_2O 由总 K_2O 和长石 K_2O 之差求得；石英/长石值为土壤风化程度的指数。分析结果见表 1－1 和表 1－2〕。

现将不同母质类型土壤中砂粒级和粗粉砂粒级中云母、K－长石、Na－长石和 Ca－长石含量，石英/长石值列于表中，并按含量进行分级（从少至多，由＋至卅）表示，以及粉砂粒级 X 射线衍射鉴定结果（图谱 1－1a～c、图谱 1－2a、b）分述于后。

残渣/%		石英/%		长石/%	
	<65 +		20~30 +		15~30 +
	65~80卄		30~45卄		30~45卄
	80~90卅		45~55卅		>45卅
	>90卌		>55卌		
石英/长石	0.4~0.8 +	钙长石/%	0.5~2.5 +	云母/%	<3 +
	0.8~1.5卄		2.5~4.5卄		3~5卄
	1.5~2.0卅		4.5~7.0卅		>5卅
	>2.0卌				

表 1－1　土壤各粒级颗粒和残渣 K、Na、Ca 分析结果

土壤	层次	粒级	粒级中的百分数				残渣 %	残渣中的百分数			云母 %	长　　石				石英	石英/长石
			K_2O	Na_2O	CaO	MgO		K_2O	Na_2O	CaO		K-%	Na-%	Ca-%	总量		
BC－2	4~16	50~100	1.63	3.10	3.83	0.98	73.9	1.59	4.50	2.50	4.2	7.2	29.6	9.6	46.4	29.8	0.6
		10~50	2.00	2.61	2.04	—	71.1	1.80	3.06	1.20	6.7	8.3	19.8	4.4	32.5	40.4	1.4
		5~10	1.78	1.42	1.34	—	67.4	1.67	2.41	0.46	5.4	7.9	15.4	1.7	25.0	44.6	1.8

土壤	层次	粒级	粒级中的百分数				残渣%	残渣中的百分数			云母%	长 石				石英	石英/长石
			K₂O	Na₂O	CaO	MgO		K₂O	Na₂O	CaO		K-%	Na-%	Ca-%	总量		
	105~115	50~100	2.05	3.28	4.60	2.02	60.3	1.45	5.64	2.43	11.5	5.3	30.2	7.6	43.1	19.5	0.5
		10~50	1.93	2.39	1.76	—	47.6	1.70	4.54	1.84	10.9	5.3	19.7	4.6	29.6	19.6	0.7
		5~10	1.50	1.15	1.09	1.52	24.8	1.83	5.29	0.39	13.3	3.2	12.5	0.5	16.2	9.8	0.6
BC-1	75~85	50~100	1.53	3.25	3.22	1.75	59.1	1.18	4.76	2.32	8.1	4.3	25.0	7.1	36.4	18.5	0.7
长白-2	16~50	100~250	3.30	3.23	0.77	0.19	82.1	3.81	3.99	1.05	0.6	19.0	29.2	4.5	52.7	32.1	0.61
		50~100	3.00	3.03	0.82	0.30	77.0	3.57	4.09	1.12	1.5	17.9	28.7	4.5	51.1	28.6	0.56
		10~50	3.53	3.53	0.83	0.26	86.4	3.68	4.14	0.90	2.0	20.7	32.6	4.0	57.3	32.2	0.56
长白-3	11~16	100~250	4.40	3.99	1.98	0.22	91.2	4.14	4.44	1.80	4.9	23.0	36.0	8.5	67.5	27.7	0.4
		50~100	4.40	3.68	0.71	0.23	95.2	4.58	3.68	1.41	—	26.6	31.2	7.0	64.8	33.8	0.5
		10~50	3.65	3.11	0.64	0.32	94.8	3.51	2.64	0.84	1.8	20.3	23.1	4.1	47.5	50.0	0.8
长白-5	67~100	100~250	3.18	2.68	0.80	0.56	64.7	4.48	4.70	0.70	1.5	17.7	27.0	3.5	48.2	36.8	0.4
		50~100	2.33	1.88	0.96	0.59	65.2	2.76	2.83	1.10	4.5	10.9	16.6	3.7	31.2	35.5	1.1
		10~50	1.98	1.83	0.72	0.36	74.6	1.77	2.18	0.86	5.1	9.2	15.1	3.5	27.8	49.1	1.7
AC-16	4~12	50~100	1.35	0.98	2.73	0.72	52.4	1.77	1.86	1.35	3.9	5.7	8.7	3.7	18.1	35.3	2.0
AC-30	50~60	50~100	1.83	1.26	1.14	1.65	65.3	1.42	1.94	0.40	8.7	5.7	8.3	1.4	15.4	50.9	3.3
3863 东陵棕壤	0~10	50~100	2.83	1.67	0.87		59.1	2.30	2.71	0.98	4.2	13.3	14.3	3.0	30.6	30.1	1.0
辽-15-1	0~11	50~100	1.79	2.50	2.00		79.7	1.60	2.62	1.98	5.5	9.2	22.0	9.7	40.9	41.2	1.0
		10~50	1.88	2.20	1.53		81.3	1.70	2.20	1.74	5.1	10.5	19.0	8.6	32.7	50.5	1.5
		5~10	1.88	1.25	0.60		63.8	1.30	1.88	0.97	9.7	5.8	11.2	3.4	20.4	45.2	2.2
辽-15-4	90~100	50~100	2.62	2.50	1.51		70.2	2.50	2.90	1.84	8.0	10.7	17.9	6.7	35.3	36.8	1.0
		10~50	2.15	2.13	1.36		78.0	2.10	2.56	1.25	4.6	10.6	14.6	5.1	30.3	49.6	1.6
		5~10	1.94	1.80	1.00		62.6	1.40	2.30	0.95	9.8	6.4	13.3	3.3	23.0	41.6	1.8
辽-20-2	40~50	50~100	2.32	2.59	1.14		91.7	2.10	2.43	1.47	3.3	11.8	19.8	7.0	38.6	55.2	1.4
		10~50	2.03	2.67	0.99		84.2	1.78	2.42	1.02	4.7	9.7	18.4	4.5	32.6	53.5	1.6
		5~10	2.00	2.04	0.67		81.5	1.49	2.06	0.55	6.6	8.5	15.6	2.5	26.6	57.3	2.1
辽-53-1	0~14	50~100	2.57	2.31	0.81		88.8	2.33	2.32	0.79	4.3	12.6	18.3	3.7	34.6	56.1	1.6
		10~50	2.42	2.17	0.71		82.5	2.20	2.20	0.85	5.3	11.7	16.3	3.7	31.7	52.7	1.7
		5~10	3.33	1.54	0.34		75.1	2.76	2.16	0.07	10.5	14.5	14.8	0.3	29.6	48.0	1.6
辽-53-2	14~37	50~100	2.48	2.01	0.60		87.2	2.35	2.03	0.65	2.2	12.5	15.8	3.0	31.3	57.7	1.8
		10~50	2.42	2.39	0.59		82.4	2.25	2.18	0.78	4.9	12.0	16.1	3.3	31.4	52.9	1.7
		5~10	3.22	1.33	0.22		78.1	2.92	1.73	0.37	13.3	16.0	12.3	1.6	29.9	50.8	1.7
辽-10-2	25~35	50~100	2.56	1.83	0.65		89.8	2.30	1.95	0.69	4.2	12.6	15.6	3.2	31.4	60.2	1.9
		10~50	2.15	2.36	0.75		82.4	1.83	1.90	0.53	6.5	9.7	14.1	2.3	26.1	57.9	2.2
		5~10	2.50	1.12	0.38		78.8	1.62	1.43	0.19	11.0	9.0	10.1	0.8	19.9	60.8	3.1
47-1	0~20	50~100	2.67	2.50	0.83		88.2	2.59	2.85	0.90	3.0	14.0	22.4	4.1	40.5	49.9	1.2

土壤	层次	粒级	粒级中的百分数				残渣 %	残渣中的百分数			云母 %	长石				石英	石英/长石
			K₂O	Na₂O	CaO	MgO		K₂O	Na₂O	CaO		K-%	Na-%	Ca-%	总量		
		10~50	2.27	2.28	0.90		85.3	2.08	2.52	0.67	4.3	11.5	19.6	3.0	34.1	53.2	1.6
		5~10	1.90	2.03	0.60		80.7	1.58	2.45	0.47	5.0	8.9	18.8	2.1	29.8	53.5	1.8
	70~90	10~50	2.34	2.50	0.93		89.8	2.23	2.44	0.85	2.6	13.0	20.8	4.1	37.8	54.1	1.4
		5~10	2.03	2.13	0.69		85.7	1.82	2.50	0.46	3.1	10.9	20.4	2.2	33.5	55.0	1.6
AC-1	0~7	50~100	1.73	2.55	0.65		71.7	1.97	2.53	0.45	2.7	8.6	16.1	1.7	26.4	46.7	1.7
		10~50	1.78	2.22	0.75		80.1	1.73	2.13	0.52	3.4	9.0	15.5	2.2	26.7	55.0	2.1
		5~10	1.88	1.92	0.43		85.4	1.56	1.99	0.15	4.9	9.3	16.1	0.7	26.2	61.6	2.4
	30~40	50~100	2.20	1.81	0.69		88.7	2.26	1.92	0.59	1.2	12.2	15.2	2.7	30.1	60.3	2.0
		10~50	1.78	1.98	0.36		87.3	1.74	2.26	0.66	2.1	10.3	17.3	2.9	28.0	57.9	2.1
		5~10	2.22	2.25	0.54		86.8	1.62	2.07	0.09	3.8	9.8	17.1	0.4	27.3	62.0	2.3
	130~160	10~50	2.13	2.43	0.87		83.9	2.13	2.46	0.59	2.7	11.6	18.8	2.6	33.0	52.8	1.6
		5~10	2.05	2.11	0.55		84.9	1.75	2.49	0.28	4.2	10.4	20.1	1.2	31.7	55.9	1.8
	0~7	10~50	1.90	1.90	0.72		80.7	1.83	2.34	0.54	3.7	9.6	18.5	2.3	30.4	52.1	1.7
		5~10	1.65	1.85	0.34		79.1	1.36	2.24	0.16	4.7	7.5	16.8	0.7	25.0	56.3	2.3
Y-15	10~20	50~100	2.25	2.88	0.79		87.9	2.28	1.99	0.73	1.7	12.2	15.6	3.3	31.1	59.5	1.9
AB-5	3~10	50~100	3.00	2.50	0.93		93.9	2.87	2.66	0.75	2.1	16.4	22.2	3.7	42.3	53.9	1.3
		10~50	2.60	2.35	1.26		92.2	2.40	2.45	0.91	3.0	13.5	20.1	4.4	38.0	56.4	1.5
		5~10	2.18	2.25	0.83		73.7	2.27	2.89	0.60	3.4	11.7	20.2	2.4	34.3	42.2	1.2
	168~205	50~100	2.50	2.34	0.74		94.1	2.42	2.25	0.76	1.4	13.9	18.8	3.7	36.4	59.8	1.6
		10~50	2.20	2.40	1.28		85.9	1.78	2.29	0.81	6.1	9.9	17.9	3.6	31.4	56.4	1.8
		5~10	2.27	1.92	0.67		82.3	1.98	2.34	0.61	4.8	11.4	17.5	2.8	31.1	52.7	1.7
安-75	15~25	50~100	2.75	1.58	0.84		59.0	3.58	1.96	0.98	2.5	12.9	10.3	3.0	34.5	26.2	0.8
	120~130	50~100	3.83	1.36	0.14		70.1	4.73	2.00	0.50	3.9	20.2	12.5	1.8	37.5	34.5	0.9
大庆5	0~12	50~100	2.34	2.00	2.09		80.3	2.60	2.58	1.13	1.8	12.7	18.4	4.7	35.8	46.5	1.3
	12~27	50~100	2.48	2.08	1.87		83.3	2.51	2.55	1.36	2.8	12.8	18.9	5.9	37.6	47.8	1.3
	105~134	50~100	2.68	2.38	2.01		89.1	2.71	2.64	1.17	1.8	14.7	20.9	5.5	41.1	50.2	1.2
大庆4	5~12	50~100	2.53	2.08	0.88		74.6	2.73	2.87	0.56	4.2	12.4	19.1	2.2	33.7	42.8	1.3
	130~140	50~100	2.58	2.11	0.54		78.8	2.69	2.51	0.67	3.8	12.9	17.6	2.7	33.2	47.2	1.4
吉郭-20	10~20	50~100	2.93	2.31	0.84	0.27	89.5	2.54	2.82	1.03	3.3	13.5	16.4	4.8	34.7	56.7	1.6
(J-20)		10~50	2.35	2.20	1.19	0.05	88.7	2.28	2.71	0.78	2.5	15.6	21.9	3.6	41.1	49.9	1.2
		5~10	2.03	2.33	0.93	0.17	83.4	1.68	2.58	0.50	5.6	9.8	20.4	2.3	32.5	52.5	1.6
	80~90	50~100	2.58	2.43	1.04		88.9	2.54	2.80	1.32	2.4	13.8	15.8	6.1	35.7	55.2	1.55
		10~50	2.30	2.33	1.28		80.0	2.28	2.71	0.88	4.0	11.9	19.7	3.7	35.3	46.7	1.3
		5~10	2.08	2.15	0.87		76.6	1.68	2.58	0.55	6.6	9.0	18.8	2.3	30.1	49.0	1.6
大庆1号	0~5	100~250	3.13	2.30	0.71		94.0	2.98	2.45	0.71	2.3	17.1	20.5	3.5	41.1	55.1	1.3

土壤	层次	粒级	粒级中的百分数				残渣%	残渣中的百分数			云母%	长石				石英	石英/长石
			K_2O	Na_2O	CaO	MgO		K_2O	Na_2O	CaO		K-%	Na-%	Ca-%	总量		
		50~100	2.70	2.50	1.20		89.8	2.74	2.89	1.12	1.5	15.0	23.1	5.2	43.3	48.9	1.1
		10~50	2.23	2.35	1.31		84.7	2.30	2.80	0.75	2.0	12.6	18.1	3.5	34.2	52.5	1.5
	5~12	100~250	3.18	2.38	0.59		88.2	3.26	2.69	0.48	2.0	17.6	21.1	2.2	40.9	49.5	1.2
		50~100	2.83	2.61	1.23		89.5	2.87	3.09	0.98	1.7	15.7	24.6	4.6	44.9	46.8	1.0
		10~50	2.41	2.45	1.33		86.7	2.41	2.71	0.89	2.4	13.5	18.8	4.0	36.3	52.5	1.5
	12~35	100~250	2.94	2.20	0.65		90.3	2.96	2.40	0.37	1.7	16.3	19.3	1.7	37.3	55.1	1.5
		50~100	2.63	2.55	1.16		87.4	2.80	2.80	1.09	1.0	15.0	21.8	5.0	41.8	47.9	1.2
		10~50	2.35	2.38	1.58		88.4	2.25	2.71	0.86	3.7	12.3	20.6	3.8	36.7	53.9	1.5
		5~10	2.35	1.86	0.75		55.8	1.85	2.99	0.55	12.1	7.2	15.6	1.7	24.5	33.0	1.4
	56~78	100~250	3.25	2.50	0.92		91.9	9.00	9.00	0.54	2.1	17.9	21.2	2.6	41.7	52.5	1.3
		50~100	2.81	2.53	2.20		86.4	2.81	2.89	0.80	2.9	14.8	22.2	3.6	40.6	48.0	1.2
		10~50	2.81	2.30	2.66		87.6	2.28	2.77	0.88	2.2	12.9	21.8	4.0	38.7	51.1	1.3
		5~10	2.30	2.00	2.89		43.0	2.91	4.21	0.64	10.2	8.8	16.9	1.5	27.2	17.9	0.7

表1-2 东北地区主要成土母质类型矿物含量分级

母质	土壤	剖面号与土层	地点	残渣/%	石英/%	长石/%	石英/长石	Ca-长石/%	云母/%
花岗岩残积（坡积）物	暗棕壤	BC-2, 105~115 / BC-1, 75~85	五营	+-++	+-++	+-++	++	++-+	+++
花岗片麻岩残积（坡积）物	褐土	辽-15, 0~11 / 90~100	建平	++	++	+-++	++	+++-++	+++
花岗岩残积物	草甸棕壤 酸性棕壤	沈-60, 辽-49 / 千山11-52	沈阳	+	++	+	++	++	++
玄武岩残坡积物 Q_4	酸性棕壤	AC-16, 4~12 / 35~45	镜泊湖北湖头	+	+	+	+	+	++
玄武岩残积物 Q 早更新世	酸性棕壤		宽甸青椅山						
火山灰（碱粗岩）$Q_3 - Q_4$	山地生草森土	长-3, 16~50	长白山	+++	+	+++	+	++	+
火山灰（玻基安山岩）$Q_3 - Q_4$	山地生草森土	长-7, 11~16	长白山	+++	+	+++	+	++	++
浮岩残坡积物（橄榄玄岩-火山碎屑岩）中更新世中晚期 Q_2	暗火山灰土		宽甸黄椅山						
黄土状火山灰沉积物（碱粗质）Q_2	山地白浆化暗棕壤	长-4, 67~100	长白山	++	+	+++	++	+	++
砂页岩、千枚岩	棕壤	AC-30, 50~60	草河口	++	+++	+	+++	+	+++
紫色页岩	褐土	辽-53, 0~14 / 14~37	朝阳	++-+++	+++	+	+++	++-+	+++
壤黄土	碳酸盐褐土	辽-20, 40~50	建平	+++	+++	++	+++	++-+++	++-+++

母　质	土壤	剖面号与土层	地点	残渣/%	石英/%	长石/%	石英/长石	Ca-长石/%	云母/%
冲洪积黄土状黏土 Q_2, Q_3	草甸黑土	47~1, 0~20 20~30	嫩江	卅	卅	卄	卅	+-卄	卄
河湖沉积黏土 Q_1	草甸白浆土	Y-15, 10~20	饶河	卅	卅	+	卄-卅	+	+-卄
河湖沉积黏土 Q_1	草甸白浆土	AC-1, 0~7 30~40 150~160	饶河	卅	卅	+	卄-卅	+	+-卄
黄土性淤积物 Q_3, Q_4（冲湖积）	草甸黑钙土	安-75, 15~25 120~150	安达	卄	卅	卄	+-卄	+-卄	+-卄
黄土性冲积物	草甸碱土	AB-5, 0~10 165~205	安达	卄-卅	卅	卄	卄-卅	卄	+-卄(卅)
风砂淤积物	草甸碱土	大庆-1	大庆	卄-卅	卅	卄	卄	卄	+
冲积湖积物	草甸盐土	大庆-5, 0~12 12~27 105~134	大庆	卅	卄-卅	卄	卄	卄	+
河流阶地冲积物（棕砂质土）	草甸盐化黑钙土	大庆-4, 5~12 130~140	大庆	卄	卄-卅	卄	卄	+	卄
河流冲积物 Q_4	苏打草甸盐土	吉郭-20, 0~20 80~90	前郭旗	卅	卄-卅	卄	卄-卅	卅-卅	卄-卅
淤积海积物（滨海淀积物）Q_4	滩涂		丹东大台子						
红黏土　硅铝质 Q_2		辽-10, 25~35	建平卧龙岗	卅	卅	+	卄-卅	+--	卅

一、花岗岩残积（花岗片麻岩）母质（BC-1、BC-2，辽-15、辽-22，沈-60）

是本区山地土壤面积最大的成土母质，主要分布在大、小兴安岭及辽南千山等地区。这类成土母质，pH 值大致为 5.0~5.7，盐基饱和度一般在 40% 左右，矿物组成中 SiO_2 占 60%~70%，R_2O_3 占 20%~30%，CaO、Mg 的含量很少，小于 5%。土壤主要为暗棕和棕壤，受酸性岩类（正长石约 1/3，石英占 1/3）和气候等条件影响（温带湿润区小兴安岭五营剖面 BC-2 和暖温带半湿润区辽西建平辽-15），土壤细砂和粉砂的风化物的机械组成风化和蚀变程度不均，两者细砂粒级中石英、长石均较低（各为卄和卄-+），云母多（卅），尤以 Ca-长石为明显，云母则随粒级减小而增加，Ca-长石随粒级减小而减小；小兴安岭剖面 BC-2 剖面浅，表层淋溶蚀变强，长石分解消失，石英/长石值显增（+-卅），含 Mg 暗色矿物也明显减少；底层风化弱，近于原始母岩组分。辽西剖面辽-15 类似的变化差异小，表层和底层云母含量接近，Ca-长石随粒级变小而变化少，石英/长石值略有增加（K- 和 Na-长石值变化亦少）。暖温带较湿润区沈阳东陵草甸棕壤剖面沈-60，层状硅酸盐较多（残渣+），云母和 Ca-长石仍多（各为卄），石英/长石值亦较小（卄），Ca-长石和石英/长石值介于剖面 BC-2 和辽-15 之间，剖面上差异小。

就粉砂粒级，剖面 BC-2 主要有水云母-蛭石及其混层物，并有高岭石；斜长石和石英少。剖面辽－15云母（金云母、绢云母）、绿泥石或高岭石类矿物较多，蛭石（绿泥石）－水云母混层强，可能并有蒙皂石混层。辽南千山酸性棕壤剖面辽－22粉砂粒级中以蛭石为主，并有水云母和高岭石（多水高岭石），斜长石和石英有所增多。

二、玄武岩残坡积物（AC－16，辽－24）

包括新生代的玄武岩及玄武岩质的火山喷出物，主要分布在长白山、镜泊湖等熔岩台地、昭盟玄武岩台地、小兴安岭、五大连池地区大兴安岭中部及辽西、辽东丘陵山地。土壤母质酸碱反应近中性，盐基近饱和，矿物组成中 SiO_2 占60%左右，R_2O_3 占 25%~30%，CaO、MgO 含量都在20%左右。土壤主要为棕壤。玄武岩基性岩通常斜长石与辉石各半，橄榄石少量，常含磁铁矿。

宁安县镜泊湖北湖头全新始（Q_4）玄武岩残坡积物上剖面 AC－16，细砂粒级中，石英和长石少（各为＋），Ca－长石比率高（卄）（并有含 Mg 矿物），残渣少（＋），即层状硅酸盐和云母总和较高（卄）；部分由于表层有外源黄土沉积物叠加而致使石英/长石值有所偏高。粉砂粒级中水云母－膨胀性层状硅酸盐混层，斜长石较多，有多水高岭石和微量铁镁矿物，下层长石和斜长石明显增多，多水高岭石结晶度高，云母和蛭石（绿泥石）亦高。

宽甸青椅山熔岩台地上早更新世（Q_1）碱性玄武岩残积物上剖面辽－24，粉砂粒级中多云母（白云母、金云母）、水化云母（绢云母），蛭石－绿泥石、高岭石和多水高岭石；石英少，基性斜长石风化殆尽；橄榄石、辉石较显，并见闪石。

宽甸石湖沟黄椅山中更新世（Q_2）玄武岩浮岩残坡积物上暗火山灰土剖面辽－102粉砂粒级中蛭石－绿泥石，并有蒙皂石混层，云母和水化云母（绢云母）较少，高岭石和多水高岭石少；石英和长石少，但斜长石较剖面辽－24略多，橄榄石和辉石较多，并有闪石。

三、山麓冲积－洪积物（辽－7、辽47－1、辽－38）

成土母质呈弧形分布于小兴安岭和东部山地的西麓以及大兴安岭的东麓。上部为更新世中晚期（Q_3）冲积的黄土状黏土堆积物，下部则为更新世早中期的砂壤质堆积物，间或可见埋藏的古红色风化壳。质地较轻，北部的物理性黏粒大于60%，源头多与花岗岩碎屑风化有关。

黑龙江嫩江冲积洪积黄土状黏土上的剖面47－1细砂粒级中富含云母（卄）和长石（卄），云母随粒级变小而有增加，石英含量高（卅），石英/长石值较高（卅），剖面上下均一，仅Ca－长石随粒级变小而减少（卄→＋）细粉砂粒级中主要是水云母及少量膨胀性层矿物、白云母（或绢云母）和高岭石甚少，长石主要为钾、钠长石。

吉林长春朱家堡冲积沉积黄土状黏土上的剖面 CC－1 细粉砂粒级中云母多，部分蛭石（绿泥石）化，并有蒙皂石及其混层物，长石较多，主要为钠钾长石。

沈阳东陵李相乡平缓丘陵地深厚黄土状堆积物上普通棕壤剖面辽－7细砂粒级中以石英和长石为主，黑云母（绢云母、白云母）较显，并有斜长石和微斜长石，见角闪石、绿帘石、石榴子石、磁铁矿重矿物占粒级6%，黄土厚度达865cm，下伏花岗岩长石（含正长石、微斜长石、黑云母多）红色风化壳。细粉砂粒级中蛭石和混层物（即黑云母水化混层蛭石化显著）为主，云母和长石较多，云母水云母化，微显蒙皂石化，多斜长石，结晶较好，高岭石极少。

丹东东沟安民乡花岗岩丘陵坡积裙黄土状沉积物上潮棕壤（辽-38）中，细粉砂粒级中以云母为主，除白云母（绢云母）外，黑云母蛭石化较强，并有高岭石，长石少，斜长石少而含钾长石相对多。

四、黄土（砂黄土）（辽-48、辽-20、辽-53、辽-61）

包括黄土和黄土性沉积物，主要分布在辽西丘陵和松辽分水岭西部的丘陵和河谷阶地。按其成因可分为风成的原生黄土和经水流作用改造的水成次生黄土或黄土性沉积物（洪积、坡积、淤积）。按粒度成分可分为砂黄土和黏黄土。砂黄土主要分布在建平、北票、阜新等地以北。黏黄土又称黄土性黏土，主要分布在建平、北票和阜新等地南部。辽西半干旱气候，发育成钙成土。

建平卧龙岗丘陵中部缓坡壤黄土碳酸盐褐土剖面辽-20细砂粒级中残渣高（卌），石英很多，随粒级变小，云母明显增多（卄→卌），Ca-长石有所减少（卌→卄），石英/长石值相应有所增高（卌），粉砂粒级中，水云母-绿泥石混层物，高岭石、石英多，白云母、斜长石较多，结晶度高。

建平宋杖子山前倾斜平原前沿壤黄土上淋溶褐土剖面辽-61细粉砂粒级中白云母（绢云母）含量较高，绿泥石（蛭石）少，并有绿泥石-水云母混层物，长石稍低，多含钠钙长石，钾长石少。

建平北马厂高平原（覆盖）冲洪积物砂黄土碳酸盐栗褐土剖面辽-53，细粉砂粒级中石英多，长石较高，除斜长石较显，并有钾-钠长石，矿物结晶度高。

阜新于市坡洪积裙前缘砂黄土碳酸盐褐土剖面辽-48，细粉砂粒级中云母高，多白云母（绢云母），石英少，斜长石多，矿物结晶度高，绿泥石较少。

五、火山灰、黄土状火山灰沉积物（长-2、长-3、长-5）

火山喷发物由熔岩、浮岩和火山碎屑物组成，其特殊鲜艳的颜色，主要取决于本身的物质成分。中酸性火山碎屑岩颜色较浅，中基性火山碎屑岩颜色很深，并富含相应的火山玻璃熔岩物质。

长白山白头山火山锥体为多次喷发形成的覆合型火山锥，主要岩类以碱性粗面岩、粗面质浮岩及火山灰。山麓斜坡上部覆盖有灰色火山灰砂，火山底部为玄武岩台地，阶地上多黄土状火山灰冲积物、火山砾和浮石砾。

形成于中更新世中晚期的第四纪火山群分布在宽甸盆地，火山喷发物矿物组成近似于玄武岩，且含较丰富的超镁铁质岩包体。

长白山白头山火山锥棕色火山灰砂砾上的剖面长-2，砂和粉砂粒级中长石含量很高（卌），Ca-长石（卄），K和Na-长石比率亦高（火山玻璃熔出），石英/长石值（+），云母少（+）；随粒级变小，粉砂粒级中多非晶物质、辉石和长石。

山麓斜坡灰色火山灰砂上的剖面长-3，砂和粉砂粒级中云母较多（卌-卄），长石仍高（卌），Ca-长石及辉石（卌）；随粒级变小明显减少，石英/长石值由小增大（+-卄），多非晶物质（火山玻璃K、Na溶出更多）。粉砂粒级中多水云母，部分水云母蒙皂石混层，石英和斜长石较长－2多，长石含量则较低，结晶程度仍高。

火山底部玄武岩熔岩台地上的黄土状火山灰冲积物上的剖面长－5中，K－Na－和Ca－长石含量均低，长石（卌）、云母较多（卌），石英/长石值增高（＋－卌），此与火山灰沉积过程和风化速率有关。粉砂粒级中残渣低（卌），层状硅酸盐（铝）蛭石和其混层物多，除水云母、长石、高岭石外，并可有角闪石、辉石和非晶物质。

六、砂页岩（千枚岩、紫色页岩 AC－30，辽－53）

主要分布于辽西山地的松岭山脉、辽东丘陵山地和吉林中部山地，风化壳厚度不大，母质呈中性至微碱性反应，盐基高度饱和，化学组成中钙、镁的碳酸盐含量较高。石英和石英/长石值高是砂页岩母质的主要特征，有时有残余的碳酸钙。母质上发育有棕色森林土或褐土。

辽西朝阳紫色页岩上的褐土剖面辽－53，细砂粒级中，石英很高（卌），云母和长石极低（＋），为 K－，Na－长石，且 K－长石比率高，随粒级变小，Ca－长石明显减少（卌→＋）。细粉砂粒级中蒙皂石、水云母（绢云母）混层物多，部分成规则有序混层，长石极低，为 K、Na 长石，钾长石比率高。有角闪石、辉石、磁铁矿－磁赤铁矿，水铁矿，并见有高温鳞石英。

辽东草河口喜鹊沟千枚岩上的棕壤剖面 AC－30，细砂粒级中云母和石英多（均各为卌），长石少（＋），斜长石含量尤低，故石英/长石值率很高（卌），残渣少（卌），即层状硅酸盐与云母之总和高。细粉砂粒级云母－水云母类矿物很多（白云母、金云母、绢云母），石英、钾长石较多，蛭石－绿泥石含量高，并有少量蒙皂石，尚见有闪石和辉石。

七、第四纪河湖沉积黏土（Y－15，AC－1）

母质多分布于三江及兴凯平原，系更新始早期（Q_1）所形成，B 层物理黏粒可占70%，黏粒可在 35%～50% 以上，细砂粒级仅占 5% 左右。

三江平原虎林县，饶河河湖黏土沉积物上的草甸白浆土剖面 Y－15 和 AC－1 细砂粒级中，残渣较高（卌），即层状硅酸盐和云母少，表层则残渣稍低（卌），长石含量低（＋），石英很高（卌），石英/长石值高（卌），尤以 Aw 层为显，母质层降低（卌）；云母少（＋），随粒级变小至中粉砂级而有所增高（卌），Aw 层增加少，Ca－长石亦显少（±）。细粉砂粒级中表层水云母－绿泥石（蛭石）混层，随剖面向下混层增强，并有蒙皂石，石英略有减少，长石类则不明显，见有闪石。

八、黄土性淤积物（安－75，AB－5，大庆－4、大庆－5）

主要分布在松嫩平原地区，平原四周上升地带多为中生代的中酸性喷出岩和海西期花岗岩组成。平原区为第四纪上更新统（Q_2、Q_3）及全新统（Q_4）的河流冲积层和湖泊沉积层。即除现代冲积物外，尚有上更新统的河流壤质及砂质淤积物，母质沉积作用较明显，主要发育草甸黑钙土，草甸栗钙土和碳酸草甸土。

安达地区中黏壤质黄土性淤积物（冲积湖积物）上的剖面 AB－5 细砂粒级中残渣高（卌－卌），长石较高（卌），剖面分布一致。石英高（卌），石英/长石值高（卌），

Ca－长石（卅）随粒级变化较少，云母少（＋，卅）。中粉砂粒级中以水云母和膨胀性矿物混层物为主，有少量高岭石和多水高岭石，斜长石有所减少（~卅）。底层细粒部分云母高（卅－卌）；石英/长石亦较高（卌），长石高，斜长石显增，为冲积和湖积的二元母质。

大庆西风砂淤积物的剖面（大庆－1）细砂粒级含量高（0.25~0.05mm粒级占65%~70%），残渣高（卌－卌），长石较高（卅），含条纹长石。剖面上分布较一致，石英高（卌），石英/长石（卅），Ca－长石（卅），随粒级变小变化少，云母少，底层层状硅酸盐增多。

大庆市东红色草原牧场牛舌岗闭流区冲积湖积物（轻壤质细砂）碱化草甸盐土剖面大庆－5细砂粒级中残渣较高（卌），长石（卅），石英/长石较低（卅），云母较低（＋），Ca－长石高（卌）（方解石湖相沉积物所致）。

安达地区中，重黏壤质河湖沉积物上的盐化草甸黑钙土剖面安－75细砂粒级中残渣较低（卅），长石（卅）、石英/长石值率低（＋－卅），Ca－长石和云母均较低（＋－卅），底层K－长石和云母高，残渣（卅），层状硅酸盐上、下层均属较多。

大庆市井下河流冲积淤积物上的草甸黑钙土剖面大庆－4细砂粒级中残渣较低（卅），长石（卅），石英/长石值（卅），Ca－长石较低（＋），而云母较高（卅），层状硅酸盐多。

九、红土（辽－10、辽－95、辽－100、辽－96、辽－93，三江－97）

包括均质红土、岩屑（砾石）红土和石灰岩红土，是第四纪初期（Q_1）亚热带气候条件下富铝化作用的产物。本区广大丘陵山地及大兴安岭地区均有分布。而以辽西大凌河中游（朝阳、北票、建平）及大连市附近出露最多。其上大多有黄土覆盖。主要土壤为棕壤和淋溶褐土。

辽西建平卧龙岗红黏土（Q_3）剖面辽－10细砂粒级中石英（卌），长石（＋），Ca－长石（±），砂粒级中水云母－伊利石水化混层强；石英亦多，长石少，多为钾－钠长石。

辽西朝阳石家堡中更新世（Q_2）红黏土剖面辽－95粉砂粒级中云母和蛭石蒙皂石混层，无高岭石，石英多，斜长石很少，有钾长石、白云母。

辽西朝阳焦家营子中更新世（Q_2）红黏土剖面辽－100粉砂粒级中，云母、蛭石和高岭石、石英多，斜长石很少，有K－长石、白云母。

沈阳东陵英达乡红黏土（中更新世Q_2）剖面辽－96粉砂粒级中，云母、蛭石混层，多水高岭石痕、斜长石很少，有钾长石、白云母。

辽东大连金州早更新统红黏土（Q_1）剖面辽－93粉砂粒级中有蛭石及混层，水云母痕，高岭石－多水高岭石（痕），无长石、石英痕，有针铁矿、赤铁矿、水铁矿，可能有钛铁矿微量（镜下鉴定有锆石）。

黑龙江宁安镜泊湖兴安乡的白垩纪红色砂砾岩细砂粉泥质岩上的红土剖面三江（9－17）粉砂粒级中有大量高岭石，少量二八面体水云母及混层物，膨胀性层矿物极少，石英和长石低。

十、河流冲积物（吉郭 -20）

第二松花江河流冲积淤积物上的苏打草甸盐土剖面吉郭 - 20 细砂粒级中残渣（卅），石英高（卅 - 卅），K - Na - 长石多，Ca - 长石亦较多，随粒级变小减少较显著（卅 - 卄），石英/长石值（卄 - 卅），含 Mg 矿物极少，云母较高，随粒级变小而增加较显（卄→卅），下层云母较多，细粉砂粒级中上下层分异明显，上层蒙皂石和水云母蒙皂石混层很甚，有多水高岭石（电子显微镜照相），石英、斜长石少，底层白云母 - 绢云母多，蛭石 - 绿泥石化，长石和斜长石均显著增高，并有高岭石，多水高岭石含量高，隐显有闪石。

十一、淤积海积物

这类母质分布于辽河下游滨海地区及鸭绿江口一带，其沉积构造为：从地面开始 20m 内主要为黏质砂土和粉砂质物质，以下则为海相沉积层。三角洲左右两侧的浅滩主要为粉砂质物质。

丹东河口大台子滩涂粉砂粒级（2 ~ 10μm）中，云母高，并有蛭石（绿泥石）和高岭石，长石含量高，尤以斜长石显增，并有闪石和辉石。

附件一、土壤黏粒矿物及鉴定

1. 土壤的黏粒矿物

土壤黏粒一般是指土壤中 <2μm 粒级的高分散颗粒部分。它的主要成分是水化晶质层状（铝）硅酸盐，即黏粒矿物，由于这类矿物颗粒细微，常呈薄片状，表面积大，结构内部有着剩余负电荷，表面吸附阳离子和水分，使具有一系列复杂的物理和化学性质。其次尚有晶质的和非晶质硅、铁、铝的氧化物和其水合物。它们是地质风化过程和成土过程的产物，一般在土壤中黏粒所占数量虽少，但由于黏粒结构无序，表面积大，表面化学性强，常常黏附或包被在晶质层状硅酸盐矿物的表面，对土壤的物理和化学性质有很大影响。本区地处暖温带湿润和半湿润气候条件，较热带、亚热带湿热气候下的矿物风化程度低。土壤中的黏土矿物多以 2:1 型层状硅酸盐为主，1:1 型较少。土壤中的非晶质氧化物和其水合物含量低。此外，黏粒中还可能含有少量原生矿物碎屑，如石英、长石。

土壤黏粒矿物的组成和性质与土壤发生学特征和肥力特征有密切关系，一方面反映土壤的风化和成土过程，另一方面表征土壤的肥力性状，是土壤分类和改良利用的重要根据。

层状硅酸盐矿物的基本结构单位都是由按四面体配位的阳离子（Si、Al、Fe^{3+}）即硅氧四面体和按八面体配位的阳离子（Al、Fe^{3+}、Fe^{2+}、Mg）即铝氧或镁氧八面体组合成层而构成。两层组合在一起，使硅氧四面体各角顶上的氧伸入到八面体层的 OH^- 面内，并置换 2/3 的 OH^-，形成一个结构单位层。划分四面体层和八面体层的组合类型是根据①阳离子类质同晶置换的数量和类型；②八面体层每半个单位晶脆中含有二个阳离子（二八面体型）或是含三个阳离子（三八面体型）；③各四面体 - 八面体结构单位层彼此间的叠置方式（威维尔，1983）。土壤中常见的黏土矿物类型有云母 - 水云母、蛭石、蒙皂石、绿泥石、高岭石、混层矿物、局部地区有滑石。

（1）云母和水云母

云母是晶体结构研究得最完善的 2:1 层状硅酸盐矿物，结构上每 4 个四面体里的 Si^{4+} 有一个被 Al^{3+} 所取代，晶层间层电荷高〔每个 O_{10}（OH）$_2$〕，电荷值为 1，由层间钾离子来平衡补偿，钾离子的大小正好陷入硅氧网孔，将上下相邻的晶层紧密吸持。云母的层间距是 10Å。由于水分子无法进入层间，阳离子交换只能在颗粒的外表面进行，阳离子交换量每百克为 10mg 当量。

土壤中的云母主要有白云母和黑云母，金云母极易风化而少见。白云母的结构与黑云母不同在于前者八面体片中是 Al^{3+}，为二八面体型，而后者则是 Mg^{2+}、Fe^{2+}，为三八面体型。由于层间中的 K^+ 易于被 Mg^{2+}、Na^+ 等所取代，黑云母抗风化能力远较白云母弱，释钾能力则相反。随着颗粒变小，K_2O 含量减少，云母的阳离子交换量增高，减低的幅度也随云母种类而异。结晶好的白云母，K_2O 含量在理论上为 9.8%，黑云母 – 金云母（八面体片中为 Mg 所占）为 7.6% ~ 9.4%。

水云母是一组风化程度较低的次生矿物。在本区几乎所有土壤黏粒中普遍都有细粒云母即水云母，也有将此细粒云母归属于伊利石。水云母与云母的区别在于当云母颗粒逐渐变细，裸露的表面和磨损的边缘所占比例增高，这些部位的钾易于水化，也易于进行阳离子交换，每个单元晶层 O_{10}（OH）$_2$ 所给出的总负电荷比白云母少，晶层间层电荷减低。阳离子交换量通常是每百克 10 ~ 40mg 当量。水云母的晶层间距为 10Å。由于晶层间钾被其他水化阳离子部分取代，晶层部分扩展，蚀变为膨胀性晶层，或是成边缘有膨胀区带的云母核，造成对溶液中的离子有选择性能。因此，有些水云母由于颗粒微小，层间离子不纯和局部水化，净负电荷低，可使 X 射线谱上的 10Å 峰不明显或呈肩状过渡。

水云母是黏粒中最主要的含钾矿物，释放钾和固定钾的能力变动范围宽，通常将黏粒 K_2O 全量除以 6 来估算水云母含量。

土壤中的云母大量是原生的，它们富存于页岩、片岩、片麻岩、花岗岩及其他沉积岩中。除黏粒外，大量分布于砂和粉砂粒级。水云母则普遍存在于黏粒中，根据不同土层、不同粒级细粒云母的分布状况，可以推断成土过程的环境条件和风化强度。云母经释钾作用，可转化为蛭石和蒙皂石。黑云母在其他离子供应丰富、淋洗作用强的情况下，甚至可将大片黑云母都转变为蛭石；白云母层间钾难以被取代，只有颗粒很小，电荷很低后才能显出蛭石的特性。蛭石和蒙皂石等膨胀性矿物也可以经复钾作用而成水云母。

（2）蛭石

蛭石属 2:1 型膨胀型黏土矿物。蛭石的结晶构造与水云母相似，四面体中 Si^{4+} 被 Al^{3+} 取代多，部分负电荷被八面体片中的正电荷中和。层间阳离子 K^+ 很少，多为 Mg^{2+}。每单元晶层含表观总电荷 0.6 ~ 0.9。层间 Mg^{2+} 易被双层水分子所包围，所以最大晶层间距为 14Å。蛭石的四面体和八面体都有同晶替代作用，所以交换量高，每百克为 100 ~ 160mg 当量。

蛭石一般在温带和亚热带土壤中，常与白云母、黑云母和绿泥石共存，或成混层物，是蚀变产物。大颗粒典型的蛭石是三八面体层状硅酸盐，是黑云母的表生蚀变产物。土壤黏粒中稳定存在的蛭石，大多产生于云母和水云母的进一步脱钾，多为二八面体蛭石。黏粒蛭石也可以从蒙皂石等转变而来，这种转变是可逆的，随土壤溶液与矿物间的化学平衡而定（许冀泉，1981）。许多土壤中蛭石和云母、蛭石和绿泥石的比率，随剖面向下而减小。在强淋洗条件下，蛭石具有羟基铝夹层，因此，一般风化序列为：云母→蛭石→羟基铝夹层蛭石。此类羟基铝夹层矿物亦可随形成环境改变而绿泥石化。

（3）蒙皂石

蒙皂石组属于2:1型膨胀型黏土矿物，其单元晶层同云母相似，所不同的是层间阳离子不是K，而是水化度较高的Ca、Mg、Na等交换性离子。二八面体蒙皂石中电荷来自八面体片内Mg对Al的同晶异质置换为蒙脱石，电荷主要来自四面体片中Al对Si的替代为拜来石。三八面体蒙皂石中电荷来自四面体片Al对Si的置换为皂石。从蒙脱石到皂石这一体系统称为蒙皂石。皂石八面体片中阳离子主要是Mg，也可归属于滑石类。自然界中所遇到的大多是细黏粒的蒙脱石，它的电荷80%以上来自八面体的同晶置换，20%由边缘断键产生。前者属永久电荷，后者随介质酸度而改变，为pH可变电荷。交换量每百克为80~150mg当量。蒙皂石的负电荷低，每单元晶层含0.2~0.6负电荷，其与层间阳离子间的引力弱，对层间阳离子的水化程度影响也小，经水化后，交换性阳离子不仅吸附在外表面，而且也在晶层中间吸持着。蒙皂石的底面间距甚至受空气的湿度而有变化。巨大的内表面吸附面对许多有机分子产生极性吸附，经镁饱和甘油处理，晶层间距达18Å。

含蒙皂石多的土壤，吸水力强，吸收的水分难以被植物充分利用；缩胀性大，易于干裂和泥泞，其黏附性有利于防止土壤侵蚀，另一方面吸水过多，容易造成土壤滑坍。

土壤中的蒙皂石可来自成土母质，也可由水云母、蛭石、绿泥石转变而来，也可由溶解物质及非晶质矿物合成，它们的粒度大小、结晶有序性、离子选择性则有所不同。蒙皂石稳定存在于排水差的中－碱性环境，水流停滞地区的沉积物、平缓冲积物上的变性土普遍含有蒙皂石。基性石灰性土、火山岩、火山灰、排水不好的黄土容易形成蒙皂石。在弱酸性土壤中，由于H_3O^+使结构中的Al转移而羟基化，产生非交换性羟基铝聚合物而形成成土绿泥石。在弱碱性土壤中，由羟基镁嵌入而可形成成土（镁）绿泥石。

（4）绿泥石

绿泥石矿物因其为绿色细粒泥状块体而得名，广泛分布在变质岩中。2:1晶层部分的电荷类同于云母，负电荷大多来自结构的四面体片中Al^{3+}和Fe^{3+}对Si^{4+}的同晶替代。其与蛭石相似，唯其2:1晶层之间则为带正电荷的水镁石状或水铝石状晶层。绿泥石结构是由四个多面体层片组合成的，故有用2:1:1以示其结构。2:1型中同晶替代所产生的电荷部分被这些层间氢氧化物晶层所抵销，晶层联结紧密，所以交换量不高，每百克为10~40mg当量。层间铝形成蒙皂石和蛭石晶层，即是"绿泥石化"。羟基层间物使黏土矿物有效CEC减低，因此，绿泥石的CEC和层间氢氧化物或羟基层片密切有关。Al夹层使层间不收缩，降低和阻止了钾的固定。层间Al的氢氧化物或羟基夹层对阴离子如P有固定作用。

绿泥石常见于变质岩和热液蚀变的岩石。土壤中的绿泥石多半是从变质岩和火成岩母质中带来的，特别是石灰性土壤、黄土和河流冲积物中有较多的绿泥石。绿泥石也是角闪石、黑云母和其他铁镁矿物的蚀变产物（如铁磁绿泥石）。实际上，在土壤中层间局部充填着羟基铝离子的"绿泥石化"的过渡矿物要比完全绿泥石化的铝绿泥石存在更为普遍。

（5）高岭石

高岭石是1:1型二八面体层状硅酸盐，其单元晶层由一个四面体片和一个八面体片结合而成的三斜单胞，八面体中2/3位置为Al所占，呈有序分布，四面体为Si所占。羟基离子组成八面体阴离子面，并和四面体共用的阴离子有1/3为羟基离子。表面羟基通过氢与相邻氧片键合。高岭石表面积小，同晶置换作用少，由同晶置换产生的永久电荷，不如晶层边缘断键所产生的电荷重要。高岭石阴阳离子交换能力都低，每百克阳离子交换量5~15mg当量。由于相邻晶层之间由氢键紧密联结，阳离子不能进入高岭石层间，故层间无缩胀性，晶层间距为7.15Å。埃洛石中四水型的晶层间距为10.1Å，相当于层间多一层水分子的厚度，失水后晶层间距收缩到7.4Å左右。高岭石和埃洛石边缘断键处可变电荷对阴离子有一定吸持作用。

高岭石是酸性风化产物，性质最为稳定，是热带和亚热带风化过程的指示矿物。在温带和暖温带土壤中一般含量甚低。埃洛石在火山起源的土壤中极易形成。高岭石在土壤中普遍存在的原因之一就在于许多不同组合的矿物，在一定的平衡条件下，甚至在很宽的pH值范围内，都可以形成高岭石。在花岗岩和伟晶岩的蚀变过程中，长石很可能蚀变成埃洛石，而云母则蚀变成高岭石。

（6）间层矿物和过渡矿物

由于层状硅酸盐结构上的相似性，也很易互相转变。黏土矿物的晶体中常常有两种以上的矿物晶层共生，彼此重叠，这种不规则或规则的方式重叠起来的集合体，被命定为间层矿物。由于不同晶层成无序混层物，晶面间距随其组分的比例而改变。不规则无序间层矿物在土壤和沉积物中相当普遍，最简单的是由水化阳离子局部置换云母晶层中的钾所形成的云母/水云母混层。土壤中普遍存在的有水云母和蛭石、水云母和蒙皂石、绿泥石和蛭石的混层。黑云母与蛭石1:1混层的水黑云母成规则间层，呈现晶面间距12.2Å。混层矿物的形成过程主要是不稳定层状矿物的层间钾和层间氢氧化物的移出和间入。气候温和或干热，有利于间层矿物的存在。由于间层的结构上层电荷的改变，对土壤中钾和磷的吸附和吸持性能有很大影响。

（7）滑石

滑石是一种含水的硅酸镁，化学组成最简单、结构类型最典型的2:1层状硅酸盐。其结构是由中间为八面体片，上、下四面体片相连构成。八面体片的氧原子和四面体顶端相共。理想的滑石结构中，四面体仅含Si，八面体中均为Mg充填，是2:1类型中的三八面体纯端员矿物，结构式$Mg_6Si_8O_{20}(OH)_4$，天然样品中含有较多的H和Al，较少Si，基面氧原子质子化，部分为OH所取代。滑石的晶面间距为9.3Å。2:1晶层中$O_{20}(OH)_4$骨架阴离子由空隙中的阳离子所平衡、净晶层电荷为零，晶层与晶层之间没有阳离子、水和有机溶液夹入间层，矿物也不膨胀，在其分解温度以下，基面间距不变。滑石是藉范德华力相互连结，而不像其他层状硅酸盐通过静电引力由较强的化学键结合，无表面化学性。

宽甸石湖沟滑石是菱镁矿的伴生矿物，超基性岩高温蚀变产物、朝阳凤凰山滑石是硅质白云石低度受热变质作用而形成。

土壤黏粒中除黏土矿物外，并有少量矿物碎屑物如石英和长石。它们广泛存在于地壳和其风化产物中，是土壤砂和粉砂级主要成分，但是在土壤黏粒中含量甚微。

2. 土壤黏粒矿物的鉴定

（1）黏土矿物的化学成分

土壤黏粒中除包含少量有机物质外，90%以上属无机成分，主要由黏粒硅酸盐和晶质、非晶质氧化物所组成。除老成土外，温带和暖温带地区的土壤黏粒含晶质、非晶质氧化物仅占2%~3%左右。土壤黏粒几乎总是含二种或三种主要层状硅酸盐矿物的混合物，且同晶置换复杂。对比黏土矿物的化学成分平均值和硅铁铝比率，可以大致估测黏粒中矿物的组合。

土壤中主要的层状硅酸盐黏土矿物构造类型的变化并不大，尽管单位构造的重叠方式改变，化学组分式却并不随之改变。黏土矿物的类型主要是和阳离子类质同晶置换的数量和类型有关。下面是各种黏土矿物结构体的主要阳离子（表1-3）。

表1-3　各种黏土矿物的主要阳离子

黏土矿物	四面体离子	八面体离子	层间离子
滑石（三八石）	Si	Mg	
蒙皂石	Si，Al	Al，Mg	（交换性阳离子和H_2O）
蛭石	Si，Al	Al（Mg）	（交换性阳离子和H_2O）
云母	Si，Al	Al（Mg）	K，Na
绿泥石	Si，Al	Mg、Al	Mg，Al（OH）（Al＞Mg）
高岭石	Si	Al	
多水高岭石（埃洛石）	Si	Al	（H_2O）

各种黏土矿物由于产地不一，形成条件和来源不同，其成分差异很大。下面引用几种黏土矿物化学成分平均值以作鉴定的参考（表1-4）（威维尔和普拉德，1983；张俊民，1986）。

表1-4　几种黏土矿物化学成分平均值

黏土矿物	SiO_2	Al_2O_3	Fe_2O_3	MgO	K_2O	H_2O	$\dfrac{SiO_2}{Al_2O_3}$
滑石（三八石）	61.8	11.3	1.8	30.8	0.1	4.7	1.97
蒙皂石	49.7	22.1	2.1	4.9	0.8	5.0	3.82
蛭石	34.8	14.9	4.2	20.0	0.1	5.0	3.96
水云母	51.2	25.9	2.9	2.8	6.1	5.9	3.35
伊利石*	51.7	24.0	5.6	2.0	5.6	9.3	3.66

黏土矿物	SiO$_2$	Al$_2$O$_3$	Fe$_2$O$_3$	MgO	K$_2$O	H$_2$O	$\dfrac{SiO_2}{Al_2O_3}$
绿泥石	36.7	41.8	2.7	6.1	1.2	14.0	1.49
高岭石	46.5	39.5	1.1	0.3	0.3	13.9	1.97
多水高岭石	41.1	38.5	0.31	—	—	15.0	1.81
非晶质水铝英石	28.1	38.9	0.31	—	—	28.1	1.23

* Fithian 典型伊利石（威维尔和普拉德，1983）。

　　根据硅铝率比值，可以估算黏土矿物组成比率。通常理论值认为高岭石的硅铝率为
2，水云母为 3，蒙皂石、蛭石为 4。黏粒全量分析结果中某些阳离子如 Mg、K 是黏土
矿物鉴定的重要根据。不同类型的黏土矿物，其结晶水含量亦不同。土壤黏粒矿物结晶
水含量（以烘干土样为基数）除减去黏粒有机物质外，应与黏粒的烧失量相接近。黏
粒矿物由硅氧片和水铝片或有层间羟基铝或镁所构成。由四面体阳离子、八面体阳离子
到层间离子，它们与氧结合的阴离子配位数渐次增大，其离子性和水合程度亦按此顺序
增强，因而黏土矿物构造中，黏粒的硅铝率愈高，则烧失量愈小；反之，则愈大。黏粒
烧失量可用来核对黏土矿物组成。

　　CEC 值是黏土矿物的重要特征，不同黏土矿物吸附阳离子的方式不同，高岭石是
由于晶层边缘的断键，以及裸露于表面的 OH 基中 H 的交换性所致。水云母和绿泥石断
键仍居重要地位。此外，也有一部分是同晶置换。对蒙皂石和蛭石，断键便成了次要因
素，而晶层内的置换作用是主要的。表 1-5 表明了各种黏土矿物交换量的大致范围。

　　除了阳离子交换量来源不同影响交换量值外，还要考虑到颗粒大小，层间物的作
用，如云母颗粒外表面对交换量的贡献虽小，交换量可随颗粒变小而增大。伊利石交换
量增大部分是由于存在蛭石和蒙皂石混层所致。黏土矿物上黏附或包结的某些无定形物
质，如水铝英石，其正负电荷形成则是随介质 pH 改变，表面 Si-OH、Al-OH 或 Fe-
OH 基团两性解离或者 H 或 OH 离子的吸附而变化。

表 1-5　重要的黏土矿物阳离子交换量

黏土矿物	阳离子交换量（$\dfrac{mg\ 当量}{100g\ 土}$）
滑石	—
高岭石	3~15
水云母	10~40
绿泥石	10~40
埃洛石	40~50
蛭石	100~150
蒙皂石	80~150

（2）黏土矿物的 X 射线衍射谱

X 射线分析是黏粒矿物鉴定中最为主要的手段。由于土壤黏粒是多分散、多组分的体系，衍射强度与不同矿物晶体结构和结晶程度有关，使测定难以定量化。仅就矿物结晶程度而言，不同矿物差异很大，如土壤黏粒中常含的长石、石英、蒙皂石、高岭石、水云母、蛭石的结晶程度依次减弱，衍射强度也呈相应变化。因此，常规的鉴定只能做到定性或半定量的程度。

由于黏土矿物的底面最发育，很易择优定向，因而底面间距是各种黏土矿物的重要特征和判据。平行底面定向排列的黏土矿物标准样品和黏粒试样所产生的特征衍射峰数据（d 值和相对强度）即是判读的根据。在常规鉴定中，d 值为 18Å，属于蒙皂石，14.2Å 和 4.74Å 为蛭石。10Å、4.98Å 和 3.34Å 为水云母。7.15Å、3.56Å 为高岭石。9.3Å、4.66Å 和 3.12Å 为滑石。4.26Å 和 3.33Å 为石英。3.23 和 3.18Å 属于长石。有的衍射峰为两种黏土矿物所共有，例如 14.2Å 和 4.74Å 为蛭石和绿泥石；7.15Å 和 3.56Å 为绿泥石和高岭石。要想将具有重叠衍射峰的黏土矿物区分开，尚需将样品进行各种处理。同种黏土矿物有数个特征衍射峰，可以提高鉴定的准确性。衍射峰的强度与矿物类型有关，并按长石、石英、蒙皂石、高岭石、蛭石、水云母依次减弱，这和矿物的结晶程度和含量有一定的关系。因此，考虑到结晶程度的因素，可以根据衍射峰的强弱，粗略推算矿物类型和相对含量。鉴于已有半定量实验资料表明，由数量相等的各种黏土矿物混合所得的特征衍射峰强度之间有一定的比例关系。采用比例系数，按特征峰峰高或峰面积，大致可估算出黏土矿物的含量比率，粗略推算出矿物的相对含量。一般采用的比例系数是，蒙皂石 0.5，高岭石 1，水云母 2，伊利石 - 蛭石 2.5，伊利石 4（张俊民，1986）。

本书 X 射线衍射分析先后是在 PW1140 型、D/Max - rA 型 X 射线衍射仪用 CuKα 辐射进行分析，管压 40kV，管流 20 或 80（120）mA，样品扫描速度为每分钟 2°（2θ），发散狭缝 1/2mm，接受狭缝为 0.2mm。样品是将小于 2 或 1μm 的黏粒用镁饱和的甘油水溶液制成定向薄膜，部分样品并进行了镁和钾的饱和及 550℃ 处理。文中所列出的黏粒样品全部由镁 - 甘油处理（图谱 1 - 1a ~ c），粉砂粒级样品为粉末样（图谱 1 - 2a、b），扫描范围 3° ~ 32°2θ，可鉴别出土壤黏粒中主要的黏土矿物；从土壤剖面各层 X 射线衍射谱可比较出黏土矿物在剖面上的相对变化。

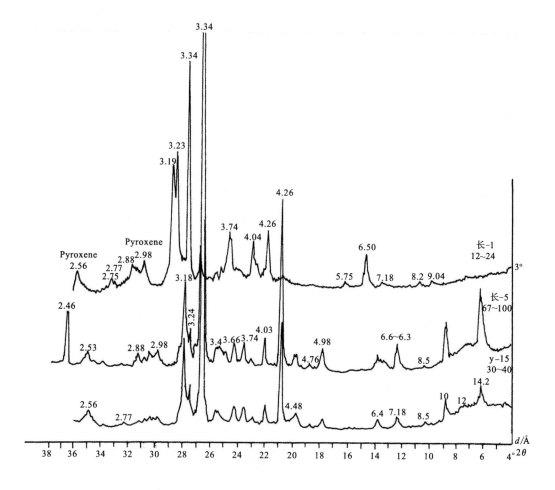

图谱 1-1a 土壤 1~5μm 样品 X 射线衍射谱（XRD）

（40kV/20mA Cukα 2°/min）

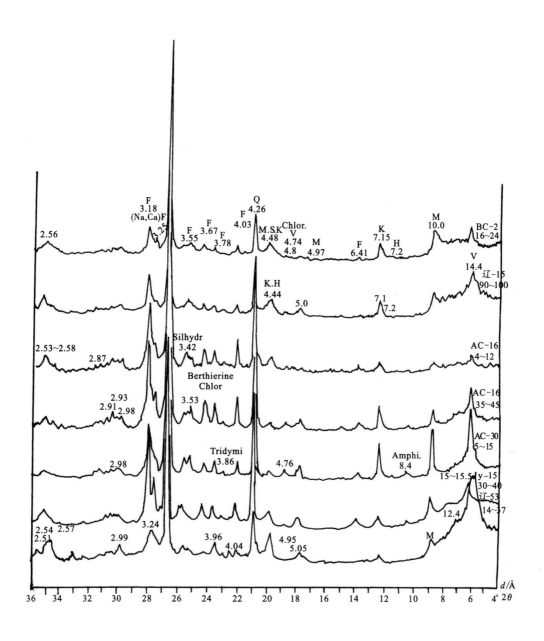

图谱 1-1b　土壤粉砂粒级（1~5μm）粉末样品 X 射线衍射谱（XRD）

（Cukα 40kV/20mA 2°/min PW1140 仪）

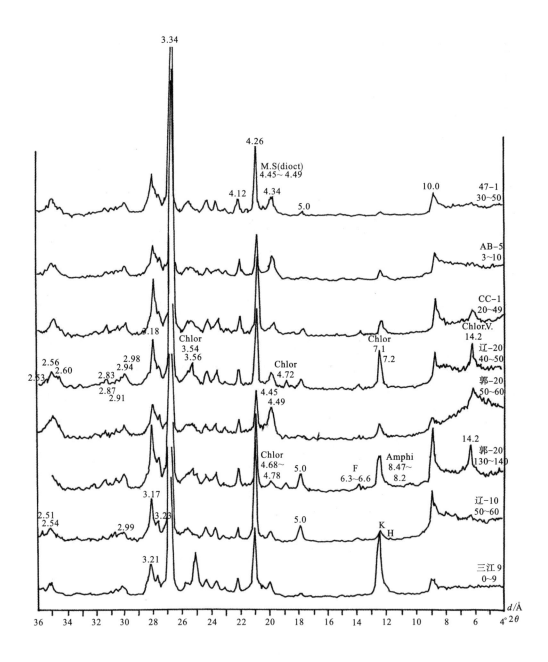

图谱 1 – 1c 土壤 1 ~ 5μm 粉末样品 X 射线衍射谱（XRD）

（40kV/20mA 2°/min）（测角仪转速 4×10³，PW1140 仪）

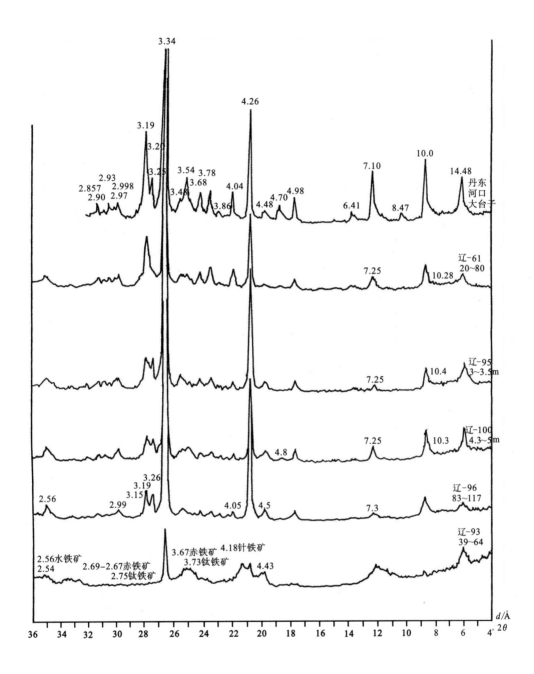

图谱1-2a　土壤粉砂粒级（2~10μm）粉末样品 X 射线衍射谱（XRD）

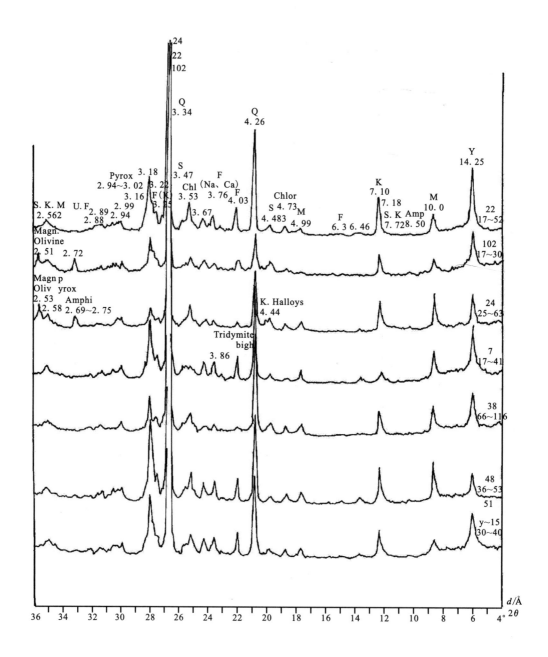

图谱 1−2b　土壤粉砂粒级（2~10μm）粉末样品 X 射线衍射谱（XRD）

表 1-6 土壤各粒级中可释放的非交换性钾（K_2O%）和 EUF 比值

剖面编号	土层深度/cm	颗粒粒径/μm				黏粒全钾量/%	黏粒可释放层间钾占全钾量/%	EUF 值*/NaTPB 值
		>10	5~10	1~5	<1			
辽-15	0~11A	0.32	0.62	0.95	0.14	1.70	8	分别在 1μm 和 1~5μm
建平（棕林）	15~25B	0.24	0.84	1.23	0.22	1.86	12.5	EUF 值各占 30.9%
	90~100C	0.25	0.80	1.45	0.48	2.10	23	和 1.72%
辽-10	0~14A	0.27	0.92	1.52	0.63	1.85	34	分别在 1μm 和 1~5μm
建平（淋褐）	25~35B	0.29	1.10	1.65	0.62	1.76	35	EUF 值各占 24%
	50~60B	0.30	1.26	1.52	0.67	2.10	32	和 1.14%
	80~90C	0.31	1.28	1.55	0.71	1.67	43	
辽-20	0~10A	0.28	0.78	1.39	0.68	2.20	31	分别在 1μm 和 1~5μm
建平（辽褐）	40~50B	0.28	0.83	1.37	0.54	2.36	23	EUF 值各占 11%
	80~90BC	0.29	0.93	1.44	0.70	2.30	30	和 1.11%
	110~120C	0.27	0.85	1.34	0.73	2.25	30	
辽-53	0~14A	0.34	0.90	1.38	0.25	1.77	14	分别在 1μm 和 1~5μm
朝阳/喀左	37~70BC	0.62	1.15	1.46	0.28	1.92	14	EUF 值各占 29.6%
（紫褐）	70~100C	0.62	1.14	1.45	0.31	2.26	14	和 2.32%
	4~16	0.34	0.55	0.20	0.16	2.20	7	分别在 1μm 和 1~5μm
BC-2 五营	24~39	0.42	0.62	0.45	0.33	1.90	17	EUF 值各占 30%
暗棕色森林土	40~50	0.75	0.85	1.00	0.16	1.93	8	和 20%
47-1	0~20	0.22	0.59	0.53				EUF 值各占 5% 和
九三农场	30~50	0.21	0.60	0.94	0.83	2.50	33	近 3%
草甸黑土	70~90	0.23	0.54	1.21	0.86	2.48	35	
	120~130	0.23	0.36	1.28	0.83	2.85	29	
Y-15	10~20	0.17	0.53	0.68	0.35			EUF 值各占 6% 和
饶河	30~40		0.55	0.91	1.04			2%
草甸白浆土	80~90	0.19	0.59	0.91	0.79			
	120~130	0.17	0.57	0.59	0.80			
	150~160	0.80	0.57	0.94	0.80			
AC-1	0~7	0.28	0.58	0.43	—			
饶河草甸	10~20	0.23	0.45	1.04	1.09	2.15	51	
白浆土	30~40	0.20	0.54	1.16	0.95	2.32	41	
	60~70	0.25	0.60	1.39	0.89	2.13	42	
	150~160	0.24	0.56	1.17	0.87			
AB-5	0~3	0.10	0.50		1.03			EUF 值各占 29%
安达浅位	3~10	0.20	0.52	0.45	0.70	2.89	24	和 6%
柱状碱土	25~35	0.14	0.52	0.89	0.48	2.81	17	
	85~110	0.24	0.61	1.14	0.23	2.95	8	

剖面编号	土层深度/cm	颗粒粒径/μm				黏粒全钾量/%	黏粒可释放层间钾占全钾量/%	EUF 值*/NaTPB 值
		>10	5~10	1~5	<1			
	168~205	0.42	0.50	1.28	0.27	2.38	11	
吉郭 20	10~20		0.49	1.22	0.95	2.35	40	EUF 值各占 24%
郭前旗	50~60		0.50	0.95	0.86	2.20	39	和 6%
	80~90		0.68	1.44	1.25	2.10	60	
盐化草甸土	130~140		0.74	1.62	1.00	2.06	49	
CC-1	0~20		0.26	1.06	0.70			
长春	20~49		0.20	1.15	0.70	2.48	28	
草甸黑土	49~86		0.24	1.27	0.67	2.28	29	
	86~168		0.30	1.50	0.72	2.10	34	
	168~200		0.33	1.64	0.92	2.25	41	
双-24	0~10	0.15	0.50		0.23	2.40	10	EUF 值在 <1μm 中
九三农场	47~57	0.14	0.51		0.23	2.35	10	占 17.3%
深厚黑土	110~120	0.18	0.62		0.16	2.38	7	
AC-16	4~12	0.42	0.43	0.67	1.36			在 1~5μm 中,
宁安火山灰土	35~45	0.42	0.52	0.63	1.38			EUF 值占 2%
AC-30 草河口	5~15	0.65	1.02	0.74	0.83			在 1~5μm 中,
山地棕壤	55~65	1.02	1.12	0.98	0.91			EUF 值占 0.7%
57-K-67	0~10				0.64	2.24	29	
拜泉	15~25				0.71	2.15	33	
深厚黑土	70~80				0.84	2.23	38	
	130~140				0.45	2.40	19	
宝泉岭	0~10				0.34	2.00	17	
黑土	15~25				0.50	1.69	30	
	31~41				0.67	1.64	41	
57-K-49	0~10				0.84	3.30	26	
集贤	18~28				0.80	2.66	30	
草甸黑土	40~50				0.89	2.40	37	
	80~90				0.78	2.60	30	
	145~155				0.85	2.33	37	
哈-78	0~10				0.63			
哈尔滨	10~20				0.87	2.34	37	
草甸黑土	80~90				0.84	2.56	33	
黑河-5	0~14				0.55	2.04	27	
黑河中厚	30~40				0.83	2.08	40	
黑土	75~85				0.77	2.01	38	

剖面编号	土层深度/cm	颗粒粒级/μm				黏粒全钾量/%	黏粒可释放层间钾占全钾量/%	EUF 值*/NaTPB 值
		>10	5~10	1~5	<1			
	125~135				0.79			
黑河-3	5~15				0.30	1.44	21	
黑河潜育	40~50				0.64	1.26	51	
草甸土	65~75				0.68	1.40	49	
AC-39	0~10				0.56	2.86	20	
赤峰	20~30				0.55	2.73	20	
碳酸盐褐土	65~75				0.69	1.33	52	
	125~135				0.86	1.44	60	

* 电超滤 EUF 研究辽西土壤有效养分和潜效性养分详见第 11 章。并附 12 个黏粒样的 EUF 结果和图。

表 1-7 12 个细粉砂和黏粒样的 EUF - K，- Na 结果和图示

序号	样 号	电压 V/电流 mA			K，mg/100g 样品				Na，mg/100g 样品			
		I	II	III组分	I	II	III组分	总计	I	II	III组分	总计
3	Y-15，<1μm	$\frac{50}{3 \nearrow 10}$	$\frac{200}{10}$	$\frac{40}{10}$	10.95	9.54	4.20	24.69	3.61	0.91	0	4.52
	Y-15，1~5μm	$\frac{50 \nearrow 200}{3 \nearrow 5}$	$\frac{200}{5}$	$\frac{400}{5 \nearrow 10}$	3.07	2.97	3.35	9.39	1.92	0.66	0.39	2.97
5	BC-2，<1μm	$\frac{50 \nearrow 200}{5 \nearrow 10}$	$\frac{200}{10}$	$\frac{400}{10 \nearrow 40}$	6.06	6.30	5.49	17.85	0.82	0.39	0	1.21
	BC-2，1~5μm	$\frac{50}{10 \nearrow 15}$	$\frac{40}{15}$	$\frac{400 \searrow 210}{111 \nearrow 150}$	4.17	4.90	8.12	17.19	0.84	0.40	0.21	1.45
2	AB-5，<1μm	$\frac{50 \nearrow 200}{10}$	$\frac{200}{15}$	$\frac{400}{50}$	17.76	25.40	14.69	57.49	4.14	1.09	0	5.23
	1~5μm	$\frac{50 \nearrow 200}{10}$	$\frac{200}{10 \nearrow 15}$	$\frac{400}{40}$	8.67	8.98	5.30	22.95	2.81	0.56	0.56	3.93
4	47-1，<1μm	$\frac{50 \nearrow 200}{5}$	$\frac{200}{7}$	$\frac{400}{10}$	5.63	7.42	3.46	16.51	6.66	2.83	0.21	9.70
	1~5μm	$\frac{50 \nearrow 90}{7 \nearrow 15}$	$\frac{80}{15}$	$\frac{400}{90 \searrow 80}$	2.74	2.97	3.53	9.24	1.35	0.74	1.27	3.36
1	J-20，<1μm	$\frac{25}{15}$	$\frac{30}{15}$	$\frac{360 \searrow 180}{150}$	22.26	29.68	31.60	83.54	8.64	7.46	2.86	18.96
	1~5μm	$\frac{50 \nearrow 200}{5 \nearrow 13}$	$\frac{200}{13 \searrow 5}$	$\frac{400}{8}$	8.95	8.80	6.04	23.79	8.05	2.15	0.38	10.58
6	17293 AC-16，1~5μm	$\frac{50 \nearrow 105}{7 \nearrow 15}$	$\frac{100 \nearrow}{15}$	$\frac{400 \searrow}{150}$	1.77	1.64	1.99	5.40	6.26	3.26	1.09	10.61
	AC-30，1~5μm	$\frac{50 \nearrow 200}{3}$	$\frac{200}{3}$	$\frac{400}{7 \nearrow 12}$	1.22	0.89	0.53	2.64	2.68	0.91	0.74	4.33

组分 I 为 0~10min，II 为 10~30min，III 为 30~35min。

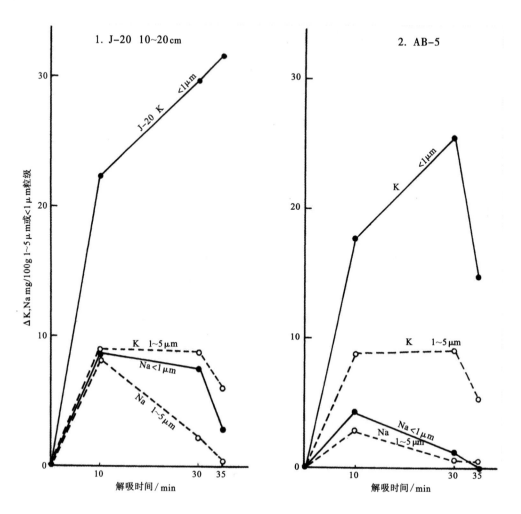

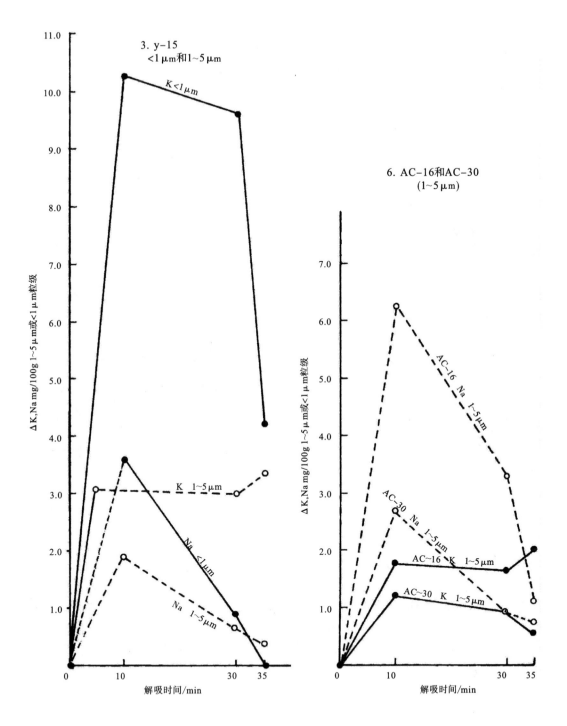

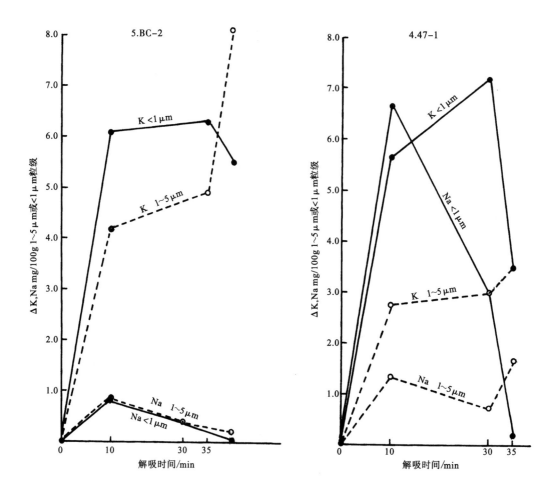

　　由表 1－6 可知土壤各粒级中可释放的非交换性钾和 EUF/NaTPB 值，另由表 1－7 中 12 个细粉砂和黏粒样 EUF K、Na 结果和 EUF 图可知：作物可利用速率（EUF 值）和相对利用潜力（EUF/NaTPB 值）：黏壤质黄土性淤积物上的碱土（AB－5）＞河漫滩泛滥地冲积物吉郭草甸盐土（J－20）＞河湖黏土沉积物上的白浆土（Y－15）＞冲洪积黄土状黏土草甸黑土（47－1）。花岗岩残坡积物上暗棕壤（BC－2）＞吉林镜泊湖钙碱性玄武岩残坡积物上的棕壤（AC－16）＞辽宁草河口千枚岩残积物上的棕壤（AC－30）。

第二章 长白山北坡火山灰土壤

长白山位于本区东北部的边境地区，隔鸭绿江与朝鲜相邻，在地貌上属东部山地长白山熔岩高原与中山范围，主峰白头山海拔2700m，是我国东北地区的最高峰，按地貌特征，山体可分为白头山火山锥体、熔岩台地及山麓斜坡过渡地带。海拔1800m以上为白头山火山锥体，为多次喷发形成的复合型火山锥。主要岩类以碱性粗面岩、粗面质浮岩和粗面质凝灰角砾岩及火山灰最多，经^{14}C年龄测定，在天池林场一带白色浮岩下近代碳化木为（1120±90）年。大约在距今1200年前，这座火山又发生了一次特大规模的七级喷发，以至如今还能在日本岛找到5~6cm厚的那次喷发的火山灰。此后仍有多次规模不大的喷发，从火山学的概念考虑，长白山仍属于活火山（刘嘉麒，1998）。山麓斜坡具高原型，为海拔1100~1800m的倾斜熔岩高原，底岩有多孔的玄武岩、黑曜石、粗面岩、凝灰岩、火山集块岩，上部都覆盖有火山灰（及火山砾和火山弹）。海拔600-~1100m为地势较平缓的玄武岩熔岩台地，台地上阶地多由粗细砂粒的火山灰、火山砾和浮石砾等构成。

长白山地区属受季风影响的温带大陆性山地气候，气温随海拔升高而降低，山下部≥10℃的积温持续期120~154d，山顶≥10℃的积温持续期约10d；全年降水量为600~1340mm，山顶平均为1340mm，由于长白山山体高大，迎海洋暖气流一侧较背风一侧降水量丰富。

由于受海拔高度、地质地貌及气候等因素影响，长白山区的土壤分布具有明显的垂直带谱，从山顶到山麓土壤依次为苔原土、山地生草土、山地棕色针叶林土、山地暗棕色森林土及山地白浆化暗棕色森林土。

本章研究了长白山北坡土壤垂直带六个主要火山灰土壤剖面的土壤矿物组成及其化学特性。

第一节 土壤自然地理条件特征

土壤的成土条件和剖面构造按照不同海拔高度、地形和植被类型选择了六个主要剖面。它们的成土条件、海拔高度和植被类型见图2-1；表2-1。

如图2-1和表2-1所示，长-1所处地形位置在火山锥体中部，坡度陡峭，气温低，风力大，≥10℃积温持续期仅10d，夏半年降水占全年降水75%以上，矮灌木苔原景观，有土壤崩塌，牛皮杜鹃群落生长旺盛，表土根系茂密，土壤结持力松散，土层排水性好，表土层呈团块结构，保湿性较强，形成稳定的Ao-A-C剖面层，为火山碎屑岩上发育的幼年（原始）苔原土。

长-2所处地形位置在火山锥体下部，为长年气候干冷的森林上限，牛皮杜鹃岳桦矮疏林植被，下为枯枝落叶层，表土层有机质积累较多，呈坚韧团粒结构，黄棕色底土层中可分化出粗根交错的心土层，B层结构不明显，形成稳定的L-A-AC-C剖面层，为火山灰砂上发育的山地生草森林土。

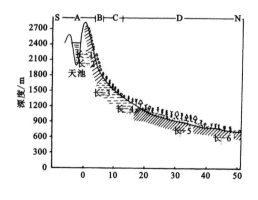

图 2 - 1a　自然景观带示意图

A. 矮灌木苔原带；B. 亚高山岳桦林带；

C. 针叶林带；D. 针阔混交林带

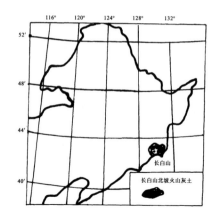

图 2 - 1b　供试土区位置示意图

表 2 - 1　长白山北坡主要土壤的成土条件和剖面构造

土　　壤	剖面号	地　　形	坡度或坡降	母　　质	年温/℃	年降水/mm	垂直地带及植被类型	剖面构造
山地苔原土	长 -1	火山锥体中部	陡。15°	棕色火山灰砂砾			矮灌木苔原带高山	Ao, A, C
					200	1300	笃斯牛皮杜鹃群落	
					500	1100		
山地生草森林土	长 -2	火山锥体下部	陡。10°	黄棕色火山灰砂坡积石砾	500	1100	亚高山岳桦林带牛	L, A, AC, C
					1000	1000	皮杜鹃岳桦林	
山地棕色针叶林土	长 -3	山麓玄武岩熔岩高原冲积台地	缓。5%	灰色火山灰砂	1000	1000	针叶林带杜香	L, Ah (Ae), AB,
					1500	800	落叶松林	(B$_f$), BC, C
山地棕色针叶林土	长 -4	山麓玄武岩熔岩高原冲积台地	缓。5%	冲积性灰色火山灰砂	1000	1000	针叶林带红松、云	L, Ah (Ae),
					1500	800	冷杉、白桦林	(B$_f$), BC, C
山地白浆化暗棕色森林土	长 -5	山前玄武岩熔岩台地	—	黏质黄土状火山灰冲积沉积物	1500	800	针阔混交林带阔叶	L, Ah, Aw, B$_f$, C
						700	红松林	
山地暗棕色森林土	长 -6	山前玄武岩熔岩台地	—	灰色火山灰冲积物	>1500	800	针阔混交林带	Ah, AB, B, C
						700	赤松、红松、落叶松、云杉、白桦	

　　长 -3 和长 -4 所处地形为山麓熔岩高原冲积台地，属寒温夏凉湿润的针叶林气候，针叶林残落物和苔藓覆盖物使土体有暗褐色腐殖质层和比较明显的"灰色现象"、红棕色结构明显的似淀积层，形成 L - Ah - (Ae) - AB - (B$_f$) 和 BC 层。

　　长 -4 地形比较平缓，土壤母质为冲积性砂层，有阔叶白桦林参入，土壤结持力松散，灰色层不甚明显，土层季节性滞水，形成具 L - Ah - Aw - (B$_f$) - C 层的山地棕色森林土。

长-5 和长-6 所处地形为平缓的玄武岩熔岩台地，母质为第二阶地黄土状火山灰冲积物，属长冬夏凉湿润气候，针阔叶混交林茂密，结构层次多，郁闭度大，长-5 发育在冲积层母质上，良好的 L - Ah - Aw - B_f - C 剖面层，黑暗色腐殖层，结构由细粒-块状-棱块，结持力由松散-紧实-极紧实逐渐过渡，是山地暗棕色森林黏磐土。长-6 母质带有多次洪水搬运的沉积特征，底层是质粗的火山灰砂，剖面 Ah - AB - B - C，层次发育不明显，结持力松散，为冲积土，暗色腐殖层的界面很不明显，为突变平滑层界，可由此看出剖面受有冲积影响，长-6 为冲积物上幼年山地棕色森林土。

由表 2-2 土壤剖面形态特征可以看出，剖面土层浅薄，发育差，颜色和结构无明显过渡，土壤多呈棕黑色；剖面结构大多为 A - C 型，容重低，长-4 和长-6 可能受有不同程度冲积过程的影响。

表 2-2　土壤剖面形态特征

剖面号	土层深度/cm	颜色	结构	结持力
长 1	0 ~ 12	极暗红棕 5YR 2/3	团块	松散
	12 ~ 34	灰黄棕 10YR 6/2	块状	松散
长 2	0 ~ 16	灰橄榄 5Y 5/2	细粒	稍紧
	16 ~ 50	灰黄 2.5Y 6/2	块状	稍紧
	50 ~ 70	亮黄棕 10YR 6/6	块状	稍紧
长 3	3 ~ 8	极暗棕 7.5YR 2/3	细粒	松散
	11 ~ 16	淡灰 5Y7/1	小块	松散
	23 ~ 36	浊黄棕 10YR 4/3	碎石、小块	松散
长 4	5 ~ 12	暗橄榄 5Y 4/3	小块	松散
	38 ~ 90	橄榄棕 2.5Y 4/3	小块、碎石	松散
长 5	5 ~ 17	黑棕 7.5YR 2/2	细粒	松散
	17 ~ 35	浅淡黄 2.5Y 8/3	块状	紧实
	35 ~ 67	橙 7.5YR 6/6	棱状	极紧实
	67 ~ 100	灰黄 2.5Y 7/2	明显棱状	极紧实
长 6	5 ~ 8	极暗棕 7.5YR 1/3	细粒	松散
	8 ~ 30	灰 5Y 5/1	碎石、细粒	松散
	30 ~ 50	灰黄棕 10YR 5/2	碎石、细粒	松散

第二节　土壤的物理和化学性质

一、颗粒组成

将田间风干样，用木杵粉碎，经 1mm 筛孔、超声波分散，用揉磨和化学分散处理

（2% Na_2CO_3 煮沸 5min 和稀酸），使在 pH 9 和 pH 3 条件下，采用沉降法分离粒级，用 NaCl 使之絮凝，60℃ 恒温水浴上烘干，称重（叶炳等. 土壤理化分析. 科学出版社，1983）。

由表 2-3 可见，剖面具有以下的特点：①土壤风化程度弱，>1mm 粒级的石砾含量很高，除 >1cm 的粗火山碎屑外，<1mm 粒级中粒度多在 0.01mm 以上，属砂粒级和粉砂粒级，黏粒含量低。②组成在剖面上分异大：长-1 表层风化弱，细粒质少；长-4 和长-6 底土层 <1μm 粒级仅 <1% 左右。长-5 为黄土状火山灰冲积沉积物，黏粒含量高，除表层外，B 和 C 层高达 50% 以上，且 75% 以上多集中在粉砂级以下；剖面长-3、4 和 6 都有二重型母质特征。

表 2-3　土壤机械组成

剖面号	深度/cm	石砾占总重/%（直径/mm）石砾 >1	颗　粒（直径 mm）/%							物理性黏粒/% <0.01	土体容重/mgM^{-3}
			砂			粉砂			黏粒		
			1.00~0.25	0.25~0.1	0.1~0.05	0.05~0.01	0.01~0.005	0.005~0.001	<0.001		
长-1	0~12	26	43.5	38.8	7.7	8.0	1.2	0.8	2	3.6	0.54
	12~34	70	6.4	38.8	22.8	22.8	1.1	1.1	7.0	9.9	0.85
长-1*	0~9	—	35.9	22.9	22.9	13.9	1.8	0.6	2.7	5.1	—
	9~14	—	40.0	21.4	19.6	14.2	1.3	0.5	3.0	4.8	—
长-2	0~16	—	17.7	10.5	24.2	25.8	9.7	3.3	8.8	21.8	0.36
	16~50	—	21.1	14.1	15.8	33.3	3.5	6.1	6.1	15.7	0.80
	50~70	—	25.0	16.2	16.3	28.3	2.7	6.5	5.0	13.2	0.76
长-3	3~8	10	28.5	18.5	14.6	10.6	5.9	9.3	12.6	27.8	0.53
	11~16	50	41.2	16.9	18.4	12.5	2.6	3.0	5.4	11.0	0.71
	23~36	50	85.5	4.0	4.6	3.5	1.2	0.6	0.6	2.4	0.64
长-4	5~12	20	46.0	14.0	9.3	12.0	8.0	3.7	7.0	18.7	0.66
	38~90	24	93.8	1.6	1.3	2.5	0.4	0.2	0.2	0.8	0.86
长-5	5~17	—	20.7	5.9	8.9	19.3	8.2	5.9	31.1	45.2	0.58
	17~35	8.3	8.2	2.9	4.4	37.8	7.9	22.1	16.7	46.7	1.26
	35~67	—		1.3	1.8	20.4	6.8	14.8	54.9	76.5	1.04
	67~100	—		1.6	1.4	19.6	6.2	13.4	58.4	78.0	—
长-6	5~8	20	60.3	8.1	7.3	11.8	3.7	1.5	7.3	8.8	—
	8~30	26	84.1	4.2	2.9	7.2	0.4	0.8	0.4	1.6	—
	30~50	44	87.8	3.6	3.2	4.7	0.3	0.2	0.2	0.7	—

* 剖面长-1采自火山锥体山顶缓坡海拔 2200m。

表 2-4　土壤黏粒（<2μm）比表面积

土壤剖面代号	深度/cm	总表面积（$S_总$）	外表面积（$S_外$）/（m^2/g）	内表面积（$S_总-S_外$）	内/总（$S_内/S_总$）
长-1	0~12	70	126	-56	-0.80

土壤剖面代号	深度/cm	总表面积（$S_总$）	外表面积（$S_外$）/（㎡/g）	内表面积（$S_总-S_外$）	内/总（$S_内/S_总$）
	12 ~ 24	66	88	-22	-0.33
长 - 2	0 ~ 16	120	129	-9	-0.08
	16 ~ 50	194	112	82	0.42
	50 ~ 70	277	91	186	0.67
长 - 3	3 ~ 8	330	143	187	0.57
	11 ~ 16	200	84	116	0.58
	23 ~ 36	120	74	46	0.38
长 - 4	5 ~ 12	262	70	192	0.73
	38 ~ 90	68	74	-6	-0.10
长 - 5	5 ~ 17	130	76	54	0.42
	17 ~ 35	252	71	181	0.72
	35 ~ 67	270	57	213	0.79
	67 ~ 100	210	71	169	0.80
长 - 6	5 ~ 8	90	82	8	0.09
	8 ~ 30	210	78	162	0.77
	30 ~ 50	210	60	150	0.71

火山灰土壤颗粒组成作为土壤物理性质指标有别于其他土壤：①测定结果不稳定，如长 -1 和长 -2 富含风化浮石，易受力酥碎。②非晶质混合物胶凝而不易分散，变干易黏结。样品虽经脱絮凝分散，调节介质 pH 值至 3.5 和 9 后先后提胶，亦难以全部提净。

土壤容重低，除长 -5 底层容重 1.04 ~ 1.26MgM^{-3} 外，均在火山灰土壤诊断特性定义确定的 0.90MgM^{-3} 的标准范围内。腐殖质层容量最低，达 0.5MgM^{-3}，这与腐殖质含量高和火山灰土多孔母质密切有关；心土层较底土层略高，与土层中的淋溶状况和浮石、火山灰的风化程度较强有关。长 -5 底层容重超过上述火山灰土壤标准，但仍较一般土壤的容重低。

二、黏粒的比表面积

用 EGME 法测得从火山灰土壤中分离出的水铝英石黏土的比表面积（$S_总$）约 500 ~ 600m^2/g，伊毛缟石在 1000 ~ 1100m^2/g，风化浮石可以超过 600m^2/g，而非风化的浮石通常低于 100m^2/g；针铁矿（FeO·OH）为 40 ~ 50m^2/g；超微蛋白硅的团聚结构一般直径在 0.15 ~ 0.35μm 内，而硅石（SiO$_2$·4H$_2$O）则为 10m^2/g（Koji Wada and Harward，1974；Maeda and Soma，1978）。膨胀性层状硅酸盐经 550℃ 处理，晶层收缩得外表面积（$S_外$）；用 $S_总$ 减去 $S_外$ 得黏土晶层间膨胀的比表面积（$S_总-S_外$）指数，即 $S_内/S_总$，蒙皂石为 0.7 ~ 0.8，1:1 型高岭石为 0.5 ~ 0.6。日本、新西兰火山灰土黏粒在 0.5 左右变动，600℃ 热处理无吸热峰，脱羟基作用不明显，即有大量无定形硅酸盐，有很多离散的硅土，是水铝英石的成分（Field，1996）；<0.2μm 黏粒在 900℃ 才有一强放

热峰，即水铝英石脱羟基分解为水合硅土和水合铝土（Aomine，1964）。非晶质蛋白硅亚微团聚体在 300～500℃ 下，表面 OH⁻ 团连续失水，无明显放热峰（Wilding、Smeck、Drees，1977），伊毛缩石在 420℃ 下，微量 DTA 上有一小而明显的脱结构水的吸热反应。由此可见，600℃ 下外表面积测定对晶质和非晶质黏粒的作用是不同的。

由表 2－4 可见，本区火山灰土壤黏粒（＜2μm）的表面积测定结果是 $S_{总}$ 和 $S_{内}$ 均较小，而 $S_{内}/S_{总}$ 在各土层的分异很大。除土壤属幼年风化，黏粒较粗的基本原因外，与火山灰土黏粒组成有关。长－1 总表面积小，多含未风化浮石；4C 和 6A 亦有此类土层。长－2、长－3 和长－5 的表层比表面积（$S_{内}/S_{总}$）一般较低，在 0.3 和 0.7 之间，此和日本、新西兰火山灰土壤在 0.5 左右的结果相近，这是由于一般火山灰土黏粒含非晶、次晶物质较多，2:1 层状硅酸盐少，使外表面积相对增大。长－1 和长－2、长－4 和长－6 的有些土层则不同；$S_{内}/S_{总}$ 呈负值，即 $S_{外}$ 甚至大于 $S_{总}$，原始非晶组分很高，可能还包括有似水铝英石在内，经 550℃ 脱水后，发生脱羟基作用，离散成无定形小球体，此具热不稳定性的成分可使吸附剂（EGME）在其表面成加和吸附，导致 $S_{外}$ 反而增大，从而比表面积指数呈负值；在多孔的浮石类物质中尤为明显。长－2 中 2AC 和 2C 含多水高岭石和次晶质水铝英石组分高，$S_{内}/S_{总}$ 也就增高。非晶无定形物质中包括有非晶质铝、铁，并有结构不稳定的含水硅化物，长－3 B_f 和 4C 灰色火山灰砂中，除伊毛缩石外，水合硅化物等非晶物质几乎不含层状硅酸盐（参见以后章节），因而 $S_{内}/S_{总}$ 小；长－6 A 层新冲积层，晶质铁、非晶质铁多，$S_{内}/S_{总}$ 亦低。长－5 B_f 和 C 层 $S_{内}/S_{总}$ 为 0.8，近于蒙皂石的特征，此与其 2:1 层状硅酸盐含量高相吻合；表层低达 0.42，仍可能受火山灰砂非晶、次晶物质组分的影响。

各剖面垂直分布上 $S_{内}/S_{总}$ 比率也反映出幼年火山灰土矿物风化程度和成土过程及环境的影响。长－1 在其冷湿条件下多有未风化的浮石，非晶铁、铝积累少。长－2 多孔浮石在温度、湿度和排水较好条件下，表层有机质－非晶铝、铁复合，随剖面向下次晶质水铝英石和多水高岭石增高。长－3 灰色火山灰砂在排水好的条件下，火山玻璃有蛋白硅、次晶伊毛缩石形成，随剖面向下而减少，B_f 层非晶物质相对较多，是原始未风化粗火山碎屑物二重母质所致，并非灰土化过程。长－4、长－5 和长－6 除 4C 和 6A 属二层型冲积的原始火山灰砂外，冲积沉积性火山灰母质上形成的长－5 成土作用强，含膨胀性层状硅酸盐组成高。因此，总的趋势是随纬度降低，生物水热条件改变，$S_{内}/S_{总}$ 比率增高，矿物的有序度呈增高趋势。

三、化学性质

由表 2－5、表 2－6 可见，土壤一般呈弱酸－中性，pH 值随土壤深度增加而渐增，属火山碎屑岩早期成土风化阶段。表层腐殖质含量除剖面长－4 冲积性火山灰母质发育较差外，均 ＞6%。长－5 高达 25%。交换性盐基含量为 Ca^{2+} ＞ Mg^{2+} ＞＞ Na^{+} ≥ K^{+}；交换性 Ca^{2+} ＋ Mg^{2+} 占交换性盐基总量 80%～90%。交换性 Na^{+} 和 K^{+} 含量并随土层母质组成而异。阳离子交换量在各腐殖质层都很高。在盐基饱和度分布上，尽管腐殖质层有钙、镁盐基积累，随剖面向下仍呈增长趋势也与母质组分有关；长－2 AC 和 C 层盐基饱和度与 pH 值不呈正相关，此与火山灰土壤中特有的可变电荷特性有关。长－5 Aw 层盐基饱和度 ＜50%，土壤并受有较强的酸性淋溶过程。

表2-5 土壤酸度状况

土壤剖面代号	深度/cm	有机质/g/kg	pH			交换性酸/[cmol（+）/kg]			CEC*	铝饱和度%	磷酸盐吸持%
			H₂O	KCl	NaF	H⁺	1/3Al³⁺	总量			
长-1	0~12	61.90	5.53	4.49	9.03	1.97	0.20	2.17	9.44	2.08	33
	12~24	19.80	6.02	5.10	9.64	1.71	0.19	1.90	4.20	4.33	15
长-2	0~16	50.80	5.77	4.70	9.65	1.06	1.74	2.80	11.74	12.91	50
	16~50	22.80	5.68	4.93	11.50	1.16	0.88	2.04	11.33	7.21	78
	50~70	11.00	5.84	5.01	9.10	0.45	0.65	1.10	7.85	7.65	62
长-3	3~8	185.70	4.65	4.11	7.37	1.34	1.30	2.64	38.69	3.25	33
	11~16	23.50	5.43	4.49	8.11	0.50	0.14	0.64	6.54	2.10	30
	23~36	9.20	6.09	4.96	9.81	1.16	0.53	1.69	2.87	15.59	35
	36~50	5.00	6.30	5.30	—	0.20	0.30	0.50	—	—	—
长-4	5~12	15.00	5.93	4.87	10.21	0.43	0.36	0.79	6.72	5.09	32
	38~90	2.20	6.32	5.42	9.37	0.51	0.48	0.99	1.73	21.72	24
长-5	5~17	253.40	5.86	4.77	8.16	0.10	0.85	0.95	65.87	1.27	38
	17~35	32.50	5.69	4.21	8.80	0.07	2.97	3.04	11.85	20.04	46
	35~67	6.70	5.40	3.95	8.98	3.00	7.35	10.35	27.74	20.75	62
	67~100	6.60	5.16	3.87	8.82	3.13	7.99	11.12	36.20	18.10	67
长-6	5~8	62.50	6.07	5.42	7.88	0.30	0.26	0.56	14.45	1.77	18
	8~30	30.20	6.43	5.42	8.43	0.46	0.40	0.86	3.75	9.64	20
	30~50	3.20	6.60	5.31	8.16	0.63	0.76	1.39	2.37	5.85	15

* NH₄OAC 蒸馏法。

表2-6 土壤代换性阳离子组成

土壤剖面代号	深度/cm	有机质/g/kg	黏粒/%	阳离子交换量/[cmol（+）/kg]	交换性阳离子/[cmol（+）/kg]					盐基饱和度/%
					总量	K	Na	1/2Ca	1/2Mg	
长-1	0~12	61.90	2.00	9.44	5.91	0.27	0.56	4.44	0.64	62.60
	12~24	19.80	7.00	4.20	2.44	0.26	0.32	1.47	0.39	58.10
长-2	0~16	50.80	8.80	11.74	6.22	0.35	0.40	4.11	1.36	52.98
	16~50	22.80	6.10	11.30	2.42	0.27	0.19	0.98	0.98	21.35
	50~70	11.00	5.00	7.85	2.22	0.16	0.22	1.21	0.63	28.28
长-3	3~8	185.70	12.60	38.67	16.21	0.30	0.32	12.31	3.28	41.89
	11~16	23.50	5.40	6.54	4.12	0.17	0.19	2.64	1.12	62.99
	23~36	9.20	0.60	2.87	2.16	0.13	0.17	0.98	0.88	75.26
	36~50	5.00	—	—	1.68	0.30	0.26	0.80	0.32	—
长-4	5~12	15.00	7.00	6.72	3.03	0.25	0.33	1.44	1.01	45.08
	38~90	2.20	0.20	1.73	1.69	0.31	0.19	0.78	0.41	97.68
长-5	5~17	253.40	31.10	65.87	58.53	0.27	0.54	40.38	17.34	88.86
	17~35	32.40	16.70	11.85	5.37	0.17	0.16	3.18	1.86	45.32

土壤剖面代号	深度/cm	有机质/g/kg	黏粒/%	阳离子交换量/[cmol（+）/kg]	交换性阳离子/[cmol（+）/kg]					盐基饱和度/%
					总量	K	Na	1/2Ca	1/2Mg	
	35~67	6.70	54.90	27.74	15.22	0.40	0.54	9.03	5.25	54.97
	67~100	6.60	58.40	36.20	19.77	0.60	0.74	9.51	8.92	54.61
长-6	5~8	62.50	7.30	14.45	12.66	0.16	0.42	8.77	3.31	87.61
	8~30	30.20	0.40	3.75	3.40	0.22	0.32	2.22	0.64	90.66
	30~50	3.20	0.20	2.37	2.34	0.21	0.24	1.51	0.38	94.51

各土壤的 pH（H_2O）一般在 5.5 以上，仅长-3 A 层低达 4.65，除长-5 外均随剖面向下而增高，pH（KCl）是土壤永久负电荷引起的酸度（交换性 H^+ 和 Al^{3+}）被交换进入溶液。pH（KCl）值一般较 pH（H_2O）值低 1 个单位左右。2AC、3A 和 6A 层两者差值低达 0.54~0.75，土壤胶体表面的静正电荷相对高，主要是游离铁、铝水化物阴离子交换能力较高所致；而 5Aw、5B 和 5C 的差值高达 1.48，土壤胶体表面同晶替代所致的永久负电荷高，主要是层状硅酸盐矿物含量高所致。交换性酸度除腐殖质层外均甚低，随剖面向下，矿物风化和腐殖质络合淋溶弱。土壤剖面发育差和异源母质使长-3、长-4 和长-6 交换性酸和 pH 值变化不相一致；长-5 BC 和 C 层随交换性 Al^{3+} 增高而交换性 H^+ 有显著增加。土壤氯化钡-三乙醇胺（pH 8.2）浸提性酸含量表明土壤的可变负电荷高（参见第四节）。pH（NaF）值高，长-2 和长-4 达 10~11.5，长-1 和长-3 B_f 则 >9.6。由于与活性基团有很大亲和力的 F^-，可取代配位的 OH^-，F^- 和土壤非晶物质进行配位体交换反应的结果，使 pH 值有所增高。磷酸吸持量一般均 >25，与活性 Al 存在有关，可能尚有部分活性铁的贡献，也与层状硅酸盐矿物晶格中 Al 的存在形态有关（Blackmore，1981）。

第三节 土壤的矿物学特性

为了解土壤成土母质矿物性质，即火山岩母质的斑晶和基质成分，火山碎屑物的岩屑-晶屑-玻屑内部的矿物组成和它们在表生作用过程的存在形态，就火山碎屑物（成土物质）的分级粒度、火山砾（>2mm 土壤砂粒级）、火山灰（粗火山灰 2~0.25mm 中砂粒级、细火山灰 0.25~0.05mm 细砂粒级）、火山尘（<0.05mm 粉砂和黏粒级）进行了矿物组成分析，进一步探讨了土壤矿物学性质上的继承性变化。在 20~100 倍 PM 镜下进行了剖面薄片岩性观察。用油浸法按折射率对细砂粒级（0.1~0.05mm）的晶屑和玻屑进行了矿物鉴定和计数。用 X 射线粉末衍射对两种不同火山碎屑物土壤中砂粒级岩屑（0.25~0.1mm）做了晶性鉴定，并对细粉砂和黏粒样进行了综合鉴定。

一、薄片观察

剖面长-1 母质层 C（PM）（照片 2-1~2-21） 12~34cm 棕色火山灰砂砾

——半风化碱性粗面岩体，近乎平行排列的浅棕色正长石微晶（0.2mm）内含细条状斜长石晶屑（0.02～0.1mm），斜长石成杂乱密集分布，并有少量不透明辉石磁铁矿充填，偶见闪石、透长石斑晶（0.2～0.3mm）（PM 照片 2-1）。棕褐色基质中，辉石等暗色矿物较多，并密集有细微条状斜长石隐晶，斜长石微晶少，基质呈带有突起微孔的球粒状（0.2mm 大小），偶见橄榄石晶屑（0.2mm）（PM 照片 2-2）（SEM 1 和 SEM 2）。

0～12cm　腐殖层 A　棕色火山灰砂砾风化的碱性粗面岩体，隐晶质玻璃基质和有机残体成松散团聚，菌根和根系伸入基质（SEM 3）。有的孔面基质溶蚀而裸露的多孔正长石和透长石（<0.05mm），边缘色散强，基质铁质化，孔洞变大，多 0.5～0.2mm 不规则孔洞，孔面和基质内多针铁矿微晶（PM 照片 2-3），有的碱性粗面岩棕褐色辉石磁铁矿隐晶基质中含斜长石微晶，正长石从基质中脱落和细条状斜长石大部分经溶蚀而孔洞增大增多，由 0.05mm 微孔隙发育成 0.1～0.2mm 微孔，形成蜂窝状－网状凝聚基质（PM 照片 2-4 和 SEM 3）。

剖面长-2　母质层 C　50～75cm　棕色火山灰砂砾——黄棕色粗面岩熔岩体，岩屑基本上同上；棕色正长石和隐晶质玻璃基质，见有透长石斑晶，在正交偏光镜下，隐晶（<0.01mm）多，可能含透长石、钠长石、石英或似长石晶屑，部分基质有熔蚀痕，仍保留有不规则漏斗形边缘锯齿状气孔，半风化溶蚀基质棕褐色铁质化，不均一，双折射率低，和树胶相近似。粗面质岩体中黄棕色斜长石微晶－铁质隐晶质玻璃基质中，微晶大小密集相适，仍保留有漏斗状平行走向的熔岩孔洞［0.1（长）～0.02mm（宽）］（PM 照片 2-5）。75cm 以下，如同 50～75cm，均可见到灰白色透长石－斜长石微晶－辉石隐晶质玻璃基质中，有火山玻璃脱玻化而呈羽状、球粒状和斜长石，多水高岭石化呈瓣状球粒集合体（PM 照片 2-6）。

16～50cm　AC 层　浅棕色棕色火山灰砂砾－粗面岩熔岩体，正长石－隐晶质基质含大小不同多孔正长石。正交偏光镜下，多针点状细粉砂隐晶，并见有闪石、透长石细晶（0.125mm），斜长石微晶少，局部辉石隐晶质基质（PM 照片 2-7）。

0～16cm　A 层　棕色火山灰砂砾——棕色粗面质岩体，色不均一，具有棱块状土壤结构体（0.25～0.1mm）雏形，正长石－闪石隐晶质基质，局部腐殖质化、团聚化（PM 照片 2-8）。仍保留有原来熔岩的大小孔道（0.05～0.1mm）。

剖面长-3　母质层　23～36cm　灰色火山灰砂－玻屑凝灰岩体，主要为玻屑和晶屑火山碎屑物，多大小呈扁平孔的撕裂状玻屑（PM 照片 2-9）。

11～16cm　AC 层　灰色火山灰砂——棕褐色晶玻屑凝灰岩体，熔结凝灰岩基质桥接成多孔网状体，充填有浅色浮岩状，撕裂状玻屑和透长石晶屑，闪石－透长石晶屑，仍保留絮状、多不规则大小孔道和弯曲微裂隙，孔面较光滑。基质中常见橄榄石（0.15～0.05mm）晶粒，颗粒面铁质化（PM 照片 2-10）。

3～11cm　腐殖质层　灰色火山灰砂——除松散黏连的细小团聚体外，大都是粒状熔结凝灰岩和火山玻屑，表层腐殖质层（3～8cm）孔道间多具孢子体、菌丝体和大小根截面。除有一些透长石、闪石晶屑外，基质中并有玻屑脱玻化后形成的细小的石英和长石集合体（<0.01mm），在正交偏光镜下隐晶质微晶较熔岩中少而双折射率较高（PM 照片 2-11）。

剖面长-4　母质层　38～90cm　灰色火山灰砂——粗质玻基凝灰岩岩体，闪石斜长石微晶－火山玻璃基质块体，斜长石斑晶（0.25～0.05mm）少。经风化残存部分斜长石微晶变细，闪石呈板条状集合体，残存基质成絮网状多孔体，微孔面针铁矿和闪石微晶交错，仍充填有未风化的火山玻屑，偶见橄榄石（PM照片2-12）。

5～12cm A层 灰色火山灰砂——流纹质晶玻屑凝灰岩体，基质中见有微晶、隐晶质斜长石，浮岩状玻屑多，透长石嵌晶稀少（0.25～0.05mm）。基质中矿物风化较弱（PM照片2-13）。

剖面长-6 母质层 30～60cm 火山灰砂砾冲积物，岩屑含橄榄石、闪石和辉石基质（PM照片2-14）及粗石质角砾凝灰岩火山灰碎屑（PM照片2-15）。

剖面长-5 母质为黄土状火山灰冲积洪积物 5～17cm 为棕褐色腐殖质化团聚块体，块体内多微裂隙（0.1～0.05mm）和孔洞（0.2mm），块体部分连片（0.5～0.2mm），仍保留有如同长-3表层土壤半风化浮岩岩屑的结构特征。霏细隐晶质基质中晶屑为中粉砂粒质（0.005mm），基质中充填有未风化透明浮岩状玻屑（PM照片2-16）。孔道和基质中多木本根截面，根面有很多菌根深入基质，形成有机质和基质黏连相融（PM照片2-17），孔面基质铁质化凝团多。

17～35cm 浅灰棕黏土，基质由（中）粉砂级火山尘组成，双折射率低于石英，仅偶见石英砂粒。无结构性，具很多（0.5）0.2～0.1～0.05mm气孔型孔洞。基质中棕褐色铁（锰）凝团多（0.5～0.2mm），轮廓明显，凝团无多层性，凝团中晶粒与基质中相同，凝团面细粉砂粒走向（PM照片2-18）。

由SEM 4和5可见，黏粒和玻璃基质已淋溶而光裸的火山碎屑物有尘屑结构：呈螺纹形、碎片形、气孔形体。局部常见球粒状非晶硅酸物质，也有覆盖在堆集的骨骼颗粒面（参见SEM 2）。

35～67cm 黄棕色黏土铁质凝聚基质较均一，多为双折射率低的风化火山玻璃，多层理孔和垂直微裂隙，块状结构（PM照片2-19），除沿微孔隙和裂隙有光性定向黏粒胶膜外，块体基质中多杂乱细斑点或条纹铁质定向黏粒，棕褐色的铁质凝聚不明显。基质中粉砂晶屑少，双折射率低，石英砂粒少，夹有透长石颗粒（0.15mm）和玻屑。

67～100cm 浅棕色黏土铁质凝聚基质，基质中几乎不见（粗）粉砂颗粒。铁质黏粒光性定向增强、放射状条纹定向黏粒连片，沿大孔隙面呈叠层状，隐晶质基质中多不规则气孔状－淋洗型微孔，可能是火山物质碱性粗面岩（正长石、透长石）基质易于风化淋失，而使基质呈均一的云彩状，非晶硅质体与基质双折射率低和树胶相近，与长-2 75cm下母质层粗面岩风化基质相近似，铁、锰斑点小而少（PM照片2-20、照片2-21）。

由图SEM 6、7可见，除沿裂隙、孔隙面多定向黏粒包被，结构体和矿物颗粒面上也覆有连片的球粒状硅酸等非晶物质。

二、砂粒级的矿物组成

为鉴定两种土壤的碎屑物母质的岩性特征，将棕色火山灰砂砾土壤（长-1 0～12cm）和灰色火山灰砂土壤（长-3 11～16cm）的粒级（0.25～0.1mm）样品用立体镜按岩屑颜色、透明性分离成各种组分，各别粗研到粉砂级大小，用压片法制样，进行了粉末X射线衍射仪鉴定。参照细砂粒级矿物组成结果（见下节），根据衍射强度对比，细分出矿物的主次成分。两种试样中，除含有晶质矿物外，玻基基质中含微晶、隐晶质或似矿物、火山玻璃，尤其是灰色火山灰中含有 50% 以上非晶质火山玻璃，X 射线衍射分析并能鉴明出次晶质短序矿物。结果见表 2-7。

表 2-7　砂粒级 (0.25~0.1mm) 的矿物组成分‡

剖面号	岩屑组分* 矿物成分‡	透明浅棕色正长石（透长石）(卌) (3)	透明白色透长石（斜长石）(卌) (1)	黄棕色辉石（斜长石）(卄) (5)	青灰色辉石（磁铁矿）(±) (7)	磁性矿物（磁铁矿）(微) (10)
长-1	主要	K-Na 长石 K 长石	K-Na 长石	辉石 斜长石	辉石 （磁铁矿）	磁铁矿 辉石
	次要	Na-Ca 长石 辉石 铁磁绿泥石	Na-Ca 长石 水合硅化物	磁（赤）铁矿 针铁矿	透长石	针铁矿 斜长石
	微量	闪石、钠长石 石英（低温）水合硅化物、针铁矿、磁铁矿、橄榄石	铁磁绿泥石、闪石、辉石、方石英石英（低）、伊毛缟石、尖晶石、橄榄石	K-Na 长石、K-长石、方石英鳞石英、蛋白石水合硅化物、伊毛缟石	斜长石、闪石石英（低）含水硅化物铁磁绿泥石（少）	水铁矿水合硅化物

剖面号	岩屑组分* 矿物成分‡	透明棕褐色正长石(卅) (4)	白肉色透长石（斜长石）(卌) (2)	红棕色辉石（斜长石）(卄) (6)	灰白色透长石辉石（±) (9)	灰黑色辉石磁铁矿（卄) (8)
长-3	主要	K-Na 长石、透长石闪石（钾长石）	K-Na 长石（多）	辉石 火山玻璃	透长石、辉石磁铁矿	辉石、磁铁矿透长石
	次要	Na-Ca 长石、辉石铁磁绿泥石水合硅化物	铁磁绿泥石、闪石辉石、鳞石英蛋白石、水合硅化物（多）	斜长石磁（赤）铁矿针铁矿	斜长石、钾长石水合硅化物针铁矿、水铁矿	钛铁矿、纤铁矿斜长石、水合硅化物、鳞石英（高）
	微量	方石英、水铝英石伊毛缟石、蛋白石橄榄石、针铁矿磁铁矿（少）	针铁矿、菱铁矿（多）橄榄石（多）伊毛缟石、蛋白石水铝英石、尖晶石	铁磁绿泥石透长石（少）伊毛缟石（少）水合硅化物（少）	铁磁绿泥石（少）橄榄石伊毛缟石	铁磁绿泥石（少）橄榄石（多）闪石

　* 含量：(卌) 40%~70%；(卅) 20%~40%；(卄) 10%~20%；(+) 3%~10%；(±) 1% 左右；
‡ 附图谱 2-1 X 射线衍射谱线序列 (1~10)。

　　由表 2-7 可知，棕色火山灰砂砾和灰色火山灰砂的晶质矿物组成是相近似的：中酸性岩屑以 K-Na 长石、K-长石为主；斜长石较少，和辉石、火山玻璃成共生岩屑，并有少量磁铁矿和闪石；含水硅化物和伊毛缟石等。

　　两者的差别是：棕色火山灰砂砾中的含 K-长石，除在显微镜下观察到透长石外，多为正长石形态；有少量磁铁矿和石英、灰色火山灰砂中的含 K-长石多为透长石形态，除有 d 值完善结晶度好的透长石外，尚有显微镜下观察到 d 值不确定的透长石，中基性斜长石微晶小，与透长石、辉石、火山玻璃成共生岩屑。灰色火山灰砂玻璃基质含量高达 65%，基质中辉石、斜长石较棕色火山灰砂砾中多，磁铁矿少，因而针铁矿、水铁矿亦略多，并有菱铁矿、纤铁矿，详细对比见表 2-7 和图谱 2-1。

　　由此可见，两者的主要差别是随火山碎屑物温度、压力等熔岩喷发条件分异，致使在矿物组成上，含钾长石的形态上和粗面岩质有所分异。由两者岩屑对比，尤其是棕红色的辉石－斜长石岩屑对比中X衍射图谱相近性，更可确定它们是同源岩浆产物。灰色火山灰砂基质较棕色火山灰砂砾含较多的透长石－火山玻璃、水合硅化物和伊毛缟石，水铁矿、菱铁矿和铁磁绿泥石，这也和高温喷发的玻质凝灰岩矿物结构上无序性和由此而导致岩屑的表生风化作用较强有关。

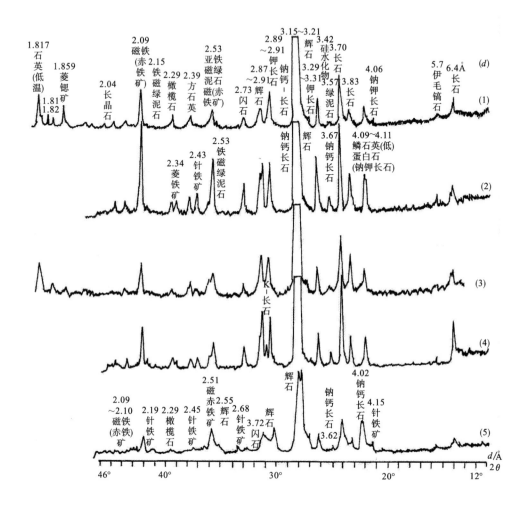

图谱2-1a　砂粒级（0.25~0.1mm）粉末X射线衍射谱（2θ和d值）

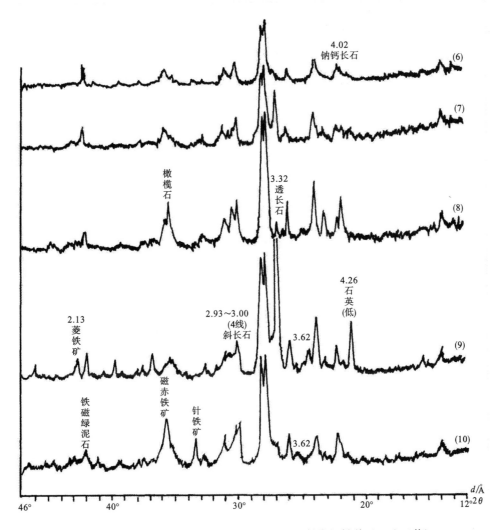

图谱 2-1b　砂粒级（0.25~0.1mm）粉末 X 射线衍射谱（2θ 和 d 值）

三、细砂粒级的矿物组成

六个剖面的代表性土层样品细砂粒级（0.1~0.05mm）经重液分离，在偏光显微镜下鉴定矿物的组成分，计数 200~300 颗粒，估算出主要矿物的相对含量。长石类矿物是根据光学性质，用油浸法折射率鉴别和计数（Парфё нова，Ярилова，1962；1977）。

由表 2-8 可见，长-1 和长-2 棕色火山灰砂砾母质具有相近似的矿物组成：以钾长石、透长石为主，占 60%~75%，斜长石较少，有奥长石和钠长石，占 15%，角闪石和辉石少，火山玻璃占 2.2%~3.5%。长-2 中，熔岩已成半风化玻璃质团聚体，此熔岩与风化的水热条件较好相关。长-3 和长-4 灰色火山灰凝灰岩砂则主要含火山玻璃，占 50% 左右，斜长石中有中基性长石，并有钠长石。透长石多，少量暗色矿物及磁铁矿风化弱。长 −5 为黄土状火山灰冲积沉积物，主要含正长石和钠长石、奥长石，火山玻璃含量甚微，占1%左右。

表2−8　细砂（0.1~0.05mm）粒级中不同比重的矿物组成

土壤剖面代号	深度/cm	重量/g/kg	粒级中的矿物含量/%										
			火山玻璃	透长石	正长石	钠奥长石	中基性斜长石	不透明矿物	辉石	角闪石	黑云母	石英	橄榄石
长1	12~24	a. 77	20	30	30	15	—	2	—	—	—	1	—
		b. 888	10	35	30	15	—	7	—	—	—	3	—
		c. 35	—	—	—	—	—	55	5	30	5	—	5
长2	16~50	a. 178	20[1]	20	40	15	—	4	—	—	—	1	—
		b. 790	—	25	50	15	—	7	—	—	—	3	—
		c. 32	—	—	—	—	—	65	15	5	5	—	—
长3	11~16	a. 130	60	15	—	—	20	—	—	—	—	—	—
		b. 860	40	20	—	—	20	10[2]	5	—	—	2	—
		c. 10	—	—	—	—	—	45[2]	45	—	—	—	10
长4	38~90	a. 72	90	5	—	5	—	—	—	—	—	—	—
		b. 895	50	25	—	20	—	3	2	—	—	—	—
		c. 33	5	—	—	—	—	60	15	10	—	—	10
长5	17~35	a. 63	5	20	35	40	—	—	—	—	—	—	—
		b. 895	1	5	45	40	—	—	—	—	—	7	—
		c. 42	—	—	—	—	—	5	10	55	35	—	—
长6	8~30	a. 75	30	10	30	20	—	10	—	—	—	—	—
		b. 860	10	5	45	30	—	5	—	4	—	—	—
		c. 65	—	—	—	—	—	50	25	5	—	1	20

a. <2.3Mgm^{-3}；b. 2.3~2.87Mgm^{-3}；c. >2.87Mgm^{-3}。1）玻璃质团聚体；2）磁铁矿。

四、细粉砂粒级的矿物组成

六个剖面的细粉砂样品（1~5μm）的 XRD 鉴定结果表明，图谱2−2，剖长−1 和剖长−2、剖长−3 和剖长−4 的矿物组成均各自相似。剖长−1 和剖长−2 为棕色火山灰砂砾母质，长石含量很高（6.5，3.76Å），主要含钾、钠长石（4.05~4.07；3.23~3.26Å），斜长石较少，石英很少（4.26，3.34Å）。高角度除长石外，尚有辉石（2.98，2.88双峰和2.56Å），橄榄石（2.77Å）。剖长−1 在原始火山灰母质中尚留有斜发沸石（9.04Å），有5.8宽峰，可能是伊毛缟石（imogolite）；剖长−2 不见沸石峰，仍有5.85和3.4Å宽峰，有伊毛缟石和水铝英石及含水硅化物；绿泥石、水云母和高岭石峰较剖长−1 明显。剖长−3、剖长−4 A 和剖长−6 A 为灰色火山灰母质，长石峰减弱，结晶度较差，钠−钙斜长石（4.04~4.02；3.67~3.62；3.18~3.21）相对增多，

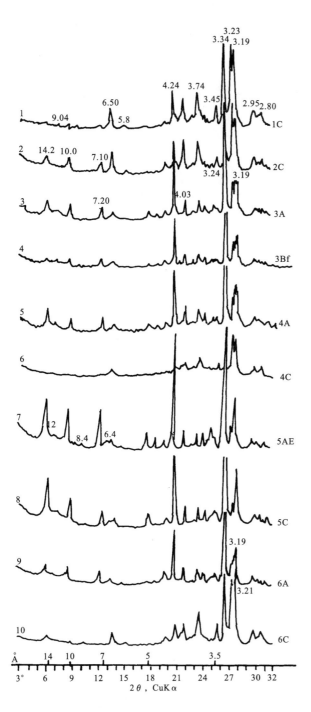

图谱 2-2　土壤细粉砂粒级（1~5μm）X 射线衍射谱

1. 长-1，12~34cm；　2. 长-2，16~50cm；

3~4. 长-3，11~16cm；23~36cm

5~6. 长-4，5~12cm，38~90cm；

7~8. 长-5，17~36cm，67~100cm；

9~10. 长-6，5~8cm，30~50cm

并有钾、钠长石，辉石较少，石英增多。斜长石多，可以直接来自熔岩浆中析出的碎屑矿物或凝灰岩中的斜长石微晶，而非由粗粒级风化而来。石英明显增多，也可以直接来源于火山灰尘的次生变化，玻屑经脱玻化后成细小的石英和长石集合体。随海拔降低，剖长-3 和剖长-4 辉石峰（2.88Å）和长石峰（6.5Å）减弱，高岭石、多水高岭石（7.2Å）、绿泥石-蛭石增加，绿泥石-蛭石混层增强，并隐现膨胀性层蒙皂石类矿物（12Å）。玻屑受水作用也容易分解成蒙脱石和沸石等矿物。砾质砂土层 4C 和 6C 层，辉石双峰显著，钠钙长石峰（3.67~3.62Å 等）不明显，钾钠长石多；几乎不含层状硅酸盐矿物，保留有原始浮岩、碱性粗面岩棕色火山灰砂如同长-1 的特征，似应属二次冲积沉积过程。剖长-5 钾钠-长石明显减弱，斜长石相对增高，而低角度 15Å 和 5.7Å 呈宽弥散峰，仍含水铝英石、伊毛缟石，并可见有角闪石（8.48Å），黏粒矿物含量显著，绿泥石（蛭石）和云母高，随剖面向下，高岭石、多水高岭石在 Aw 层亦显著增高，B、C 层云母和绿泥石蛭石减少，12Å 蒙-蛭石混层矿物增多，微现蒙皂石，高岭石减弱，而蚀变为无序高岭石。发育在火山灰沉积物上草甸白浆土化土壤的成土过程强。粉砂粒级中仍保留有易风化矿物和非晶物质，黏粒矿物含量高。

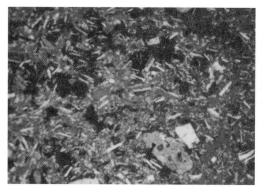

PM 照片 2 - 1　长 -1，25～30
粗面质（辉石、正长石）基质
含斜长石（钙碱性粗面岩）
单斜偏光×30

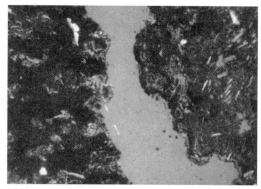

PM 照片 2 - 2　长 -1，12～34
辉石（正长石）- 斜长石
风化孔洞　风化钙碱性粗面岩
平行偏光×30

PM 照片 2 - 3　长 -1，0～12
粗面质浮岩　磁铁矿 - 风化正长石和斜长石
平行偏光×30

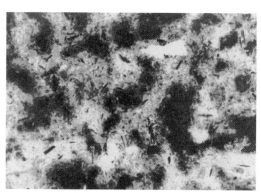

PM 照片 2 - 4　长 -1，0～12
孔洞面磁铁矿、针铁矿 - 风化正长石、闪石
平行偏光×30

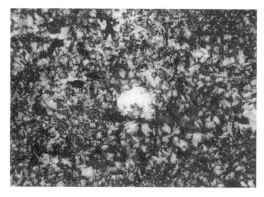

PM 照片 2 - 5　长 -2，75→
钠（透）闪粗面岩　辉石隐晶质基质　斜→
多水高岭石　正交偏光×75

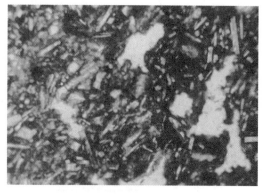

PM 照片 2 - 6　长 -2，50～75
钙碱性粗石岩（含闪石）　漏斗状孔道多
单斜偏光×150

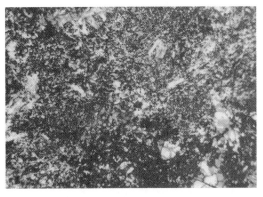

PM 照片 2 - 7　长 - 2，16 ~ 50
风化辉石 - 透长石（钠闪粗面岩）局部铁质化
正交偏光 ×30

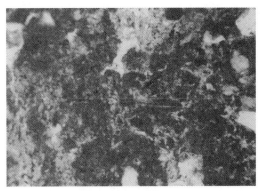

PM 照片 2 - 8　长 - 2，0 ~ 16
多孔基质　腐殖质化
单偏光 ×75

PM 照片 2 - 9　长 - 3，23 ~ 36　玻屑（撕裂状）
平行偏光 ×30

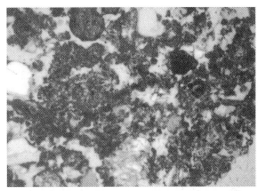

PM 照片 2 - 10　长 - 3，11 ~ 16
粗面质凝灰岩（含橄榄石）
正交偏光 ×30

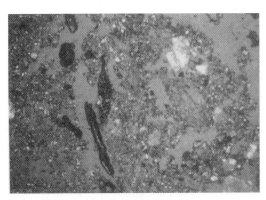

PM 照片 2 - 11　长 - 3，3 ~ 8
粗面质凝灰角砾熔岩
仅根孔道多植物残体
单斜偏光 ×30

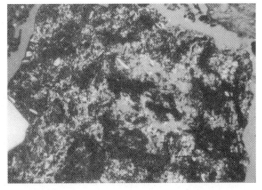

PM 照片 2 - 12　长 - 4，38 ~ 90
透长石、磁、针铁矿、橄榄石、玻屑多孔
单斜偏光 ×30

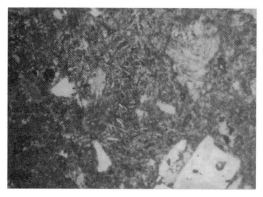

PM 照片 2-13　长-4，5~12
凝灰岩基质中微晶隐晶质斜长石、浮岩状玻屑
单斜偏光×30

PM 照片 2-14　长-6，30~60
橄榄钠闪霓辉粗面岩屑
正交偏光×30

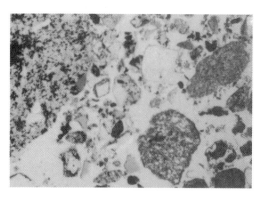

PM 照片 2-15　长-6，30~60
凝灰粗面岩碎屑及火山玻璃、正长石
平行偏光×30

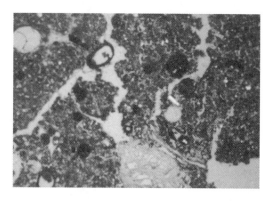

PM 照片 2-16　长-5，5~17
霏细隐晶基质团聚块体，多孔道、根截面
正交偏光×30

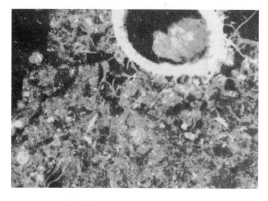

PM 照片 2-17　长-5，5~17
菌根深入基质、黏连相融
（同2-16　右上角放大）　平行偏光×120

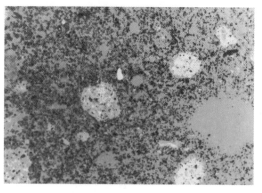

PM 照片 2-18　长-5，17~35
中粉砂基质双折率低
棕褐色铁锰凝团　单斜偏光×30

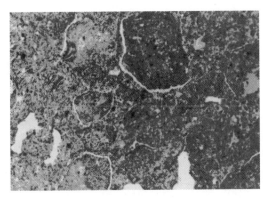

PM 照片 2 - 19　长 - 5, 35 ~ 67
结构性, 多孔洞和垂直微裂隙, 条纹定向黏粒
正交偏光 ×30

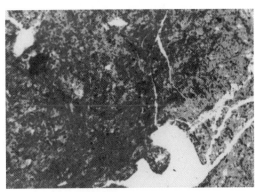

PM 照片 2 - 20　长 - 4, 67 ~ 100
黏盘土, 铁质黏粒光性定向性强
正交偏光 ×30

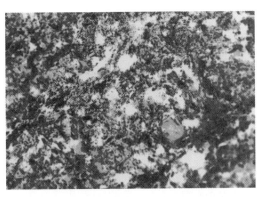

PM 照片 2 - 21　长 - 4, 67 ~ 100
雏形孔, 隐晶质基质呈云彩状　双折射率低
正交偏光 ×75

SEM 1　长 - 1, 14 ~ 20cm
未风化透长石 ×3000

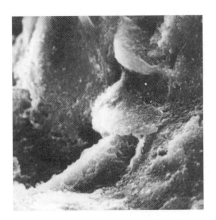

SEM 2　长 - 1, 14 ~ 20cm
透长石风化面 ×3000

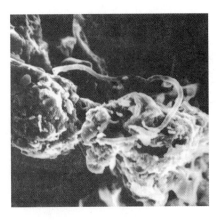

SEM 3　长 - 1, 14 ~ 20cm
菌根伸入火山玻璃基质中 ×1000

SEM 4　长 – 5，17～35cm

风化斜长石和火山玻璃 ×3000

SEM 5　长 – 5，17～35cm

硅水化物薄层　局部白浆层结构面 ×5000

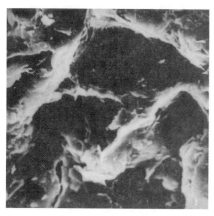

SEM 6　长 – 5，67～100cm

结构体、裂隙面定向黏粒

（白浆化土淀积层）×3000

SEM 7　长 – 5，67～100cm

结构体面连片球颗粒状硅酸

（针铁矿、水铁矿）非晶物质 ×10000

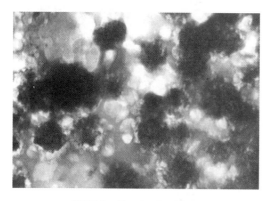

TEM 1　长 – 1，0～12cm

浮岩岩屑风化析离 15×10^4

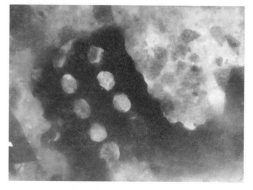

TEM 2　长 – 2，0～12cm

硅藻　4×10^4

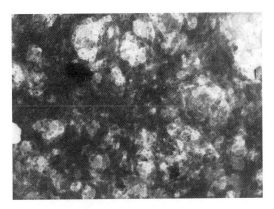

TEM 3　长 - 1，12 ~ 34cm

浮岩岩屑　8 × 10⁴

TEM 4　长 - 1，12 ~ 34cm

火山玻璃基质多水高岭石雏晶化　6 × 10⁴

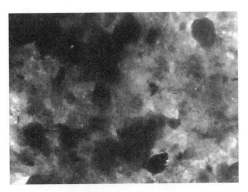

TEM 5　长 - 1，12 ~ 34cm

云母蒙皂石化　3 × 10⁴

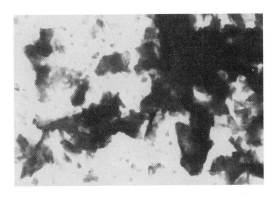

TEM 6　长 - 2，16 ~ 50cm

风化斜长石规则刻蚀面　1.5 × 10⁴

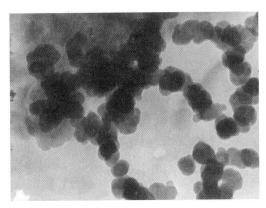

TEM 7　长 - 2，16 ~ 50cm

由基质分离出水铝英石蛋白硅　8 × 10⁴

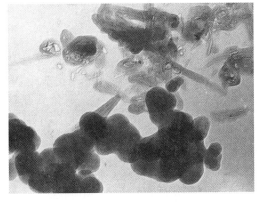

TEM 8　长 - 2，50 ~ 75cm

由基质分离出多水高岭石化雏晶　14 × 10⁴

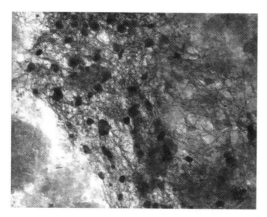

TEM 9　长 - 3, 11~16cm

伊毛缟石　11.5×10⁴

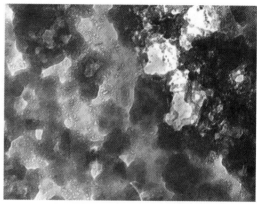

TEM 10　长 - 3, 11~16cm

火山灰球粒基质水铝英石微晶　4×10⁴

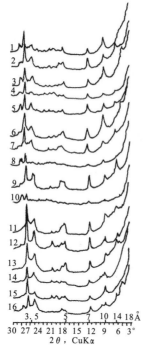

图谱 2 - 3　土壤黏粒级 X 射线衍射谱

（甘油，25℃）

1 - 2. 长 - 1, 0~12, 12~34cm;

3 - 5. 长 - 2, 0~16, 16~50, 50~70cm;

6 - 8. 长 - 3, 3~8, 11~16, 23~36cm;

9 - 10. 长 - 4, 5~12, 38~90cm;

11 - 14. 长 - 5, 5~17, 17~36, 36~67,
67~100cm;

15 - 16. 长 - 6, 5~8, 30~50cm

TEM 11　长 - 6, 30~50cm

多水高岭石雏晶　16×10⁴

五、黏粒的矿物组成

火山灰土壤中的黏粒矿物组成中包括有晶质的层状硅酸盐黏土矿物和非晶、次晶物质。土壤中 2:1 和 2:1:1 层状硅酸盐的来源途径有：①由风化作用使火山碎屑物中铁镁矿物及火山灰中的云母转化而成；②由火山灰风化产物无定形物质表生作用形成；③由风化或热液蚀变在火山喷口或岩石中早已形成的层状硅酸盐在火山喷发时火山灰带入的；④下层古土壤掺入；⑤由风成物质如黄土中的层状硅酸盐掺入。火山灰土壤中蒙皂石常和云母或蛭石伴存

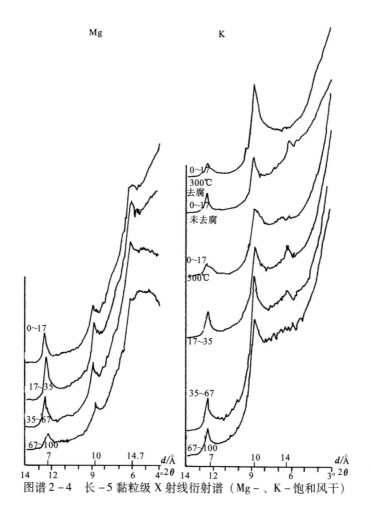

Mg   K

0~17
300℃
去腐
0~17
未去腐

0~17
500℃

17~35

0~17

17~35

35~67

35~67

67~100

67~100

图谱2-4　长-5黏粒级X射线衍射谱（Mg-、K-饱和风干）

于其原始物质中，尽管迄今为止，尚未证实蒙皂石直接从土壤溶液沉淀而新形成，而可经火山物质蚀变形成。另有黏粒矿物如伊毛缩石、多水高岭石和高岭石可形成于火山土中（Wada，1980；Glenn，1977）。晶质矿物主要用 XRD 鉴定，非晶部分用红外和电子显微镜鉴定。

　　XRD 结果表明（图谱2-3和2-4），各剖面 A 层均以水云母（10Å）为主，并有绿泥石-蛭石过渡矿物和高岭石-多水高岭石（14Å 和 7Å）。剖长 1.2 和 3 中，A 层腐殖质富集和硅的积累有利于蒙皂石及其混层物形成；随剖面向下，至 AC 层弱酸性淋溶，使 14Å 矿物增加而云母减少；C 层排水不良可复硅蚀变为蒙皂石-蛭石混层物。2AC、2C、3AB、3Bf 和 4C 层由于火山浮岩和火山玻璃脱玻化衍射峰呈弥散状，无定形成分较显著，尤以 2AC 为甚，部分可转化为水铝英石类次晶物质；在 C 层复硅条件并形成多水高岭石（出现 7.2Å 峰）。在成土过程发育较好的剖长-5 Aw 层高岭石和石英含量高，长石峰不显；Mg-和 K-饱和和 K-300℃ 处理结果亦表明，A 和 Aw 层为 14Å 过渡矿物，随剖面向下呈现 14Å 宽峰，Mg-甘油处理则弥散的 14~18Å 宽峰扩展为 18Å 峰，水云母矿物蚀变，可经过渡矿物转化为蒙皂石，使在排水不良、富硅的 C 层蒙皂石-蛭石含量增高；K-500℃ 处理见有绿泥石（图谱2-4）　（Wilke and Zech，

1987)。6C 是冲积沉积层，不仅在于其有别于上层，即黏粒中含钾、钠长石多，呈现有次晶物质，而且还在于细粉砂粒级中未沉积有黏粒矿物，此有别于 3B$_f$、4C 冲积砂砾层，而和经受风化作用低的棕色火山灰砂砾层的细粉砂组分相类同，此结果与细砂粒级（0.1～0.05mm）中矿物组成相符。

黏粒的选择溶解和差示。红外光谱结果表明（图谱 2－5），黏粒 1A 用草酸－草酸

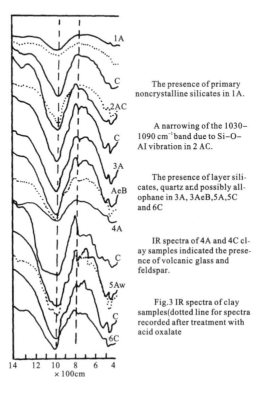

The presence of primary noncrystalline silicates in 1A.

A narrowing of the 1030–1090 cm^{-1} band due to Si–O–AI vibration in 2 AC.

The presence of layer silicates, quartz and possibly allophane in 3A, 3AeB,5A,5C and 6C

IR spectra of 4A and 4C clay samples indicated the presence of volcanic glass and feldspar.

Fig.3 IR spectra of clay samples(dotted line for spectra recorded after treatment with acid oxalate

图谱 2－5　黏粒的红外光谱
（……草酸－草酸盐处理）

盐处理前后红外光谱基本无改变，主要含原始的非晶质硅酸盐（Wada and Greenland, 1970；Wielemaker and Wakatsuki, 1984）；TEM 观察得多为尚保留有微孔的风化浮石（TEM 1）和硅藻（TEM 2）。长 1AC 主要含层状硅酸盐，TEM 见有原始火山玻璃风化形成的卷曲薄片状多水高岭石（TEM 3 和 TEM 4）。黏粒长 2AC 主要是层状硅酸盐，草酸－草酸盐处理后，由于有 Si－O－Al 振动频率，在 1030～1090cm^{-1} 内波带变窄，并有 570、462、430 和 3450cm^{-1} 振动，表征有水铝英石（陆长青、Ross, 1980；Chartres and Pain, 1984；Chartres and Vanreuler, 1985）；TEM 观察有从基质中析离出蛋白硅（TEM 7），长 2C 中并见有球状多水高岭石（伊毛缟石）雏晶（TEM 8）。3A、3AeB、5Aw、5C 和 6C 黏粒样品表明有层状硅酸盐，石英属 790～800cm^{-1} 处仅有一吸收带的蛋白硅；可能有水铝英石，在 1040～1150。Si－O－Al 振动频率随 Al/Si 值降低向高频端位移；4A 和 4C 黏粒样品中各别含火山玻璃和长石，有 1000～1150，780、635、580 和 540cm^{-1} 振动。在 3AeB 黏粒样品从火山尘孔道中，TEM 并检出有直径 300Å 密度达 μm

级的光滑弯曲线体伊毛缟石和亚球状多水高岭石（TEM 9），在 0.01mm 极细火山尘微孔中形成有 5μm 水铝英石微晶（TEM 10）。长－5 黏粒中除观察到主要有云母片状物外，并有扁平非晶球状体蛋白硅（0.05μm）；长－6C 中也见有多水高岭石雏晶中有水铝英石微晶（0.3mμm）和伊毛缟石线状体（TEM 11）。

已有研究证明，非晶物质中水铝英石是以 Si－O－Al 为主的短序水合铝硅酸盐黏粒物质；SiO_2/Al_2O_3 在 1.0~2.0，H_2O（+）/Al_2O_3 在 2.5~3.0，其四面体和八面体相联成二序结构的直径约为 100Å 的球状物，颗粒形状和大小呈多样性（Wada，1974，1977）。由高分辨电子显微镜（EM）证示其为直径 3.5~5.0nm 中孔球体，Si/Al 率为 0.5~1.0 的水铝英石由 NMR 证示其结构式类同于伊毛缟石和高岭石（Wada，1990）。由长－3 TEM 中也可见有火山尘玻璃基质中不规则细圆球状体（约为 5~10nm）（TEM 10）。

似水铝英石是水铝英石的共存组分，是正硅酸盐和羟基铝聚合物，SiO_2/Al_2O_3 在 0.2~0.4，这种非晶质铝硅酸盐溶解于 DCB 和 2% Na_2CO_3 溶液。伊毛缟石是介于水铝英石和氧化铝水合物之间，大致组成为 SiO_2、Al_2O_3、$2.5H_2O$（+）的一序结构单胞次晶集合体，为直径 100~300Å 长度达数 μm 的光滑弯曲线体，内径 10Å 和外径 20Å 的细管状单胞。结构单胞中铝原子成六配位体的圆柱形三水铝石片，内侧面连有 SiO_3^- OH 四面体，晶管单胞排列上难免带有无序性，故为次晶。其形成和性质与水铝英石相近。由长－3 图 TEM 可见火山尘中有直径为 200~300Å，长度为数 μm 的光滑弯曲线体。高度无序非晶形蛋白硅 $SiO_2 \cdot nH_2O$，含水量一般在 4%~9%，少数可达 34%。由亚微团粒结构二级团聚为 0.04μm 所构成的凝胶蛋白硅球体多呈 0.15~0.35μm 球状物（Wilding，1977）。$3SiO_2 \cdot H_2O$ Silhydrite 含水硅化物在长－1 和长－3 砂粒级 X 射线衍射谱中均有检出（Harris and Vanghan，1972）。层片状蛋白硅多见于小于 500 年近代火山灰土壤中（Koji Wada and Harward，1974）。由长－2 和长－5 分别可见在 A_1 层和 Aw 和 C 层有 0.03~0.05μm 薄片状圆形、椭圆形颗粒。在透长石、火山玻璃矿物颗粒面上也有离析成不平整的细粒状蛋白硅球体（KirKman and McHardy，1980；Violante and Wilson，1983；Larry Wilding et al.，1977）。

非晶 Al、Fe 水化氧化物除呈腐殖质络合物形态外，非晶铁在火山灰土壤中较为稳定，水铁矿和结晶不好的针铁矿（FeOOH）呈细球粒状颗粒；非晶铁也可能呈 $Fe_2O_3 \cdot 2SiO_2 \cdot nH_2O$ 形态存在，目前鉴定和论证资料尚少（Wada，1980；Schwermmann and Tayler，1977）。在土壤溶液中硅和有机质相对不足时，非晶铝则常以铝夹层的形态嵌合在膨胀性 2:1 层状硅酸盐的夹层空间。水铝英石在相对富硅的土层中易于转化为多水高岭石（Wada，1980；Nagasawa，1978）。在长－2 和长－3 的 C 层富含蛋白硅的介质中可由风化火山玻璃基质中直接形成 0.15~0.05μm 球状和棒状结晶差的多水高岭石雏晶；长－1 的 C 层中亦见有卷曲的多水高岭石褶皱层片。水合多水高岭石的形成也可直接由火山灰基质脱硅脱盐基从溶液中沉淀形成（Wada and Yamanchi et al.，1985；Wada and Kokuto，1985；Wada and Kokuto et al.，1990）。用分析电子显微镜探讨了形态和化学组成的关系，即含高 FeO 褶皱层片转变为低 FeO 的球状颗粒，无铁的管状多水高岭石可由无铁基质形成，或由褶皱卷曲层片脱铁形成（Tayaki，1981）。因此，多水高岭石的形态和淋溶状况直接有关。多水高岭石常与长石伴生，可由长石蚀变而成，多为管状的多水高岭石（Eswaran，1972）。湿润条件下，火山灰土中亦可有蒙皂石及其混层矿物形成（Wielemaker and Wakatsuki，1984；Migata and Chapelle，1988；Wada，1989），其形成原理尚待进一步论证。

SEM 和 TEM 火山尘（＜0.05mm）观察

长－1	14～20	未风化透长石	SEM 1×3000
		透长石风化面	SEM 2×3000
		菌根伸入火山玻质基质中	SEM 3×1000
	0～12	硅藻	TEM 2×4 万
		浮岩岩屑风化析离	TEM 1×15 万
	12～34	浮岩岩屑	TEM 3×8 万
		火山玻璃基质多水高岭石雏晶化	TEM 4×6 万
		蒙皂石化	TEM 5×3 万
长－2	16～50	由基质分离出蛋白硅	TEM 7×8 万
		风化斜长石解离蚀变规则刻蚀面	TEM 6×2 万
	50～75	伊毛缟石化雏晶（或是多水高岭石雏晶）	TEM 8×10 万
长－3	11～16	硅藻	
		伊毛缟石	TEM 9×11.5 万
		火山灰球粒基质水铝英石微晶	TEM 10×4 万
长－5	17～35	风化斜长石和火山玻璃微晶（白浆层、水平面）	SEM 4×3000
		硅水化物薄层（局部白浆层结构面）	SEM 5×5000
		解理面劈理层的片状矿物（云母）	TEM ×5 万
	35～67	蛋白硅	TEM ×10 万
	67～100	裂隙面定向黏粒（白浆土淀积层）	SEM 6×3000
	67～100	结构体面球粒状硅酸（针铁矿、水铁矿）非晶物质	SEM 7×1 万
长－6	30～50	非晶物质是蛋白硅 多水高岭石 $0.1～0.5\mu m$	TEM 11×160000

第四节　土壤的非晶物质、电荷特征、酸度形态和电荷零点

一、非晶物质

非晶黏粒物质是火山灰土壤中重要的风化产物，主要有 Al、Fe 和 Si 的氧化物和氢氧化物，Al 和 Fe 的硅酸盐水化物，它们的原子呈无序或短程序的一度或二度规则排列，剖面长－1、长－2、长－3 和长－6 中非晶物质见透射电子显微镜（TEM 1－11）。这些物质的比表面积大，化学反应力强，比晶质黏粒矿物易受化学溶解。因此，采用随物质化学组成而异的 Al、Si 和 Fe 选择溶解原理（Wada，1977；Wada et al.，1986），

可以判定各类非晶组分和络合物在土壤中的存在形态和组分比：用焦磷酸钠络合浸提出与有机质形成的铁、铝复合物；用次亚硫酸钠–柠檬酸钠还原，络合浸提出非晶质铁、铝及晶质铁、有机质铁、铝复合物；用草酸–草酸盐络合浸提出水铝英石、伊毛缟石、非晶质铁、铝以及有机质–铁、铝复合物；用 0.5N NaOH 及 Na_2CO_3 溶液浸提出蛋白硅、非晶质和次晶质铝。

表 2–9　土壤 Al、Si 和 Fe 的选择溶解

土壤剖面代号	深度/cm	Alp	Al_d	Al_0 %	$\dfrac{Alp}{Al_0}$	$\dfrac{Al_d-Alp}{Al_0-Alp}$	$\dfrac{Al_0-Alp}{Al_0}$	Fep	Fed %	Fe_0	$\dfrac{Fep}{Fe_0}$	$\dfrac{Fed-Fep}{Fe_0-Fep}$	Sid %	$\dfrac{Sio}{Si_0}$	$\dfrac{Al_0-Alp}{Si_0}$	水铝英石 %	$Si_{OH}-Al_{OH}-$ / %	$\dfrac{Si}{Al}$	$Al_0+\dfrac{1}{2}Fe_0$
长–1	0~12	0.12	0.27	0.18	0.68	2.5	33.6	0.06	0.65	0.46	0.13	1.5	0.28	0.09	0.7	0.7	0.33	0.33	1	0.41
	12~24	0.11	0.27	0.19	0.58	2.0	36.8	0.05	0.63	0.39	0.13	1.7	0.24	0.08	1.0	0.6	0.34	0.34	1	0.39
长–2	0~16	0.17	0.46	0.38	0.44	1.4	55.3	0.22	1.21	0.83	0.26	1.6	0.27	0.08	2.6	0.6	0.37	0.47	0.8	1.19
	16~50	0.23	0.91	1.12	0.21	0.8	79.5	0.07	1.42	0.52	0.14	3.0	0.29	0.36	2.5	2.9	0.54	1.11	0.5	1.38
	50~70	0.25	0.57	0.76	0.33	0.6	67.1	0.05	1.49	0.79	0.06	2.0	0.31	0.17	3.0	1.4	0.60	0.88	0.7	1.16
长–3	3~8	0.08	0.15	0.14	0.58	1.3	50.0	0.05	0.71	0.40	0.13	1.9	0.40	0.05	1.2	0.4	0.78	0.34	3.6	0.34
	11~16	0.02	0.06	0.11	0.20	0.5	63.6	0.07	0.62	0.57	0.11	1.0	0.27	0.07	1.3	0.3	0.72	0.34	3.0	0.34
	23~36	0.16	0.18	0.28	0.23	0.1	43.0	0.06	0.45	0.40	0.15	1.5	0.23	0.10	1.2	0.8	0.48	0.30	1.6	0.46
长–4	5~12	0.13	0.28	0.23	0.58	1.5	43.5	0.06	0.76	0.51	0.12	1.6	0.20	0.11	0.9	0.9	0.52	0.45	1.2	0.49
	38~90	0.03	0.14	0.16	0.20	0.5	81.3	0	0.44	0.24	0	1.7	0.22	0.09	1.5	0.7	0.46	0.24	1.6	0.28
长–5	5~17	0.13	0.43	0.30	0.45	1.8	56.6	0.11	0.87	0.50	0.22	2.0	0.29	0.07	2.4	0.9	0.34	0.38	0.9	0.55
	17~35	0.05	0.31	0.15	0.31	2.6	66.6	0.03	1.48	0.72	0.04	2.1	0.51	0.07	1.4	0.9	0.46	0.41	1.1	0.51
	35~67	0.11	0.43	0.29	0.38	1.8	62.1	0.02	0.92	0.30	0.07	3.2	0.51	0.07	2.6	0.5	0.46	0.45	1.0	0.44
	67~100	0.15	0.40	0.30	0.50	1.7	50.0	0.02	0.95	0.32	0.06	3.1	0.57	0.04	3.8	0.3	0.39	0.32	1.2	0.46
长–6	5~8	0.05	0.14	0.10	0.53	1.8	50.0	0.22	0.94	0.46	0.48	3.0	0.26	0.05	1.0	0.4	0.31	0.27	1.5	0.33
	8~30	0	0.07	0.09	0	0.8	100	0.03	0.67	0.66	0.05	1.0	0.28	0.08	1.1	0.7	0.48	0.26	1.9	0.42
	30~50	0.01	0.03	0.06	0.17	0.4	83.3	0.01	1.03	0.87	0.02	1.2	0.07	0.13	0.4	1.1	0.51	0.23	2.2	0.50

由表 2–9 可见，Alp 和 Fep 腐殖质复合物在土壤剖面中的分布，一般在 A 层较高。Alp 在剖面中随成土过程加强而有所积累。剖长 –5 有明显的腐殖质 Al（Fe）的淋溶，剖长 –4 和剖长 –6 冲积火山灰砂母质上的成土过程弱，积累少。

Alp/Al_0 值在 0.2~0.6。A 层都在 0.5 水平上；2AC、3AE、4C 和 6C 低达 0.2；2AC 和 2C 的 Al_0 含量最高。Fep/Fe_0 在 A 层都在 0.25 水平上；3Bf 和 5Aw、6B 和 6C 低达 0.15；3AE 和 6A 层中 Fe_0 含量最高。成土过程有多量非晶质 Al、Fe 溶出，多以无机形态存在，有机络合态 Fe 的组分较 Al 少。

由（Al_0 – Alp）/Al_0 知，水铝英石对水铝英石及腐殖质络合态 Al 总量比，在 A 层低于下层，随海拔变低生物风化作用加剧而降至近占其一半。

（Al_{DCB} – Alp）/（Al_0 – Alp）＞2，以似水铝英石为主，尚可有次晶质铝溶出，在 1.6~1.9，有非晶 Al –腐殖质和似水铝英石。剖面长 2、3、4 和 6 心底土层中，水铝英石和伊毛缟石是非晶质 Al 化物的主要成分。

（Fe_{DCB} – Fep）/（Fe_0 – Fep）值＞2 时，以晶质 Fe 为主；比值 1~2 时，以非晶质 Fe 为主；比值＝1 时，为非晶态。剖长 –2 AC、5B、5C 和 6A 比值高达 3，则以晶质

Fe 占优势；其他层次的比值在 1~2，以非晶质为多；6B 和 6C 中则几乎完全呈非晶态存在。

$\dfrac{(Al_0 - Alp)}{Si_0} = 2$ 表示生成的水铝英石为原始 – 伊毛缟石水铝英石形式，在剖长 – 2 和剖长 – 5 土壤环境中比较稳定。根据 Si_d 和 Si_0 可区别出似水铝英石和水铝英石大致含量比，2AC 和 6C 中 $Si_0 > Si_d$，以水铝英石为主，含量最高达 3%。5B 和 5C $Si_d \gg Si_0$，以似多水高岭石为主。

Al_{NaOH}/Al_0 值 >1，含晶质铝，尚可有层状硅酸盐溶出，在 $3A_E$、5Aw、6B 和 6C 中 >2。

$(Si/Al)_{NaOH}$ 值高，在 3A 和 $3A_E$ 中比值高达 30 以上，有大量蛋白硅，4C 和 6B、6C 高达 1.6~2.2，是新冲积原始灰色火山灰母质所致（Wilding，1977）；2AC 和 2C 中，比值在 1 左右，证明其含水铝英石和伊毛缟石，蛋白硅少。

综上所得结果可见，土壤 A 层腐殖质和 Al、Fe 络合，Al 比 Fe 的络合物高 1 倍，有机 Al 占非晶 Al 的 1/2，有机 Fe 占非晶 Fe 的 1/4。除长 – 6 为腐 – Fe（Al）络合外，一般均为腐 – Al（Fe）络合。Al（Fe）– 腐吸持，抗生物降减和淋移，使在 A 层有机质显著积累，A 层以似水铝英石为主，A 层以下为似水铝英石、水铝英石和非晶铁为主，棕色火山灰砂母质多孔性有利于水铝英石形成和晶质铁积累；在长 – 2 和长 – 5，随风化成土过程加深，由 Aw 至 B 层非晶铁转变为晶质铁、C 层有复硅过程。灰色火山灰砂的淋溶过程使有水铝英石（伊毛缟石）和非晶铁形成；蛋白硅积累多，风化形成物较少。冲积性火山灰砂非晶质铁、铝、硅风化物质多。根据冲积层中非晶物质在组分上的明显差异推断，剖长 – 4C 和剖长 – 5 表层受灰色火山灰的影响，剖长 – 6C 则受有棕色火山灰砂砾沉积作用，此结果和剖面特性、砂粒级、黏粒级组成等测定结果相一致。

根据黏粒 Al、Fe 和 Si 的选择溶解原理，进一步对黏粒（<2μm）样品进行定量比较（表 2 – 10）。

表 2 – 10　土壤黏粒（<2μm）Al、Si 和 Fe 的选择溶解

土壤剖面代号	深度/cm	Al_{OH}	Al_{CO_3}	Al_d	Al_0	Al_0/Al_{OH}	Al_0/Al_d	Fe_{OH}	Fe_{CO_3}	Fe_d	Fe_0	Fe_0/Fe_d	Si_{OH}	Si_{CO_3}	Si_d	Si_0	水铝英石/%	Si_{OH}/Al_0
		%						%					%				%	
长-1	0~12	1.55	0.40	0.33	0.72	0.46	2.30	0.11	0.12	1.37	1.70	1.24	3.16	0.58	0.55	0.23	1.8	2.04
长-2	16~50	2.92	0.95	0.80	1.63	0.56	2.04	0.07	0.01	1.18	1.37	1.16	3.43	0.70	0.61	0.69	5.5	1.15
长-3	8~11	0.98	0.11	0.14	0.23	0.23	1.64	0.07	0.01	0.88	0.63	0.72	4.24	1.02	0.71	0.05	0.4	4.33
长-4	5~12	1.38						0.06					4.23					3.07
长-5	17~35	1.40	0.22	0.12	0.29	0.21	2.42	0.05	0.01	0.75	0.59	0.79	3.86	0.80	0.58	0.04	0.3	2.76
长-5	35~67	1.81						0.05					3.92					2.17

水铝英石/% = Si_0（%）×8

蛋白硅/% =（Si_{CO_3} – Si_d）÷0.47

长-1、长-2、长-3 和长-5 分别为：0.1、0.2、0.7 和 0.5%

Al_{NaOH}溶出晶质、非晶质水化氧化物、似水铝英石、水铝英石（含伊毛缟石）及部分层状硅酸盐。它们在长－2 AC 中含量高达 2.92%，在各剖面中按 2AC≫5Aw>1A>$3A_E$ 依次递减。

Al_0 溶出非晶质水化氧化物和水铝英石（伊毛缟石），1A 和 2AC 中达 0.72% 和 1.63%，从 Al_0/Al_{NaOH} 值可见，1A 和 2AC 各为 0.46 和 0.56，约占 Al_{NaOH} 总量的一半，仍以 2AC 为多；而 $3A_E$ 和 5Aw 比值为 0.24 和 0.21，占 Al_{NaOH} 总量不到 1/4，非晶铝量亦低。

黏粒 Al_0 均 Al_{DCB}，未见有如在土壤样品中的 $Al_0 < Al_{DCB}$ 情况，表明黏粒中多属非晶铝水化物，且由 $Al_0 - AL_{DCB}$ 可得除似水铝英石部分的水铝英石（伊毛缟石）组分的大致含量，其在 IA、2AC、$3A_E$ 和 5Aw 层中分别为 10（按 $2SiO_2 \cdot Al_2O_3 \cdot 3H_2O$ 计算）。由 $Si_{(0)}$ 估算水铝英石（伊毛缟石），包括"似水铝英石"（按 $Si_{(0)} \times 8$ 算），分别为 1.9、5.8、0.4 和 0.3。

Fe_{DCB} 溶出晶质和非晶质水化氧化铁，它们以 1A 为多，按 1A>2AC>$3A_E$>5Aw 依次递减。Fe_0 溶出非晶质铁，以 1A 和 2AC 为多；且 $Fe_0/Fe_{DCB} > 1$，表明铁均呈非晶铁形态存在，晶质铁甚微，$3A_E$ 和 5Aw 也以非晶铁为主，占总铁量的 3/4 和 4/5；和土壤样品相比，黏粒中晶质铁少。

由 $Si_{DCB} - Si_0$ 得晶质铁和硅的水化物，IA、2AC、$3A_E$ 和 5Aw 中分别为 0.3、0、0.7 和 0.5；2AC 中原始火山玻璃已风化殆尽。

由 Si_{OH}/Al_{OH} 可知，除 2AC 外，均在 2.0 以上，蛋白硅含量为 $3A_E$>4A>5Aw>$5B_f$>1A。（由 $Si_{Na_2CO_3} - Si_{DCB}$）得部分蛋白硅的应得相对含量：IA、2AC、$3A_E$ 和 $5A_E$ 分别为 0.06%、0.19%、0.65% 和 0.46%。IA 和 2AC 中次生蛋白硅少。

由此可见，黏粒组分中长－1 和长－2 含非晶铁、非晶铝、水铝英石 2%，蛋白硅。1A 中非晶铁较多，2AC 中非晶铝较多，水铝英石各为 2% 和 50%，含蛋白硅均少。长－3 和长－5 中，$3A_E$ 和 $5A_W$ 含蛋白硅多，有少量水铝英石和非晶铁，晶质铁少，此和土壤样品组成相同。黏粒中非晶组分含量增多，水铝英石、伊毛缟石非晶铁有所增加，多蛋白硅。黏粒组分和土壤样品组分相近，在原始火山碎屑物颗粒面上都有各类非晶物质形成。

火山灰土处于幼年风化阶段，在不同垂直气候带火山锥体浮岩和坡麓凝灰岩母质随土层部位、成土作用的差异，非晶物质组分有所不同，在 A 层，尤其是火山灰土形成的早期阶段，含蛋白硅、腐殖质羟基 Al、Fe 络合物，似水铝英石。有机质高，腐殖质 Al 络合可抑制土壤溶液 Al 离子活度，从而有阻于水铝英石的形成，而有助于蛋白硅的积累，随海拔降低，A 层水铝英石有所增加。在亚表层为水铝英石（伊毛缟石），似水铝英石。由于火山灰沉积层薄，在淋溶占优势的环境中，浮岩颗粒和火山尘内隙，火山玻璃水解，在高 Si 高 pH 值（>5）条件下多形成水铝英石。在火山玻璃外表面溶液低 Si 和高酸度低 pH（<5）值有利于伊毛缟石形成。在火山灰土 C 层和火山碎屑物埋藏层，淋溶状况较差的富硅环境中有利于多水高岭石的形成，TEM（8 和 11）长－2 C 和长－6 C 中可见胡桃肉状，绽盘状或螺层状，以及卷曲状，针状雏晶，多水高岭石也常与水铝英石（伊毛缟石）共存，水铝英石可经硅化而转变成多水高岭石。

二、土壤的电荷特征

火山灰土壤具有独特的电荷特征，除了有在层状硅酸盐晶面，由黏粒矿物晶格中同晶替代引起以静电吸持离子的表面永久负电荷外，尚有由结晶差的铝硅酸盐、晶质和非晶质水合氧化铁、铝和铁铝－腐殖质络合物所致的可变电荷部分，非晶或次晶组分在硅氧和铝氧面可两性解离，从介质中吸附和释放离子而形成可变电荷，电荷数量可随介质 pH 和电解质浓度而改变。它们对土壤性质有很大影响，对提高土壤供应能力具有一定的实际意义（Wada, Hunter and Busacca, 1987）。

土壤电荷特征方法（Mehlich, 1960）：在设定的无专性吸附条件下，可以粗略地表征电荷性质：永久负电荷（CEC_P）和可变负电荷（CEC_V）及正电荷（AEC）的大致比例，用酸除去负电荷点上的阳离子后的土壤，从 $BaCl_2$ 溶液中吸着的 Ba^{2+} 量代表永久负电荷（CEC_P），把从 pH 8.2 的 $BaCl_2$－TEA（三乙醇胺）溶液中所吸持的 Ba^{2+} 量代表全部永久负电荷和大部分可变电荷（以 CEC pH 8.2 表示）。用磷酸盐溶液处理过的土壤，放入 pH 8.2 的 $BaCl_2$－TEA 溶液中，其吸持的 Ba^{2+} 量可大致代表能形成的最大负电荷量（以 CEC_m 表示）。将土壤样品处理成钙质土后所能吸持的磷酸盐的量，即为阴离子交换量，可用来代表正电荷（以 AEC 表示）。有效正电荷即可交换性阴离子酸位应是（AEC－△CEC），△CEC 是 Ca 质化后吸持磷酸的不可交换性阴离子酸位，它大致相当于可能形成的 CEC_m 减去永久负电荷位及可变电荷位之差（$△CEC = CEC_T - CEC_{8.2}$）。

表 2－11　土壤中的电荷特征 [cmol（＋）/kg]

土壤剖面代号	深度/cm	CEC_P	$CEC_{8.2}$	CEC_V	CEC_T	$\dfrac{CEC_V}{CEC_T}$	$\dfrac{CEC_P}{CEC_{8.2}}$	AEC	△CEC	
长－1	0~12	4.15	12.70	8.55	13.60	63	0.33	7.40	0.9	
	12~34	4.40	9.90	5.50	11.20	49	0.44	7.77	1.3	
长－1′	0~9	3.40	13.50	10.10	14.40	70	0.25	6.67	0.9	玻质火山灰砂
	9~14	4.40	13.58	9.40	15.20	62	0.28	8.45	—	山顶缓坡 2200m
长－2	0~16	0.70	20.26	13.50	29.60	46	0.33	9.22	9.4	
	16~50	0.80	15.20	8.40	19.60	44	0.45	6.56	4.4	
	50~75	3.20	10.80	7.60	12.40	61	0.30	9.12	1.6	
长－3	3~8	12.70	31.00	18.30	32.00	57	0.41	6.43	1.0	
	11~16	4.80	8.00	5.20	9.60	33	0.60	6.27	1.6	
	23~36	2.50	6.00	3.50	5.60	63	0.42	6.67	—	
	36→	0.90	3.40	2.50	4.60	54	0.27	6.10	1.2	
长－4	5~12	2.40	11.10	7.60	12.00	63	0.22	7.00	0.9	
	12~38	2.05	6.40	4.35	7.20	60	0.32	7.49	0.8	

土壤剖面代号	深度/cm	CEC_P	$CEC_{8.2}$	CEC_V	CEC_T	$\dfrac{CEC_V}{CEC_T}$	$\dfrac{CEC_P}{CEC_{8.2}}$	AEC	△CEC
	38~90	0.40	0.50	0.10	0.80	13	0.80	6.43	0.3
长-5	5~17	50.80	65.60	14.80	72.00	21	0.77	11.60	6.4
	17~35	9.20	15.00	5.80	20.40	28	0.60	9.24	5.4
	35~67	25.40	35.20	9.80	80.40	12	0.72	9.60	45.2
	67~100	30.00	39.20	9.20	75.20	12	0.76	10.21	36.0
长-6	5~8	8.10	28.60	20.60	48.0	43	0.28	8.10	19.4
	8~30	2.40	4.10	1.70	7.20	23	0.59	7.49	3.1
	30~50	3.10	4.00	0.90	7.60	12	0.78	7.10	3.6

$\triangle CEC = CEC_T - CEC_{8.2}$。

表 2-11 可见，长白山垂直分布带各土壤剖面电荷的分布特征：除长-5 外，各剖面中 CEC_P 仅占总量的 1/3，层状硅酸盐矿物含量低。长-1 和长-2 的 $CEC_V > CEC_P$，除有机质的作用外，并有水铝英石和水合 Fe、Al 氧化物的贡献，CEC_V 占 CEC_T 的 40% 以上。可变电荷部分所有剖面表层 $CEC_V > AEC$，随腐殖质含量增高，两者的差值越大；长-3、长-4 和长-6 在 A 层以下以 AEC 为主，主要和水合 Fe（Al）氧化物的形态和有六配位铝的伊毛缩石组分和含量有关，CEC_V 较低，水铝英石少，且蛋白石硅酸水化物对 CEC_V 的贡献很小。长-5 $CEC_P/CEC_{8.2}$ 在 0.6~0.77，层状硅酸盐矿物含量高；仍以非晶物质占优势，5A 和 5Aw 层中除 A 层腐殖质含量高，CEC_V 高外，AEC 也都较高，非晶铝（铁）、晶质铁（铝）各占其一半，主要是非晶物质对 AEC 的贡献；5B 和 5C 层 CEC_T 很高，有一半为 △CEC 所占，AEC 含量很低，这是由于晶质铁对阴离子不可交换部分的作用所致。长-6 A 层，以及 2A 层 △CEC 较高还可能是腐殖质铁的贡献所致（参见选择溶解分析结果）；6B 和 6C 活性铁铝增高，因而 △CEC 降低。

由图 2-2 表征长白山垂直分布带土壤剖面电荷分布百分比例所示：土壤负电荷量（CEC_P）的分布依次为：山地暗棕色森林土（长-5）＞山地棕色针叶林土（长-3）＞山地生草森林土（长-2）＞高山苔原土（长-1）；而山地棕色森林土（长-3）表层（长-3 A）＞长-2 和长-1，但其剖面下部 CEC_P 却最小。除冲积和沉积母质影响外，随海拔降低，风化和成土过程增强而有增高的趋势。土壤可变负电荷量（CEC_V）的分布也随海拔降低有增高的趋势，表现在腐殖质层和火山锥体长-2 似水铝英石成分的土层较为明显。土壤阴离子交换量（AEC）以山麓斜坡和山前熔岩台地长-3、长-4 和长-6 为高，比较富含铁铝活性物质。熔岩台地黄土状火山灰冲积沉积物长-5 和灰色火山灰冲积物长-6 A 不可交换阴离子酸位（△CEC）最高，是风化和成土过程较强所致。长-6 下层可变负电荷量（CEC_V）很低，是冲积沉积物质地粗风化弱所致，是二元母质风化过程的结果。

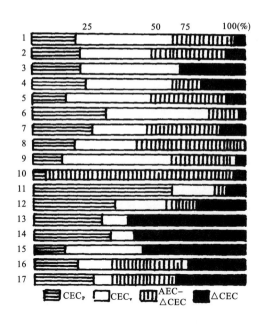

图 2-2　土壤电荷分布的百分率

1-2　剖面长-1，0~12，12~24cm

3-5　剖面长-2，0~16，16~50，50~70cm

6-8　剖面长-3，3~8，11~16，23~36cm

9~10　剖面长-4，5~12，38~90cm

11~14　剖面长-5，5~17，17~30，30~67，67~100cm

15~17　剖面长-6，5~8，8~30，30~50cm

三、酸度形态

利用 Ba^{2+} 的强交换能力以及有机碱三乙醇胺的较强 pH 缓冲性区分出交换性 H^+、Al^{3+}、H_V 和 Han，将土壤酸度形态（各种酸位）进一步鉴定各土壤电荷的主要来源。

H^+——$BaCl_2$ 交换性 H^+ 或 H_3^+O

Al^{3+}——$BaCl_2$ 交换性 Al^{3+}，主要来源于同晶替代的交换位

H_V——$BaCl_2$-TEA 可中和酸，酸度来源于为共价键所吸持的随 pH 而异的酸位，主要来自有机胶体羧基和酚基的酸位，Al 配位体的酸位，以及硅酸离子化酸位。

Han——阴离子交换基位高的游离铁、铝水化物从介质中吸附或释放离子所引起的酸位。

表 2-12　土壤酸度形态〔cmol（+）/kg〕

土壤剖面代号	深度/cm	H^+	$1/3Al^{3+}$	H_V + Han	Han	H_V	$\dfrac{Han}{H_V+Han}$%	$\dfrac{H_V}{CEC_V}$%	P 的固定
长-1	0~12	—	1.60	5.39	1.69	3.70	31	43	1.65
	12~34	—	0.70	6.19	1.57	4.62	25	84	0.73

土壤剖面代号	深度/cm	H^+	$1/3Al^{3+}$	$H_V + Han$	Han	H_V	$\dfrac{Han}{H_V+Han}\%$	$\dfrac{H_V}{CEC_V}\%$	P 的固定
长 – 1′	0 ~ 9	—	2.65	7.39	0.04	7.35	1	73	2.10
	9 ~ 14	—	2.30	13.57	4.47	9.10	33	97	1.60
长 – 2	0 ~ 16	—	1.95	18.16	6.61	11.55	35.5	85	2.51
	16 ~ 50	—	0.85	13.37	5.82	7.55	43.5	90	3.90
	50 ~ 75	—	0.70	9.58	2.68	6.90	28	90	3.10
长 – 3	3 ~ 8	0.4	3.44	21.63	6.67	14.96	30.8	82	1.66
	11 ~ 16	—	1.20	7.58	5.58	2.00	73.6	63	1.50
	23 ~ 36	—	0.35	5.20	2.55	2.65	49	76	1.73
	36 ~ 80	—	0.85	3.49	1.74	1.75	50	70	1.20
长 – 4	5 ~ 12	—	1.20	7.78	0.28	7.50	36	98	1.60
	12 ~ 38	—	0.90	3.39	0.14	3.25	4	75	2.21
	38 ~ 90	—	0.45	1.20	1.55	0	>100	0	1.20
长 – 5	5 ~ 17	—	4.37	26.45	13.4	13.05	50.7	88	—
	17 ~ 35	—	2.70	7.58	4.48	3.10	59	53	2.30
	35 ~ 67	0.15	9.10	12.57	12.02	0.55	95.6	0	3.10
	67 ~ 100	0.20	9.55	15.17	15.52	0	>100	0	3.44
长 – 6	5 ~ 8	—	0.55	9.38	8.30	1.08	88.5	4	0.90
	8 ~ 30	—	0.50	1.60	0.40	1.20	25	70	1.00
	30 ~ 50	—	0.40	1.60	1.40	0.20	87.5	22	0.73

由表 2 – 12 土壤酸度形态可见，长 – 1 和长 – 2 电荷群中以代换性 H^+ 形态的酸度几乎为零；有少量代换性 Al^{3+}，层状硅酸盐同晶置换所致的酸位少，主要为可变电荷酸度，各剖面 A 层 H_V 均较高，较大部分来自有机胶体酸位，随剖面向下继续增高，长 – 2 AC 层 H_V 高达7.55m. e. %，占 CEC_V 90%，除来源于表层有机胶体酸位外，水铝英石类酸位对 H^+ 的亲和力强；同时并有大量主要来自铁铝水化物提供的 Han 阴离子交换酸位，Han 占（H_V 和 Han）总量近 30% 磷酸吸持量高达39m. e. %。长 – 3 和长 – 4 中仅 3A 含代换性 H^+ 代换性 Al^{3+} 亦少，A 层腐殖质含量各为 18.5% 和 1.5%，H_V 达 15m. e. % 和7.5m. e. %，占 CEC_V 82% 和98%，长 – 4 随剖面向下 H_V 占 CEC_V 70% 左右，有机胶体酸位和水铝英石类酸位减少；除 A 层外，Han 多占（H_V 和 Han）总量 50% 以上，即阴离子交换酸位增高，磷酸吸持量在1.5m. e% ~ 2.2m. e% 范围。长 – 5 A 层有机质含量高达 25%，H_V 达13.0m. e. %，占 CEC_V 88%；至 Ae 层降到53%；Han 占 H_V 和 Han 51% ~ 59%，与长 – 3 和长 – 4 类同；5B 和 5C 层除含少量 H^+ 外，层状硅酸盐同晶置换所致的酸位高，代换性 Al^{3+} 高达9.55m. e. %，H_V 甚微，Han 占 H_V + Han 95% ~ 100%，几乎完全为 Han，阴离子交换位很高，磷酸吸持量高达3.4m. e. %，长 – 6 A 层腐殖质含量中等，为 6.25%，H_V 仅占 CEC_V 5%，有机胶体酸位低，Han 占 H_V 和

Han 近 90%，主要来源于铁的水合物，阴离子交换酸位高；B 层（$H_V + H_{an}$）含量低，母质颗粒粗，水铝英石类酸位，磷酸吸持量稍低。

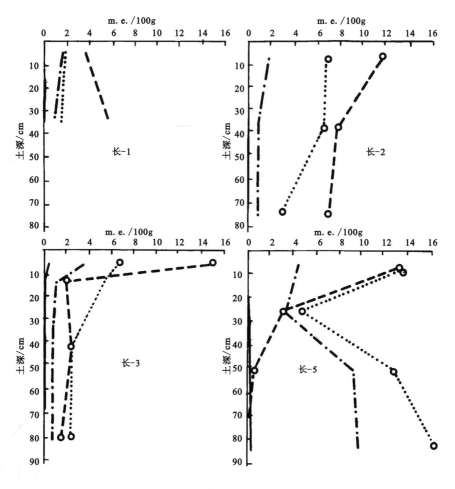

图 2-3　土壤酸度的形态

H⁺ ——代换性氢离子的酸度；$\frac{1}{3}Al^{3+}$ ----代换性铝离子的酸度；

Han ……阴离子交换的酸度；Hv -·-·-可变电荷酸度

由图 2-3 四个代表性剖面酸度形态分布特征可推断：剖长-1 棕色火山灰砂上形成的山地苔原土，成土过程弱，C 层原始水铝英石形成和积累，可变电荷酸度随剖面向下而增高。长-2 黄棕色火山灰半风化物上形成的山地生草森林土，AC 层水铝英石和似水铝英石形成多，有铁的水化物移动和积累，可变电荷酸度和阴离子交换酸度高，在剖面上分布有明显分异，长-3 灰色火山灰砂上形成的山地棕色针叶林土，表层有机质积累很高，可变电荷酸度高，随剖面向下骤降。母质含火山玻璃和非晶质铁多，酸性淋溶较强，阴离子交换酸度相对亦较高。长-5 黄土状火山灰冲积物上形成的山地白浆化暗棕色森林土成土过程强，A 层有机质积累高，并受火山灰砂影响，可变电荷酸度和阴离子交换酸度均高，Aw 层半水成过程作用下随剖面向下淋溶强，可变电荷酸度和阴离子交换酸度均大为减少；BC 和 C 层，淋移几近消失而铁的水化物活动性强，阴离子交换酸度和代换性铝离子酸度则显著增高，在氧化还原交替作用下，铁铝非晶物质转化为晶质水化物，并有层状硅酸盐蚀变和晶格 Al^{3+} 的积累。

四、电荷零点（ZPC）

火山灰土富含腐殖质、水铝英石、伊毛缩石和铁、铝水合氧化物，土壤胶体的表面电荷密度和正负电荷类型随介质 pH 和电解质浓度而改变的特性，对调整火山灰土壤的阴阳离子吸附和植物营养位有重要作用。按 Van Raij 和 Peech 方法（1972）。测定了三个代表性土样的电荷零点，滴定前样品先用 HCl 淋洗处理（土壤胶体，1985）。

由图滴定曲线可见，长－2 含水铝英石和晶质非晶质铁，$pH_{ZPC} = 4$。土壤含有大量可变负电荷，易于释放和接受质子。随 pH 值降低，酸基的净正电荷电位迅速增高，可能除了粗面质中次生黏粒矿物吸附质子外，滴定中并有铝溶解而消耗部分质子；随 pH 值增高，形成可变负电荷，使碱基的电荷密度也改变，至 pH > 7 而显著增高。

长－3 含大量非晶硅和腐殖质，并有伊毛缩石和非晶铁，前者在 pH 2～6 时释放有质子，使 pH_{ZPC} 降低而为 3.25。随 pH 值降低，形成的正电荷增多；随 pH 值增高，形成的可变负电荷增多。pH－电荷滴定曲线中，酸基和碱基的电荷密度随介质 pH 改变均较大。交叉点不落在零线上，而是落在酸侧，这一位移和土壤含硅酸胶体的负电荷性有关。长－3 样品滴定曲线的交点不在一交点上，这也可解释为各组分随着 NaCl 电解液浓度增加，势值离子表面有序性改变所致（参见 Hunter 和 Busacca，1987）。

长－5 土壤（17～35cm）除含有机质和层状硅酸盐矿物外，晶质和非晶质铁相对较高，$pH_{ZPC} = 3.75$。随 pH 值降低，形成的正电荷增多；随 pH 值增高，除原负电荷外，形成可变负电荷较少。pH－电荷滴定曲线中酸基电荷密度随介质 pH 改变较大；碱基随 pH 值增高到 6.5 范围内，形成可变负电荷少而保持稳定电荷电位，此各与层状硅

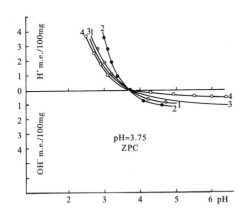
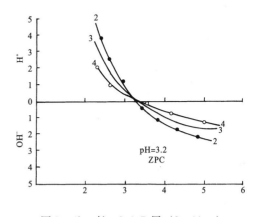

图 2－4a　长－5 Aw 层（17～35cm）　　　　图 2－4b　长－3 AeB 层（8～11cm）
　　　　　表面电荷零点　　　　　　　　　　　　　　表面电荷零点

1. 1N NaCl；2. 0.1N NaCl；
3. 0.01N NaCl；4. 0.001N NaCl

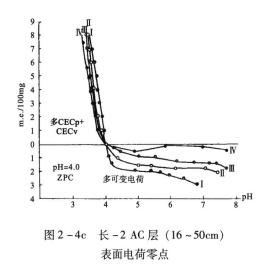

图2-4c 长-2 AC层（16～50cm）
表面电荷零点

酸盐有机质和晶质、非晶质铁组成有关。长-3和长-5样品在1N NaCl电解质溶液中的吸附离子浓度反而比0.1N NaCl中降低，可能是随着NaCl浓度增高，取代了表面Al，改变了表面对H^+和OH^-的亲和力的结果。

由图2-4可见，对比东北微酸性土壤一般电荷零点在pH2～3，火山灰土壤的ZPC较高，且随介质pH值改变，碱基或酸基电荷密度变化大，可以推断，在碱性介质中碱基电荷密度将显著增高。由土壤的非晶物质含量和电荷特征分布比例图中可以得到相应的见证。

第五节 磷吸附特性

一、土壤磷含量

长白山火山碎屑物母质就棕色火山灰砂砾和灰色火山灰砂，属中酸性岩浆岩来源，含磷灰石矿物少，总P_2O_5量属低下。供试的火山灰土为幼年风化土壤，土壤中P_2O_5含量变动在0.04%～0.25%，一般在0.05%～0.08%，含磷量属中上水平。腐殖质层磷（P_2O_5）累积量可高达0.14%以上。除黄土状沉积母质上发育的长-5外，冲积性火山灰土长-4和长-6异源母质层含量亦较高（表2-13）。

0.5M碳酸氢钠可提取磷酸铁和磷酸铝表面的磷，即土壤速效磷。在绝大部分土壤中速效性磷含量极低，含P量在5×10^{-6}以下。根据农化特性，作物对磷肥反应"明显"。腐殖质层含量在5×10^{-6}～10×10^{-6}，是属中等含量，作物对磷肥反应仍应属"较明显"的等级。

酸性氟化铵（$NH_4F - HCl$）可提取酸性土壤中呈磷酸铁和磷酸铝形态的速效性磷，即酸性土壤有效磷。土壤有效磷的结果表明，除土壤腐殖质层外，按P肥水平，大多属"少磷"等级，如土壤矿物风化较强的长-2、长-3、长-4和长-5某些土层有效磷均属低下。

此结果可分别鉴定磷酸铁、铝结合形态和活性态的含量。$NH_4F - HCl$浸提磷结果表明，除腐殖质层外，长-2 C、长-4 C和长-5 C非晶质Fe、Al含量亦高，此和土壤非晶Fe、Al物质测定结果基本相吻合（表2-9）。此有效性磷占全磷量一般超过3%，较一般土壤约占1%为高，这和土壤中非晶组分对磷的吸持能力高有关。

表 2-13　土壌含磷量和磷吸附、解吸結果

土壤剖面代号	深度/cm	全量 P₂O₅/g/kg	速效P₂O₅/mg/kg	有效/mg/kg	有效/全量/%	吸附P/g/kg	解吸P/g/kg	解吸率/%
长-1	0~12	0.63	18.78	14.85	2.36	0.88	0.78	88.6
	12~34	0.73	10.99	11.50	1.64	1.31	0.55	41.9
长-1′	0~9	0.48	14.66	5.00	1.04	2.91	0.39	13.2
	9~14	0.49	22.90	4.31	0.88	2.63	0.40	15.0
长-2	0~16	0.90	13.28	18.92	2.10	4.31	0.22	5.0
	16~50	0.99	6.87	1.68	0.17	4.91	0.01	0.3
	50~75	0.50	8.70	2.88	0.58	4.74	0.03	0.5
长-3	3~8	1.04	—	4.07	0.39	-0.86	2.24	—
	11~16	0.74	41.90*	1.92	0.26	-2.07	1.35	—
	23~36	0.68	5.72	2.16	0.32	-0.76	0.84	—
	36~80	0.81	2.06	2.30	0.28	-6.50	1.02	—
长-4	5~12	0.49	6.41	2.30	1.81	2.04	0.39	18.9
	12~38	0.49	1.83	2.64	0.54	3.16	0.40	12.3
	38~90	0.65	0.69	7.43	1.14	-5.81	0.83	—
长-5	5~17	1.38	—	35.00	2.54	-0.38	1.75	—
	17~35	0.44	6.87	7.43	1.69	1.86	5.25	28.0
	35~67	0.42	3.21	3.83	0.91	3.31	0.05	1.4
	67~100	0.40	3.20	1.20	0.30	3.63	0.48	13.1
长-6	5~8	0.67	14.19	9.34	1.39	1.45	0.68	46.6
	8~30	0.76	2.29	2.40	0.32	-3.35	0.72	—
	30~50	0.71	1.60	4.84	0.68	-5.31	0.77	—

＊ 0.5M NaHCO₃ 提取，腐殖酸干扰比色结果可能偏高。

二、磷吸附和解吸

称取通过 1mm 筛孔土样 1.00g，加 20ml 0.01M CaCl₂ 含标准 P 浓度为 500μgP/20ml 的 KH₂PO₄ 溶液（pH 值 2）浸提土样，振荡 1h，在 30℃ 下保温 24h，吸取滤液 2~5ml，用钼锑抗混合液显色，与磷标准液比色，测得磷酸吸附量。

将以上过滤后的土样连同滤纸放回原瓶中，加入 0.01M Ca 20ml，摇匀，30℃ 下保温 24h，吸取滤液，同上法比色，测得磷酸解吸量。

结果表明，在 P 溶液 pH=2 和 30℃ 下保温 24h 条件下，除长-1 弱风化的火山灰砂土吸附量、解吸量较低，而解吸率高外，其余土壤一般均低于 15%，尤其是长-2 几乎完全被吸附。长-1、长-2 和长-5 吸附量高，长-2 AC 层高达 4.91g/kg⁻¹P，一方面由于水铝英石对 P 吸附强，另一方面，在方法上酸性介质和加热温度可增进对 P 的吸附；同时也显示出解吸率上明显差别。长-1 和长-6 的 A 层解吸率高，则和有机络合 Fe 对磷的吸附位较弱有关（Moody and Raddiffe, 1986）。长-3、长-4 和长-6 土样

测得负吸附量，有的土层中解吸量 > 吸附量，究其原因是由于富含蛋白硅而有硅的溶出（Wilding et al.，1977），使酸性条件下形成磷钼蓝的同时，无定形二氧化硅与钼酸铵也生成可溶性硅钼酸络合物，被还原剂还原形成硅钼蓝所致。硅钼蓝的色度在一定范围内与硅的浓度亦成正比，和上述土层中非晶质蛋白硅含量变化相一致。在农化意义上，非晶硅的溶出一定程度上尚能增加磷酸盐的有效性。

三、磷的等温吸附

应用的磷酸盐溶液的浓度范围为 $0 \sim 50 \mu g$ P/ml。配置方法：用 0.01M $CaCl_2$P 吸附溶液含标准 P 浓度相当于 $800 \sim 4000 \mu gP/20ml$。先配制 $50 \mu gP/ml$ 的 KH_2PO_4 溶解于 0.01M $CaCl_2$ 的溶液（pH 7），而后再用 0.01M $CaCl_2$ 稀释成 5 个等级（10，20，30，40，$50 \mu gP/ml$）。每一土样称取 5 份，每份 1g，分别置于 5 个锥形瓶中，依次在各瓶内加入 20ml 不同浓度的 KH_2PO_4 溶液，在室温下（25℃左右）振荡 30min，放入保温 25℃的烘箱内静置 3h，待悬液澄清，然后立即用干燥滤纸过滤。将滤液用钒钼酸液显色，与磷酸标准液比色。测定滤液磷的含量，作为等温吸附中的平衡浓度 C 值，从加入量减去 C 值即得吸附量 A 值。

由磷的等温吸附（溶液 pH 7 和浸提 3h 条件下）结果可见（表 2 - 14），不同土壤 P 吸附量随浓度变化有明显差异。磷吸附量随浓度加大而增大，至 $3200 \mu g/ml$ 即趋向平衡。磷的吸附反应快慢和吸附量大小主要取决于不同的黏粒组分。长 - 2 AC 含大量水铝英石，吸附反应快；随平衡浓度增高，吸附量也迅速增高。长 - 3 AeB 层含 Fe（Al）有机络合物和非晶质铁多，火山玻璃中，并见有水铝英石（伊毛缩石）起始吸附量较高吸附反应较缓慢；溶液浓度增加，由 $800 \sim 3200 \mu gP/ml$，吸附量亦高出 1 倍。长 - 5 C 含似水铝英石和结晶度差2:1和2:2型膨胀性层状硅酸盐，晶质铁多，吸附量低，而长 - 5 Aw 层，含非晶质和晶质铁的水化物显著，在起始浓度 $800 \mu g/ml$ 时吸附量就较高，在浓度 $2400 \mu g/ml$ 即达平衡，非晶质铁对 P 吸附起始强。对照表 2 - 9 和表 2 - 10 选择溶解分析结果，这表明磷的等温吸附速度和火山灰土的羟基铝化物，尤其是非晶氧化铁水化物的表面活性和结构有关。此结果也和电荷特征和势值离子表面电荷变化相吻合。

表 2 - 14　磷的等温吸附（$\mu g/g$ 土）

土壤剖面代号	深度/cm	平衡浓度 C 吸附量 A	加入 P 浓度				
			800	1600	2400	3200	4000
长 - 2 AC	16 ~ 50	C	160	500	1000	1560	2360
		A	640	1100	1400	1640	1640
长 - 3 AeB	11 ~ 16	C	100	600	1100	1700	2500
		A	700	1000	1300	1500	1500
长 - 5 Aw	17 ~ 35	C	320	960	1560	2360	3160
		A	480	640	840	840	840
长 - 5 C	67 ~ 100	C	550	1275	2000	2700	3500
		A	250	325	400	500	500

第六节　讨　　论

一、火山岩的表生风化

火山岩土壤风化成土过程和肥力特性不仅与细粒矿物组成有关，而且更重要的是与其岩屑中矿物的稳定性、存在形态及其水热条件有关。中酸性火山岩土壤的矿物组成与岩生矿物不同，火山相出现高温低压矿物。棕色火山灰砂砾含碱性粗面岩和粗面质浮岩碎屑物，以正长石及其高温相透长石为主，并有闪石、斜长石、斑晶和暗色矿物辉石、磁铁矿微晶、隐晶、玻璃质基质构成；灰色火山灰砂含粗面质凝灰角砾岩，主要为喷发的火山灰的玻屑、晶屑部分，以大量火山玻璃为主，并有透长石、斜长石岩屑和晶屑。两者某些岩屑矿物组成相近，属于粗面质中、酸性碎屑物。灰色火山灰砂在喷发过程由于高温低压骤变更大，矿物蚀变强，多高温透长石、斜长石变小和少，呈中基性、闪石铁磁绿泥石化多，次生蚀变为绿泥石并析出磁铁矿；并有钛铁矿、菱铁矿、尖晶石、纤铁矿、水铁矿等次生含铁矿物形成。另外两者并有水铝英石、羽毛缟石、蛋白石等短序、无序矿物和黏土形成，前者出现石英、方石英、鳞石英、蛋白石较多；后者则出现赤铁矿、菱铁矿、针铁矿较多。

二、土壤矿物表生风化特点

1）幼年火山岩风化和成土作用弱，表生作用下母质碎屑物中的基质风化较显，随隐晶质基质风化而残存的斜长石、石英微晶出现在粉砂粒级中多，常见辉石、闪石；透长石、闪石斑晶在砂粒级多。不同于岩生母质的风化，矿物组成由粗粒级至细粒级呈不连续性变化。原生铝硅酸盐的风化成土作用只进行到基质短序矿物形成及某些矿物的风化。

2）垂直气候带水、热条件差异大，随海拔高度降低，土壤剖面发育明显，矿物风化和蚀变及新矿物形成在更大程度上取决于土层温、湿度条件和土体内多孔性，有机质积累及腐殖质络合性能。

火山灰土壤中黏粒矿物转化图式：

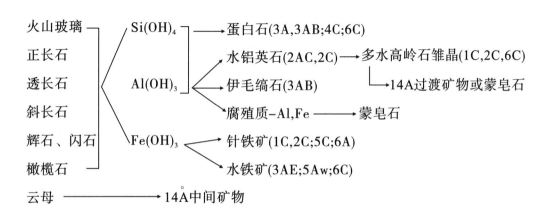

图式中易风化矿物经水解脱硅、铝和铁，在 A 和 C 层游离、淋移出硅成蛋白硅，是活性硅的重要给源。在 B 层硅、铝易于结合成似水铝英石，玻质中易于脱硅的 AB 层则成伊毛缟石；而在排水较差、有硅积累的 C 层易于复硅而多水高岭石化。在剖面表层多水高岭石可脱水老化为结晶无序化的高岭石。腐殖质络合 Fe、Al 高的富硅介质有利于蒙皂石的形成和稳定存在。腐殖质淋溶较强和原始含铁岩屑面有利于水铁矿形成。多孔粗面质岩体和淀积层有利于针铁矿形成。表生条件下蒙皂石的形成无确切论证，仍属待研究（Glenna A，Borchardt，1977；Wada，1989）。

三、火山灰土壤独特的化学和物理性质

如腐殖质积累、磷酸盐固定。盐基淋溶和离子选择吸附、多孔团聚体形成都和土壤中的黏粒物质及非晶物质的化学形态和其表面特性有关。

必须强调的是在物理特性方面，土壤粒级粗，容重小，渗透性强和塑限小。鉴于非晶物质不同于一般晶质黏粒矿物黏结作用由颗粒间键力作用所致，而非晶物质仅是由毛管水弯月面效应。因此，随地表变干或土层受扰动而失水，黏粒物质和在粗颗粒上形成的非晶物质可变为不可逆转的砂粒体，易受冲刷，且极易受风蚀和侵蚀。剖面表层由于有腐殖质积累，在未经扰动和未变干自然风化的状况下，非晶胶凝物质的黏结作用尚可具有较强的抗蚀能力。因此，对森林土壤采取自然保护措施具有重要战略意义。

四、黄土状黏土物质的来源问题

在海拔 700~900m 针阔混交林带下部、熔岩高原的外缘部分的二级阶地，地势平坦，母质为黏重的黄土，下面有不透水的玄武岩层，土壤常处于滞水状态，在此有大面积白浆土分布，是我国东北白浆土分布的最高界限。根据现有采自海拔 740m 的长 -5 剖面研究资料，可以初步论证为熔岩高原外缘黏重的黄土属碱性粗面质火山灰风化物质冲积洪积物，而非外源物质。

1）根据矿物组成分析结果：长 5 17~35cm，0.1~0.05 砂粒级含正长石、透长石、斜长石和少量火山玻璃，并有微量角闪石和辉石；石英很少，组成上同中酸性火山碎屑物（表 2-8）。根据 XRD 长 5 17~35 和 67~100cm，1~5μm 细粉砂粒级中，亦承继有火山碎屑物的风化特征；残留有中度易风化的闪石和辉石；斜长石、钾长石含量较高。在此细粒级中石英骤增，并有显著的水铝英石类物质（3.4Å 宽衍射峰），而 67~100cmNa-Ca 长石较 17~35cm 中高，并有明显的针铁矿、水铁矿峰。水铝英石宽峰（3.4Å）较高而变窄显晶质化。

2）根据微形态观察：A 层有机质含量很高，腐殖质层呈植物根系-菌丝体-风化火山玻璃相黏连的凝聚状块体，基质仍保留有粗面岩的结构，充填有火山玻璃，和剖面长 -3 甚相近。

Aw 层由粉砂级火山喷出物堆集，由 SEM 见有螺旋形解理面、规则气孔状等碎屑粉砂粒。局部见有风化透长石碎片覆盖，透长石-火山玻璃表面为连片的蛋白硅等球粒状非晶物质（SEM 5）细粉砂粒级的石英含量较其他土壤高。

B_f 层为致密块体，有气孔，基质内多大小条状黄棕色铁质定向黏粒，见有棕褐色铁质絮凝物。TEM 见有蛋白硅析离物。细粉砂级石英含量稍低。

C 层为致密块体，基质双折射率低和剖长 −3 粗面质浮岩相类同，基质内多为黄棕色错综的条纹铁质定向黏粒，孔洞周围基质铁质化增强，周围多裂隙。有的地方多不规则淋洗型微孔洞。基质中见有斑点状铁锰絮凝物。SEM 亦见有风化透长石 − 火山玻璃面上呈现连片的蛋白硅等球粒状非晶物质。

3）土壤白浆化过程：山地白浆化暗棕色森林土（长 −5）的成土母质是属碱性粗面质熔岩冲积洪积的黄土状沉积物，表层留有经洪水搬运的火山灰砂和浮岩碎屑。在森林草甸作用下，腐殖质高度积累的同时，淋溶作用使较易风化和铁解的铝硅酸盐矿物弱度分解，黏粒下移和蚀变，铁（锰）还原，经络合淋溶和氧化淀积，使土层活性物质分异。白浆化过程使 A 层腐 − Al（Fe）呈络合态，有机 Al 占非晶 Al 的 1/2，有机 Fe 占非晶 Fe 的 1/4；Aw 层离铁聚铁作用活性 Fe、Al 占优势，且晶质 Fe 含量亦高，B 和 C 层晶质铁占优势。随着干湿交替过程周期性不断进行，白浆化土土层明显分异；Aw 层非晶质铁铝多，磷酸吸附能力高。

五、土壤分类

根据已有调查和分析结果统计，本区属火山灰土（andept）范畴的不到 2/3，或仅为 1/3。

按选择溶解指标，除剖面长 −2 和长 3 − 合乎火山灰土外，多为火山灰和熔岩碎屑物上发育的暗色土（andosol）（谢萍若等，1994）。

第三章 玄武岩火山灰土壤

1987年国际火山灰土委员会（ICOMAND）确定火山灰土的中心概念是指发育在火山喷出物（火山灰、浮岩、火山渣、玄武岩）和火山碎屑物上的土壤。

本区分布面积较大的长白山熔岩台地、松花江上游熔岩台地、镜泊湖熔岩台地以及小兴安岭西南侧五大连池火山区等主要由玄武岩和玄武岩质的火山灰（渣）等风化物组成，其中，小兴安岭地区以白榴玄武岩为主，长白山、昭盟地区则以粗面玄武岩为主，镜泊湖地区则为钙碱性玄武岩。玄武岩风化物质地比较黏重，多为砾质重壤土。

本章研究了五大连池、牡丹江以及宽甸等地的玄武岩火山灰土的土壤理、化和矿物学性质。

第一节 土壤的自然地理条件

地质部门资料指出五大连池火山区，位于黑龙江省五大连池市，东经126°00′~126°25′，北纬48°30′~48°50′，由14座两列北西－南东走向的山组成的火山群，分布在微波起伏的平原上。自更新世以来，每隔30万年左右有一次喷发，最近一次喷发，发生在1719~1720年。宽甸火山区，位于辽宁省宽甸县境内，属辽东山地丘陵区，东经124°53′~125°46′，北纬40°43′~43°26′，由13座火山组成的火山群，集中分布在宽甸盆地的断裂线上，火山中心区为火山锥和熔岩台地。火山锥海拔470~480m，高出周围地面约80m，火山喷发时期为中更新世（Q_2）和晚更新世（Q_3），火山喷出物由熔岩、浮岩和火山碎屑物组成，并含有较丰富超镁铁质包体。矿物组成近似于玄武岩。牡丹江火山区，位于张广才岭与老爷岭之间，一万多年前即全新世（Q_4）沿东北经往西南向的断裂带炽热的岩浆喷涌而出，冷却的熔岩堵塞了河道，形成了高山堰塞湖——镜泊湖[1]（图3–1）。

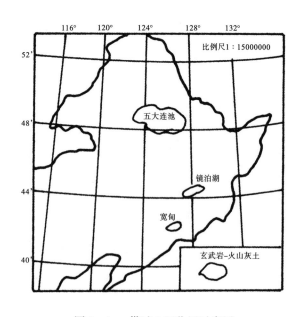

图3–1a 供试土区位置示意图

1）镜泊湖地区为钙碱性玄武岩系本人观点。

供试土壤的成土条件和土壤剖面特征见表 3-1、表 3-2。

由表 3-1 可见，由于火山岩极易风化，随水、热条件的差异，成土风化作用各不相同，土壤剖面的共同特点是：剖面浅薄、土层颜色较暗，质地多为粉砂质壤土。

表 3-1 玄武岩火山灰土自然条件特征

剖号	土壤	标集地点	母质	地形（坡度、坡降）	海拔/m 年温/℃ 降水/mm	植被类型
辽-24	酸性棕壤	宽甸青椅山大水沟	碱性玄武岩残积物	熔岩台地 2°~3°	350m 6.5℃ 1136mm	农田（玉米、大豆）
辽-102	暗火山灰土	宽甸黄椅山石湖沟	碱性玄武岩残坡积物灰色火山灰渣	火山锥体上部 35°	470m 6.5℃ 1136mm	人工落叶松、红松、蒙古栋、针阔混交林、林下胡枝子等
63-AC-16	粗腐殖火山灰土	黑龙江省宁安县镜泊湖北湖头	碱性玄武岩残坡积物，下层混有玄武岩湖积物	熔岩台地低山坡下部 15°，坡向 NW	350m 4.5℃ 700mm	胡枝子、柞树林
63-AC-19	火山灰始成土	黑龙江宁安县镜泊湖江山娇林场	碱性玄武岩残积风化物	熔岩台地，丘陵间马鞍形开阔地，山鞍部	400m 4.5℃ 700mm	胡枝子、柞树林
92-五-1	火山灰土	黑龙江省五大连池市，老黑山下麓南笔架山东 200m	富钾碱性玄武岩火山灰喷发物	山麓平原	310m 0℃ 520mm	农地
92-五-2	火山灰土	黑龙江省五大连池市药泉山	富钾碱性玄武岩火山灰及残坡积风化物	火山锥体上部，15°低山坡中下部	330m 0℃ 530mm	人工柞木林
63-AC-30	山地棕壤	辽宁省草河口喜鹊山	千枚岩残积风化物	山坡中部 30°	270m 9℃ 100mm	人工落叶松林

土壤	剖面号	地形	坡度、坡降	母质	气温条件		海拔/m 及植物类型
					年温/℃	年降水/mm	
酸性棕壤，宽甸青椅山大水沟	辽-24	熔岩台地	2°~3°	碱性玄武岩残积物	6.5	1136	350m，农田（玉米、大豆）
暗火山灰土，宽甸黄椅山石湖沟	辽-102	火山锥体上部	35°	碱性玄武岩残坡积物灰色火山灰渣	6.5	1136	470m，人工落叶松、红松、蒙古栋、针阔混交林、林下胡枝子等
粗腐殖质火山灰土，镜泊湖北湖头（黑龙江省宁安县）	AC-16	熔岩台地低山坡下部	15°，低山坡下部坡向 NW	碱性玄武岩残坡积物，下层混有玄武岩湖积物	4.5	700	350m，胡枝子、柞树林
火山灰始成土，镜泊湖江山娇林场（黑龙江省宁安县）	AC-19	熔岩台地，山鞍部丘陵间马鞍形开阔地		碱性玄武岩残积风化物	4.5	700	400m，胡枝子、柞树林

| 土壤 | 剖面号 | 地形 | 坡度、坡降 | 母质 | 气温条件 | | 海拔/m 及 植物类型 |
					年温/℃	年降水/mm	
火山灰土，五大连池笔架山东（黑龙江省五大连池）	92-五-1	山麓平原		富钾碱性玄武岩火山灰喷发物	0	530	310m，农地
火山灰土，五大连池药泉山	92-五-2	火山锥体上部	15°低山坡中下部	富钾碱性玄武岩火山灰残坡积物	0	530	330m，人工柞木林
山地棕壤，辽宁省草河口喜鹊山	63-AC-30	山坡中部	30°	千枚岩残积风化物	9	1000	270m，人工落叶松林

表 3 - 2　玄武岩火山灰土剖面形态特征

剖面号	土层	深度/cm	颜色	质地	结构	结持力	根系
辽 - 24	A	0~25	5YR6/1	粉砂质壤土	粒块状	疏松	多
	AC	25~63	5YR4/1	壤质黏土	碎块状	稍紧	少
	C1	63~102	5YR3/4	壤质黏土	结构面大量石髓	紧实	无
	C2	102~200	5YR3/4	壤质黏土	块状	紧实	无
	R	200~300		半风化玄武岩			
辽 - 102	A	0~17	7.5YR2/2	壤土	粒状	疏松	多
	AC	17~30	7.5YR2/2	粉砂质黏壤土	粒状	疏松	少
	C	30~67	7.5YR3/3	粉砂质黏壤土	粒块状	较松	少
	R	67~125	7.5YR4/4	半风浮岩	块状	紧	极少
92-五-1	A	0~19	10YR4/2	粉砂壤土	粒状	松散	中
	B	19~33	10YR6/1	粉砂壤土	核块状	松散	少
	BC	33~50	10YR6/1	粉砂壤土	核块状	松散	很少
92-五-2	A	3~20	10YR3/2	粉砂壤土	粒状	松散	中
	AC	20~40	10YR4/2	粉砂壤土	粒状	极松散	少
	C	40~60	10YR4/2	砂壤土	粒状	极松散	很少

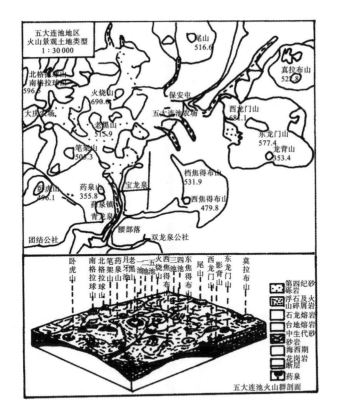

图 3 - 1b 东北地区火山和熔岩分布

第二节 土壤的物理和化学性质

从表 3 - 3 土壤颗粒组成明显可见,多为富含粉砂质地的壤土(含粉砂 > 60% 以上)和壤质黏土。土壤容重一般在 $0.8 \sim 0.9 \mathrm{g/cm^{-3}}$ 左右。

表 3 - 3 土壤颗粒组成(%)

剖面号	深度/cm	砾石 >2mm 土重/%	砂粒 2~0.2 mm	0.2~0.05 mm	粉砂 粗粉砂 0.05~0.02 mm	细粉砂 0.02~0.005 mm	0.005~0.002 mm	黏粒 <0.002 mm	容重/g/cm³
					占 <2mm 重%				
辽 - 24	0~25	0	4.6		20.80		48.60	26.00	—
	25~63	8.06	8.02		22.88		37.40	31.70	—
	63~102	15.38	6.80		16.20		36.10	40.90	—
	102~200	18.46	5.03		23.17		35.50	36.30	—
辽 - 102	0~17	20.24	5.55	11.5	17.45		54.00	11.50	0.88
	17~30	48.63	6.07	7.72	14.01		55.50	16.70	0.72

剖面号	深度/cm	砾石 >2mm	砂粒 2~0.2 mm	砂粒 0.2~0.05 mm	粉砂 粗粉砂 0.05~0.02 mm	粉砂 细粉砂 0.02~0.005 mm	粉砂 细粉砂 0.005~0.002 mm	黏粒 <0.002 mm	容重/g/cm³
		土重/%	占 <2mm 重%						
	30~67	46.14	14.50	4.00	15.00	49.80	16.70	0.76	
92-五-1	0~19	2.66	69.19	7.97	5.12	6.43	4.50	4.19	0.67
	19~33	3.85	3.97	9.28	25.43	25.84	17.94	13.69	0.96
	33~50	8.28	2.70	10.10	26.03	22.08	17.38	12.83	0.97
92-五-2	3~20	21.71	11.44	8.92	18.37	17.66	10.21	12.06	0.82
	20~40	7.41	2.24	18.75	18.00	15.12	16.77	21.71	0.90
	40~60	14.30	5.00	10.07	20.74	23.20	14.74	17.34	0.94

表 3 - 4 结果表明，生物成土过程强，有机质含量很高，母岩风化过程较短的土壤呈中性。宽甸青椅山中更新世玄武岩残积物上发育的剖面辽 - 24 呈弱酸性，晚更新世火山灰渣上发育的剖面辽 - 102 则呈中性，交换性酸低而水解性酸均较高，盐基饱和度分别为 50%（交换性盐基以 Ca、Mg、Na 为显）和 99%（以 Ca 为显）；剖面辽 - 102 pH_{NaF} 高达 >10，F^- 取代活性 Al^{3+} 配位的 OH 基表明土壤含有较高量非晶物质铝（参见表 3 - 7）。磷酸盐吸持高达 46%。

五大连池药泉山新喷发物上发育的剖面 92 - 五 - 2 的 pH_{H_2O} 和 pH_{HCl} 值分别在 7.3 和 6.4 左右，老黑山下平原地喷出物上的剖面 92 - 五 - 1 则分别为 6.8 和 5.8，pH_{NaF} 值均略 > 8.5；盐基饱和度 > 50%（交换性盐基以 Ca、Mg、K 为显），$BaCl_2$ - TEA（pH8.2）浸提性酸表明，除交换性 H^+、Al^{3+} 外，并水解出有机胶体中的酚羟基和部分游离铝（包括水铝英石等非晶铝）的酸度（参见表 3 - 7），磷酸吸持量一般均 > 30%。

牡丹江镜泊湖玄武岩残坡积物土壤呈中性，pH_{H_2O} 和 pH_{KCl} 差在 1.3~1.75，交换性酸度低而水解酸度显著增高，土壤胶体面上易受解离的活性 Al 亦高。交换性盐基 Ca^{2+} 和 Mg^{2+} 含量很高。

草河口喜鹊沟千枚岩残积物土壤呈弱酸性，pH_{H_2O} 和 pH_{KCl} 相差除腐殖层外，均在 1.2~1.7，交换性酸低而水解酸度高，且均随剖面向下而增高。土壤风化和成土作用较弱，受坡度影响，下部矿物蚀变和转化有所增强。

表3－4 土壤化学性质与磷酸吸持

剖面号	深度/cm	pH			有机质/g/kg	交换性盐基 [cmol(+)·kg]					交换性酸 [cmol(+)·kg]		CEC [cmol(+)·kg]	水解性酸 NaOAC pH8.2	BaCl₂-TEA pH8.2 浸提性酸	盐基饱和度/%	铝饱和度/%	磷酸盐吸持/%
		H₂O	KCl	NaF		$\frac{1}{2}(Ca^{2+})$	$\frac{1}{2}(Mg^{2+})$	K⁺	Na⁺	Sum	$H^+ + \frac{1}{3}Al^{3+}$	$\frac{1}{3}Al^{3+}$						
辽-24	0~25	6.1	5.1	—	24.7	7.70	2.76	0.23	0.15	10.84	0.25	0.22	20.83	9.79	—	53.00	—	—
	25~63	5.9	4.7	—	9.0	6.74	3.22	0.15	0.46	10.77	0.77	0.67	26.00	15.23	—	41.42	—	—
	63~102	5.9	4.7	—	5.1	6.93	4.77	0.78	0.57	13.25	0.36	0.34	26.91	13.65	—	49.24	—	—
	102~200	6.3	5.1	—	5.2	8.52	5.65	1.08	0.58	15.83	0.26	0.22	26.29	10.45	—	60.25	—	—
辽-102	0~17	6.42	5.41	10.13	133.1	31.62	3.00	0.33	0.20	35.15	0.08	0.04	58.46	22.41	未测	99.78	0.11	54.6
	17~33	6.71	5.56	10.30	49.1	15.30	1.63	0.14	0.18	17.25	0.05	0.02	31.12	13.87	未测	99.71	0.12	51.2
	33~67	6.50	5.51	11.34	27.2	8.28	0.91	0.10	0.15	9.50	0.07	0.04	23.05	17.55	未测	98.86	0.42	46.8
92-五-1	0~19	6.6	5.7	8.60	36.71	6.80	1.78	1.07	0.13	9.78	—	—	—	—	7.39	61.27	未测	27.0
	19~33	6.8	5.8	8.64	30.64	9.57	3.80	1.50	0.09	14.96	—	—	—	—	9.16	63.84	未测	35.0
	33~50	6.8	5.4	8.65	29.62	7.58	3.75	1.32	0.01	12.16	—	—	—	—	11.17	53.22	未测	39.1
92-五-2	3~20	7.10	6.30	8.69	113.23	15.98	4.38	1.73	0.05	21.24	—	—	—	—	14.39	63.15	未测	38.3
	20~40	7.32	6.40	8.53	45.33	9.57	3.75	1.32	0.07	14.71	—	—	—	—	13.10	56.10	未测	35.2
	40~60	7.50	8.60	8.69	40.08	9.58	3.00	1.32	0.13	14.03	—	—	—	—	15.42	50.32	未测	38.9
AC-19	5~15	6.50	5.20	—	43.6*	55.65	17.89	—	—	—	0.16	0.05	—	29.6	—	—	—	—
	35~45	6.65	4.70	—	11.5	60.16	21.66	—	—	—	0.12	0.02	—	27.6	—	—	—	—
	70~80	6.90	5.15	—	3.6	60.81	18.11	—	—	—	0.10	0.01	—	15.0	—	—	—	—

* 腐殖质。

第三节　土壤的矿物学性质

一、微形态观察

剖面辽 – 24 微形态摘要：表层（0～25cm）有大量风成黄土混杂，生物作用弱；随剖面向下，玄武岩岩屑（含大小橄榄石、辉石、斑晶和斜长石微晶）风化物增加。25～63cm 红棕色半风化橄榄石增多，63～102cm 橄榄石、辉石蚀变为棕色玻质流状物和铁质黏粒集合体，斜长石蚀变和高岭石化，102～200cm 多磁（赤）铁矿 – 气孔基质，浅棕色和乳白色波状和条状消光的铁、硅游离黏土物质（玉髓或水铝英石），并有双折射率低的弱光性多水高岭石、多孔磁铁矿碎裂物。

剖面辽 – 24 青椅山早更新世玄武岩酸性棕壤

深度/cm	基质	骨骼颗粒	细粒物质	孔隙	有机物质	结构性	新形成物
0 – 25A	灰棕 5YR 6/2,浅棕色,3/10 基质比,黏结基质疏松填隙胶结,杂有橄榄石 – 斜长石 – 辉石 – 微晶隐晶质风化岩屑和土体桥接胶结	棱角形,均一,多 0.01～0.02mm,石英多,黑云母、绢云母很多,长石铁质化,见有橄榄石风化物。反射光下呈黄棕、橘红色的水铁矿、针铁矿岩屑稀疏分布于基质中（照片3-1）	细粒 – 粉砂质,多绢云母。隐晶质黏粒物质染有褐色铁质絮凝点	多大孔道和椭圆孔；弯曲形孔道和孤立规则圆孔分割土体（照片3-2）,并见带微孔的磨圆岩屑	见有弱分解棕色根截面于孔道,弯曲形孔道中多植物残体	呈不规则组合的团聚体雏形,团聚体面光滑,无胶膜。局部为具微孔洞和孔道的密实块体	铁质凝聚斑块和凝团少
25 – 63 B₁	棕灰 5YR 6/1,磁铁矿,平行光下呈淡棕,反射光下橘黄棕色夹杂棕褐色不均铁质风化岩屑（照片3-3）。3/10,胶凝基质,斑晶嵌埋；土体部分粉砂质、隐晶质岩屑近似不易分辨	基质中半风化斜长石微晶（0.01μm）多大小橄榄石和蚀变体呈橘黄棕、红棕色玻质风化物和流状淡棕、橙色玻质风化黏粒集合体	细粒 – 细粉砂质,多斑点状光性弱的斜长石、多水高岭石微晶集合体	呈闭合弯曲形孔道和孔洞,多规则微孔（0.05nm）和不规则大孔道,孔隙度大,壁平滑,为硅质流状物和铁质黏粒集合体	极少,偶见弱分解棕色根截面于圆孔,洞	块状体和不规则团聚体	斜长石 – 多水高岭石化黏粒集合体,铁硅质定向析离物。
63 – 102 B₂	暗红棕 5YR 3/6,棕褐色,不均一。4/10 玻质大岩屑,由裂隙分割成块体	斜长石微晶和辉石磁铁矿斜长石隐晶质体与基质中蚀变橄榄石各占一半（照片3-4）,橄榄石蚀变为黏粒集合体	棕色铁质和浅棕、乳白色铁质、硅质流状物,分别呈波状和条纹状消光	气孔和大孔道	—	—	细粉砂质流状物和移动性铁质黏粒物质成层状泉华
102 – 200 BC	暗红棕 5YR 3/6,黑、亮黄、黄棕色交错。4/10,多为大小斜长石 – 辉石 – 磁铁矿风化岩屑,基质中多蚀变橄榄,含多水高岭石	多蚀变橄榄石和长石微晶集合体,磁（赤）铁矿岩屑	棕褐、浅棕淡黄色定向铁质、玻质流状物和多水高岭石（照片3-5、照片3-6）	大孔道中流状物含磁铁矿、长石微晶呈粗质定向性			

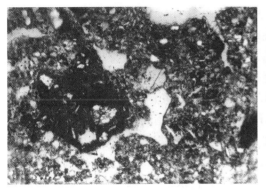

照片 3-1 玄武岩风化体中磁铁矿岩屑
含斜长石微晶和橄榄石包裹体
单偏光 ×75

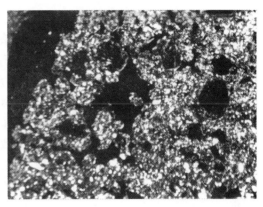

照片 3-2 黄土基质中分枝管道状孔和裂隙
分隔的团聚状块体、孔道多浅棕色腐殖质化
植物残体 正交偏光 ×30

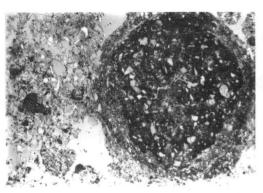

照片 3-3 由移动性黏粒体包结铁质
玄武岩岩屑和玄武岩风化土体
单（斜）偏光 ×75

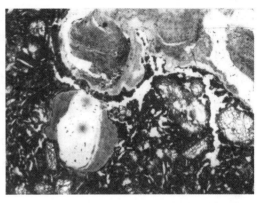

照片 3-4 多橄榄石包裹体和蚀变
铁质黏粒集合体 单偏光 ×75

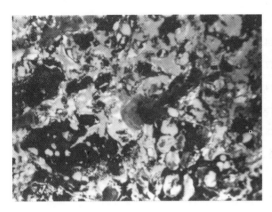

照片 3-5 磁铁矿基质，气孔间多棕褐、
浅棕、淡黄色玻质流状物
单偏光 ×30

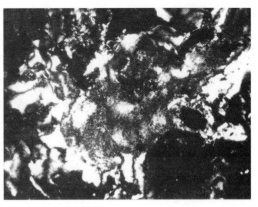

照片 3-6 棕色波状消光，白色条带状消光中
黏粒集合体，质粗（脱玻为多水高岭石）
正交偏光 ×75 （照片 3-5 中部放大）

根据辽 - 24 全量化学组成的特点（表 3 - 5）：低硅（ < 50% ）、高铁（锰）和铝（ > 11% 和 > 15% ）、富钙、镁、钛，岩石高碱（NaO + K₂O > 5% ）土体中低达 1% ，为碱性玄武岩风化特征。硅大部分存在于铝硅酸盐矿物中，部分硅可呈非晶态（水铝英石和玉髓）；镁、铁、钛存在于橄榄石、单斜辉石、磁铁矿斑晶和基质中（可能并有黑云母、透长石等）。土体中橄榄石、辉石等矿物蚀变强（如角闪石），盐基钙、镁、钠、钾淋失，铁、锰、钛积累，以 62 ~ 102cm （B₂ 层）为最显著。

黏粒中硅、铝增高，硅铝率全剖面一致（2.6 ~ 2.8）；铁、镁同步减少，钙几近殆尽，钾、钠、镁均在 62 - 102cm 最低，多次生铝硅酸盐矿物高岭石和多水高岭石；钾含量高于土体，且与镁由下而上呈增高趋势，尚可能有水云母等；因铝（铁）高而磷富集。

表层混有大量风成黄土，因而，铁、钙、镁、钛、锰、磷明显低而钾、钠高。

剖面辽 - 102 微形态摘要：玄武岩浮岩残坡积物的土体与岩屑融合不易辨认，浮岩主要含暗色火山玻璃、辉石、斜长石、磁（赤）铁矿少。易风化隐晶质辉石成分多，斜长石微晶溶蚀，基质多大小气孔和杏仁体，体内多玻质、铁质流状物，黏粒集合体、金红石，可能还有钛辉石；全剖面微孔洞蠕虫状、孔道和弯曲微裂隙很多，孔间根毛交错延伸，0 ~ 30cm 有机质和腐殖物质富集，形成局部相连、大小均一的团聚形块体，基质仍保留有杏仁体雏形；30 ~ 67cm 岩体风化较弱，仍见木本植物根系与基质相融（表3 - 5）。

表 3 - 5 土壤化学全量

剖面号	深度/ cm	烧失量/ (g·kg⁻¹)	化学组成（占灼烧土 g·kg⁻¹）										分子率			阳离子交换量/ [cmol (+) kg⁻¹]
			SiO₂	Al₂O₃	Fe₂O₃	CaO	MgO	TiO₂	MnO	K₂O	Na₂O	P₂O₅	SiO₂/R₂O₃	SiO₂/Al₂O₃	SiO₂/Fe₂O₃	
辽 24	0 ~ 25	79.2	648.0	185.5	93.9	6.5	21.5	14.8	1.81	19.2	10.1	2.18	4.48	5.93	18.34	
土壤	25 ~ 63	95.1	473.3	259.3	170.7	9.1	38.8	28.8	2.53	9.4	5.3	2.64	2.18	3.10	7.37	
	63 ~ 102	100.5	465.8	280.2	169.2	4.0	29.7	29.9	2.65	8.1	3.7	2.40	2.04	2.82	7.32	
	102 ~ 200	92.4	429.6	256.4	184.3	12.2	57.4	32.1	2.66	12.3	6.2	3.58	1.95	2.84	6.20	
	半风物	31.0	457.5	206.4	139.4	55.0	75.3	21.9	1.94	11.2	24.3	2.71	2.63	3.76	8.72	
	岩石	68.3	499.4	153.8	110.9	81.0	73.4	17.6	1.48	20.6	33.2	4.91	3.79	5.51	11.98	
< 0.002	0 ~ 25	169.0	520.5	316.7	81.1	1.7	23.7	14.5	1.11	28.3	3.9	5.32	2.40	2.79	17.06	47.46
mm	25 ~ 63	158.3	517.6	334.9	80.6	1.0	15.2	16.7	1.06	20.9	3.4	5.10	2.27	2.62	17.07	44.37
	63 ~ 102	152.2	512.9	337.2	79.7	1.0	13.1	17.0	1.04	17.1	3.5	7.44	2.24	2.58	17.10	43.38
	102 ~ 200	140.8	490.5	326.9	78.4	1.0	10.9	20.2	0.80	14.1	4.6	4.13	2.21	2.55	16.63	41.94
辽 102	0 ~ 17	270.9	584.4	205.0	87.9	27.4	34.4	17.1	1.96	21.1	14.9	6.76	3.80	4.84	17.67	
土壤	17 ~ 30	125.0	520.2	190.9	128.8	36.3	56.1	21.4	2.18	15.7	16.2	6.27	3.23	4.62	10.73	
	30 ~ 67	81.3	493.6	179.6	133.3	46.4	89.8	21.4	2.11	11.3	16.6	5.91	3.17	4.66	9.85	
	67 ~ 125	66.0	481.8	184.5	136.5	51.0	83.6	24.6	1.92	12.7	16.1	3.77	3.01	4.43	9.38	
	125 ~ 200	59.0	480.2	175.3	136.5	55.9	91.6	23.7	1.90	10.8	18.9	4.42	3.10	4.65	9.35	

剖面号	深度/ cm	烧失量/ (g·kg^{-1})	化学组成（占灼烧土 g·kg^{-1}）											分子率			阳离子交换量/ [cmol（+）kg^{-1}]
			SiO$_2$	Al$_2$O$_3$	Fe$_2$O$_3$	CaO	MgO	TiO$_2$	MnO	K$_2$O	Na$_2$O	P$_2$O$_5$		$\frac{SiO_2}{R_2O_3}$	$\frac{SiO_2}{Al_2O_3}$	$\frac{SiO_2}{Fe_2O_3}$	
	岩石	12.7	513.3	147.3	118.9	55.9	65.9	23.5	1.55	19.9	34.3	5.85		3.94	5.92	11.51	
<0.002 mm	0~17	455.1	425.4	317.7	154.5	6.0	27.9	21.5	1.85	28.3	6.7	22.79		1.73	2.27	7.32	102.97
	17~30	307.7	435.9	320.1	154.8	4.3	23.7	22.9	2.18	19.6	4.9	16.45		1.77	2.31	7.48	61.87
	30~67	280.3	422.3	335.3	155.1	3.4	23.2	25.7	2.57	17.0	4.5	15.69		1.65	2.14	7.24	58.85
92-五-1岩石*	-		508.0	147.1	85.6**	66.5	74.7	21.9	1.4	52.1	35.6	10.6					

* 引自"五大连池火山灰土的诊断特性和系统分类"，表1，土壤学报，32，1995；** 其中 FeO 62.0% + Fe$_2$O$_3$23.6% = 85.6%。

剖面辽-102 黄椅山中、晚更新世（Q$_3$）碱性橄榄玄武岩质浮岩残坡积物（火山灰始成土）

深度/ cm	基质	骨骼颗粒	细粒物质	孔隙	有机物质	结构性
0~17	平行光下暗褐-暗黄棕，反射光下，棕褐色，黏结基质，细粒粉砂质基本垒结，分布均一	均质暗色火山玻璃，橄榄石、辉石、斜长石斑晶0.02mm，个别0.03mm，棱角少，均匀分布，偶见石英、绿帘石、金红石	腐殖质-铁质-细粒质	大小弯曲微粒隙很多，大孔道（0.25）和微孔道微孔面铁质化	半分解棕色根系和浅棕色根毛呈网状交错分布于基质中（照片3-7）	由微孔道微根系裂隙分隔基质成均质的多级微团聚体
17~31	平行光下，暗褐，反射光下血红棕，胶凝基质，斑晶嵌埋；暗色基质含辉石、斜长石以及磁铁矿隐晶和微晶，暗褐、暗黄棕色土体和岩屑不易辨别	浮岩岩屑（含隐晶质火山玻璃斜长石、橄榄石、辉石）。细棒状斜长石（0.005~0.02mm），解离明显，局部可见暗褐、暗黄棕色辉石、斜长石。玻质多孔蚀变杏仁体，具有土体基质特征（照片3-9）	细粒-粉砂质腐殖质铁质黏粒物质呈红棕色铁质化基质，基质中多大小根和根毛孔道，含棕褐色无光性植物残体。局部尚见斜长石微晶（照片3-10）	很多，孔隙度大，有①0.1~0.2mm孔道、大气孔和中孔；②微团聚体间孔道；③微团聚体内多0.05mm多角形闭合弯曲微孔，宽度与斜长石等同（照片3-8）	很多①半分解的根截面；②褐色腐殖质浓聚物；③根韧皮质；④碳质体，均匀分布于微孔和孔道	①具松散而局部相连的游离团聚体；②具孤立孔隙的多孔微结构块体，即未风化和未腐殖质融合的岩屑
30~67	平行光下暗褐和褐色不一；反射光下前者血红棕，后者仍为褐色的土壤基质。胶凝基质，细粒粉砂质基本垒结，斑晶嵌埋分布均一	多0.02~0.005mm，有斜长石、辉石玻质岩屑；斜长石微晶少而小；多杏仁体内除玉髓等玻质充填外见有金红石、富钛辉石及集合体，即超镁铁质岩包体（照片3-11）	腐殖质-铁质黏粒质，局部腐殖质-铁质富集处呈斑点浓聚状	孔隙度大，致密基质，气孔多（0.05~0.1mm），暗褐色铁质基质，金红石包裹体，块体间多0.1~0.2mm大孔道。褐色基质斜长石微晶部分溶解，块体内大小微裂隙很多（0.02~0.005mm）（照片3-13）	①半分解棕色植物根系，仅中髓部，叶片栅栏组织显光性，海生植物体薄壁腔残留于孔道孔洞（照片3-13）；②亮棕和棕褐色熟腐殖质化和铁质化基体相融；③碳化体较上多	由大孔道，分枝状裂隙和弯曲微裂隙分割为大小碎裂微结构体形成不规则多角形块体和团聚形体（照片3-12）

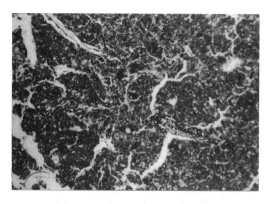

照片 3-7 根系网状交错分布于铁质
腐殖质黏粒基质 单偏光×30

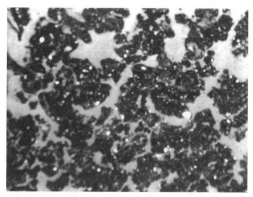

照片 3-8 漏斗状孔相沟通，铁质细粒物质
似海绵状团聚体 单（斜）偏光×30

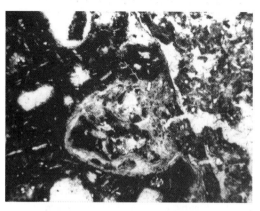

照片 3-9 红棕色基质中杏仁体腐殖
质化，团聚化 单偏光×30

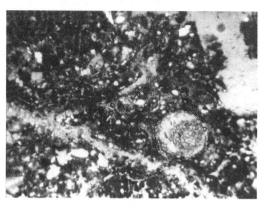

照片 3-10 红棕色基质中根孔和根孔道，内含
棕褐色无光性植物根残余物多
单（斜）偏光×75

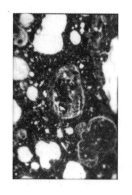

a   b

照片 3-11 多孔磁赤铁矿基质包裹体内角锥形
金红石（栗色、突起高）和钛辉石集合体（平行
光黑褐色，反射光血红色金属光泽，双折射率高）
及铁质流状物 a. 单偏光×15；b. 正交偏光×15

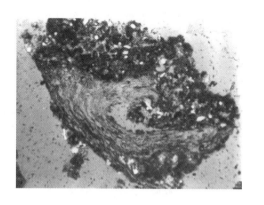

照片 3-12 木本根系和土体相融、周围针形
斜长石小而少（长石溶解成微裂隙、微孔）
单斜偏光×75

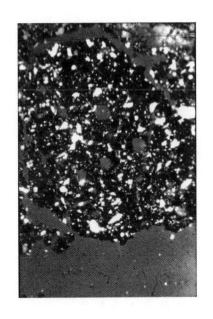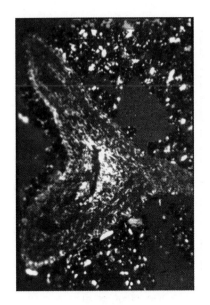

a

b

照片 3 – 13　单（斜）偏光 ×75

a. 暗褐基质斜长石微晶（白色）部分溶解；　　　　b. 草酸钙针状体（亮白色，双折射率高）

充填在细胞壁，孔洞呈浅灰色

　　剖面辽 – 102 全量化学组成的特点（表 3 – 5）：硅在母岩（玻质浮岩体）和土体中均较高（＞50％），岩石高碱（NaO + K₂O ＞ 5％），土体则较高（Na₂O + K₂O ～ 3％），镁、钙、铁较多，在剖面上分异小，土体基质富含辉石、斜长石，蚀变较弱，含透长石、黑云母，同剖面辽 – 24。

　　黏粒硅、铝量相对增高，硅、铝比率降低，除高岭石类矿物外，并有风化黏粒集合体；铁、镁、锰、钛、磷较高，微晶隐晶质基质蚀变较弱，剖面上分异小。表层烧失量高，与有机物质富集相关，表层黏粒游离铁、锰亦高。

　　剖面 63 – AC – 19 和 63 – AC – 16 微形态摘要：剖面为全新世黑云母 – 辉石 – 斜长石钙碱性玄武岩。主要矿物是较基性斜长石、透辉石、单斜辉石、橄榄石半风化体，并见有绢云母化黑云母。

　　63 – AC – 19 玻璃质较多，斑晶风化较弱，表层暗棕褐色，菌根群浸染玻璃基质，往下逐见斑晶矿物风化，母质层仍保持矿物原有的形态结构特征，可见玄武玻质 – 橄榄石、辉石蚀变特征（照片 3 – 14 ~ 照片 3 – 21）。

　　63 – AC – 16　辉石、斜长石微晶 – 隐晶质基质，斜长石斑晶少，风化和成土作用较强。表层暗褐色，除菌根及其分泌物外，分解程度不一的有机质多，根截面多草酸钙；AC 层显棕色，绢云母化斜长石、辉石微晶集合体风化弱，基质铁质化和铁质凝聚（照片 3 – 22 ~ 照片 3 – 27）。

剖面 63 – AC – 19　镇泊湖全新世早期 Q_3 火山灰始成土

深度/cm	基质	骨骼颗粒	细粒物质	孔隙	有机物质	结构性	新形成物
1 – 28	平行光下棕褐，褐色均匀不均；大小岩屑，多为含方形孔的半风化岩屑（>1mm）	风化斜长石、普通辉石、石和黑黑云母、橄榄石少，斜长石微晶、斑晶黑；晶上有绢云母细粒砂质，斜长细粒岩屑；杂有细砂质岩屑（斜-玻）斑晶嵌理	极暗棕色 铁质-腐殖质-黏粒质，以腐殖质为主要质，成分：棕色腐殖质均匀浸染，棕褐腐殖色絮状。腐殖质和棕褐色岩屑很多，含棕褐色铁锰质风化物（照片3-15）	孔隙多 ①根孔孔洞和弯曲形大小孔道 ②微裂隙（0.01~0.02mm）特多，孔面和基质走同，无黏粒走向 ③熔岩孔洞多，呈不规则开裂状	孔道和基质中很多根截面和暗棕色强分解植物残体。玻质基质有很多深棕色菌根（照片3-15）	游离团聚形块体，全缘离团聚形块体，结构较松；结构面多呈暗色以玻质岩屑为基质的团聚形体，团聚质的团聚铁锰质浓聚体面铁锰质浓聚	根截面薄壁组织中有草酸钙植物岩（照片3-14）
28 – 55	平行光下棕褐，褐色不均，大小岩屑，绢云母边含铁质化，多为含角形孔的半风化岩屑	风化岩屑中半风化辉石多多浅褐色风化黑云母，绢云母嵌边铁质化，多大小微裂隙的半风化玻质岩屑	细粒状，少，仅见火山玻璃基质中光性弱的高岭石化斜长石微晶，绢云母孔面呈黏粒走向	孔隙度大，有圆、椭圆根孔，岩块间多大裂隙（0.1~0.2mm），斜长石斑晶面多铁质玻璃裂隙，火山玻璃溶蚀孔道和孔洞；斑晶高岭石区多有方形孔	①根截面充填于所有圆孔，大孔道中少 ②菌根丝体在火山玻璃、辉石面上多（照片3-16，照片3-17）③少量暗褐色半分解植物残体 ④有生物硅藻体	由大直孔道和不规则孔隙分割的大小岩屑块体，内多岩屑脱落的回凸形孔，岩屑边缘部分溶蚀和腐殖质化成似团块状（照片3-18）	生物硅藻体

58 – 80　浅黄、黄不均—（玄橙）玻质岩屑，含：

①火山玻璃，斜长石-辉石（照片3-19）

②玄武玻璃和橄榄石集合体（照片3-20）

③绢云母蚀变圈铁质化，辉石柱状、放射状集合体（照片3-21）

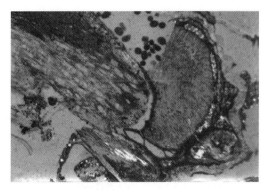

照片 3 - 14　根截面，内有草酸钙晶粒
和细菌体　单（斜）偏光×30

照片 3 - 15　基质中菌根群染成棕褐色
单偏光×150

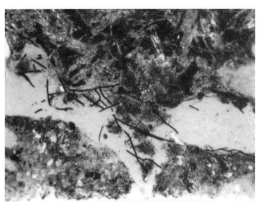

照片 3 - 16　风化辉石（取代斜长石）岩屑
上的菌根　单（斜）偏光×75

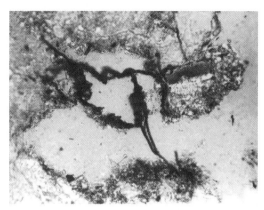

照片 3 - 17　菌根在硅质体上寄生
单（斜）偏光×150

照片 3 - 18　岩屑边缘部分溶蚀和腐殖质化
成似团块状　单偏光×30

照片 3 - 19　辉石矿物面非晶质和短序、绢云母
蚀变圈和铁锰质化　正交偏光×75

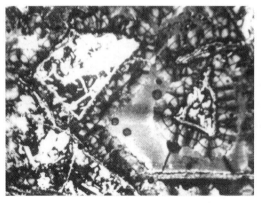

照片 3-20　玄武玻璃脱玻和粒状橄榄石
集合体　正交偏光×30

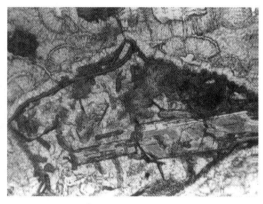

照片 3-21　图案式火山玻璃（细纤维
球粒状、带状玉髓）　单偏光×75

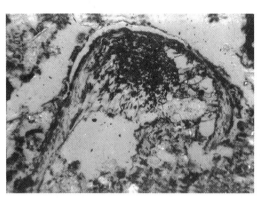

照片 3-22　根截面内多菌根，和辉石、
斜长石风化面相连　单偏光×150

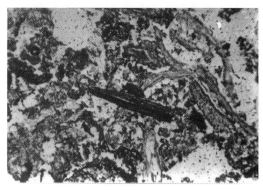

照片 3-23　分解程度不一的有机物质和菌根与
细粒质基质相融　单偏光×75

照片 3-24　菌根与斜长石隐晶形成
絮凝基质　单偏光×150

照片 3-25　包裹体多，多辉石粒状放射状
集合体　单偏光×150

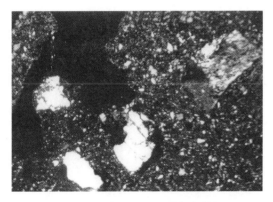

照片 3 - 26 隐晶微晶基质中多斜长石
细晶和裂解溶蚀孔 正交偏光 ×70

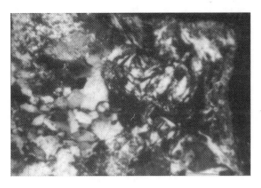

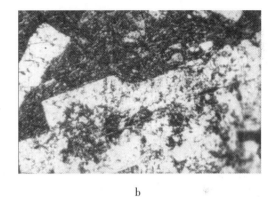

| a | b |

照片 3 - 27

a. 风化绢云母 正交偏光 ×200；　　　b. 基质隐晶质斜长石和绢云母化斜长石斑晶
正交偏光 ×45

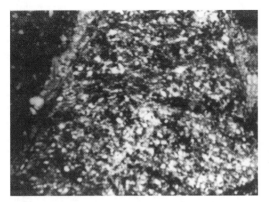

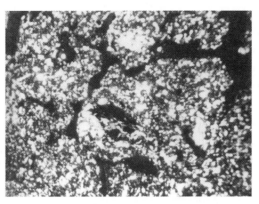

照片 3 - 28 正长石、黑云母脉的结晶片理
正交偏光 ×30

照片 3 - 29 棕褐色多孔不明显，团聚块体
仅黑云母脉呈铁质凝聚 正交偏光 ×30

剖面 63-AC-16　镜泊湖北湖头全新世早期 Q₃ 粗腐殖质火山灰土

深度/cm	基质	骨骼颗粒	细粒物质	孔隙	有机物质	结构性	新形成物
4-12	平行光，暗褐，反射光，暗棕褐粉砂质基本全结晶胶凝和絮凝基质，斑晶嵌埋分布 斜长石-普通辉石，透辉石、橄榄石、黑云母岩屑	半棱角形，多长石裂解块，大小 0.02mm，有细长半风化辉石，绢云母和石英少 杂有 0.1~0.25mm 岩屑，隐晶质长石-辉石基质中有大小长石微晶，橄榄石嵌晶少（照片 3-24）	暗棕褐腐殖质黏粒质，以腐殖物质为主 黏粒质少，点状光性 凝聚状棕褐色腐殖物质 均匀浸染，细粒物质少	①多不规则弯曲形细微孔道（0.005~0.02mm），孔壁光性和基质相同 ②生物孔洞（0.1~0.2） ③大孔道多	①弱、强分解有机残体多，占土体成分主要成分（照片 3-22） ②大小根孔和孔道中很多残余根截面 ③菌根特多，亮棕褐菌根和半风化辉石、斜长石微晶相连（照片 3-23） ④黑褐色碳质体和半碳化植物残体	由①游离团聚形体的多孔微结构和②孤立孔洞较实块实结形成全结形块状体的松散不规则形块状体	少量矿物就地风化的铁质凝团
12-26	平行光，棕褐，反射光，浅褐，暗棕褐粉砂质基本全结晶，微晶-隐晶质基质斑晶少	斜长石-橄榄石岩屑，较多铁质化大砂粒级辉石-斜长石-绢云母岩屑（照片 3-25）	腐殖质依聚物多，分布不均一	孔隙度较大，根孔方角形孔洞（0.1~0.2），此为斜长石、橄榄石风化脱落所致	①多强分解植物残体和絮状体 ②大孔洞中有较多根截面 ③菌根多而细 ④有碳质体和碳化植物残体	较多大小孤立圆形和方角形孔的微结结构体微殊的不规则形块状体	暗棕褐色铁质凝团较多（辉石就地风化和铁质化）
26-50	平行光，棕色，岩屑和土体相似	隐晶质微晶基质中多斜长石（0.1~0.25）细晶，黑云母绢云母铁染基质（照片 3-26）	很少	多方角形斜长石、橄榄石细晶裂解或溶蚀孔	暗棕色菌根和光分泌物较多，在大孔壁岩屑和基质中	多大孔洞的多孔微结结构体	
50→		岩屑	隐晶质斜长石-辉石基质中多隐晶质斜长石-绢云母斑晶（照片 3-27），孔道间绢云母铁质化和风化黏粒胶膜（照片 3-27）					

照片 3 – 30　绢云母 – 正长石基质中多斑晶
脱落孔　正交偏光×30

照片 3 – 31　黑云母透辉石复双晶、斑晶
结晶片理具明显定向性　单（斜）偏光×75

照片 3 – 32　辉石（棒状集合体）和残余
铁质胶膜　单偏光×75

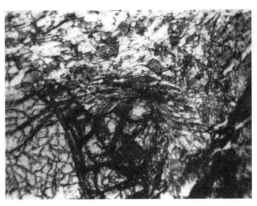

照片 3 – 33　辉石、闪石（含取代长石）和残余
铁质胶膜　单（斜）偏光×75

　　剖面 63 – AC – 30　千枚岩始成土成土母质微形态摘要为：正长石 – 绢云母基质，
多角闪石 – 黑云母 – 斜长石 – 正长石细晶的变质岩屑。基质含微晶辉石、正长石黑云
母。主要斑晶多角闪石、透辉石、正长石、橄榄石。斑状矿物结晶具明显的定向性。基
质中绢云母微细鳞片平行排列成正长石 – 黑云母、角闪石 – 绢云母脉痕，呈鳞片状变晶
结构；部分角闪石、辉石、橄榄石呈叶片状集合体，变质蚀变为细微粉砂集合体（绿
泥石化，由粉砂粒级 X 射线衍射图谱可见）。土壤剖面发育较差，自然肥力较高，呈
中、酸性，表层腐殖质含量较高（7%），交换性盐基以 Ca^{2+}、Mg^{2+} 为主，表层可达
80%，微量元素 Fe、Mg、Mn、Cu、Zn、B 等均较高（东北土壤，1980）；人工落叶松
和红松林生长良好。

剖面 63 - AC - 30 辽宁暑鹊山低山中部干枚岩残积物上始成土

深度/cm	基 质	骨骼颗粒	细粒物质	孔 隙	有机物质	结构性
2～23	平行光，暗棕褐色细粒质-中细粉砂质质基本全结胶凝基质，致密平整，光滑。基质含微晶，辉石-黑云母，正长石-黑云母，闪石沿解理脱落。岩屑和紧实土体不易分辨	正长石（0.01～0.02mm）方形和半棱角形，表面光滑，轮廓清晰；风化黑云母多，大颗粒至 0.2mm，大颗粒斜长石解理面绢云母化，绢云母沿片理面排列取向一致，尚有辉石，石英颗粒少。就地风化黑云母集合体铁质凝聚（照片 3-28）	点状，光性弱，较多，棕褐色腐殖质-黏粒质，棕色腐殖质均匀浸染，有较多棕黑色分散的腐殖质体（0.01mm）	孔隙度大，多大弯曲孔道，孔壁物质和基质同圆形、椭圆形孔道，孔洞多，孔面光滑	棕，暗棕色根截面，弱-中度分解，具异管束呈纤维光性韧皮厚棕褐色絮凝状腐殖质分散于基质中，个别暗褐色碳质体	大小悬殊棕离游离分立的团聚形块体（照片 3-29）
23～49	平行光，浅棕褐多岩屑	正长石，绢云母均较上增大，闪石增多，细晶沿片理定向排列，黑云母风化体上红棕色铁质向走向（照片 3-31）	黏粒质点状、针尖状，少绢云母无黏粒走向	圆或略圆形气孔洞较多（0.3mm）（岩屑脱落所致）（照片 3-30）	极少，弱分解截面见于孔道	具孤立孔洞的多孔微结构或局部连接的团聚形块体
49～82	岩屑多，表面光滑	岩屑中角闪石、辉石多，有次生石英、石榴子石、橄榄石、辉石面蚀变，黑云母铁质化（照片 3-32、照片 3-33）	具定向性	孔隙少，多为大孔道和裂隙		

二、细砂粒级矿物组成

镜检宽甸土壤 50～100μm 细砂粒级的矿物组成见表 3-6，辽-24 中，经磁性分离，磁性矿物占重矿物的 95%，轻矿量中，仅占 3.1%。辽-102 中，重矿物组成中磁性矿物占重矿量 34%。轻矿组中占 3.1。极细砂粒级斜长石部分成玻璃质和碱性长石基质岩屑、磁铁矿和铁镁矿物成隐晶集合体。

五大连池地区为富钾碱性玄武岩，主要矿物有橄榄石、透辉石、白榴石、透长石和基性火山玻璃。此外，磷灰石亦较多。

表 3-6　宽甸土壤细砂粒级（100～50μm）的矿物组成（比重 a<2.87g·cm^{-3}，b>2.87g·cm^{-3}）

剖面号	深度/cm	50～100μm %（占<2mm重）	占重量/g·kg^{-1}	磁矿*量*/%	细砂粒级中矿物含量γ												
					火山玻璃	斜长石	微斜长石	黑云母	磁铁矿*	植物岩	石英	辉石	普通角闪石	绿帘石	金红石	橄榄石	白云母
辽-24	102～200	9.8	a. 452	3.14	微	卌	—	微	+					—		痕	—
			b. 548	95.7	微	—	—	痕	卌	—	痕			痕	痕	—	
辽-102	17～30	3.3	a. 804	3.1	++	+	微	微	+	微	+			—	—		微
			b. 196	34.3	—	—	—	—	++	—	微	微	+	+	+		

三、粉砂和黏粒级的矿物组成

宽甸土壤辽-24 和辽-102 粉砂粒级（2～10μm）的 XRD*（参见第一章）表明，原生矿物都有云母、斜长石和 K-Na 长石，橄榄石（2.55～2.51Å），辉石（2.91～2.87Å；2.60～2.53Å），闪石（8.5；2.75～2.69Å）。辽-24 云母峰高，橄榄石峰较显，辽-102 斜长石和辉石峰较显，石英（4.26Å）含量甚微。

比较辽-24 和辽-102 土体全量分析结果（表 3-5）亦可见：

1）碱性玄武岩母质含 $Na_2O + K_2O > 50g \cdot kg^{-1}$，均在 54% 左右，$Na_2O > K_2O$，$CaO + MgO \geqslant 100g \cdot kg^{-1}$，$MgO > CaO$，在剖面上脱碱和脱盐基过程迅速。$Na_2O$ 和 K_2O 以火山玻璃和碱性长石隐晶态存在，因此，在黏粒中 Na_2O 很少，部分 K_2O 进入黏粒矿物晶层中。CaO 则主要以中基性斜长石细晶或微晶态存在。容易遭受淋溶；辽-102 土体中斜长石残存多，脱盐基过程弱。

2）磁铁矿通常是迟生的岩浆矿物，与铁镁矿物成隐晶集合体。在辽-24 土体中的含量较辽-102 中高，在细砂粒级中约占 25%。加之，镁、铁并成橄榄石细晶包裹体存在于土体基质中，它们是全铁量的重要组分，经风化过程以水化氧化铁形式累积于土体。而辽-102 火山灰土玻质中磁铁矿集合体少，固溶态隐晶质辉石成分高，岩包体中多蚀变金红石、钛辉石集合体而使铁镁钛（磷）富集于黏粒中。

3）辽-24 中斜长石蚀变为多水高岭石，使黏粒 Al_2O_3 含量有所增高，部分硅脱玻化。辽-102 辉石蚀变为层状硅酸盐（绿泥石化），斜长石高岭化，使黏粒 Al_2O_3 显著积累。

4）从辽-102 黏粒烧失量可知，除表层受有机质影响外，火山玻璃非晶物质含量显著。

5）在相同成土条件下，发育在早更新世（Q₂）玄武岩的土壤（棕壤）比发育在中晚更新世（Q₂、Q₃）中晚期火山喷发物上的暗火山灰土成土阶段对矿物风化有明显不同的影响，尤其在较湿润的底土层铁质化和高岭化作用强，由火山灰土向地带性棕壤过渡，而暗腐殖质火山灰始成土处于绿泥石－蛭石化阶段（参见下节）。

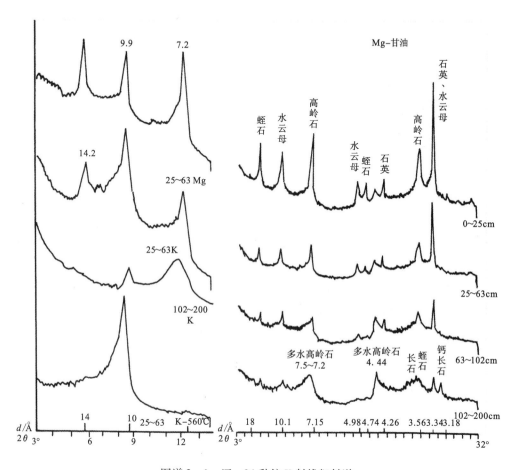

图谱 3－1　辽－24 黏粒 X 射线衍射谱

由图谱 3－1 可见，剖面辽－24 黏粒矿物主要是高岭石、埃洛石，并有水云母和蛭石（绿泥石）。剖面间矿物组成变化较大，随剖面向上，埃洛石含量减少，而逐渐变为高岭石、埃洛石和水云母的无序混层也减弱。与此同时，水云母和蛭石含量增加，在表层变化大。镁饱和 14Å 峰增高，K－饱和收缩，10Å 峰增、K－560°处理，收缩为 10Å，多层间水合离子的蛭石。由 2～10μm 极细粉砂粒级可见，含橄榄石、闪石和辉石、斜长石、磁铁矿（2.97Å），黏粒矿物含高岭石（多水高岭石），蛭石、水云母；长石（3.25Å 峰）较显，石英少。

以水云母含 K₂O 按 60g·kg⁻¹ 计算，含量为 200～300g·kg⁻¹，表层骤增到 40%；水云母由水化度高而骤然转变为结晶程度好，底土层 102～200cm 的黏粒中几无石英，随剖面向上辉石（3.25Å峰）不消失而出现石英，表层石英含量骤然增高。此外，底层黏粒中可能尚有非晶物质。由黏粒硅铝率在剖面上分布可以推断，表层黏粒矿物组成的改变是径流物质的添加所致，也就是在玄武岩高岭石类风化物质的基础上叠加了结晶程度高的蛭石（绿泥石）、云母和石英等黄土沉积物，底层湿润条件更有利于斜长石、辉石等的蚀变。土壤剖面中的矿物的风化序列主要为基性斜长石→埃洛石→高岭石、辉石、橄榄石→（绿泥石）→蛭石。

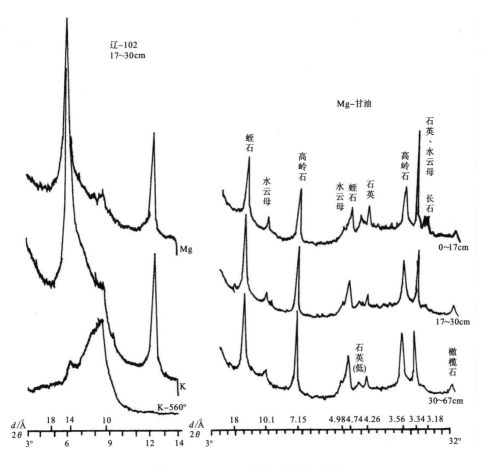

图谱 3-2　辽-102 黏粒 X 射线衍射谱

由图谱 3-2 可知：剖面辽-102 黏粒矿物主要为高岭石、蛭石（绿泥石），水云母少，并有微量长石、石英。高岭石和蛭石含量随剖面向上而略有减少，而石英、长石含量则有所增加。水云母按含 K_2O 60g·kg^{-1}计算，含量约为 200g·kg^{-1}，水化程度高。Mg 饱和 14Å 和 7Å 峰仍明显，K 饱和略微收缩成肩状，K-500℃处理，过渡到 11.6~10Å 宽峰，留有 14.4Å 小峰，夹层为非水合离子所占。由黏粒的基本性质可知，黏粒除大量高岭石外，并含绿泥石，这与 X 射线衍射结果相一致。玄武岩火山灰易于形成绿泥石，辉石变成绿泥石和橄榄石易风化成伊丁石和氧化铁，基性斜长石不易风化成埃洛石和高岭石，排水条件有利于绿泥石-蛭石的转化。

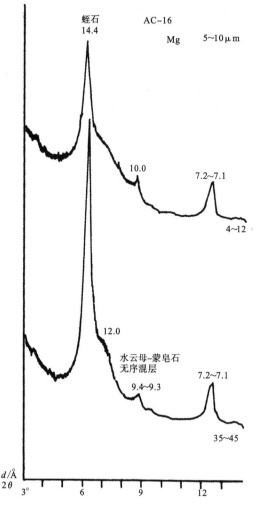

图谱 3-3　AC-16 黏粒 X 射线衍射谱

由图谱 3-3 AC-16 1~5μm XRD（参见第一章图1-1）可见，牡丹江地区火山灰土富含斜长石，并多钾长石，剖面下层更高，并多辉石（2.87~2.97Å，3.02~2.94Å，2.60~2.53Å）。斜长石衍射峰强，辉石峰宽弱，有橄榄石的微峰（2.53Å）。可能还与矿物的微晶和隐晶存在形态有关。黏粒矿物蛭石-绿泥石含量高（14.2~14.4Å，7.1~7.2Å），并有12Å混层物。水云母蚀变强，表层衍射峰宽而低，非晶物质水铝英石多（3.4Å）。3.42Å含水硅化物较下层有所增强，仍可见得水云母和蛭石（绿泥石）过渡的12Å混层物。5~10μm粒级（图谱 3-4），Mg-饱和处理，14Å衍射峰显著增高，仍可见得云母和蛭石（绿泥石）混层，下层更为显著并可有云母和蒙皂石无序混层，这是碱性玄武岩含铁云母，蚀变过程脱铁镁、绢云母（绿泥石）蛭石化过程所致。由千枚岩残积风化物上的剖面AC-30 1~5μm XRD（第一章图1-1）可见富含黑云母、长石，但斜长石较 AC-16 显著减少，多为钾钠长石并有辉石和闪石，蛭石-绿泥石亦显著增高，3.42Å含水硅化物亦显。

四、土壤的非晶物质

由表 3-7 选择溶解分析，可见 Alp 和 Fep 腐殖质复合物少，在 A 层仅稍高。Alp/Alo 甚低；（Ald-Alp）/（Alo/Alp）低达 0.5 以下，表明铝多以非晶水铝英石形态存在。有机络合态 Fe 的组分较 Al 多，Fep/Feo 仅部分土层在 0.25 水平上；（Fe_{DCB}-Fep）/（Feo-Fep）值均 >2，以晶质 Fe 占优势，仅剖面 92-五-1 表层以非晶质 Fe 为主。与中碱性火山灰土不同，晶质铁和非晶铁均较晶质铝和非晶铝高。根据 SiO 计算水铝英石含量，在辽-102 和 92-五-1 剖面中均有较显著水铝英石。由 Al/Si 值 ≥2 可见，92-五-2 含水铝英石少的某些土层中生成的尚是原始伊毛缟石-水铝英石。它们在排水较好的土层中较为稳定存在。Alo+1/2Fe，均在 0.6% 以上，符合土壤系统分类中的寒冻火山灰土标准。

表3-7　土壤选择溶解

剖面号	深度/cm	Alp	Ald/%	Alo	Alp/Alo	(Ald-Alp)/(Alo-Alp)	Fep	Fed/%	Feo	Fep/Feo	(Fed-Fep)/(Feo-Fep)	Sio/%	水铝石英/%	Alo+1/2Feo/%
辽24	0~25						0.04	2.63	0.37	0.04	7.85			
	25~63						0.03	2.85	0.63	0.05	4.70			
	63~102						0.03	3.78	0.71	0.04	5.52			
	102~200						0.02	2.55	0.48	0.05	5.50			
辽102	0~17	0.02	0.14	0.34	0.06	0.38	0.20	2.55	0.94	0.21	3.18	0.54	4.32	0.81
	17~30	0.01	0.14	0.37	0.03	0.36	0.17	1.73	0.58	0.29	3.88	0.11	0.88	0.66
	30~67	0.02	0.11	0.37	0.05	0.26	0.07	2.27	0.60	0.12	4.15	0.49	3.92	0.67
92-五-1	0~19	0	0.06	0.43	—	0.14	0.07	0.98	0.60	0.12	1.72	0.14	1.12	0.73
	19~33	0.01	0.11	0.33	0.03	0.31	0.17	1.98	0.67	0.25	3.62	0.38	3.04	0.67
	33~50	0.01	0.14	0.32	0.03	0.42	0.27	1.97	0.60	0.45	5.15	0.77	6.16	0.62
92-五-2	3~20	0.01	0.13	0.37	0.03	0.33	0.18	1.52	0.57	0.31	3.44	0.13	1.04	0.66
	20~40	0.01	0.14	0.36	0.03	0.37	0.27	2.45	0.60	0.45	6.61	0.13	1.04	0.66
	40~60	0.02	0.14	0.37	0.05	0.34	0.14	2.07	0.61	0.23	4.11	0.10	0.80	0.68

五、土壤养分状况

玄武岩火山灰土壤养分含量和土体非晶铝、铁、短序水铝英石和高岭石-多水高岭石矿物组成有关。未受径流物质堆积、风化较弱的辽-102中（表3-8），非晶铝铁水化物对有机阴离子中和、缩合呈专性和非专性吸附，水铝石英羟基铝有利于有机物质的微生物降解，有机质含量高达133g·kg⁻¹，全氮和有机质的比例亦较高。

玄武岩为富磷母岩，我国玄武岩平均含 P_2O_5 0.60%，辽-24和辽-102碱性玄武岩母岩分别含4.91g·kg⁻¹和4.86g·kg⁻¹，土壤达富磷水平，P_2O_5 超过2mg·kg⁻¹，辽-102风化程度较弱，仍保持母岩水平，而速效磷在辽-24表层和辽-102剖面均属 5×10^{-6} 左右低缺水平。这是由于非晶铝、铁和黏粒矿物晶格表面带正电荷的活性铝缩合基团对磷酸阴离子专性吸附强所致。据此，也可被认为是土壤的储磷容量大。

在玄武岩火山灰土壤风化过程中，土体非晶隐晶质基质钾的淋失作用强，因而，速效钾含量相对高，而缓效钾相对则甚低。母岩中云母含量甚低，辽-24受表层冲积物影响，多绢云母、水云母黏粒矿物；辽-102表层有机质富集，全钾和缓效钾亦较高，在心土底土层都见有多水高岭石和水云母混层，使缓效性钾和速效性钾含量亦高。

根据黏粒XRD分析，辽-24含蛭石组分对钾的固定能力似较辽-102蛭石-绿泥石组分要大，底土层无序多水高岭石负电荷高的铝对钾吸附影响也可使缓效性钾和速效性钾显著积累。辽-102粉砂-黏粒级微量元素铁、镁、钛、锰、磷较为富集。

玄武岩火山灰土壤AC-16和AC-19和千枚岩残积物上的山地棕壤AC-30富含辉石、闪石、橄榄石和黑云母，土壤微量元素Cu、Zn、Ni、Co、Mo均属本区最高含量，Zn和Cu超过世界正常土壤平均含量各为1倍和2倍（东北土壤413页）。

表 3 - 8 土壤养分含量 $(g \cdot kg^{-1})$

剖面号	深度/cm	黏粒		有机/质 $g \cdot kg^{-1}$	全磷 (P_2O_5)	全钾 (K_2O)	速效磷 (P_2O_5)	速效钾 (K_2O)	缓效钾 (K_2O)
		含量	烧失量						
辽 24	0~25	260.0	169.0	24.7	2.01	17.7	6.3	140	494
	25~63	317.0	158.3	9.0	2.39	8.5	43.3	134	217
	63~102	409.0	152.2	5.1	2.16	7.3	76.7	157	409
	102~200	363.0	140.8	5.2	3.25	11.2	84.5	252	552
辽 102	0~17	115.0	455.1	133.1	4.33	15.4	8.4	131	427
	17~30	167.0	307.7	49.1	5.49	13.7	6.2	73	262
	30~67	167.0	280.3	27.2	4.80	10.4	6.0	73	145

第四章　大兴安岭棕色针叶林土

棕色针叶林土（冷棕壤）为本区最北部寒温带地带性土壤，主要分布在大兴安岭北部，为我国重要林区。

本区的生物气候条件特点：①寒温带大陆性季风气候，冬季严寒、漫长，最低气温可达 -52.5℃，广泛分布有多年冻土层及季节冻层；夏季短促湿润，年降水量集中在 7、8 月份；春季干燥、多风，干燥度 <1。②地形为台原及浅切割的中山地形，地势平缓起伏，河谷开阔；北段中等切割，为具岛状永冻层的台原，平均高度不到 900m，河流呈放射状分布，沼泽极为发达。由于受到冰期和间冰期的影响，形成不同成因类型沉积物。③本区岩层基本由火成岩构成，以酸性侵入岩和中性花岗岩为主（石英粗面岩、玄武岩和流纹岩），成土母质由于冰川和冰冻影响，质均粗，细碎物质常为粒状或砾状的残积物。④土壤主要为棕色针叶林土，多沼泽化与潜育化，常与漂灰土成复区分布。⑤植被以兴安落叶松为主，其次有樟子松、山杨、白桦等，林分简单，根系较浅，林下是杜鹃、杜香和越橘耐旱灌木（图 4-1）。

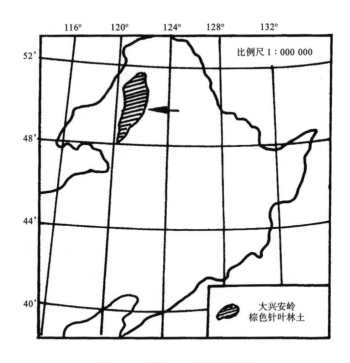

图 4-1　供试土区位置示意图

本章研究了棕色针叶林土的物理、化学和矿物学基本特性和成土过程特征。

第一节　土壤的自然地理条件特征

供试土壤采自大兴安岭北部（考察地区漠河 – 满归 – 甘河 – 根河和加格达奇）台原浅切割的中山地形的西坡，相对高度 600～900m 左右的低山斜坡中上部及河流阶地中上部。成土母质以酸性侵入岩（花岗岩）和喷出岩（流纹岩、英安岩）为主，寒冻风化以物理崩解为主的风化过程使本区土层浅薄、土壤呈粗骨性。

一、剖面地点及地理条件特征

剖面地点及地理条件特征见表4 – 1。

表4 – 1　剖面地点及其地理特征

剖面号	土类	采集地点	地形	母质	年均温/℃	年降水/mm	海拔/m	植被
X – 7	薄层冷棕壤	满归北 2.5km	低山斜坡上部岗地	砂岩坡积残积物	–3～–5	450	800	樟子松、山杨
X – 2	棕色针叶林土	图里河南五里	低山斜坡中部	流纹岩残坡积物	–3～–5	450	900	落叶松、桦树林
X – 10	冷棕壤	漠河县西林吉镇招待所	河谷盆地	河流冲积沉积物	–3～–5	450	640	樟子松、落叶松、兴安杜鹃
X – 4	山地棕色针叶林土	满归望火楼西北坡 740m	低山中部	流纹英安岩	–3～–5	450	500	落叶松、白桦、胡枝子
X – 8	山地棕色针叶林土	西林吉南 43km	河流一级阶地中部	河流冲积物	–3～–5	450	780	水藓、落叶松
X – 11	暗棕色针叶林土	加格达奇林业科学院种子园	低山坡顶	花岗岩坡积物	–3～–5	480	480	榛子

二、棕色针叶林土剖面形态特征概括为：

$A_{00}A_0$　未分解枯枝落叶，润，棕褐色，疏松；多白色菌丝体和植物根。

A_1　半分解凋落物，暗棕褐色，砂壤（或灰白色粉砂壤），潮，砂石多，屑粒状结构，少，松；多木质粗根和菌丝体。

B　浅棕灰，粉砂壤或棕褐色砂壤，稍紧，砾石较多；石块底面可见铁质胶膜。

BC　浅灰棕或棕黄，粉砂，砾石含量很高。

C　以石块为主，在石块底面大多可见铁质胶膜。

第二节　土壤及黏粒的一般性质

根据土壤微形态观察和机械组成（表4 – 3）可比较不同母质岩性的寒冻风化作用，

现将比较结果列于表4-2。

表4-2　母岩对土壤粗骨性和质地的影响

剖　面	母　　　质	石砾	砂	粉砂	黏粒	备　　注
X-11	花岗岩坡积物	85	80	15~20	≤5	
X-2	流纹岩残坡积物	70	15~25	60~65*	15	*细砂粉砂1/2以上
X-7	（流纹质）砂岩残坡积物	70	40~50	40~45	10	
X-4	流纹英安岩	40	60~70	30~40	1~10	
X-8	流纹英安岩河流冲积物	20~40	50~75	20~35	15~20	

由表4-2可见本区母岩对土壤粗骨性有一定的影响，花岗岩坡积物上的暗棕色针叶林土（X-11）石砾多达85%，流纹岩残坡积物（X-2）为70%，流纹英安岩（X-4）和英安岩河流沉积物（X-8）分别递减为40%和20%~40%。砂粒级花岗岩坡积物（X-11）也相应地多达80%；而流纹岩残坡积物（X-2）仅为15%~25%。流纹英安岩（X-4）和英安岩（X-8）分别为60%~70%和50%~75%。就粉砂粒级而言，流纹岩残坡积物（X-2）高达60%~65%，其中细粉砂占一半以上，而流纹英安岩（X-4）、英安岩（X-8）、花岗岩（X-11）则相应减少为30%~40%、20%~35%和15%~20%。黏粒含量流纹岩残坡积物（X-2）可高达15%，流纹英安岩（X-4）和英安岩（X-8）分别高达10%和15%~20%，花岗岩则仅含≤5%。

就粗骨性而言，花岗岩母质粗骨性最强，风化黏粒最少；流纹岩母质粗骨性强，粉砂性亦强，粉砂和黏粒占1mm粒级的90%，细粉砂加黏粒占50%以上；流纹英安岩和英安岩母质粗骨性较弱，粉碎性中等，粉砂加黏粒占1mm粒级的60%左右。

除上述土壤的粗骨性和质地外，土壤的一般性状尚有以下特点：

土表A₀层多为未分解的枯枝落叶层，有机质含量不高，除剖面X-7外，仅A₁层在1%~6%，腐殖物质则更少，随剖面向下而显著减少。土壤呈弱酸性，酸度范围较宽，剖面X-2和X-7，pH值在5.0~6.0，剖面X-4和X-8在6.0~6.8，A₀层为最低，个别可达pH4.5。水解性总酸度随pH值而相应有所改变，以剖面X-7和X-2为最。阴离子交换量和交换性盐基（Ca，Mg，K）除A₀层外，以剖面X-4最高，以X-2和X-7最低，其中交换性Ca含量低于交换性Mg。以交换性酸度计算盐基饱和度，由高到低可列为：剖面X-8，X-4＞剖面X-2，X-7；若以水解酸度计，有机质含量最高的剖面X-7可低达30%。河流阶地中上部的河流冲积物上的剖面X-8各层阳离子含量分异亦较大，而河谷盆地河流冲积物上的X-10分异则较小。关于土壤化学性质详见表4-4。

第三节　土壤黏粒矿物组成

根据X射线衍射分析结果，归结如下：

由图谱4-1可见，剖面X-2石英含量高，并有低温石英；少量长石类矿物；云母-水云母少，水化度高，部分蛭石（绿泥石）化。此外，可能尚有高岭石和底层有

表4-3 土壤机械组成

采集地	深度/cm	石砾占总重% (直径mm) 石	石砾占总重% (直径mm) 砾	损失量/%	砂粒 (直径mm)% 1.00~0.50	0.50~0.25	0.25~0.10	0.10~0.05	粉砂 (直径mm)% 0.05~0.025	0.025~0.002	黏粒 <0.002	物理性砂粒% (<0.01)	物理性黏粒% (<0.01)	土壤质地名称	备注
83-大兴安岭-2	3~18	59.63		4.53		7.32	9.97	6.27	64.1		15.33				30g
	18~40	42.53		2.74		5.82	4.45	5.48	28.42	39.73	16.1				30g
	40→	82.82		4.90		4.90	6.29	5.24	66.78		16.78				30g
83-大兴安岭-4	2~10	48.61		7.53		25.09	22.58	18.28	24.01		10.04				30g
	10~22	28.81		9.49		21.17	22.99	17.15	37.59		1.09				30g
	22~30	37.77		2.39		23.21	19.80	27.65	28.67		0.68				30g
83-大兴安岭-7	0~6	69.24		6.73		21.17	13.78	6.58	14.71	28.44	8.59				
	6~12	69.24		4.7		22.74	17.36	11.46	15.63	24.48	8.33				60g
	12→	63.96		3.60		22.87	17.73	13.3	36.17		9.93				60g
83-大兴安岭-8	0~2	44.69		1.90		25.12	24.1	12.91	24.61		12.56				60g
	2~12	28.11				26.67	24.21	14.74	20		14.39				30g
	12~25	8.62		1.50		23.15	15.57	8.46	12.35	21.31	18.95				
	25~52	19.32				37.5	22.18	16.53	23.79						
	52~75	34.79		0.70		28.3	12.97	10.24	32.42		16.04				30g
83-大兴安岭-11	1~7	78.42		2.30		30.32	28.16	18.41	20.58		2.53				30g
	7~30	80.28		1.30		49.13	21.12	10.73	14.48		4.43				60g
	30~37	53.71				45.74	22.8	13.95	12.79		5.04				
	37~60	85.86		1.70		37.4	22.64	11.49	22.98		5.15				

表4-4a 土壤基本化学性质

采集地	田间号	深度/cm	有机质/%	水解性总酸度/m.e./100g	pH 水浸	pH 盐浸	$\frac{1}{2}$Ca	$\frac{1}{2}$Mg	Na	K	H	$\frac{1}{3}$Al	吸收盐基	盐基饱和度 CO_2%	全N/%	全 P_2O_5/%	水解N/ m.e./100g	阳离子交换量/ m.e./100g
黑龙江古莲	83-X-10	0~9	6.72	8.48	5.77		15.17	1.79	0.19	0.37	0.24	0.13		98.0				20.20
		9~22	1.30	4.42	6.00		8.56	1.79	0.24	0.26	0.24	0.69		92.0				11.12
大兴安岭		22~49	0.60	3.28	6.16		7.53	3.45	0.19	0.30	0.19	0.47		94.5				10.44
		49~62	0.43	2.41	6.12		6.21	2.42	0.24	0.38	0.09	0.73		91.8				7.21
		62~80	0.34	2.61	6.33		5.93	2.76	0.24	0.33	0.24	0.15		95.9				8.14
黑龙江	83-X-11	1~7	12.26	3.82	6.80		34.32	8.70	0.24	1.23	0.10	0.10		99.6				31.50
		7~30	0.48	1.01	6.36		10.63	4.55	0.11	0.37	0.08	0.11		98.9				11.18
加格达奇		30~37	0.82	4.18	6.17		9.94	6.76	2.20	0.74	0.56	1.68		89.7				16.17
林业科学院		37~60	0.32	2.77	6.20		5.60	3.86	0.21	0.11	0.34	0.56		91.5				9.16

表4-4b　土壤基本化学性质

采集地	田间号	深度/cm	有机质/%	水解性总酸度/m.e./100g	盐基饱和度 CO₂%	pH 水浸	吸收性阳离子/(m.e./100g)						吸收盐基 盐基饱和度%	全N/%	全P₂O₅/%	水解N/m.e./100g	阳离子交换量 m.e./100g
							Ca²⁺	Mg²⁺	Na⁺	K⁺	H⁺	Al³⁺					
	83-X-2	0~3				5.00											
	内蒙古图里河	3~18	1.06	7.14		5.19	2.76	6.07	0.09	0.39	0.47	2.90	73.4				11.29
		18~40	0.96	7.24		5.41	3.32	6.35	—	0.34	1.35	1.65	55.0				10.93
		40→	0.92	5.79		5.46	5.56	0.82	—	0.28	0.67	3.44	56.6				11.76
	83-X-4	0~2				6.57											
大	内蒙古满归	2~10	3.19	4.12		6.50	14.63	4.22	0.09	0.34	0.19	—	92.3				20.88
兴		10~22	1.53	3.36		6.70	12.10	4.07	—	0.37	0.09	0.19	90.0				18.33
安		22~30															
岭		30→				6.80											
	83-X-7	0~6	11.65	20.01		4.53	1.28	6.62	—	0.36	1.22	14.68	56.9	57.0			25.59
	内蒙古满归	6~12	4.76	11.2		5.06	0.69	4.55	0.09	0.28	0.43	4.00	58.0				10.57
		12→	2.45	12.88		5.20	—	4.97	0.11	0.18	0.24	6.86	51.4				10.24
	83-X-8	0~2	3.15	5.79		5.51	3.17	7.04	0.13	0.22	1.55	0.88	97.5				10.84
	内蒙古西林吉	2~12	1.40	6.83		5.78	7.31	1.65	0.13	0.19	0.37	1.20	85.5				10.85
		12~25	0.60	4.82		5.75	7.59	4.83	0.24	0.37	0.34	0.09	91.0				14.31
		25~52	0.52	5.03		5.87	8.42	3.17	1.39	0.42	0.34	1.12	92.1				14.55
		52~75	0.39	3.90		6.02	6.14	2.62	0.11	0.26	0.28	0.99	90.0				10.15

晶质多水高岭石，并可见微量水铝英石。水云母－蛭石（绿泥石）混层（12Å）较显。剖面上分布，3～18cm 蛭石和水云母混层多，18～40cm 不明显。另外（在21°～26°）还可见得可能属鳞石英小峰（4.33、3.82 和 2.98Å），水铝英石两宽峰（3.4Å 和 3.42Å），并有 silhydrate 小峰。

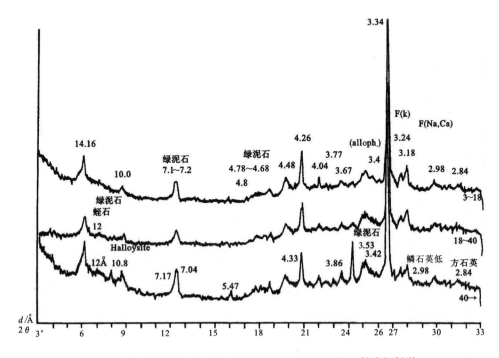

图谱4－1　剖面 X－2 <2μm 粒级（Mg－甘油）的 X 射线衍射谱

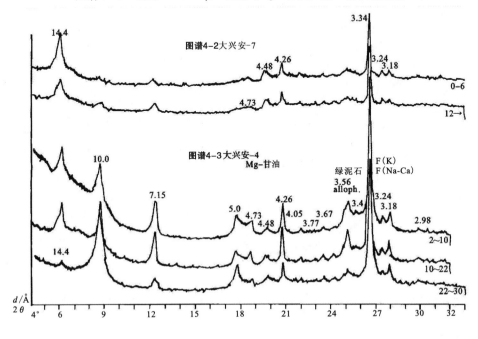

图谱4－2　剖面 X－7 和图谱4－3　剖面 X－4 <2μm 粒级（Mg－甘油）的 X 射线衍射谱

由图谱 4-2 可见，剖面 X-7 和剖面 X-2 很类似，以蛭石为主，云母水化度高；石英量较高，并有低温石英；长石类矿物较少。随剖面向上水云母蛭石化增强。矿物多隐晶质和非晶质，衍射峰不明显。

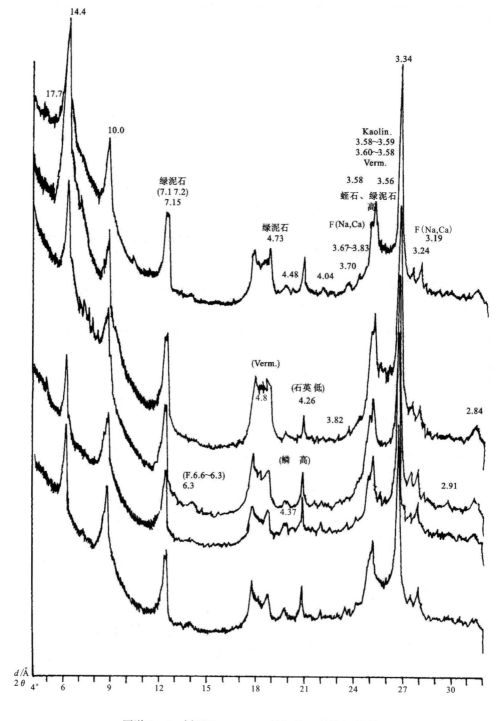

图谱 4-4　剖面 X-8 <2μm 粒级的 X 射线衍射谱

由图谱4－3可见，剖面X－4云母－水云母含量高，部分绿泥石－蛭石化（14.4，7.1～7.2Å），石英含量很高，并有低温石英（4.26Å）、斜长石、钾、钠长石，矿物风化程度较弱。底层云母多，水化程度低，绿泥石（蛭石）化差，风化长石相对少。随剖面向上水云母－绿泥石（蛭石）化（4.73Å）有所增强，石英、钾、钠长石和斜长石（3.18Å）有所增加。也可见有鳞石英，水铝英石微峰。

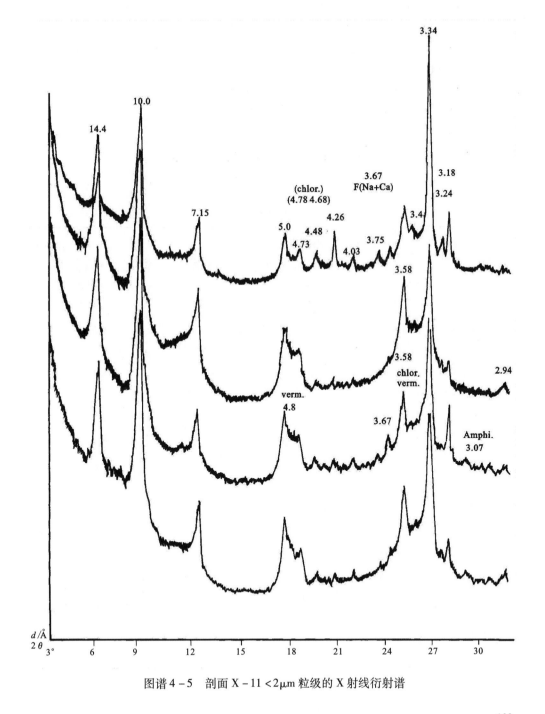

图谱4－5　剖面X－11＜2μm粒级的X射线衍射谱

由图谱4-4可见，剖面X-8云母含量高，有晶度较好的绿泥石（蛭石），石英含量较高，并有低温石英和少量斜长石、钾（钠）长石。随剖面向上云母水化，绿泥石峰增强，至2~12cm，蚀变最为显著，见有12Å规则收缩的绿泥石（蛭石）混层，并有17~18Å蒙皂石小峰；斜长石峰有所减弱。在表层0~2cm，蒙皂石峰尤为明显，长石峰又有所增强。

由图谱4-5可见，剖面X-11母质中云母含量高，有蛭石-绿泥石与水云母混层，并可能有高岭石、钾（钠）长石；石英少。随剖面向上30~37cm BC层中，云母蛭石（绿泥石）化，斜长石较显著，7~30cm B层中，云母-蛭石化混层明显增强，斜长石减少；1~7cm腐殖质层中，云母为主，绿泥石（蛭石）少；石英增高，出现低温石英（4.26Å），并可能有水铝英石（3.4Å）；长石类矿物增加，并可能有痕量辉石，闪石不现，此可能是外源英安岩流纹岩碎屑物质掺入。

第四节　土壤的微形态

大兴安2

土层	基本微结构	骨骼颗粒	细粒物质	孔隙	有机物质	结构性	新形成物
5~18	暗褐（11）细粒质砂质（2/10粗基质颗粒）石砾40%霏细结构（隐晶质长英矿物集合体）流纹岩岩屑	岩屑棱角明显（玻质基质中多0.01mm石英鳞石英，透长石球粒>0.05mm很少）微裂隙面基质铁质化强；脱色绢云母多；岩屑疏松堆集	褐色腐殖质化隐晶质细粒质少；针点细粒熔蚀状石英、绢云母、鳞石英（照片4-3）	根孔很多；圆形和水平唇形（沿岩屑铁质化裂隙面）；不规则孔洞；微裂隙少	棕褐色未分解根韧皮木质多，根截面很多，完全充填根孔；半分解体内有碳质体；根截面充填硅质体（照片4-1）	多为具孤立孔洞和孔隙的岩体，仅部分裂解的砂质岩屑	硅藻生物岩
18~40	暗褐细粒质砂质（2.5/10粗基质颗粒）石砾30%基质铁质化不均	细砂质岩屑，较密实堆集基质面铁质化（反射光泛棕色）	隐晶质玉髓状基质裂解细粒体较显	根孔多且大并有不规则孔洞，都充填植物体，大多为未分解具韧皮输导组织，仅部分未分解（照片4-4）残体在孔边	棕褐色未分解根多，多光性定向纤维，根截面光性硅藻体充填于输导组织（照片4-2）		
40→	暗褐细粒质砂质（2/10粗基质颗粒）石砾质岩屑60%	细砂粉砂质岩屑，密实堆集，绢云母多		小，孔洞多不规则漏斗状	残有根系，偶见粗根（棕褐色皮层）	具孤立孔隙的岩屑块体（照片4-5）	无骨骼颗粒面黏粒物质析离

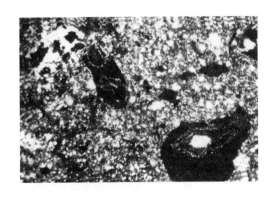

照片4-1　流纹岩岩屑，显微晶质结构
根孔中均有根截面（硅质根截面）棕褐色碳质体

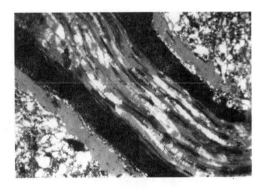

照片4-2　根截面内硅质体
根面硅藻体和岩屑　单（斜）偏光×75

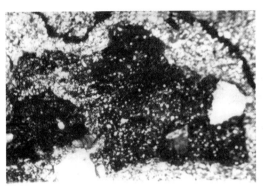

照片4-3　显微晶质石英质球粒与裂隙孔
呈流状排列，绢云母化基质微裂隙面熔蚀
暗化，铁质化强　正交偏光×30

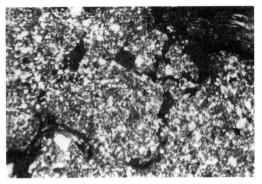

照片4-4　隐晶质玉髓状岩屑，根孔多，
棕褐色植物残体于裂隙和孔道中
正交偏光×30

照片4-5　流纹岩裂隙面孔洞棕褐色未分解
粗根　正交偏光×30

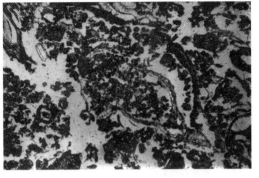

照片4-6　火山玻璃基质中多未分解、
半分解有机物和微团聚体黏连　单偏光×75

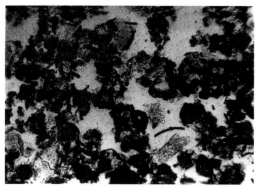 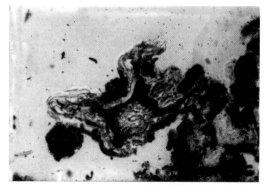

照片 4-7　腐殖质植物残体、菌丝体、
硅藻　单偏光×150

照片 4-8　根系和硅藻根系生物岩
单偏光×300

大兴安4

土层	基本微结构	骨骼颗粒	细粒物质	孔隙	有机物质	结构性
2~10	暗棕褐（平行光）粉砂质砂质（1/10 粗基质颗粒）石砾>50%部分与有机物黏聚	粗粉砂质少，多长石类岩屑：正长石铁质化（亮棕褐），斜长石绢云母化（0.03mm）有流纹岩屑细粒-块状；粉砂级硅藻多	少，褐色腐殖质粉砂质，见细针状黏粒体（双折射率大）	未分解有机物质和硅藻菌系体黏连的海绵状孔洞和孔道	棕褐色具木质韧皮的硅质根切面和根系多，半分解植物残体和硅藻体菌系体黏连（照片 4-6~照片 4-8）。正长石铁质化解理面真菌麇集（照片 4-9）	松散不规则形有机-硅质海绵状多孔微结构体和岩屑碎裂块体（0.02~0.04mm）
10~22	褐色，砂质（1/10 粗基质颗粒石砾>30%）架桥状分布（黑云母）-斜长石-正长石-石英岩屑	集块状岩屑（0.05~1mm）和由其裂解为玉髓球粒-长石-石英的碎屑物，斜长石绢云母化多（照片 4-10）	极少，微细绢云母增多	由大小岩屑裂解的堆集性孔，孔隙度大	根系较少，与菌根贯穿玉髓球粒碎屑使松散岩屑碎裂成不规则团聚状块体（照片 4-11）	具游离块体（0.05~0.1mm）的碎裂微结构
22~30	浅棕褐，砂砾质（1/10 粗基质颗粒）石砾40%大小岩屑架桥状分布	棱角明显（0.1~数 mm），具大小裂面砂质岩屑，多为绢云母化碎屑紧密堆集	极少，无黏粒析离	岩屑间多大孔道和微裂隙	根系较少，具弱光性的硅藻类有机质顺岩屑裂缝交叉分布（照片 4-12）	具游离块体（0.05~0.1mm）的碎裂微结构
30→	英安岩质流纹岩岩屑（黑云母-斜长石多）（照片 4-13）					

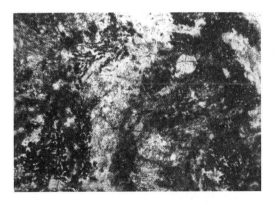

照片4-9 正长石绢云母化岩屑面和
解理面真菌菌落 单偏光×75

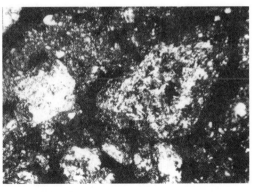

照片4-10 流纹岩风化砂质岩屑，长石颗粒
部分风化脱落、松散团聚 正交偏光×75

照片4-11 石英玉髓球面-长石岩屑局部
风化成微团聚状体 正交偏光×30

照片4-12 弱光性硅藻腐殖质顺岩屑裂缝
交叉分布 正交偏光×30

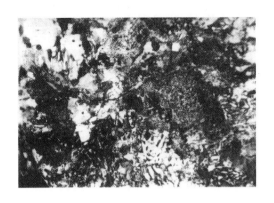

照片4-13 岩屑正长石铁质化、斜长石绢云母
化与正长石互生的蠕虫状石英
正交偏光×30

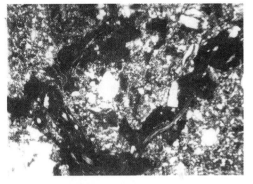

照片4-14 松散岩屑面未分解的棕褐色根系，
多光性强（高双折射率）纤维构造
正交偏光×30

照片 4-15 球粒状玉髓粉砂质松散垒结
多未分解根截面、类碳体、具纤维光性
见微斜长石 单斜偏光 ×20

大兴安7

土层	基本微结构	骨骼颗粒	细粒物质	孔隙	有机物质	结构性
0~6	浅棕褐（平行光）粉砂-砂质（1/10 粗基质颗粒）石砾60%以上霏细结构（隐晶质长英矿物集合体）多石英质流纹岩岩屑	棱角明显岩屑，多砂-中粉砂质，分布均一，玻质基质多，石英球粒，含石英、正长石、微斜长石、细绢云母较多，颗粒面清晰，仅弱度铁质化	棕色（平行光），黏粒质呈细粒状，少，棕褐色腐殖质半分解植物残体沾染，双折率较高的绢云母，少。	大，多根孔和孔道（大小气孔）	粗有机质多，多弱分解根截面（具硅质光性）棕色和棕褐色半分解物充填大小气孔（照片4-14）黑褐色碳质体具碎屑状和根截面原状，不均一分散和充填于气孔道中（照片4-16）	多孔洞和弯曲形孔道（气孔）的多孔微结构体，并有由有机物黏连的松散块体，少（照片4-15）
6~12	浅棕（平行光）粉砂-砂质（1/10 粗基质颗粒）石砾60%以上岩屑矿物组成与分布不均一砾质砂岩（流纹英安岩）	除流纹质岩屑（照片4-18）外，有砂粉砂质石英，长石，黑云母堆积岩屑。多细条双晶清晰的酸性斜长石，微斜长石和粉砂质岩屑（照片4-19），风化斜长石面多半分解根系，与黏粒体黏连（照片4-18）	多细粒绢云母，双折率较高。亮棕色腐殖质均匀浸染细粒物质，见有细粒物质在大骨骼颗粒面呈不完全的风化黏粒走边，质粗（照片4-17）	孔洞较上少，多为密实微气孔	多亮棕色植物残体和棕褐色半分解凝聚体碳质体很少	具孤立孔隙和孔道的岩屑块体，局部为多孔微结构岩体

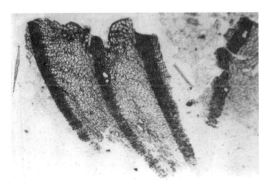

照片 4-16　多保留细胞构造的黑色碳化
植物残体　单斜偏光 ×30

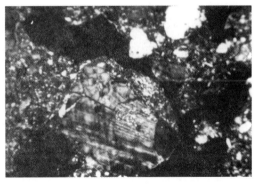

照片 4-17　岩屑面选择风化（与斜长石不同
消光的解理面边缘孔面黏质化，仅局部
不明显的风化黏粒走向 ×75

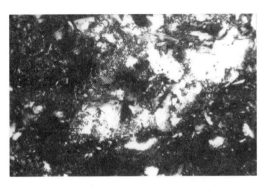

照片 4-18　斜长石面黏质化
（介离边面风化黏粒体）　正交偏光 ×150

照片 4-19　岩屑正长石、斜长石、黑云母
（部分绢云母化）　正交偏光 ×30

照片 4-20　流纹岩球粒状玉髓岩屑
较大孔隙中有弱光性未分解根系
正交偏光 ×30

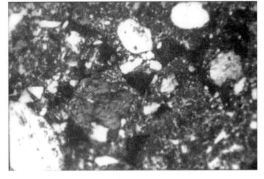

照片 4-21a
以斑晶矿物为核心的风化
团聚块体　正交偏光 ×20

土层	基本微结构	骨骼颗粒	细粒物质	孔隙	有机物质	结构性
2~12	浅棕褐（平行光）细粒质砂质（2/10粗基质颗粒）石砾30%半风化中性岩屑填隙架桥状	棱角-半磨圆形密实垒结岩屑（多风化正长石、斜长石、绢云母化）；个别矿物面铁质浓聚（照片4-20）	腐殖质黏粒质，棕色腐殖质均匀浸染细粒物质，仅个别大骨骼颗粒面有黏粒走边	不规则多角形孔和微孔道，由大小磨圆形流纹质岩屑（0.1~0.4）堆集（照片4-21）	腐殖质物多，棕栗色弱分解根韧皮等植物残体于根孔和孔道，具纤维光性；暗棕褐色腐殖质絮凝体少；风化长石面和岩屑孔洞裂解面真菌体麇集（照片4-22）	具不规则大小弯曲形孔洞，较疏松堆集的微结构体
12~25	棕色（平行光），黄棕（反射光）细粒质砂质（2/10粗基质颗粒）石砾10%填隙架桥状（较致密）	棱角形堆集岩屑，均一风化长石面棕褐色铁质化斑增多，绢云母多而小，紧密与大骨骼面走向一致	弱腐殖质黏粒质，呈棕色均匀浸染，并有亮棕色风化黏粒物质在大骨骼面呈光性定向、质粗、浅棕色（照片4-23）	较大，有很多不规则大小堆集孔和生物孔洞，且多小孔隙和生物孔洞；多小孔隙，呈弯曲形团聚面孔，部分孔壁黏粒走向	根孔和孔道中有弱分解植物残体；根截面亮棕色，中髓纤维光性，在根孔中普遍分布	具孤立不规则根孔和孔道及较密实的大小堆集孔微结构体、局部与大岩屑连片
25~52	浅棕褐（平行光）粉砂质-砂质（基质颗粒少）石砾20%斑晶嵌埋分布局部填隙式，大孔道架桥状，较均一	粉砂质岩屑，风化长石沿解离缝铁质化，黑云母-绢云母很多，大部分水化离铁，或就地铁质化，在骨骼颗粒面密实排列呈光性定向性（照片4-24）	黏粒质细粒物质，较上少，浅棕色，双折率高；大骨骼颗粒面，孔面黏粒物质析离或呈风化黏粒集合体（照片4-25）	孔隙度较小，呈不规则孔洞和弯曲形裂隙，部分孔壁有定向黏粒或黏粒走向，有黏粒稀薄的淋洗型孔	大孔洞和根孔道中见有弱分解根截面和根毛	多孤立不规则孔洞和弯曲裂隙的风化岩屑聚结块体
52~75	浅棕褐（平行光），色不均细粒质砂质（2/10粗基质颗粒）石砾35%，多斑斑晶嵌埋分布砾质砂岩母质（流纹英安岩）	粉砂质岩屑夹有砂砾，分布不均一，多正长石含鳞片状棕褐色大绢云母（0.15×0.04）岩屑多；含淡棕褐色细鳞片状则少，铁质化呈淡棕色。长石多单双晶，微斜长石很少（照片4-27、照片4-28）	淡棕褐色，黏粒质细粒物质集块，少；基质内光性定向物质，少；棕褐色块体面铁质黏粒质凝聚，与黑云母风化有关。棕褐色无定形氢氧化铁弱度浸染基质	孔隙度小，有大孔道和小孔洞，孔壁仅局部有黏粒走向；局部有淋洗型孔		有大小弯曲微裂隙的风化岩屑垒结块体（照片4-26）

照片 4 – 21b
a 左下图长石绢云母化颗粒
放大　正交偏光 ×60

照片 4 – 22a
真菌麋集风化　斜偏光 ×30

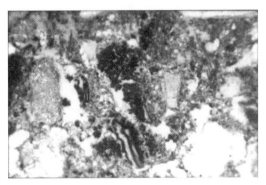

照片 4 – 22b
风化岩屑裂解面　单偏光 ×60

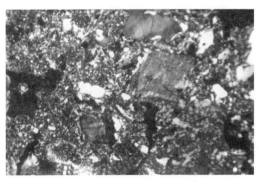

照片 4 – 23　石英、正长石斑晶，基质为隐晶和
粒状玉髓的流纹岩碎屑、孔隙中见未分解
光性根截面　正交偏光 ×30

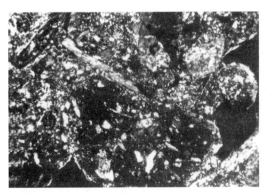

照片 4 – 24　黑云母绢云母多处显铁质化，
岩屑颗粒面脱铁并成硅质风化黏粒集合体
正交偏光 ×75

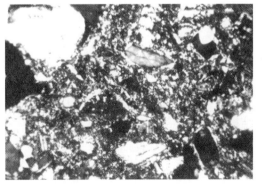

照片 4 – 25　基质和骨骼颗粒面不连续的
硅质风化黏粒集合体　正交偏光 ×75

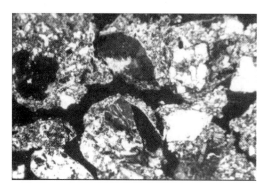

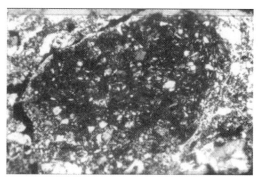

照片 4 – 26a

岩屑裂解　正交偏光×20

照片 4 – 26b

解理面黑（绢）云母集中处铁质化裂解孔洞

正交偏光×60

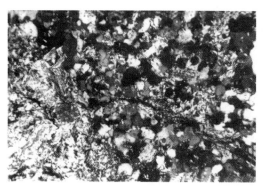

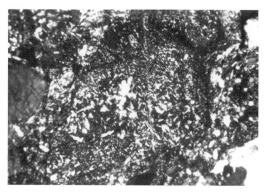

照片 4 – 27　正长石、角闪石黑云母化岩屑

正交偏光×75

照片 4 – 28　斜长石、黑（绢）云母化岩屑

正交偏光×75

第五节　成土及风化过程特征

一、岩性特征

发育在流纹岩残坡积物上的剖面 X – 2 母质为流纹构造，基质为球粒结构、玻璃质结构含石英（鳞石英、方石英）和正长石（水黑云母化）；斑晶为粉砂级球粒和熔蚀石英、透长石、正长石。剖面浅，全剖面砾石量很高、剖面上下均一。风化和成土过程中蚀变弱；见有正长石铁质化，黑云母绢云母蛭石化；表层 3～18cm 岩屑孔洞有弱分解植物根系，根切面多硅藻体；底层 18～40cm 孔道有粗根毛（0.5mm），韧皮层未分解，硅质根维管束呈球状、凝胶状充填，根表面有硅质粉砂粒和黏粒走向。

发育在变质砂岩上的剖面 X – 7 母质为砾质砂岩。基质为玻璃质和球粒结构（石英、鳞石英、正长石），斑晶为球粒状玉髓（亚微团聚体）和熔蚀石英（表层 0～6cm

多石英质流纹岩岩屑），斑晶呈砂粒状。岩屑孔道间由未分解根系充填；半分解硅质根截面和细粒质岩屑黏连。底层 6～12cm 岩屑并含正长石、微斜长石及酸性斜长石，局部绢云母化。局部见有水云母化长石黏质化，多半分解根系黏连。全剖面砾石含量高，岩屑堆集状，矿物颗粒面风化弱，高倍下孔面仅有局部不明显黏粒物质断续走向，可能为硅酸胶膜。

发育在流纹岩母质上的剖面 X－4 母岩为黑云母－斜长石－正长石英安岩质流纹岩，基质为极细他形正长石、石英质霏细结构和石英质球粒结构，斑晶为熔蚀石英呈浑圆状和港湾状，酸性斜长石解理面球粒质充填，斜长石绢云母化。

表层 2～10cm 有很多未分解有机物；半分解有机物和菌落、菌丝体成松散凝聚体黏连成网络状，麇集硅藻生物岩。长石斑晶解离面真菌菌落麇集。下层 10～22cm 根系所及之处，岩屑极细他形体长英类基质，裂解为多角形粉砂质和屑粒。22～30cm 尚可见根系残余，斑晶绢云母化斜长石裂解成多角形碎屑；暗褐色具光性的半分解根系沿岩屑裂缝基质细软处交叉分布，多熔蚀状石英斑晶和石英质球粒状岩屑。30cm 以下根系未及之处多为岩屑块体，岩屑面仅见有正长石铁质化和绢云母化斜长石，无淋淀特征。

发育在河流冲积物上的剖面 X－8 的母质为英安岩质流纹岩砂质（中砂、细砂）沉积物。

2～12cm 基质为石英、正长石、斜长石、微晶玻璃质交织结构，以石英、正长石、绢云母化斜长石核心为斑晶，边缘蚀变为微晶、玻璃质的风化块体呈堆积型，基质中绢云母多，多角形孔洞间弱分解根系；局部真菌麇集处，岩屑基质光性减弱。

12～25cm 基质为石英、正长石、斜长石解理面绢云母化，正长石面棕褐色铁质化，基质和孔壁不完全黏粒走向，多角形堆集孔洞有弱分解植物残体。

25～52cm 含球粒状玉髓基质的骨骼颗粒密实堆集，长石解离面黑云母－绢云母水化离铁，绢云母多处铁质凝聚；风化长石面就地铁质化呈棕褐色斑块；骨骼面和基质中浅棕（黄）色硅质风化黏粒呈黏粒走向。孔洞少，尚可见残余根系。

52～75cm 含球粒状玉髓基质的骨骼颗粒密实堆集状，基质中绢云母多，呈定向性；斑晶绢云母化斜长石和正长石－黑云母风化弱，微斜长石少，部分蚀变为黑云母化基质；绢云母集中处呈暗棕褐色铁质化。偶见孔洞中有未分解植物根切面。

二、冻裂崩解作用对机械组成的影响

根据流纹岩和安山岩玻璃的风化特征和微形态观察比较了岩屑的风化状况，剖面 X－2 和 X－7 流纹岩基质为玻璃质和球粒结构，含有较多石英－鳞英石－方石英互生球粒，并含有较多的无序或低序方石英、鳞石英。大部分由 SiO_2 相对较少量 Al_2O_3 组成，硅酸盐四面体成高度缩合、键力强、风化速率慢，崩解成石砾多。基质中球粒形态上为大、小中粉砂或更细粒级，石英和熔蚀石英正长石斑晶少，尤以剖面 X－2 为最。由于硅矿物的密度、硬度、稳定性和伴随着孔隙度、混杂物、水化度和比表面积增大而折射率减低均依石英－方石英－鳞石英－蛋白石－玻璃的次序而减低；形态上多熔蚀空泡状。由于物理性质和形态上的差异，冻裂崩解作用容易导致成土过程中地表 30～40cm 土层内水分周期性运动，部分玻璃基质裂解为粉砂粒级和黏粒级的石英、透长石等，球粒或更小而珍珠状脱落，因而机械组成中 ≤0.05mm 粉砂粒级占 80%，中粉砂以上粒级颗粒少；剖面 X-7 中斑晶略较大而多，≤0.05mm 粉砂占 50%。

剖面 X-4 和剖面 X-8 流纹英安岩或英安岩基质为正长石-（绢云母化）斜长石-玻璃质的霏细结构，基质中含有正长石、绢云母化斜长石微晶和斑晶，由于较细、软微晶态结构中 Al 取代 Si 较多，Ca 位较高，抗风化键力较弱，崩解为石砾、砂和粉砂较易。微晶多解理面，冰冻易裂解为多角形细砂-粗粉砂质团状屑粒，或由熔蚀石英或长石斑晶为基体的块状碎屑粒。因而机械组成中剖面 X-4 和剖面 X-8 粉砂粒级和黏粒级总和较小（30%~40%），其粗粒级的组成较高则和斑晶大小及以斑晶为基体的基质硬度相关联。

三、矿物蚀变

流纹岩岩屑大兴安 2 和大兴安 7 基质含石英类颗粒和正长石的硅质颗粒。玻质基质相对难风化，在成土作用过程中，仅在基质面有正长石离铁而形成有不同程度的铁质化，英安岩流纹岩碎屑物大兴安 4 和大兴安 8 的霏细基质含玻质正长石、绢云母化斜长石微晶。由于斑晶-基质蚀变处和微晶解理面含铝的基质较多，在成土作用过程中，有斜长石黏质化、绢云母化长石铁质浸染；河流沉积物（冰碛物）母质（大兴安-8）中长石斑晶随基质蚀变处呈有骨骼面定向黏粒。

由细粒物质组成可见，剖面大兴安-2 玻质、石英基质水解、呈弱度水云母类矿物蛭石化；在剖面上的分布，3~18cm 和 40cm 以下处的蚀变较 18~40cm 稍强，剖面大兴安-7 在 0~6cm 较 12cm 以下处蚀变稍强。23~30cm 母质层水云母高，蛭石（绿泥石）化很不明显，可见流纹岩母质上发育的土壤，由于 Si-有机络合作用强、有机质含量高，硅酸水解和溶解、盐基少；土壤酸性淋溶强，pH 值低达 4.5~5.4，盐基饱和度低，潜在性 Al 高。流纹英安岩母质上发育的土壤表层水云母多（蛭石化），绿泥石化强，石英积累，剖面大兴安-4 随表层向下明显减弱，大兴安 8 表层（蛭石化）绿泥石化尤为显著。盐基较多，酸性淋溶较弱，pH 值 5.5~6.8，盐基饱和度高，交换性盐基以 Ca 为主。

石块底部附着的暗色物质的化学组成 （%）

取样深度/cm	有机质	烧失量	SiO_2	Fe_2O_3	Al_2O_3	CaO	MgO	TiO_2	MnO	K_2O	Na_2O	P_2O_5
0~12	56.80	65.74	66.80	4.79	14.48	2.76	2.68	1.04	0.90	2.94	2.59	1.04
12~30	10.15	12.32	74.26	3.72	13.52	1.07	0.85	1.59	0.05	2.60	1.96	0.33
30~65	–	41.44	57.50	9.54	21.87	0.52	2.49	1.09	0.07	2.47	2.44	2.00
65~99	1.36	5.74	63.36	6.20	18.90	1.36	2.25	1.33	0.11	3.05	3.10	0.35

注：按参考资料的原始数据计算；自然保护区呼玛河源头山前台地，剖面大兴安 84-8。

矿物风化解离出的 Al、Fe、Mg、Ca 等金属离子进入土壤溶液中极易化学吸附在硅酸表面而形成难溶的硅酸盐胶膜，其稳定性随溶液 pH 值增高而有所增加。所以除局部含正长石、绢云母基质面形成铁质胶膜外，由于受季节性冻层的影响，在冻结和化冻过程中，土壤溶液上移受滞水层顶托而在上背层面凝结，形成硅酸 Al、Fe、Mg、Ca

（Na、K）质胶膜，且以滞水层最显。

四、生物作用

森林凋落物和林下地被物是土壤有机质的来源。剖面 X-2 和剖面 X-7A_0 层为未分解枯枝落叶死地被物，厚度 2~5cm、棕褐色韧皮木质根截面很多，完全充填于流纹岩岩屑孔洞和孔道中，随剖面孔道向下伸展，直到 40cm 以下，孔洞中仍可见未分解的根截面，并偶见粗根，根截面和维管束中多硅质体。

剖面 X-4 和剖面 X-8 除有上述有机物特征外，在流纹英安岩火山玻璃基质中正长石-绢云母化斜长石微晶解理面和岩屑裂隙面很多棕褐色未分解、半分解有机质真菌菌落和菌丝体、与草本植物硅藻体黏连成网。随剖面向下，10~22cm，根系明显减少。22~30cm 尚见具光性的硅藻半分解根系、随岩屑裂缝交叉分布。

五、讨论

1）生物硅化作用是本区重要特点。本区受自然条件的影响，严寒且干旱，树种稀少，只生长耐寒并耐旱的两种针叶乔木——落叶松和樟子松。兴安落叶松林是本地区的地带性植被。富含单宁、缺乏灰分的落叶针叶树森林凋落物和林下地被物，在真菌活动下分解成富里酸型活性物质能对土壤硅酸盐络合溶解，石英溶解于土壤正是由于富集的有机分子浸提作用使成 Si-有机分子络合物而进入土壤（Crook，1968）。在根际形成的有机络合物可络合单硅酸，也使石英中硅酸溶解，根际分泌的有机酸，尤其是藻朊酸、ATP 和氨基酸能大大提高硅酸、包括石英的溶解力（Evans，1965）。除了非选择性被动吸收作用外，根系中好气呼吸反应并能通过蒸腾流、择优富集与代谢排斥，促使根际和根系维管束壁通气组织中的硅化作用增强（Jones and Handreck，1967；Lewin and Reimann，1969）。在根际区石英溶解而形成络合单硅酸最多（Cleary and Conolly，1972）。某些草木植物的根和根茎通气组织中硅化作用可使植物蛋白石在土壤表层大量储积。某些针叶落叶树土中生物蛋白石最高可达 9.4%（烘干土重）。

由于富硅母质土壤上聚硅类树种的高硅吸收，土壤含植物岩蛋白石高。如东非玄武岩土壤原初被鉴定为"A_2 层"的浅灰色层带形成在洋槐竹和蕨类植被下，几乎完全是蛋白硅植物岩（Riguier，1960）。

Oregon 的草地土壤蛋白硅富集超过 20%（Norgren，1973）。几种日本土壤 20~200μm 粒级中蛋白硅占粒级重 30%~60%（Kanno and Arimura，1958）。这种"异常"正是由于易被吸收利用的富硅母质有利于富硅类植物高硅吸收所致。明显可见，火山灰土和火山岩母质上的生物聚硅尤为显著。Si-有机络合作用的同时，酸性条件下容易解离出 Al、Fe、Ca、Mg 等金属离子，它们随土壤溶液，一部分为植物吸收，一部分在融冻层内下移或上升或随介质条件改变而附吸在砾石或石块底面。

2）铁质胶膜的形成。由于上述生物作用和矿物蚀变作用的结果，石块底面形成铁质胶膜，是大兴安岭北部土壤的普遍特征，在微形态中也见得底层石块面为绢云母化长石、铁质化尤强。本区流纹英安岩质土壤中，在 A 层 Si-有机络合作用最强，腐殖层隐晶质玻璃质球粒和气孔基质较易于有机络合解离和裂解，使硅酸粉末和岩屑就地积累，同时，在此有机络合酸性条件下容易解离出 Al、Fe、Ca 和 Mg 等金属离子，它们随土壤溶液一部分可为植物吸收，一部分在融冻层内下移或上升，极易化学吸附在岩屑底面，形成难溶的有机硅酸盐胶膜，其吸附于活性硅酸表面的稳定性随溶液 pH 增高而增高。在剖面上底层酸度减低，淀积的胶膜可更为稳定（Wilding Smeck and Dress，1977），符合下列反应：

$$-\overset{|}{\underset{|}{Si}}(OH) + [Al(OH)_2]^+ \rightleftharpoons -\overset{|}{\underset{|}{Si}}OAl(OH)_2 + H^+$$

（活性硅酸面）　　　　　　　　　　　（硅酸盐胶膜）

在论及含有可溶性铝（铁）和细粒质二氧化硅的土壤体系中，倍半氧化物能使土壤大大吸附可溶性硅，吸附单硅酸随 pH 值升高而增强，在 pH 值 8~10 达最强（Beck and Reeve 1963，1964），硅和倍半氧化物吸附关系见以下反应：

$$Si(OH)_4 \rightleftharpoons [SiO(OH)_3]^- + H^+$$
$$[SiO(OH)_3]^- + Fe(OH)_3 \rightleftharpoons Fe(OH)_2OSi(OH)_3 + [OH]^-$$

概括调查地区的土壤形态特征和化学矿物学性质，初步探讨，发育于河流阶地中部的山地棕色针叶林土剖面 83－Ⅹ－8 具有更为明显的铁质化胶膜特征。

值得提出的是本区成土母质多为火山岩（石英粗面岩、流纹岩、玄武岩），其玻璃基质岩性近于细粒二氧化硅和单硅酸之间，在严寒干旱气候植物等生境条件下，成土过程中的生物化学作用及有效利用值得进一步研究。

第五章 小兴安岭山地棕色森林土、黑土及黑河沿岸爱辉－逊克境内平原草甸土壤

小兴安岭位于本区北部，是黑龙江与松花江的分水岭，海拔 600m 左右，山势和缓，山峦起伏，河谷宽阔，有大面积沼泽，沿着黑龙江中游并有较大面积的冲积阶地和平原，一般可分出 III ～ IV 级河谷阶地。是重要林区和粮食基地。本区的生物、气候等特点是：①温带湿润季风气候，冬季寒冷，夏季温暖多雨；②土壤结冻期长，有多年岛状冻层；③成土母质主要是覆盖在花岗岩、片麻岩上的酸性硅铝质残积物或坡积物，局部为玄武岩，由于侵蚀与坡积的影响，山坡中，上部残积物较薄，质地较轻，山坡中，下部土层较厚，质地较黏；④植被为天然林针叶树与落叶阔叶混交林，除红松外，尚有沙松、冷杉、白桦及黑桦等。

在上述气候、母质及生物等因素的综合作用下，土壤进行着暗棕壤化、腐殖质化、草甸化及潜育化等多种自然成土过程，土壤类型繁多。一般来说，从山地到河谷、洼地，土壤依次为山地暗棕色森林土、黑土、草甸土及沼泽土。山地暗棕色森林土是本区广为分布的土壤，主要分布在小兴安岭山体及山前丘陵东部与边缘地区；黑土主要分布在小兴安岭两侧及丘陵漫岗；草甸土主要分布在黑龙江及其支流的河漫滩及低阶地；沼泽土分布甚广，大多分布在常年积水的河谷、洼地。

本章研究了：

①伊春县五营自然保护区山地暗棕色森林土黏土矿物学特性；②黑土的黏土矿物；③黑河沿岸爱辉－逊克境内平原草甸土壤黏土矿物（图 5－1）

第一节 伊春县五营自然保护区山地暗棕色森林土黏土矿物学特性

一、土壤和黏粒的一般性质

供试土样采于小兴安岭东部伊春县五营自然保护区汤旺河小山及带岭凉水沟丘顶，土壤类型、林分和立地条件如下：

三个土壤剖面均具有较完整发生层次，剖面形态可归结为：

A_0 层：半分解的针阔叶凋落物层，暗褐色，有白色菌丝体。

A_1 层：腐殖质层，灰带棕色，轻壤，有大量木本植物粗根和菌丝体，粒状细团块结构。

B 层：棕色，轻壤，夹有 20% 石砾，小团块结构，较紧实，干。

C 层：棕带黄色，石砾占 60%。

CD 层：棕色，有大量云母片和花岗岩碎屑，紧密。

土壤自然地理条件特征和土壤机械组织，见表5-1、表5-2。

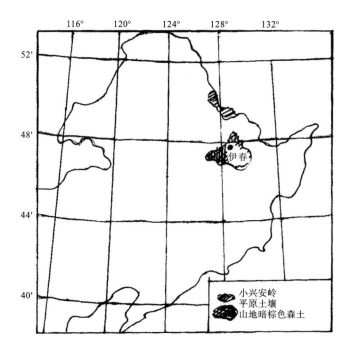

图5-1　供试土区位置示意图

表5-1　土壤自然地理条件特征

土　壤		剖面号	母　质	海拔高度/m	坡向和坡度	林木与郁闭度	红松优势木平均胸径*/cm
山地暗棕色森林土	薄腐殖质层	1	斑状花岗岩	残积物	450	阳坡岗顶	榛子椴树红松林 0.7~0.8	36
	中腐殖质层	2		残积坡积物	430	阳坡中部 S10°W，8°	榛子椴树红松林 0.8	44
	厚腐殖质层	3		坡积残积物	400	阴坡下部 N7°E，5°	蕨类风桦红松林 0.5~0.7	60
	薄腐殖质层	56-代-3		残积物	500	平缓丘顶	榛子椴树红松林	

* 自然保护区30块标准地平均值。

表5-2　土壤机械组成

土壤剖面代号	深度/cm	烧失量	石砾占总量/%（直径：mm）%		土粒（直径：mm）/%						物理性黏粒/%	物理性砂粒/%
			石	砾	砂			粉　砂		黏粒		
1		>3	3-1	1.00~0.35	0.25~0.05	0.05~0.01	0.01~0.005	0.005~0.0001	<0.001	<0.01	>0.01

土壤剖面代号	深度/cm	烧失量	石砾占总量/%（直径: mm）/%		土粒（直径: mm）/%						物理性黏粒/%	物理性砂粒/%
			石	砾	砂			粉 砂		黏粒		
	6 ~ 13A	2.26	1.8	0.7	8.40	10.41	35.36	9.94	14.85	20.99	45.78	54.17
	13 ~ 21A	1.15	3.1	2.8	10.15	14.46	30.16	9.38	12.44	23.35	45.17	54.77
	22 ~ 32B	0.70	9.0	7.0	17.73	13.26	24.63	7.24	10.76	22.35	40.35	59.62
	45 ~ 55B	0.58	53.0	10.8	38.37	27.76	16.45	3.75	6.45	7.18	17.38	82.58
	75 ~ 85C$_1$	0.84	46.6	15.6	53.25	23.04	13.14	3.29	3.47	3.68	10.44	89.43
	105 ~ 115C$_2$	0.66	33.7	16.0	45.08	22.34	12.57	3.74	6.60	9.64	19.98	79.99
2	4 ~ 16A				14.0	14.8	40.9	10.0	8.9	11.4	30.3	69.7
	24 ~ 39B				21.3	13.2	27.1	7.1	9.0	22.3	38.4	61.6
	70 ~ 80C$_1$				46.6	33.0	9.3	0.8	2.4	7.9	11.1	88.9
3	3 ~ 21A$_1$	1.48	–	2.0	5.22	8.37	42.34	14.73	16.53	12.78	44.04	55.93
	21 ~ 33AB	0.12	3.5	0.8	7.33	7.47	36.37	11.29	15.44	22.06	48.79	51.17
	33 ~ 45B	1.05	4.8	1.7	9.43	7.22	34.95	8.05	15.25	25.05	48.35	51.60
	45 ~ 55BC	1.03	40.0	10.4	21.61	15.41	25.08	7.59	10.50	19.78	37.87	62.10
	75 ~ 85C$_1$	0.97	27.9	15.8	46.02	29.53	13.76	3.35	3.76	3.50	10.61	89.31
	95 ~ 105C$_2$	1.31	46.8	15.1	42.37	29.62	13.64	3.23	4.54	6.58	14.35	85.63

土层厚度一般均为 60 ~ 70cm、70cm 以下即为 C 层。剖面 1 自 B 层开始为棕带黄色，过渡明显。剖面 3 全剖面均为灰棕色，过渡不太明显。根据土壤链 - 坡顶、坡中、坡下各发生层次采集土样。剖面 2 冻层出现 70cm，采样时 125cm。

试验方法：将风干土样磨细经 1mm 筛孔过筛，弃去 >1mm 部分，将 <1mm 部分做机械组成分析、化学全量及一般化学性质测定。

游离氧化物是用 0.3M 柠檬酸钠 - 碳酸氢钠 - 连二亚硫酸钠（CBD）处理；无定形氧化物是用 0.5NNaOH 沸热液浸提 5min，NaCl 絮凝，操作在塑料器皿中进行（此法较在镍皿中煮沸 2.5min 的结果偏低，在本章中仅作相对比较），在玻璃容量瓶中稀释、定容、随即测定；腐殖质络合氧化物是用 0.1N 焦磷酸钠 - 0.1N 氢氧化钠混合液浸提，震荡 30min，在 25℃下放置 12h，稀释、定容。最后用蒸馏水稀释 10 倍，使保持钠盐浓度在 1% 以下，用 Plasma 100 型等离子体测定 Si、Fe、Al、Ca、Mg。

黏粒样品的提取是用稀盐酸脱钙、揉磨和 Na$_2$CO$_3$ 煮沸分散，沉降法分离各粒级。X 射线衍射分析和电子显微镜制样方法均同参考文献。

X 射线衍射分析是在 PW 1140 衍射仪上用 Cu 靶镍滤片进行辐射，管压 40kV，管流 20mA，样品转速 1°/min。扫描范围 3° ~ 30°（2θ）。黏粒和细粉砂粒级分别用 Mg 饱和甘油化、K 饱和、K 饱和 550℃灼热 2h 三种处理。为研究蛭石层间铝的性状，做了 NaAC，HCl + KCl 和 AlCl$_3$ 盐饱和处理。最后过量盐分依次用 50% 甲醇、95% 甲醇和丙酮各洗一遍，制成定向薄膜，进行 X 射线衍射分析。

表 5-3 土壤及黏粒的一般化学性质

剖面编号	土层深度/cm	腐殖质/%	pH (H₂O)	△pH	水解酸度/meq/100g	土壤交换性阳离子/(meq/100g) Ca²⁺	Mg²⁺	H⁺	Al³⁺	盐基饱和度/%	物理黏粒/<0.01/%	黏粒/<0.001/%	P吸持/%
1	6~13A₁	5.72	5.52	-1.12	6.22	29.89	3.38	—	—	84.25	45.78	20.99	46.6
	13~21AB	1.82	5.13	-1.39	19.04	5.64	1.57	1.29	6.59	27.47	45.17	23.35	56
	22~32B	1.13	5.28	-1.38	19.72	4.23	1.33	1.75	8.26	21.99	40.35	22.35	53.5
	45~55BC	0.36	4.90	-1.38	15.13	4.70	2.19	1.09	7.35	31.29	17.38	7.18	39
	75~85C₁	0.22	5.20	-1.20	16.01	8.15	0.63	1.75	7.98	35.42	10.44	3.68	—
	105~115C₂	0.19	4.80	-1.20	19.70	7.52	1.88	2.94	8.60	32.30	19.98	9.64	
2	4~16A₁	7.48	5.80	-1.24	4.83	32.08	7.39	0.10	1.24	89.09	30.30	16.31	43.5
	16~24AB	2.36	5.20	-0.80	9.81	9.59	4.04	1.12	3.16	57.65	34.75	21.80	47.0
	24~39B	1.79	5.32	-1.17	12.43	6.27	1.41	1.15	3.95	38.18	38.40	23.52	52.2
	40~50BC	0.54	5.22	-0.90	11.80	5.33	0.63	1.69	2.84	33.55	23.27	16.53	40.4
	70~80C₁	0.18	5.30	-0.90	7.44	3.61	0.47	1.32	1.81	35.42	11.10	5.51	—
	105~115C₂	—	5.31	-0.93	4.03	4.71	0.21	1.05	0.31	54.97	—	3.10	
3	3~21A₁	8.51	5.64	-0.59	7.84	21.62	3.45	—	—	76.18	44.04	12.78	40
	21~33AB	3.35	5.70	-0.96	6.80	16.45	6.43	—	0.15	77.09		22.06	45.20
	33~45B	2.27	5.86	-1.40	6.80	14.41	3.89	0.04	0.23	72.91	48.35	25.05	45.5
	45~55BC	1.86	5.75	-0.93	5.95	9.71	2.66	—	0.19	67.52		19.78	
	75~85C₁	0.71	5.60	-0.75	3.74	5.33	1.72	—	0.80	65.34	10.61	3.50	
	95~105C₂	0.53	5.60	—	2.82	7.62	2.20	—	0.55	77.69		6.58	
56-代-3	10~20AB		5.90	-1.35	3.67	39.49	2.34	0.07	0.40	90.95	—	—	—
	38~48B	4.43	-0.96		6.22	3.21	0.54	0.07	1.91	37.61	—	—	
	70~80C₁	4.79	-1.25		4.19	1.79	0.63	0.06	1.06	28.21	—	—	
	100~110C₂	4.40	-1.06		3.55	1.19	0.27	0.05	0.83	24.79	—	—	

由表 5-3 可见，三个剖面的黏粒分布特点均随剖面向上而有显著增加，且以 B 层含量为最高。物理黏粒含量以剖面 2 为最低，可能与坡度较大，土层受一定程度的侵蚀作用有关；由剖面各层物理黏粒和黏粒之间含量可知，B 层黏粒含量增高主要是由于粉砂粒级的矿物风化所致。

土壤表层腐殖质含量高，并随地势向低处变化而增加；B 层含量迅速降低。土壤均呈弱酸-酸性，pH 值在 4.8~5.8。土壤盐基饱和度 A 层均明显增高，是生物富集盐基作用的结果，B 层则迅速减低。由剖面 1 到剖面 3（除 A 层外）pH 值和盐基饱和度增大，淋溶作用渐次减弱。各层△pH 是负值，土壤胶体属净负电荷。三个剖面的共同特点是 B 层零电荷点都较低，尤其是剖面 1，AB、B、BC 层△pH 值均达 1.40。

土壤 pH 值主要是和交换性 H^+ 和 Al^{3+} 的含量有关。交换性 H^+ 和 Al^{3+} 的相关系数为 0.82。它们在剖面 1、2、3 的 B 层中的分布每百克土分别为 1.75、1.15、0.04 和 8、3.95、0.23mg 当量，充分表明山地暗棕色森林土由于地形部位不同，酸性淋溶程度和矿物转化过程是不同的。随着土壤介质反应的改变，代换性酸度的变化，矿物晶格层中 Al 释放和转移到阳离子交换位上的量也就不同。Al 在矿物晶格层间吸附的牢固程度和可释放性，一方面与介质有关，另一方面也和矿物本身的特性有关。剖面 1 B、C 层含有大量交换性 Al 和水解性酸度，可能是由于膨胀性层状黏土矿物吸附点对 Al 离子强烈吸附所致。P 吸持以剖面 1 最高，剖面 2 次之，剖面 3 最低，且多在 AB 和 B 层最高，腐殖质层均较低。

二、土壤和黏粒的化学全量组成

表 5 - 4   土壤和黏粒的全量化学组成

剖面编号	样品	土层深度/cm	灼烧失量/%	SiO_2	Al_2O_3	Fe_2O	CaO	MgO	TiO_2	MnO_2
1	土壤 Soil	6 ~ 13	17.66	67.97	17.03	6.73	2.92	1.40	0.94	0.18
		13 ~ 21	10.67	66.05	17.79	7.89	1.68	1.31	0.91	0.16
		22 ~ 32	9.45	64.74	18.53	8.28	1.93	1.81	0.98	0.17
		45 ~ 55	7.71	56.98	22.65	10.62	2.75	2.03	0.91	0.19
		75 ~ 85	7.16	58.14	21.41	9.78	2.86	2.17	0.94	0.17
2	<0.001mm 黏粒 Clay	4 ~ 16	25.51	53.99	19.96	19.29	1.62	2.63	—	—
		24 ~ 39	17.49	53.33	23.06	17.92	1.61	2.55	—	—
		70 ~ 80	17.61	50.06	27.07	16.86	1.57	2.21	—	—
3	土壤 Soil	3 ~ 21	18.50	68.32	15.91	7.48	2.20	1.43	0.92	0.39
		21 ~ 33	11.40	69.52	17.25	6.99	1.92	1.54	0.82	0.26
		33 ~ 45	9.48	68.51	16.39	7.34	1.67	1.48	0.81	0.20
		45 ~ 55	8.67	64.37	18.31	8.19	2.14	2.02	0.92	0.21
		95 ~ 105	6.41	63.06	16.09	11.13	3.91	2.25	0.95	0.24

从表 5 - 4 可看出：剖面 1 和 3 的土壤中 SiO_2 含量随剖面向下而减低，而 Al_2O_3 和 Fe_2O_3 则呈相反趋势，土壤铝硅酸盐类矿物的分解过程中有铁铝的溶出和移动，并有硅酸盐类矿物和石英等在表层富集。这种分异尤以剖面 1 为显著。矿物晶格中有钙、镁释出，在 AB 和 B 层尤为明显。表层 CaO 含量高，是生物积累作用的结果，底层则为风化母质的组成。由剖面 1 和 3 中 TiO_2 和 MnO_2 的结果相比，剖面 1 在 AB 和 B 层残留 TiO_2 较多，剖面 3 MnO_2 较多，前者可解释为矿物风化作用较强，而后者则由于锰在弱酸 - 中性介质中较易积累的缘故。

由剖面 2 的黏粒化学全量组成可见，SiO_2 在剖面中分异不明显，而 Al_2O_3 的差异比土壤大。SiO_2/Al_2O_3 为 3 ~ 4.5，随剖面向上而增高，充分表明了铝硅酸盐类细粒矿物部分强烈蚀变。与土壤结果相反，黏粒 Fe_2O_3 在上层反而有所积累，此与花岗岩残积母质的氧化条件有关。

三、土壤的游离氧化物

土壤中不同形态游离氧化物是风化程度和风化特征的标志，也是成土作用质的特征。

表5-5　游离氧化物含量 (mg/g)

剖面编号	土层深度/cm	0.1M $Na_4P_2O_7$ + 0.1M NaOH						0.5N NaOH			0.3M $Na_3C_6H_6O_7$ – $NaHCO_3$ – $Na_2S_2O_4$		
		C%	SiO_2	Al_2O_3	Fe_2O_3	CaO	MgO	SiO_2	Al_2O_3	Fe_2O_3	SiO_2	Al_2O_3	Fe_2O_3
1	6~13	2.63	1.72	2.74	0.50	2.02	0.32	4.90	3.90	0.20	2.97	1.50	10.30
	13~21	1.48	1.30	4.27	0.27	0.23	0.02	8.00	8.85	0.57	—	4.40	10.42
	45~55	0.53	1.72	2.78	0.06	0.20	0.02	12.31	8.81	0.07	4.49	1.60	7.22
	75~85	—	1.82	1.64	0.09	0.50	0.20	7.20	2.50	—	2.02	0.50	4.30
2	4~16	2.14	1.30	2.70	0.50	0.70	0.38	5.00	5.95	0.27	1.60	1.87	6.82
	24~39	0.97	2.26	3.34	0.23	0.16	0.02	14.70	10.14	0.75	1.43	3.50	11.20
	40~50	0.56	2.36	3.34	—	0.18	0.04	12.63	4.43	0.07	1.73	2.80	10.00
	70~80	—	2.02	2.38	—	0.08	0.08	10.84	2.45	—	1.65	1.00	6.30
	95~105	—	1.82	1.56	0.12	0.20	0.14	11.91	1.73	0.04	3.98	1.00	10.30
3	3~21	3.90	1.30	2.36	0.60	1.10	0.24	5.96	2.75	0.32	1.38	2.50	12.00
	33~45	1.43	2.02	3.78	0.18	1.26	0.14	10.70	3.40	—	2.71	3.50	11.20

从表5-5可看出，在三个暗棕色森林土A、B层中，用CBD浸提的游离氧化铁均较高，CBD浸提的Al_2O_3亦与游离氧化铁呈同样的增长趋势，但其浸提量低。用0.5N NaOH所浸提出的游离氧化铝，在剖面1中其含量最高，剖面2次之，剖面3最低；与游离氧化铁相似，在剖面中的分布均在B层最高。由于膨胀性层状硅酸盐有抗三水铝石效应，在AB和B层中积累的矿物风化产物可成"岛"状无定形羟基铝无序分散，或成似三水铝石单层结构存在于膨胀性层状硅酸盐中。0.5N NaOH可浸提出无定形SiO_2，可以与游离的Al键合成水铝英石，由透射电镜观察到在剖面1B层中有无定形球状体（电镜照片A），为似水铝英石物质。

游离铝和铁以及无定形硅等是参与黏土和有机质相互作用的最重要物质。用0.1M焦磷酸钠提取的腐殖质主要为Al络合态，且以AB和B层含量为最高。所提取的Fe和腐殖质含量成正相关，表明部分铁呈有机络合态存在。焦磷酸钠对无定形SiO_2亦有一定浸提力，因此，它们在剖面中的分布也比较均匀。对比0.5N NaOH和0.1M焦磷酸钠浸提的无定形Al含量，可以看出剖面1除腐殖质络合Al外尚有多量无定形Al，而剖面3则主要为腐殖质络合态Al。根据剖面1和剖面3 AB和B层胡敏酸/富里酸比，它们各为0.5~0.6和1.17~1.51[1]，可以推断，剖面1中富里酸低分子物质较易和矿物层间铝络合，从而使土壤对Al的吸附较强。

0.5N NaOH提取的铝包括络合态铝和羟基铝，其与0.1M $Na_2P_2O_7$ + 0.1N NaOH浸提出的腐殖质络合态铝之差大体上可以认为是羟基铝，它们在三个剖面上的分布与土壤一般化学性质相吻合。

四、矿物学性质

根据显微镜0.01~0.05mm和0.05~0.1mm染色分析和薄片观察得知此粒级大致

---

1) 张丽珊，1964：全国森林土壤学术讨论会论文集资料。

含石英20%，斜长石40%～50%，钾长石15%，以及大量黑云母15%（剖面1中石英和钾长石较剖面3少）。土壤B层风化长石多，斜长石脱钙、钾长石脱钾，使染色反应大大减弱，由扫描电镜可观察到其半风化物（>5μm）（电镜照片B）。薄片观察得，骨骼颗粒多棱角形，黑云母褪色，多色性弱，多呈浅棕色，干涉色较鲜明，更有黑云

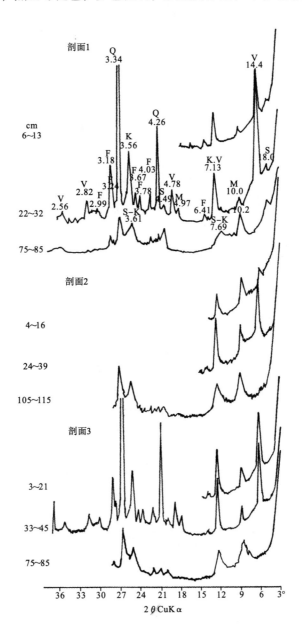

图谱5-1　剖面1-3的1-5μm粒级Mg-甘油处理的X射线衍射谱

S. 蒙皂石；V. 蛭石；K. 高岭石；M. 水云母；F. 长石；Q. 石英

母风化黏粒分布在骨骼颗粒和孔隙壁，状似黏粒胶膜碎片。由扫描电镜（电镜照片C）观察得>5μm粒级的黑云母蛭石化。此外，还有大量角闪石，并有绿帘石和锆石等

（图版照片略，参见谢萍若，1987）。

从图谱 5–1 可看出，剖面 1、2、3 C 层中长石等母质碎屑风化物少，主要有黑云母和高岭石；剖面 1 中并有蒙皂石，以及蒙皂石高岭石类混层物（参见电镜照片 D 和作对比参考的电镜照片 E~G）。B 层中细粉砂粒级长石含量增高，大量黑云母转化为蛭石；A 层蛭石含量均有不同程度降低；蒙皂石含量亦减。充分表明，由物理砂黏粒量比所表征的 B 层（或 AB 层）的黏化现象是黑云母和长石分解和蚀变为蛭石、蒙皂石所致。

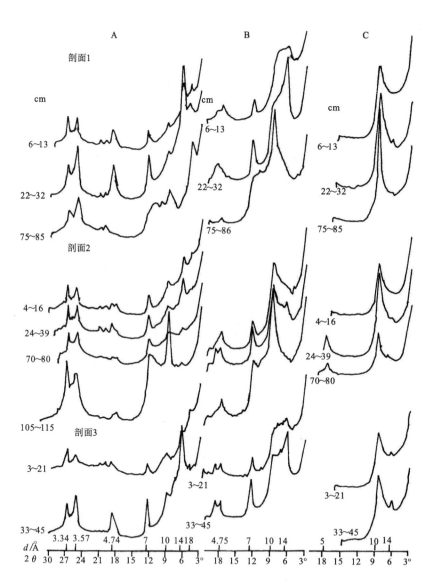

图谱 5–2　剖面 1–3 的黏粒（<1μm）不同处理的 X 射线衍射谱
A. Mg–饱和，甘油化；B. K–饱和，风干；C. K–饱和，550℃

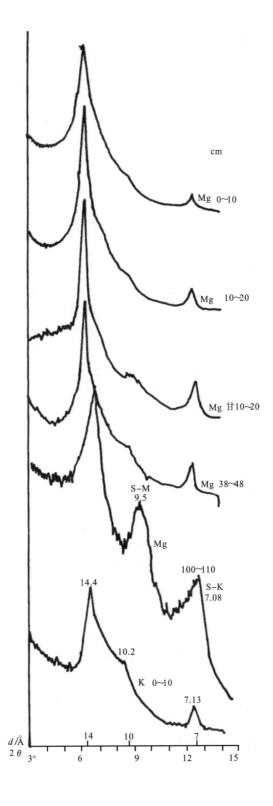

图谱 5 - 3　剖面 56 - 代 - 3 黏粒

（ < 1 μm ） X 射线衍射谱

图谱 5-2、图谱 5-3 表明，各剖面的共同特点是：C 层有黑云母和高岭石-蒙皂石的混层物；由 C 层到 B 层 14Å 峰显著增强，在常温下 K-饱和 14Å 晶面间距基本上不收缩，500℃灼热后仍有小的 14Å 峰存在，表明黏粒中有少量绿泥石存在；由 B 层向 A 层，14Å 峰减小。由此可见，本区土壤 B 层黑云母转化为 Al 蛭石的过程很强，且有绿泥石化，而高岭石的形成是由斜长石风化而来的，由剖面 56-代-3 透射电子显微照片并可见多水高岭石。

三个剖面不同之点是：①剖面 1 有明显的 18Å 峰，即有一定量蒙皂石晶层；②绿泥石峰在剖面 3 B 层较为显著，看来，这是次生的成土绿泥石；③剖面 1 B 层黑云母转化为铝蛭石虽显著，但不及 1~5μm 粒级中突出；④淋溶条件较弱的剖面 1B 和剖面 3B 铝蛭石化，水解性酸和 ΔpH 值高，磷酸吸附亦以 B 层为最（图 5-2 和图 5-3）。

为了进一步了解蛭石、蒙皂石层间铝的性状，就剖面 1 B 层样品经柠檬酸钠-碳酸氢钠-连二亚硫酸钠去铁处理后，用超声波分散，进行了各种溶液代换和络合处理。图谱 5-4 可见，黏粒经 1N NaAc 溶液处理、350℃灼热，14.6Å 峰收缩为 10.5Å，经 5 次代换收缩为 10.3Å 峰。1~5μm 粒级样品经 1N NaAc 浸提一周后再煮沸 0.5h，原有的 14Å 峰不显，变为 10~12.4Å 峰；经 5 次代换，变为 12.6~13.8Å 宽峰，层间阳离子改变为钠离子。用 1N KCl 和 0.1N HCl 处理 48h，原有的 14Å 峰大为减弱，而用 1N AlCl$_3$ 处理，得 14.4Å 强峰。这说明黏粒和 1~5μm 粒级蛭石铝夹层羟基络合物在一定酸性、络合淋溶条件下可以逐渐移出；而在中性介质中加入 1N AlCl$_3$，可使羟基铝在蛭石夹层间重新充填，说明此属黏土 Al（层间）蛭石类型，层间羟基 Al 聚合物可移出和添入，

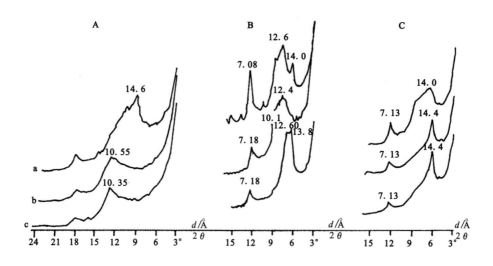

图谱 5-4　剖面 1B 层（22~32cm）Al-夹层移出和添入处理的 X 射线衍射谱

A：a. 黏粒未处理
  b. 1N NaAC（1：100）交换，350℃
  c. 1N NaAC（1：100）5 次交换，350℃

B：a. 1~5μm 粒级，未处理
  b. 1N NaAC（1：100）浸 1 周，煮沸 0.5h
  c. 1N NaAC（1：100）交换 5 次

C：a. 黏粒 1N KCl+0.1N HCl 处理 48h
  b. 处理后，加 1N AlCl$_3$，饱和处理
  c. 处理后，加 1N AlCl$_3$（pH3.5）饱和处理

其吸附程度随介质而异。Barnhisel 等认为此类羟基夹层矿物的化学组成，犹如固溶体系，可随其形成的环境而改变，由（Al^{3+}）$\xrightarrow{\text{酸-弱酸性}}$（$Al(OH)^{2+}$）$\xrightarrow{\text{弱酸-中性}}$ 羟基铝聚合体的进程中，Al 的选择吸附愈益增强；当 pH >6 即形成铝绿泥石。

五、磷酸等温吸附特征

实验采用 Bache 法[*]

供试土样的等温吸磷特征符合 Langmuir 方程（$r=0.99$）。由图 5-2、图 5-3 可见，从 1700μg/g 土到 3500μg/g 土，土样对 ρ 吸附量占加入量的 80%~90%，初始阶段所有土样对磷的吸附都很强，但在 400×10^{-6} 时明显出现差异。此与黏粒、有机质、氧化铁、铝等含量均有关系。用五营暗棕色森林土成土作用强、黏粒矿物组成比较一致的土样 AB、B 和 BC 层的羟基铝含量对磷最大吸附量（M 值）做相关计算，其相关系数 $r=0.809$，显示出土壤对磷的吸附量与羟基铝含量呈正相关，而与黏粒量非线性关系，相关系数 $r=0.643$；此外磷吸附量并与本区土壤有机质和氧化铁含量有关（参见图 5-4）。

[*] 标准溶液的配制

溶解 880g KH_2PO_4（A·R）和 32.8g 无水碳酸钠（A·R）于蒸馏水中，加入 23ml 冰醋酸（A·R）于 2L 和 1L 容量瓶中定容，各为 $1000 \times 10^{-6}-\rho$ 和 $2000 \times 10^{-6}-\rho$ 溶液。再将磷液稀释成低浓度溶液，用来浸提土壤和做标准曲线。

硝酸钒钼酸试剂的配制

溶解 0.8g 钒酸铵于 500ml 蒸馏水中，冷却加 6ml 浓硝酸，用蒸馏水稀释至 1000ml。

溶解 16g 钼酸铵于 50℃蒸馏水中，冷却，用蒸馏水稀释至 1000ml。

用蒸馏水将 100ml 浓硝酸稀释至 1000ml，先将钒酸铵加入硝酸液中，然后再将钼酸铵加入摇匀，即为硝酸钒钼酸试剂。

称取风干土样 5g（<1mm），加入到 50ml 塑料离心管中，加 25ml 磷溶液在 20℃下恒温振荡 24h，在 2000 转/分下离心 15min，准确吸取上清液 1ml，加入硝酸钒钼酸试剂 19ml，摇匀。用 1ml 蒸馏水加 19ml 显色剂调零点，20min 后在 721 分光光度计上比色，波长 466nm，1ml 比色槽。测出清液的浓度后，再用所加入磷量减去溶液中的磷量，即为土壤对磷的吸附量。

六、风化和成土过程的矿物特征

1）发育在花岗岩母质上的山地暗棕色森林土，由阴坡岗顶到阴坡下部，酸性淋溶由强变弱，原生铝硅酸盐矿物蚀变为次生的黏土矿物：黑云母 $\xrightarrow{\text{酸-弱酸}}$ 二八面体 Al（层间）蛭石 $\xrightarrow{\text{弱酸-中性}}$ Al 绿泥石；微斜长石→蒙皂石；斜长石 $\xrightarrow{\text{弱酸性}}$ 高岭石——高岭石类矿物的混层物。

2）矿物蚀变和晶层 Al 转移，是山地暗棕色森林土酸度的主要来源。在针阔混交林作用下，A 层腐殖质酸与铝铁络合，铝蛭石化过程弱。AB 和 B 层黑云母和长石蚀变强，矿物晶层间羟基铝积累，阳坡岗顶 A（层间）蛭石和蒙皂石化，形成了较高的土壤潜在酸度。阴坡下部除 Al 蛭石外，并有成土 Al 绿泥石形成，潜在酸度低，含有蒙皂石的 C 层，层间铝有积累。

3）土壤的等温吸磷特征，符合 langmuir 方程（$r=0.99$），土壤中游离氧化铝、铁对磷的吸附作用，十分明显。

4）红松林类型和林木生长情况与土壤黏土矿物学特征及化学环境条件密切有关。

小兴安岭山地暗棕色森林土黏土矿物学特征

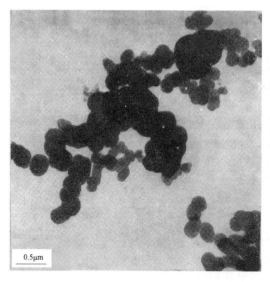

A. 剖面 1 22～32cm（TEM）
似水铝英石团聚体

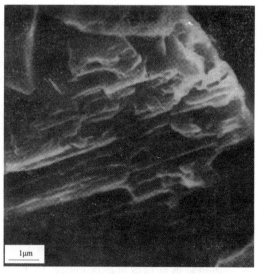

B. 剖面 2 24～39cm（SEM）风化斜长石

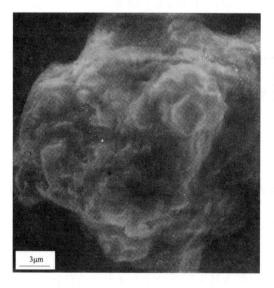

C. 剖面 2 24～39cm（TEM）风化黑云母

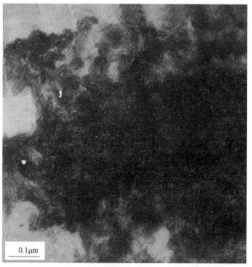

D. 剖面 2 22～32cm（SEM）管状和
卷片状多水高岭石

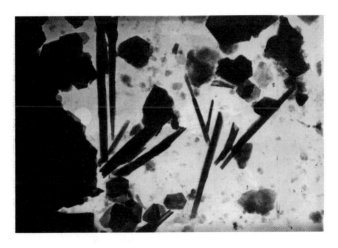

E.　剖面 56 – 代 – 3 38~48cm（TEM）花岗岩残积物上的暗棕色森林土（TEM）2×10^4

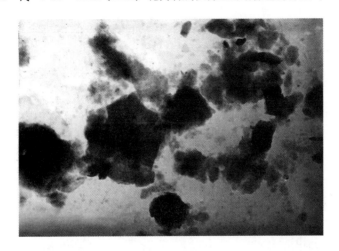

F.　剖面 黑 – 47 30~50cm 草甸黑土（第四纪黄土状黏土沉积物）（TEM）2×10^4

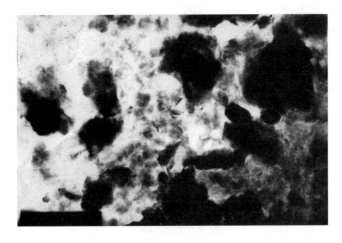

G.　剖面 AB – 5 85~110cm 浅位柱状碱土（中黏壤质黄土性沉积物）（TEM）2×10^4

透射和扫描电子显微镜照片

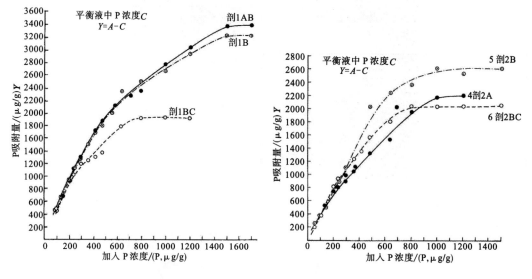

图5-2　剖面1磷酸吸附等温线　　　　　图5-3　剖面2磷酸吸附等温线

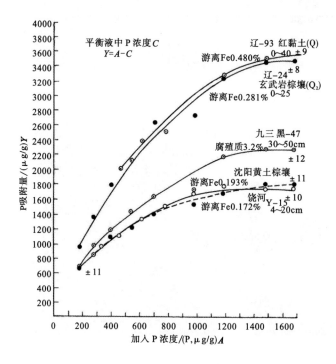

图5-4　东北几种土壤磷酸吸附等温线

第二节　黑土的黏粒矿物

黑土又称退化黑钙土、淋溶黑土、湿草原土，除小兴安岭两侧外，长白山、三江平原、黑龙江右岸以及松辽平原均有分布，分布比较零散，唯在黑龙江省集贤、富锦一带有整片分布，多与白浆土混存。

黑土以黑土层深厚、土壤结构好、土壤肥力高而著称，是本区重要粮食基地。

黑土大多开为农地，由于土壤冲刷或过渡垦植，黑土层受到侵蚀，出现"破皮黄"，土壤肥力下降，已较为普遍，应十分重视。

建国以来，我国土壤科学工作者曾昭顺等对黑土的形成特性、肥力和黑土水分调控的研究卓有成效，对地区农业生产起到重要作用。

黑土地区的自然条件为：①受季风气候影响，年降水量（一般是 500~600mm）集中，在6、7、8月约占年降水量的一半以上，冬季严寒少雪，不到年降水量10%；②土壤冻结深度一般为 1.5~2.00m，土壤结冻时间 120~200d；③成土母质上部为更新世中晚期冲积的黄土状黏质堆积物（Q_2、Q_3），下部为更新世早、中期（Q_1、Q_2）的砂壤质堆积物，间或可见埋藏的古红色风化壳。黄土性黏土，质地均匀，一般无碳酸盐反应；④地形为波状起伏的山前洪积平原和高平原，地形平缓处黑土层一般为 40~70cm，坡度较陡或过度垦殖的地方，黑土层只有10cm，或者出现"破皮黄"；⑤植物种类繁多，植物生长茂盛，根系发达。

在上述诸因素的影响下，黑土土壤剖面具有深厚的黑土层，腐殖质含量高，团粒状结构；由于母质黏重及季节性冻层的影响，土壤淋溶程度弱，具有特殊的草甸过程，土体中一般都有铁、锰结核，锈斑。

本章研究了小兴安岭山前冲积洪积平原和高阶地（明显有别于河湖沉积物上的土壤）几个黑土典型剖面的黏粒矿物和微形态。

供试土壤剖面的自然条件和剖面形态见表5-6。

一、黑土剖面的自然条件和形态特征

表5-6　黑土剖面的自然条件

剖面号	采样地点	土壤	母质	海拔/m	地形	植被
双-24	嫩江九三农场	深厚黑土	第四纪黄土状黏土沉积物	280 地下水位<25m	波状起伏岗地低部	杂草
黑-47	嫩江九三农场东北0.5km	深厚黑土	第四纪黄土状黏土沉积物	290 地下水位约25.5m	波状起伏岗地的顶部，坡度平缓	杂草，或耕地
57-K-67	拜泉	深厚黑土	第四纪黄土状沉积物	250	岗地平缓部	
CN-B-6	阿城（新华焦家屯）	中厚黑土	第四纪黄土状黏土冲积沉积物（Q_3 和 Q_4）（半冰冻淋溶）	210	高阶地	玉米
CC-1	长春宋家堡东南1km	草甸黑土	第四纪黄土状冲积沉积物	210	高阶地	耕地

剖面号	采样地点	土壤	母质	海拔/m	地形	植被
K – 49	集贤友谊农场	草甸黑土	第四纪黄土状冲积沉积物	200	高阶地	耕地
哈 – 78	哈尔滨东站偏北 13km 哈尔滨西 20km	草甸黑土	第四纪黄土状冲积沉积物	140	岗地平缓部	耕地
* CN – B – 7	利民（肇东东 30km）	碳酸盐草甸黑钙土	第四纪（深位）河流和湖相沉积物	150	冲积平原	耕地
肇东 – 82	肇东东	碳酸盐草甸土	第四纪河湖沉积物	<150	冲积平原低地	耕地
* CN – B – 8	肇东西（南）30km	碱化草甸盐土	近代湖相黏土和细砂沉积物	（地下水 2m）	波状起伏平原周期性淹水洼地	

表 5 – 7 黑土剖面形态特征

剖面号	土层深度/cm	颜 色	质 地	结 构	结持力	新生体	植 被
黑-47	Ap0 ~ 20	暗灰	中壤	粒状	疏松		根多
	A20 ~ 50	灰	中壤	粒状	疏松	结构面上白色粉末	根多
	AB50 ~ 90	灰棕	中壤	小核状		白色粉末	根多
	B90 ~ 140	灰棕	中壤	小核状	较紧实	白色粉末	
	BC140 ~ 220	棕	中 – 重壤	棱块	黏紧	白色粉末	少量根
	C220 ~ 250	暗棕	黏土	棱块		胶膜	无根
* CN-B-6	Ap 0 ~ 18	暗灰（10YR3/1）	壤₂黏土	粒状	疏松（多不连续孔）	白色粉末	很多,蚯蚓多 过渡明显
	p18 ~ 49	暗灰（10YR3/2）	壤₂黏土	粒细片状	坚实（多0.1 – 1mm孔）		很多,过渡明显
	$A_2$49 ~ 66	暗灰棕（10YR4/2）	壤₂黏土	粒状	（蚯蚓孔道多）	铁锰结核黄灰斑痕	多,逐渐过渡
	$AB_1$66 ~ 95	暗棕（10YR3/3）	壤₂黏土	块状	坚实	铁锰结核白色粉末	少,逐渐过渡
	Bt95 ~ 125	暗棕（10YR5/3）	壤₂黏土	棱块	坚硬	白色粉末	
	BC125 ~ 150	浅黄棕（10YR6/4）	壤₂黏土	无结构	坚硬	白色粉末很多	
* CN-B-7	Ap 0 ~ 16	暗灰棕（10YR35/2）	壤₂黏土	粒状	松散		根系很多
	P16 ~ 28	暗灰（10YR3/1）	壤₂黏土	鳞片状	很坚实（犁底层）		很多,过渡明显 过渡明显
	$A_2$28 ~ 38	棕（10YR5/3）	壤₂黏土	细粒状	坚实	有石灰反应很多斑点条痕	
	AB38 ~ 51	暗灰棕（10YR3.5/2）	壤₂黏土	细块状	坚实	低菌丝体	根少
	Bca51 ~ 84	暗棕（10YR3.5/3）	壤₂黏土	核块状	坚实	低菌丝体,石灰反应强	
	C84 ~ 120	暗黄棕（10YR4/4）	壤₂黏土	不明显块状	坚实	石灰反应强	

* 引用第十四届国际土壤学会野外调查资料，1990。

由表 5 – 7 可以看出，黑土腐殖层深厚，一般 30 ~ 60cm；土壤结构良好，粒状或团粒状；植物根多；有铁锰结核、SiO_2 粉末。地形部位，大都为波状起伏的岗地；成土母质主要为第四纪黄土状黏土沉积物，质地较黏。

表 5－8a 土壤及黏粒的一般化学性质

剖面编号	土层深度/cm	腐殖质/%	pH(H₂O)	ΔpH	水解酸度/[cmol(+)/kg]	代换性阴离子/[cmol(+)/kg]						盐基饱和度/[cmol(+)/kg]	CEC	黏粒			物理黏粒<0.01 %	黏粒<0.001 %
						Ca²⁺	Mg⁺	K⁺	Na⁺	H⁺	Al³⁺			K₂O	MgO	Fe₂O₃		
CC-1 (长春)	0~20		6.75										55.0	2.25	2.25			25.92
	20~49		6.66										55.0	2.48	1.83	11.94		29.82
	49~86		6.85										52.5	2.29	1.87	10.34		31.70
	86~168		6.80										50.0	2.10	1.95	10.48		30.60
	168~200		6.90										48.8	2.25	2.17	10.58		28.84
黑47 (嫩江)	0~20	6.3	6.5			27.2	9.10	0.32	0.52	0.07	0.09	92.1	71.40	1.33	1.68			31.4
	30~50	3.2	6.2			20.3	9.40	0.10	0.32	0.07	0.06	86.5	64.0	2.50	1.81			40.0
九三	70~90	1.6	5.9			18.9	9.30	0.14	0.52	0.07	0.18	86.5	62.0	2.48	1.89			44.2
农场	120~130	1.1	6.1			19.5	8.6	0.21	1.04	0.08	0.16	88.2	59.5	2.85	1.90			44.2
	190~200	1.0	6.4			21.0	8.3	0.31	0.64	0.06	0.38	91.8	59.3					41.6
双24 (九三)	0~10	6.65	6.92			23.99	2.06			0.10				2.40	1.44	8.22		34.53
农场	28~38	4.22	6.45			22.53	1.96			0.10								39.33
	47~57	2.67	6.70			19.93	1.88			0.10				2.35	1.80	9.50		24.13
	75~85	1.58	6.35			18.41	1.67			0.05				2.40	1.42			45.00
	110~120	1.02	6.70			16.61	1.30			0.20				2.38	1.69	9.55		
	150~160	1.08	6.78			18.86	1.46			0.15	0.017							

表 5 - 8b 土壤及黏粒的一般化学性质

剖面编号	土层深度/cm	有机质/(g/kg)	pH(H₂O)	ΔpH	水解酸度/[cmol(+)/kg]	代换性阳离子/[cmol(+)/kg] Ca²⁺	Mg²⁺	K⁺	Na⁺	H⁺	Al³⁺	盐基饱和度/[cmol(+)/kg]	CEC	黏粒 K₂O	MgO	Fe₂O₃	物理黏粒/<0.01 %	黏粒/<0.001 %
57 - K - 67	0 ~ 10	8.08	7.0			29.31	9.53			0.05		95.55	57.5	2.24	1.73	9.55		7.47
	15 ~ 25	4.91	7.5			29.43	9.50			0.07		95.63	65.0	2.16	1.69	9.55		5.13
	70 ~ 80	3.48	7.0			27.98	9.83					95.00	63.3	2.23	1.84	9.55		5.11
	130 ~ 140	0.51	6.8			23.51	8.33					96.28	62.5	2.40	2.46	10.37		2.78
哈 78	0 ~ 15	3.36	7.2			25.87	6.05					56.25		2.62	3.10			22.88
	15 ~ 50	2.89	6.8			25.95	5.62					48.75		2.54	2.33			33.11
	50 ~ 100	1.75	6.6			21.68	7.11					50.37		2.40	3.25			29.04
K - 49	0 ~ 10	4.60	6.90		1.75	15.98	0.13		—	0.01	0.01	92.67						
	18 ~ 28	2.35	6.40		2.89	14.81	7.83		—	0.03	0.04	88.68						
	40 ~ 50	1.78	6.37		2.90	16.50	9.37		0.09	0.03	0.02	89.95						
	80 ~ 90	1.61	6.12		2.65	16.03	9.41		0.27	0.03	0.02	90.57						
	145 ~ 155	1.38	6.20		2.47	17.01	8.28		0.09	0.03	0.02	91.13						

表5-8c 土壤及黏粒的一般化学性质

剖面编号	土层深度/cm	有机质/(g/kg)	pH(1:1)(H₂O)	ΔpH	碳酸盐/%	代换性阳离子/[cmol(+)/kg] Ca²⁺	Mg²⁺	K⁺	Na⁺	H⁺	Al³⁺	盐基饱和度/%	CEC	黏粒 K₂O	MgO	Fe₂O₃	物理黏粒/<0.01 %	黏粒/<0.002 %
CN-B-6	0~18	2.73	6.33	1.27		23.12	3.06	0.37	0.25			93.48	28.76	2.92	6.89	9.73		32.9
	18~49	1.56	6.58	1.27		21.76	2.72	0.37	0.25			93.31	26.90	3.04	6.60	9.98		33.7
	49~66	1.44	6.60	1.31		20.40	3.40	0.38	0.25			93.78	26.05	2.98	6.76	9.95		33.3
	66~95	1.13	6.66	1.41		20.40	4.42	0.41	0.25			96.55	26.39	3.05	5.12	9.74		33.9
	95~125	0.92	6.40	1.30		20.40	3.74	0.41	0.25			94.58	26.22	3.03	6.41	9.82		35.2
	125~150	0.68	6.10	1.41		19.04	2.04	0.42	0.25			90.44	24.05	3.04	4.23	9.82		31.8
CN-B-7	0~16	2.58	7.58		1.83	20.15	2.63	0.45	0.41				23.64	2.76	7.62	9.69		
	16~28	2.47	7.83		2.11	19.27	2.85	0.36	0.41				22.89	2.75	7.11	10.04		
	28~38	1.63	8.13		3.46	17.96	2.28	0.31	0.41				20.96	2.67	7.16	9.88		
	38~51	1.26	8.17		5.10	16.71	1.69	0.31	0.36				19.07	2.30	8.57	9.65		
	51~84	0.59	8.18		6.73	8.23	6.35	0.33	0.39				15.39	2.78	7.71	9.91		
	84~120	0.38	8.12		6.67	6.57	7.56	0.37	0.31			碱化率/%　14.81						
CN-B-8	0~5	4.31	8.18		6.45	14.02	2.74	0.67	0.58			3.21	17.99	2.57	9.01	9.19	27.5	
	5~27	2.52	8.74		9.19	11.39	3.07	0.47	4.32			22.45	19.24	2.77	8.46	9.18	35.0	
	27~62	0.93	8.91		8.89	10.16	3.24	0.38	4.12			23.01	17.90	2.92	7.93	9.80	31.6	
	62~92	0.66	8.91		16.7	7.23	5.49	0.32	2.92			18.08	16.16	2.77	8.36	9.51	35.9	
	92~120	0.58	8.74		16.1	7.01	6.35	0.30	3.52			20.50	17.18	2.95	8.65	9.48	35.3	

表 5-9 土壤和黏粒的全量化学组成 (%)

剖面编号	样品	土层深度/cm	灼烧失重/%	SiO$_2$	Al$_2$O$_3$	Fe$_2$O$_3$	CaO	MgO	Na$_2$O	K$_2$O	TiO$_2$	MnO$_2$	P$_2$O$_5$	$\frac{SiO_2}{R_2O_3}$	$\frac{SiO_2}{Al_2O_3}$	$\frac{SiO_2}{Fe_2O_3}$
黑47	土壤	0~20	16.44	68.6	15.7	8.40	2.4	0.6			1.1	0.2		5.54	7.43	21.8
		70~90	9.89	67.5	16.6	9.20	1.3	0.6			1.1	0.1		5.11	6.91	19.6
		190~200	8.64	68.2	16.2	8.50	1.6	1.2			1.1	0.1		5.36	7.16	21.4
双-24	土壤	0~10	14.61	70.34	16.38	7.24	0.29	8.32						5.71	7.31	26.00
		47~57	10.69	67.31	15.60	8.94	0.24	8.25						5.36	7.32	20.00
		150~160	8.40	69.91	20.27	5.36	2.88	1.00						4.97	5.82	34.21
黑47	黏粒	0~20	21.68	57.00	23.74	14.23	1.23	2.31						2.97	4.13	10.53
		30~50	20.29	55.90	23.62	16.51	1.80	2.45						2.79	4.04	9.03
		70~90	18.49	56.09	25.15	14.04	1.12	2.36						2.75	3.72	7.07
		120~130	16.51	55.69	21.93	17.76	1.43	1.96						2.81	4.23	8.35
		190~200	20.65	56.34	24.15	16.05	1.42	2.37						2.87	4.11	9.37
双24	黏粒	0~10	24.52	55.96	19.75	12.23	0.30	0.33			1.32			3.44	4.89	11.62
		28~38	21.02	55.51	27.83	9.98	0.35	0.75			1.34			2.79	3.41	15.33
		47~57	18.56	55.82	25.12	12.28	0.42	0.82			1.13			2.91	3.72	13.29
		75~85	18.43	58.35	28.54	8.88	0.07	0.85			0.43			2.86	3.47	16.16
		110~130	14.85	57.62	31.74	10.39	0.25	0.36			0.47			2.59	3.10	16.00
		150~160	14.00	56.60	25.77	9.88	0.27	0.36			0.47			3.04	3.76	15.67

剖面编号	样品	土层深度/cm	灼烧失重/%	SiO₂	Al₂O₃	Fe₂O₃	CaO	MgO	Na₂O	K₂O	TiO₂	MnO₂	P₂O₅	$\frac{SiO_2}{R_2O_3}$	$\frac{SiO_2}{Al_2O_3}$	$\frac{SiO_2}{Fe_2O_3}$
CN-B-6	土壤	0~18	5.40	68.03	14.96	4.59	2.97	3.20	2.19	2.64	0.82	0.11	0.11			
		18~49	4.63	69.08	14.93	4.45	1.88	3.08	2.05	2.55	0.86	0.10	0.08			
		49~66	4.62	69.98	14.81	4.44	2.41	3.36	2.05	2.96	0.80	0.11	0.09			
		66~95	4.56	68.35	14.82	4.53	2.68	3.26	2.03	2.69	0.84	0.10	0.08			
		95~125	4.65	68.46	15.25	4.64	2.67	2.93	2.04	2.66	0.85	0.10	0.08			
		125~150	4.29	68.62	14.87	4.56	2.93	3.64	2.08	2.72	0.82	0.10	0.09			
CN-B-6 (新华)	黏粒	0~18	12.08	54.18	22.47	9.73	0.58	6.89	0.81	2.92	0.95	0.16	0.23			
		18~49	12.36	53.62	23.61	9.98	0.58	6.60	0.70	3.04	0.94	0.13	0.22			
		49~66	10.33	53.29	23.50	9.95	0.85	6.76	0.64	2.98	0.94	0.12	0.21			
		66~95	10.18	53.39	25.59	9.74	0.71	5.12	1.32	3.05	0.91	0.13	0.20			
		95~125	10.44	54.21	23.33	9.82	0.75	6.41	0.57	3.03	0.92	0.11	0.19			
		125~150	8.76	55.97	23.36	9.82	0.83	4.23	0.79	3.04	0.93	0.12	0.17			
CN-B-7	土壤	0~16	5.68	68.55	15.02	4.49	3.79	2.94	2.08	2.76	0.82	0.11	0.12			
		16~28	5.92	68.44	14.79	4.31	3.66	2.93	2.17	2.75	0.71	0.11	0.08			
		28~38	5.26	68.34	14.33	4.23	5.56	2.33	2.10	2.67	0.84	0.10	0.08			
		38~51	5.86	66.61	12.14	4.27	8.28	3.31	2.08	2.66	0.80	0.09	0.08			
		51~84	5.67	66.36	12.46	3.62	7.86	4.08	2.11	2.79	0.76	0.09	0.07			
	黏粒	0~16	13.07	54.28	21.06	9.69	0.88	7.62	0.55	2.76	0.94	0.13	0.25			
		16~28	12.12	54.49	22.12	10.04	1.16	7.11	0.54	2.75	0.84	0.13	0.20			
		28~38	11.48	54.33	23.46	9.88	1.73	7.16	0.59	2.67	0.95	0.16	0.21			
		38~51	9.69	55.22	18.91	9.65	1.59	8.57	0.63	2.30	0.76	0.11	0.16			
		51~84	9.94	55.21	22.60	9.91	0.62	7.71	0.70	2.78	0.93	0.19	0.16			
CN-B-8	黏粒	0~5	13.57	54.07	22.95	9.19	1.03	9.01	0.87	2.57	0.85	0.11	0.28			
		5~27	12.16	54.45	21.63	9.18	1.60	8.46	0.75	2.77	0.85	0.10	0.24			
		27~62	9.87	54.87	22.21	9.80	1.41	7.93	1.21	2.92	0.88	0.12	0.17			
		62~92	8.85	54.04	22.77	9.51	1.94	8.36	1.25	2.77	0.93	0.10	0.11			
		92~120	8.74	53.73	22.17	9.48	2.57	8.65	1.08	2.95	0.91	0.12	0.14			

续表 5-9

剖面编号	样品	土层深度/cm	灼烧失重/%	SiO_2	Al_2O_3	Fe_2O_3	CaO	MgO	Na_2O	K_2O	TiO_2	MnO_2	P_2O_5	$\dfrac{SiO_2}{R_2O_3}$	$\dfrac{SiO_2}{Al_2O_3}$	$\dfrac{SiO_2}{Fe_2O_3}$
CC-1	土壤	0~20	9.36	69.89	15.59	5.38	2.27	1.18			0.67	0.13		6.22	7.60	34.21
		20~49	9.33	70.36	15.27	6.74	2.67	0.87			0.99	0.14		6.10	7.81	27.88
		49~86	9.28	70.90	14.29	6.41	2.50	1.03			0.87	0.13		6.56	8.43	29.50
		86~168	8.19	70.86	16.75	4.95	2.20	1.19			1.08	0.21		6.08	7.19	39.30
		168~200	6.80	70.77	13.19	6.51	2.20	1.15			0.79	0.07		6.93	9.13	28.73
57-K-67	土壤	0~10	15.58	67.20	14.06	9.54	1.75	0.78			1.10	0.08		5.65	8.10	13.98
		15~25	16.00	67.61	12.59	10.80	1.46	1.28			1.10	0.08		5.86	9.07	16.54
		70~80	14.34	68.94	10.88	12.58	1.50	1.15			1.08	0.07		6.17	10.72	14.52
		130~140	10.45	68.48	13.35	9.50	1.25	1.04			1.05	0.07		5.99	8.69	19.31
K-49	土壤	0~10	12.49	47.65	17.12	5.03	2.90	1.05			0.95			3.98	4.72	25.58
		18~28	11.53	67.72	17.45	6.02	2.19	1.45			1.18			5.39	6.59	29.66
		40~50	11.63	67.39	17.94	7.14	2.14	1.61			0.94			5.07	6.37	24.90
		80~90	10.77	65.49	17.86	6.64	2.13	1.54			0.94			5.05	6.23	26.59
		140~155	10.65	65.93	18.33	6.16	2.30	1.17			1.20			5.01	6.09	28.13

二、土壤及黏粒的一般化学性质

由表5-8可见，土壤pH值接近中性，盐基交换量高，以代换性钙、镁为主，盐基饱和度70%~80%，全剖面无明显变化。由表5-9全量分析中，全剖面化学组成分异不明显，组成比较均匀，黏粒移动与破坏都不明显；黏粒全量分析中，元素组成比较一致，说明黏土矿物类型比较一致，同一剖面氧化物的全量变化很小，证明成土母质的一致性，黏粒移动小，土壤淋溶弱。

三、土壤的矿物学性质

根据黑龙江九三农场波状起伏岗地顶部缓坡深厚黑土剖面黑-47<1μm X射线分析（图谱5-5），主要含云母-水云母（10Å和5Å峰），并伴存有蒙皂石和少量蛭石（Mg-饱和风干15.5Å，Mg-甘油17.7Å，K-饱和10Å峰和14Å小峰）。表层水云母蛭石化较显，随剖面向下蒙皂石化蚀变较显，高岭石含量在全剖面中不甚显著；就近岗地底部深厚黑土剖面双-24衍射峰（图谱5-6）与剖面黑-47下层同，K-饱和14Å呈宽峰，水云母峰收缩小，底层水化度亦较高。

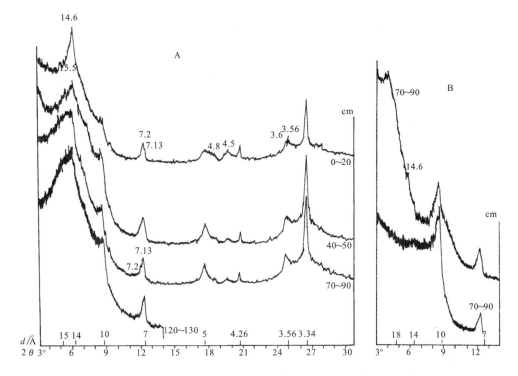

图谱5-5　剖面黑-47-1土壤黏粒（<1μm）X射线衍射谱

（CuKα，Ni片，40kV/20mA，2°/min，PW1140仪）

A. Mg-饱和，风干；B. Mg-甘油，K-饱和

拜泉岗地平缓部深厚黑土剖面57-K-67黏粒矿物组成与上同（图谱5-7），水云母蒙皂石化显著，剖面分异更小。

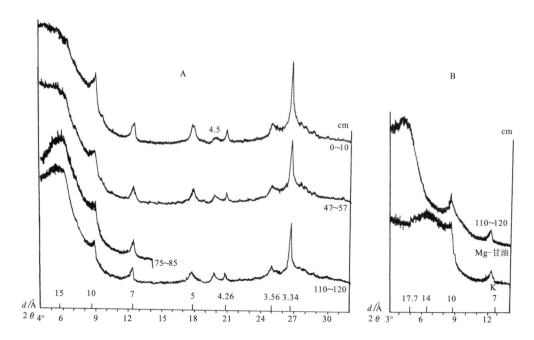

图谱 5-6　剖面双-24 土壤黏粒（<1μm）X 射线衍射谱

（CuKα，Ni 片，40kV/20mA，2°/min，PW1140 仪）

A. Mg-饱和，风干；B. Mg-甘油，K-饱和

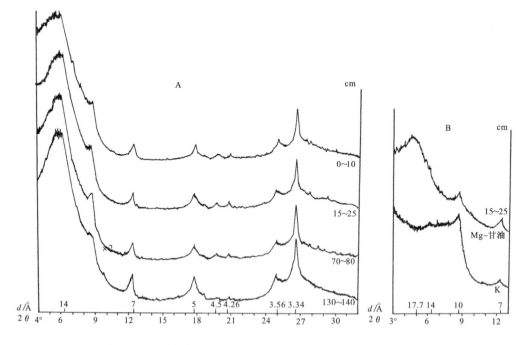

图谱 5-7　剖面 57-K-67 土壤黏粒（<1μm）X 射线衍射谱

（CuKα，Ni 片，40kV/20mA，2°/min，PW1140 仪）

A. Mg-饱和，风干；B. Mg-甘油，K-饱和

长春朱家堡高阶地上的草甸黑土剖面 CC-1 表层 0~20cm 云母-水云母较高, 蛭石化显著, 向下水云母蒙皂石化; 黏粒级微量石英和长石随剖面向下而减少(图谱 5-8), 呈现出冲积沉积特征。

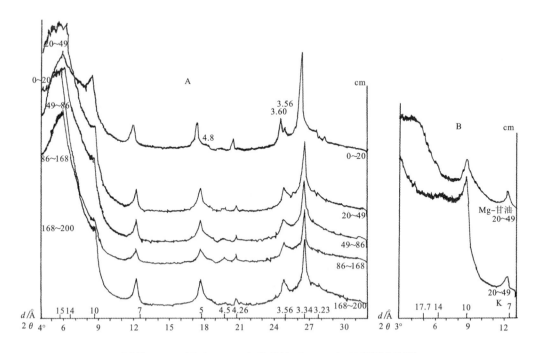

图谱 5-8 剖面 CC-1 土壤黏粒(<1μm) X 射线衍射谱
(CuKα, Ni 片, 40kV/20mA, 测角仪转速 2°/min, PW1140 仪)
A. Mg-饱和, 风干; B. Mg-甘油, K-饱和

集贤友谊农场高阶地上的草甸黑土剖面 K-49 表层云母含量高, 云母在剖面上分布不均一, 18~28cm 和 145~155cm 云母蒙皂石化、水化度高, 呈现多次沉积特征(图谱 5-9)。

哈尔滨车站北 13km 岗地平缓部海拔较低的草甸黑土剖面哈-78 80~90cm 云母水云母蛭石化, 蒙皂石化不甚显著(图谱 5-10)。

哈尔滨东南 30km 阿城高地、冲积沉积物上的草甸黑土剖面 CN-B-6、海拔高与长春剖面 CC-1 相同, 水云母蛭石化较强, <2μm 粒级黏粒矿物组成仍与剖面哈-78 相近似(图谱 5-11)。全剖面水云母蛭石化, 心土层显有蒙皂石无序混层, 底土层蛭石化较强。

哈尔滨西 15km(肇东东 30km)利民冲积平原(海拔 150m)第四纪河流和湖相沉积物上的草甸黑钙土剖面 CN-B-7 显二层型黏粒矿物组成, 上层云母-水云母含量显著, 底土层水云母蒙皂石化强, 全剖面均显呈蒙皂石-蛭石无序混层, 此为湖相沉积特征(图谱 5-12)。

肇东碳酸盐草甸土剖面 82(图谱 5-13)亦呈现有同样的矿物组成分异, 底土层膨胀性层矿物尤显, 表明湖相沉积物在肇东一带底土层广泛分布。

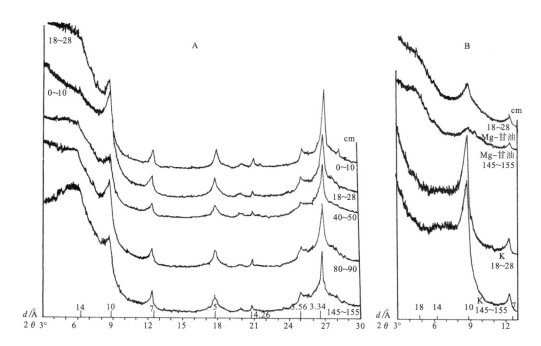

图谱 5 - 9 剖面 K - 49 土壤黏粒 （＜1μm） X 射线衍射谱

（CuKα，Ni 片，40kV/20mA，2°/min，PW1140 仪）

A. Mg - 饱和，风干；B. Mg - 甘油，K - 饱和

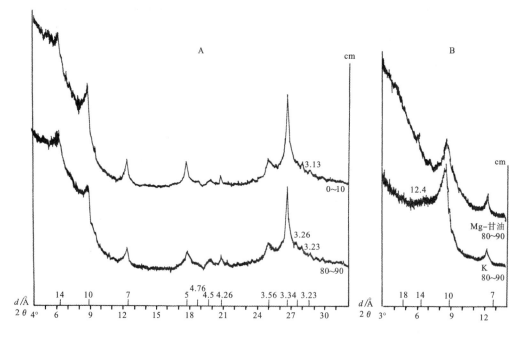

图谱 5 - 10 剖面哈 - 78 土壤黏粒 （＜1μm） X 射线衍射谱

（CuKα，Ni 片，40kV/20mA，测角仪转速 2°/min，PW1140 仪）

A. Mg - 饱和，风干；B. Mg - 甘油，K - 饱和

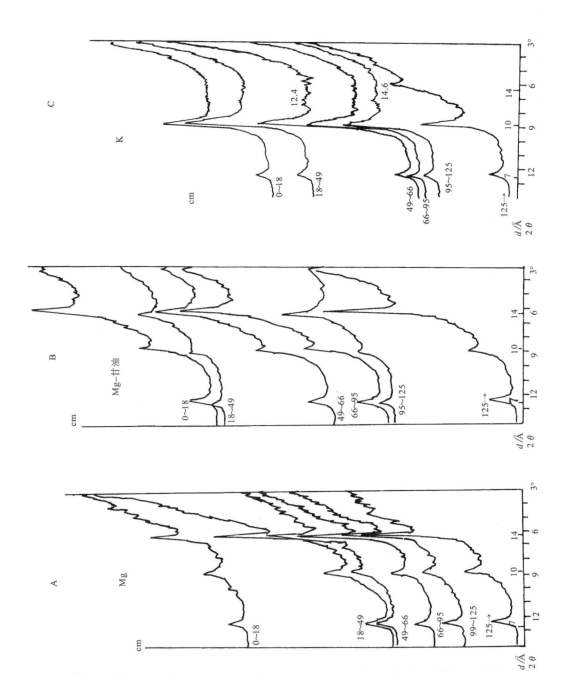

图谱 5-11　CN-B-6 土壤黏粒（<2μm）X 射线衍射谱

（CuKα，40kV/80mA，2°/min）

A. Mg；B. Mg-甘油；C. K

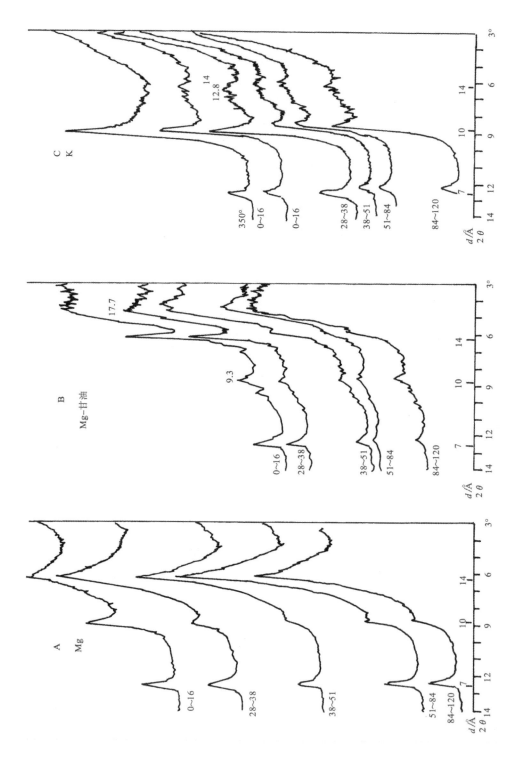

图谱 5 – 12　剖面 CN – B – 7 土壤黏粒 （ <2μm ） X 射线衍射谱

（CuKα, 40kV/80mA, 2°/min）

A. Mg – 饱和，风干；B. Mg – 甘油；C. K – 饱和

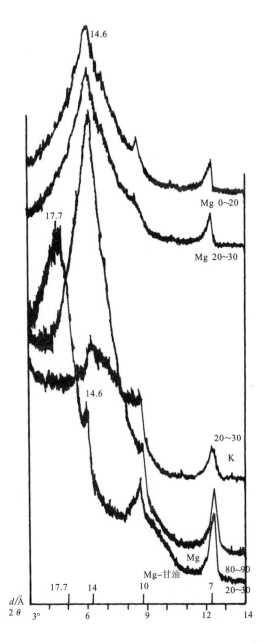

图谱 5 - 13　剖面肇东 - 82（ ＜1μm）XRD 图谱
（CuKα，40kV/20mA，2°/min，PW1140）

　　肇东西 30km 剖面 CN - B - 8 为近代细砂和湖相沉积物上的碱化草甸盐土（或草甸碱土、碱化率＜25%），上层为水云母蒙皂石，随剖面向下，底土层蒙皂石峰很高；K 饱和 14Å 峰明显，500℃ 并现 Mg - 绿泥石（图谱 5 - 14）。

　　由表 5 - 11 土壤黏粒全量对比可见，成土母质黄土状黏土沉积、河流冲积和湖积过程黏粒 K$_2$O、MgO、Fe$_2$O$_3$ 含量和在剖面上的分异脱盐基和铁铝不很明显，而呈有水云母蒙皂石化、水云母蛭石化和成土 Mg - 绿泥石化过程。 成土物质明显受地质沉积过程

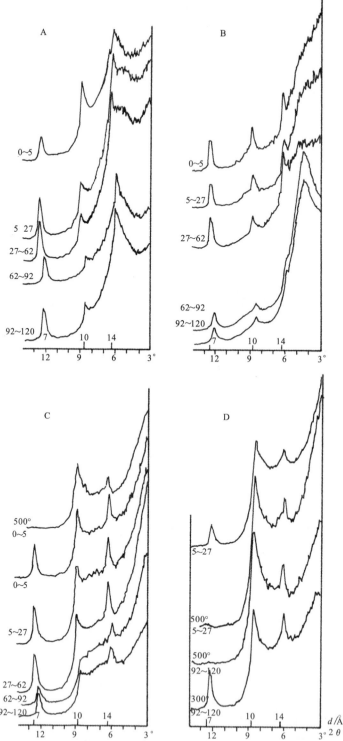

图谱 5 – 14　剖面 CN – B – 8 土壤黏粒（<2μm）X 射线衍射谱
（CuKα，40kV/80mA，2°/min）

A. Mg – 饱和，风干；B. Mg – 甘油；C. K – 饱和；D. K – 500℃

的影响，即从山麓倾斜平原波状起伏岗地第四纪黄土状沉积物到高阶地冲积沉积物（富含 Fe_2O_3、SiO_2、K_2O），河湖相沉积淤积物（富含 $MgCO_3$、$CaCO_3$）到近代湖相堆积，洼地地下水富含 HCO_3^-、Na^+、Mg^{2+}，促进钠镁质碱化过程（参见第七章）。

微形态特征：

母质为半冰冻淋溶的第四纪黏土（Q_3 和 Q_4）冲积沉积物上的中厚草甸黑土（CN－B－6）全剖面为均一（$<0.05\mu m$ 很少）的黏粒质、质地黏重、透水性差，上层有时形成临时滞水层。草甸过程明显。由偏光显微镜（PM）×20－50 观察到 Ap 层（0～18cm）腐殖质与细粒物质黏连成团聚形体，基质呈仅局部沟通的海绵状微结构，孔壁有棕褐色腐殖质－黏粒走向（照片 5－1）。A_2 层（49～66cm）暗灰棕和灰棕色不均一，由大小蚯蚓孔道和根孔分立团聚体的微结构，孔洞边植物残体；边缘呈锈棕色的棕褐色铁锰结核斑，基质黏粒无定向性（照片 5－2）。AB 层（66～95cm）黏结基质，仅局部分化团聚形体的结构块体，孔洞仍见有机残体，基质中不均一的铁锰锈斑花纹和条痕呈弥散分布；腐殖质铁质黏粒无定向性（照片 5－3）。Bt 层（95～145cm）浅灰和灰棕色不均一，有孤立微孔洞和微裂隙的致密块体，微孔面铁质化黏粒体弱定向性呈镶嵌状、岛状；基质中弥散的铁锰质和灰白色 SiO_2 粉末和淋溶条交错（照片 5－4）。

母质为深位河流沉积物和湖积物（Q_4）上的碳酸盐草甸黑钙土（CN－B－7）Ap 层（0～16cm）棕褐色，腐殖质与絮片状黏粒物质黏连成大小松散团聚形块体，孔道和孔洞面残存半分解有机物质多，土体腐殖质化较强；半棱角形粗粉砂－细砂骨骼颗粒散布于基质中（照片 5－5）。A_2 层（28～38cm）弱碳酸盐－腐殖质黏粒质，絮片状黏粒物质凝聚成有大小微裂隙和微孔的块体，微孔面光滑，细粒物质定向性不明显。微孔（0.3mm）和基质中充填和散布有方解石细晶粒（0.03mm），方解石稀少的基质显棕色铁质浸染（照片 5－6）。B 层（51～84）碳酸盐黏粒质，多细根孔洞，孔洞面残存有机物质少，黏结基质干缩成裂隙和微裂隙，呈凝聚状，局部显有定向性。方解石细晶（0.02mm）填满细孔洞（0.2～0.3mm），大孔洞面基质铁（锰）质化较显（照片 5－7）。C 层（84～120cm）暗黄棕色，铁质碳酸盐黏粒质，孔道中充满方解石细晶粒，基质中少，微孔面残存有铁质黏粒质定向黏粒。基质铁质化增强表明底土层水、气动态变化较频繁，经有湿润草甸阶段，黏粒和铁（锰）呈活动态，在重碳酸钙溶液运移作用下凝聚沉淀所致（照片 5－8）。

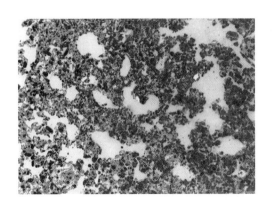

照片 5 - 1　草甸黑土（CN - B - 6）0～18cm
腐殖质 - 细粒物质黏连成团聚体的海绵
状微结构（PM）
正交偏光 ×20

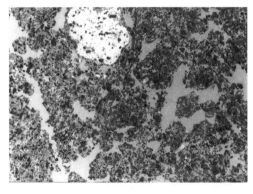

照片 5 - 2　草甸黑土（CN - B - 6）49～66cm　多根
孔和蚯蚓孔道的海绵状结构、基质铁锰质、斑
块轮廓清楚，外缘不明显的铁质定向黏粒（PM）
正交偏光 ×20

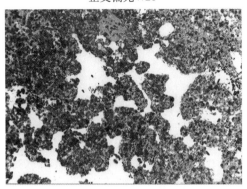

照片 5 - 3　草甸黑土（CN - B - 6）66～95cm
黏结基质局部分化成团聚形结构块体，基质中
铁锰锈斑花纹（PM）
正交偏光 ×20

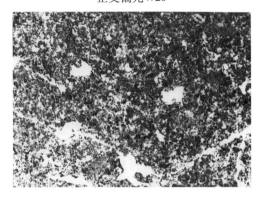

照片 5 - 4　草甸黑土（CN - B - 6）95～149cm
致密块体，基质 SiO_2 粉末淋溶，铁锰质弥
散分布，孔面铁质黏粒体弱定向性（PM）
正交偏光 ×20

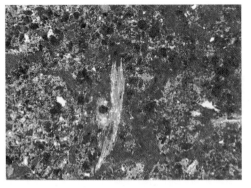

照片 5 - 5　碳酸盐草甸黑钙土（CN - B - 7）
0～8cm　棕褐色腐殖质与絮状黏粒物质
成大小松散团聚形块体，孔面残存半分解
有机物质（PM）　单斜光 ×50

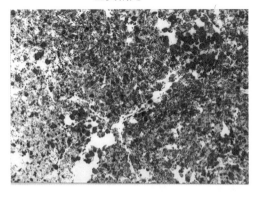

照片 5 - 6　碳酸盐草甸黑钙土（CN - B - 7）
28～30cm　微孔（0.3mm）和基质中充填
方解石细晶粒，稀薄处棕色铁质浸染（PM）
正交偏光 ×20

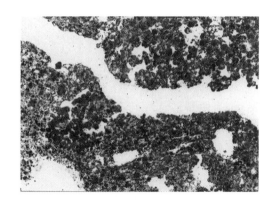 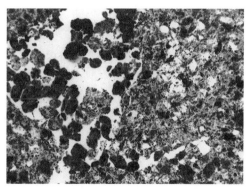

照片 5 - 7 碳酸盐草甸黑钙土（CN - B - 7）　　　　照片 5 - 8 碳酸盐草甸黑钙土（CN - B - 7）

51～84cm 黏结基质凝聚状，干缩成裂隙　　　84～120cm 基质铁质化，方解石亮晶稀少处

方解石细晶填满细孔洞显黑色（PM）　　　孔面定向黏粒走向（PM）　　正交偏光×50

正交偏光×20　　　　　　　　　　　　　（幻灯片印制）

第三节　黑河沿岸爱辉 - 逊克境内平原草甸土黏土矿物

本区是重要农业区，土壤类型以暗色草甸土为主，区内河谷宽阔，阶地发育明显（表 5 - 10，图 5 - 5）；气候寒冷潮湿，有利于有机质积累，土体中有潜育化特征，常形成锈纹或锈斑；成土母质主要为新近纪 - 左近纪砂砾及第四纪黏土层，高阶地及低丘多为新近纪 - 左近纪砂砾层、玄武岩和页岩；低阶地多为近代河流冲积物，母质多为无碳酸盐物质；成土过程除受现代沉积作用外，并受现代新构造运动中间歇上升有不同程度割切的高平原河谷地貌及古代沉积的影响。

表 5 - 10　黑龙江流域黑河附近阶地高度 *

阶地名称	海拔高度/m	高出河床/m	备　　注
1. 泛滥地	120～130		
2. 第一阶地	140～170	10～30	
3. 第二阶地	180～220	40～80	
4. 第三阶地	220～290	80～150	
5. 第四阶地	240	250 左右	
6. 古代侵蚀平原	520	400 左右	

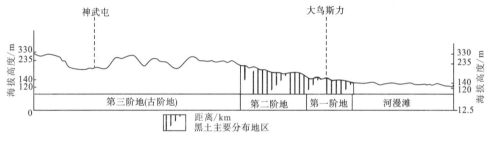

图 5 - 5　黑龙江省爱辉黑龙江岸至神武屯间地形剖面

一、土壤的自然地理条件和剖面形态

土壤的自然地理条件和剖面形态见表5－11、表5－12。

表5－11　土壤的自然地理条件特征

剖面编号	采样地点	土壤	母质	海拔高度/m	地形	植被	剖面层次
黑河－1	黑河东南15km（卡仑山）	棕色森林土	河流冲积砂层（冻层138cm）	170	第三阶地平缓高地	樟子松、蒙古柞、山杨	Ao，A_1，AB，B，BC，C
黑河－5	黑河西南约2.5km	中度黑土	河流沼泽黏土	170地下水位100～130cm	第三阶地低洼处	撩荒地早熟禾毛茛、柳蒿	A_1，A_1a，AB，C_G
黑河－4	黑河西南西约4km（上二公地区）	薄层黑土	古代湖积黏土	190地下水位90cm	第四阶地低平地	蒿子、早熟禾小叶樟、苔草、琴料	A_1，A_1'，B_1，B_2（G），$C_{1(G)}$，$C_{2(G)}$
黑河－3	黑河西南西15km（下裨子沟，公路西20m）	潜育草甸土	古代湖沼黏土	140地下水位60～70cm	第一阶地	白桦、大黄柳、沼柳、苔草	A_1，A_1'，B_1，B_G，C_G
黑河－2	黑河西南西20km（山神庙东4km）	弱度白浆化棕色森林土	洪积、冲积物	330m	第二阶地	黑桦、白桦、蒙古柞、山杨、苔草	

表5－12　土壤的剖面形态

剖面编号	土层深度/cm	颜色	质地	结构	结持力	根系
黑河－1	0～6A_1	浅棕	中砂壤	细团粒	疏松	多细根、紧密
棕色森林土	6～14A_1	浅棕	轻砂壤（不均一）	较稳固团块	疏松（虫孔多，内腐殖质）	较多细根
（河流冲积	14～31AB	灰棕（不均）	砂壤	不稳固细粒	疏松（虫孔、孔隙）	粗、细根多
砂层）	31～62B	棕（不均）	砂壤（不均）（稍黏）	微团块（冲积层不显）	较紧实	多细根、树根
	62～104BC	浅棕	轻度黏质砂土	不稳固团块（冲积层痕）	疏松（虫孔）	较多细根
	104～138C	浅黄棕（均匀）（黄棕色斑纹）	黏壤细质砂土（棕色黏壤间层）	无结构（明显冲积层）	疏松	小细根
黑河－5	0～14A	暗灰（结核多）	黏壤	团块团粒	松软	细根、中根
中度黑土	14～58AB	灰	黏壤－轻黏	小团块（鱼卵状）及团块	疏松	多
（河流沼泽	58～108B_G	灰棕	中黏（层状）	鱼卵状	较紧实	少
黏土）	108～135C_G	棕	黏土（锈斑）	团块、核块	黏紧	—
黑河－4	0～14A_1	暗灰	黏壤	片状屑粒	松软	较多

- 续表 5 – 12

剖面编号	土层深度/cm	颜色	质地	结构	结持力	根系
薄层黑土	14 ~ 40A$_1$	棕灰	轻黏壤	细团粒	稍黏紧	较多
（古代湖积	40 ~ 45B$_1$	棕灰	轻黏（原湖积层）	层片状（有灰斑、黄棕色斑）	黏紧	—
黏土）	65 ~ 95B$_2$	浅棕灰	黏土	小团粒（鱼卵状）（潜育作用）	黏紧	较多
	115 ~ 130C$_2$	黑棕（锰斑腐殖质）	黏土	无结构	坚实	—
	90 ~ 110C$_1$	暗棕（无铁结核）	重黏土	无结构	坚实	少
黑河 – 3	0 ~ 5A$_1$	暗灰（过渡显土表苔藓）	黏壤	不明显的小团粒	黏韧	多
潜育草甸土	5 ~ 15A'$_1$	暗棕灰（过渡显）	黏壤、含粗砂	细圆团粒	（含粗砂）	细根多、过渡明显
（古代湖沼	15 ~ 35B$_1$	锈棕（含灰色条纹、斑块）	重黏 – 中黏土	—	稍紧	很多
黏土）	35 ~ 65B$_C$	浅灰（还原层）	黏土（含石砾、粗砂）	鳞片状	稍紧	多
	65 ~ 75C$_G$	浅灰、浅蓝棕（灰红、棕黄条纹、斑块）	砂黏土	无结构（潜育层）	稍紧	少
黑河 – 2	弱隐灰化棕色森林土（上覆洪积层）					

二、土壤和黏粒的一般性质

1）发育在黑龙江第一阶地古代湖积黏土上的沼泽化潜育草甸土（黑河 – 3）表层为粉砂壤质冲积土层，向下过渡明显，下层为较均一的黏壤质土。pH_{H_2O} 值 5.3 ~ 5.7，pH_{KCl} 值 4.2 ~ 4.5，随剖面向下 $\triangle pH$ 值有所增加，最高可达 – 1.30。

2）发育在黑龙江第二阶地上洪积冲积物上的幼年棕色森林土（黑河 – 2）表层为粉砂壤土和壤土，向下为砂质壤土和砂土间层分布。pH_{H_2O} 值 6.6，呈均一分布，pH_{KCl} 值 5.5 ~ 5.8，$\triangle pH$ 值除 A 层较小外，均在 1.0 左右。

3）发育在黑龙江第三阶地上河流冲积砂上的棕色森林土（黑河 – 1），为中砂土 – 砂质壤土 – 砂土粉砂壤土夹层分布。pH_{H_2O} 值 6.3 ~ 6.8，pH_{KCl} 值 5.0 ~ 5.5，$\triangle pH$ 值除 A 层外均达 – 1.30。

4）发育在黑龙江第三阶地低洼地河流黏质物上的深厚腐殖质化草甸土（黑河 – 5）和第四阶地低平地古代湖积黏土上的薄层腐殖质化草甸土（黑河 – 4），两个剖面都为均一的粉砂质黏壤土，仅剖面黑河 – 4 表层为粉砂壤土在外。pH_{H_2O} 值在剖面上由上而下均为 5.8 ~ 6.4，pH_{KCl} 值 5.0 ~ 4.5，$\triangle pH$ 值由 – 0.75 ~ – 1.7（表 5 – 13、表 5 – 14）。

表 5 - 13 土壤及黏粒的一般化学性质

剖面编号	土层深度/cm	pH KCl (1:2.5)	pH (H₂O)	△pH	黏粒 CEC	黏粒 K₂O	黏粒 MgO	黏粒 Fe₂O₃	物理黏粒 <0.01/%	黏粒 <0.001/%
黑河 - 4	0 ~ 15	5.14	5.92	- 1.78						5.75
	15 ~ 40	4.87	5.86	- 0.99						31.78
	40 ~ 65	4.54	5.82	- 1.45						24.66
	65 ~ 90									
	90 ~ 100	4.52	6.23	- 1.71						33.68
	115 ~ 120	4.91	6.41	- 1.50						35.99
黑河 - 1	0 ~ 6	5.56	6.32	- 0.76						9.52
	6 ~ 14	5.21	6.42	- 1.21						10.05
	14 ~ 31	5.36	6.78	- 1.42						11.13
	35 ~ 45	4.66	6.13	- 1.47						17.68
	75 ~ 85	5.23	6.55	- 1.32						8.31
	110 ~ 125	5.49	6.79	- 1.30						1.22
黑河 - 5	0 ~ 14	5.09	5.84	- 0.75	56.25	2.04	1.40	8.58		23.37
	30 ~ 40	4.98	6.17	- 1.19	47.50	2.08	1.44	9.62		29.12
	75 ~ 85	5.17	6.35	- 1.18	47.50	2.01	1.86	10.37		41.41
	125 ~ 135	4.86	6.33	- 1.47	45.00	1.98	1.46	10.48		33.80
黑河 - 2	0 ~ 7	5.83	6.56	- 0.73						9.98
	7 ~ 15	5.56	6.65	- 1.09						10.52
	27 ~ 37	5.49	6.67	- 1.18						26.51
	50 ~ 60	5.64	6.70	- 1.06						6.99
	80 ~ 93	5.62	6.76	- 1.14						6.49
	117 ~ 129	5.61	6.66	- 1.05						13.42
	135 ~ 160	5.56	6.65	- 1.09						1.01
黑河 - 3	0 ~ 5									8.02
	5 ~ 15	4.48	5.29	- 0.81	47.5	1.44	1.11	9.40		17.96
	15 ~ 35	—	—		40.0	1.26	1.18	9.80		19.57
	40 ~ 50	4.45	5.71	- 1.26	40.42	1.40	1.19	10.37		21.45
	65 ~ 75	4.18	5.48	- 1.30						

表 5－14 土壤的机械组成

田间号	土壤	深度/cm	HCl洗失量/%	砂 2.00~1.00	砂 1.00~0.25	土粒（直径 mm）/% 0.25~0.05	0.05~0.01	粉砂 0.01~0.005	粉砂 0.005~0.001	黏粒 <0.001	物理性砂粒/%（>0.01）	物理性黏粒/%（>0.01）	土壤质地名称
黑河－4	薄层黑土	0~15	2.25		3.20	37.94	5.69	14.71	32.71	5.75	46.83	53.17	
		15~40	1.03		1.61	17.30	29.40	5.55	14.36	31.78	48.31	51.69	
		40~65	1.82		0.70	20.20	14.83	27.97	11.64	24.66	35.73	64.27	
		65~90	1.19		0.62	18.10	26.40	6.17	11.93	36.78	45.12	54.88	
		90~100	1.53		0.60	11.79	35.30	5.08	13.55	33.68	47.69	52.31	
		115~120	0.91		4.42	5.27	33.96	7.67	12.69	35.99	43.65	56.35	
黑河－1	棕色森林土	0~6	0.66		13.10	47.09	18.11	5.08	7.10	9.52	78.30	21.70	
		6~14	0.26		14.20	38.58	13.87	14.60	8.70	10.05	66.65	33.35	
		14~31	0.47		15.25	42.91	15.02	6.70	8.99	11.13	73.18	26.82	
		35~45	0.96		15.61	44.44	15.60	0.35	6.32	17.68	75.63	24.35	
		75~85	0.66		7.47	59.38	20.64	0.20	4.00	8.31	87.49	12.51	
		110~125	0.78		10.38	22.86	45.04	11.41	9.09	1.22	78.28	21.72	
黑河－5	草甸脱碱土	0~14	1.48		1.70	13.13	38.61	5.49	18.70	22.37	53.44	46.56	
	深厚中度黑土	30~40	1.18		1.41	10.61	39.19	4.10	15.57	29.12	51.21	48.79	
		75~85	—		0.65	13.50	30.14	4.94	9.36	41.41	44.29	55.71	
		125~135	—		2.93	11.30	33.79	5.76	12.72	33.80	47.72	52.28	
黑河－2	弱度白浆化棕色森林土	0~7	1.00	6.00	6.94	21.55	11.40	13.83	30.30	9.98	45.89	54.11	
		7~15	0.72	8.00	31.01	10.86	24.40	3.61	11.60	10.52	74.27	25.73	
		27~37	1.69	7.00	28.08	10.34	17.80	2.74	7.53	26.51	63.22	36.78	
		50~60	0.28	—	15.84	34.78	17.21	17.78	7.40	6.99	67.83	32.17	
		80~93	0.92	—	7.08	73.91	11.16	0.15	1.21	6.49	92.15	7.85	
		117~127	0.71	29.00	7.99	16.29	16.67	3.30	13.33	13.42	69.95	30.05	
		135~160	0.90	—	7.05	80.37	3.68	0.10	7.69	1.01	91.10	8.90	
黑河－3	草甸土	0~5	2.07	5.00	20.57	15.67	34.46	6.25	10.03	8.02	75.70	24.30	
		5~15	1.29	6.00	8.23	14.35	29.63	12.87	10.96	17.96	58.21	41.79	
		15~35	0.82	9.00	15.40	18.65	15.81	13.34	13.55	23.25	49.86	50.14	
		40~50	0.36	16.00	26.05	12.73	7.10	7.33	11.21	19.57	61.86	38.11	
		65~75	0.45	13.00	23.35	4.85	12.90	14.33	10.12	21.45	54.10	45.90	

三、土壤黏土矿物组成

土壤黏土矿物组成参考图谱 5 – 15、图谱 5 – 16。

1）发育在黑龙江第一阶地古代湖积黏土上的沼泽化潜育草甸土（黑河 – 3）表层混有粉砂质冲积物，富含云母 – 水云母并有蛭石化，表层以下为高岭石，结晶度较好。以高岭石和水云母为主，并有少量蛭石和蒙皂石混层物，固钾收缩较强，属新近纪 – 左近纪湖相黏土母质。

2）发育在黑龙江第二阶地上洪积冲积物上的幼年棕色森林土（黑河 – 2）上层水云母和绿泥石结晶度较好的冲洪积物为主，并有少量高岭石，B 层以下则为蛭石水云母 – 蛭石（绿泥石）混层物，属古新近纪 – 左近纪高原湖相沉积物，结晶度低，固钾收缩很弱。

3）发育在黑龙江第三阶地上河流冲积砂上的棕色森林土（黑河 – 1）剖面发育较好，以水云母蛭石为主，随剖面向下 B 层黏粒含量增高；蛭石和水云母混层强，排水较好的 C 层细砂土，蛭石化显著；固 K 收缩强，是属近代河流冲积砂层母质。

4）发育在黑龙江第三阶地低洼地河流黏质物上的深厚腐殖化草甸土（黑河 – 5）以水云母和蛭石蒙皂石无序混层物为主，固钾收缩弱，极少量高岭石，剖面分异不明显，是属古代湖积黏土母质。

5）发育在第四阶地低平地古代湖积黏土上的薄层腐殖质化草甸土（黑河 – 4）和剖面黑河 – 5 类似，以云母 – 水云母 – 蛭石混层物为主，B 层蒙皂石无序混层更强，潜在酸度较高，固钾收缩弱，是属古代湖积黏土母质。

四、风化与成土过程特征

1）各阶地土壤黏土矿物组成不同，是和阶地发育的历史和物质来源有关。

2）第一阶地高岭石含量异常不是潜育化过程的结果，应是古代沉积特征，包括其锈棕色黏层。第二阶地在海拔 330m 为壤土和砂土相间层的近代冲积洪积物母质。第三阶地上的砂丘为中轻砂壤和砂土质的近代河流冲积砂层，云母、水云母（蛭石化）绿泥石化，成土过程中排水较好，因而在较冷湿气候条件下形成幼年性棕色森林土，黏土矿物组成与土壤形成有一定的联系。第三、第四阶地低洼部位的无序混成水云母黏质土多为草甸土或潜育草甸土，有一定程度铁的淋移和淀积，而不是地带性的棕色森林土，B 层 pH 值低，潜在酸度高，黏粒 Fe_2O_3 高，呈鲕粒结构，是本区潜育化土壤的重要特征（参考第六章白浆土）。

3）各阶地土壤黏土矿物组成不同与农业利用也有一定关系。

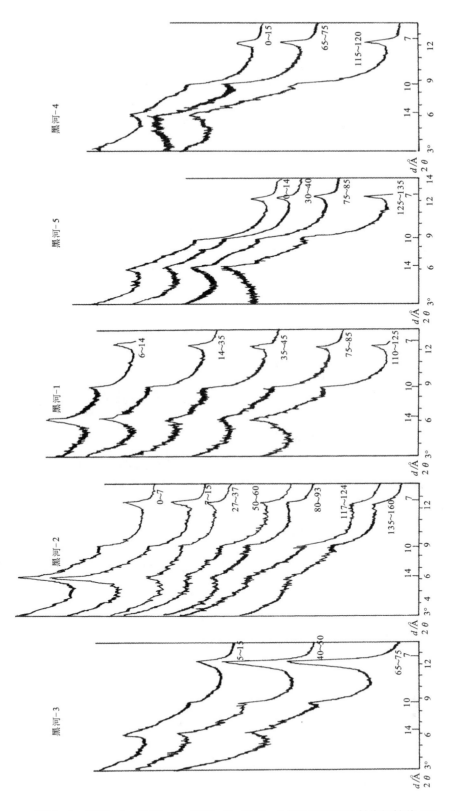

图谱5-15 黑河-3、黑河-2、黑河-1、黑河-5、黑河-4各阶地黏粒X射线衍射谱（Mg-饱和）

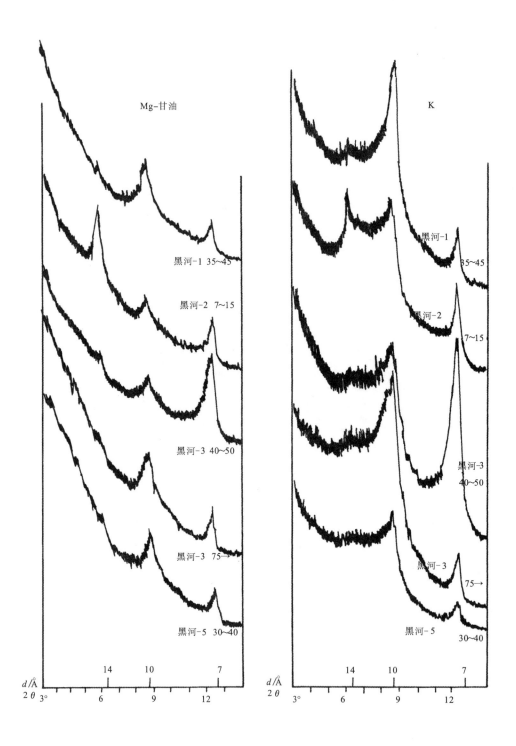

图谱 5 - 16　各阶地黏粒 X 射线衍射谱（Mg - 甘油和 K - 饱和）

第六章 白 浆 土

白浆土为非地带性土壤，主要分布于东部黑龙江、松花江和乌苏里江汇合处的三江平原，是重要农业区；大兴安岭、长白山及辽东山地也有分布。本区的生物气候特点是：①雨热同季的季风气候，年降水量大于年蒸发量；②地形平坦；③成土母质主要是第四纪河湖沉积物；④季节性冻层，排水不良，土壤湿度大，周期性干湿交替；⑤森林草甸植被。

白浆化土壤的形成过程主要包括三个过程：草甸过程、潴育过程和淋淀过程。其土壤剖面具有四个分异明显的发生层：即腐殖质层（A）、白浆层（E）、淀积黏化层（Bt）和母质层（C）。在白浆化土壤发育过程中存在：黏粒的淋淀、腐殖质络合淋淀、铁锰还原淋淀、氧化淀积以及矿物弱分解等。白浆土形成有其特定的母质条件，一般形成于同源母质上。母质类型可以是洪积冲积物、湖积物、黄土状沉积物等。母质不同白浆土性质表现出一定的差异，但最为典型、分布最广的是三江平原第四纪河湖黏土沉积物上的白浆土。

白浆土的形成问题，是中外土壤学家十分关注的问题，原苏联 Ливеровский、科夫达 B. A.，及我国的曾昭顺等（1963，1997）曾进行了深入的研究。20 世纪 80 年代黑龙江八一农垦大学对黑龙江省的白浆土进行了系统的野外调查和室内研究工作，认为白浆土的形成有其特殊的母质条件。

因此，同时了解我国境内及毗邻地区原苏联境内土壤研究情况，对认识和研究本区白浆土的形成将有裨益。

科夫达 B. A.、曾昭顺等（1963，1997）资料表明：黑龙江流域河谷及古冲积平原的特征是：宽广的湖状地区与窄小的由基岩及火成岩组成的河谷地区，在古地理上，曾存在很多的湖泊与河流，呼裕儿河即是古河萎缩的无尾河；在岩石组成方面，黑龙江、松花江平原主要是高度分散、黏重不透水的湖河黏土沉积物，特别是第四纪在乌苏里江古冲积阶地上，松花江及嫩江的古老阶地上以及低平原上沉积的黏土中富含铁锰氧化物、磷酸亚铁化合物、次生二氧化硅和少量易膨胀的无机胶体。同时，在乌苏里江、松花江下游的黑龙江（比罗比江范围内）的古河成阶地黏土上，被厚约 20～30～50cm，具有现代草甸土壤形成过程的壤质细土所覆盖。在底黏土完全不透水的条件下，成土母质的明显双层性导致特殊的潜育作用，在腐殖层下具有白色的黏质土层（中国的"白浆土"）。

原苏联近期研究，与我国饶河一江之隔的原苏联境内波状－长丘状平原低地（黑龙江中游东南地区）霍尔地区湖河沉积物的矿物组成和草黄色二层型白土的化学和矿物学特点明显区别于黑龙江下游（哈巴罗夫斯克北阿姆河流域的生草灰化土），而与我国的白浆土有许多共同点：在研究区湖－冲积沉积物松散物质重粒级中不抗风化矿物如绿帘石、黝帘石，大部分含铁矿物（褐铁矿、钛铁矿、磁铁矿）；沉积物轻粒级中长石与黑龙江边缘松散沉积物富含火山岩有关，除长石外并有石英、多云母、绿泥石、岩石碎屑物；沉积物中粉砂粒级（0.005~0.001mm）为白云母-绢云母二八面体云母，绿泥石以及高分散石英和长石；<0.001mm粒级主要由三种类型无序复合混层黏粒矿物形成物：云母-绿泥石和高岭石-蒙皂石；二-和三-八面体水云母；铁质绿泥石、高岭石（Николъская，1972）。显然，上述成土母质矿物组成的特点必然会反映在土壤细分散粒级——黏粒级组成上。

  本章主要研究了三江平原第四纪河湖黏土沉积物上典型白浆化土壤矿物学特性和穆棱河流域土壤链的微形态特征，试图深化对白浆土形成条件和成土过程的认识（图6-1、图6-2）。

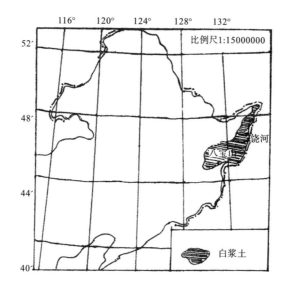

图6-1　供试土区示意图

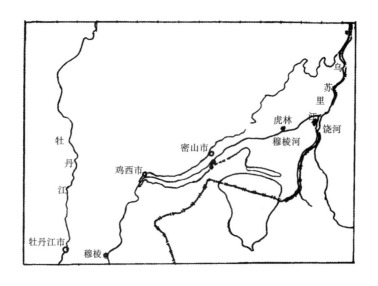

图6-2　供试土壤采样地点略图

第一节 土壤自然地理条件特征

土壤自然地理条件特征见表6-1、表6-2。

表6-1 供试土壤采集地点及地理条件特征*

剖面编号	土壤	采样地点	母质	地形	海拔高度/m	植被
三江1	岗地白浆土	牡丹江市兴隆公社跃进大队北500m	第四纪黄土沉积物	丘陵漫岗（坡度2°~5°地下水位8m以下）	120~300	麦楂，原为阔叶杂木林（柞、桦、椴）
三江7	草甸潜育白浆土	密山县三梭通公社东1km大坑	冲积与洪积物	岗间谷地	100~180	
三江6	平地草甸白浆土	虎林县，辉崔，牡丹江农管局科研所东400m，气象观察站南600m，道路北	第四纪黏壤质沉积物	平地	120	小叶樟、蒿、刺儿菜
三江3	岗地白浆土	虎林县，清河大队雷达站小山	第四纪黏壤质沉积物	岗平地	100~120	五花草地、柞杨、蕨、丛桦
三江5	平地白浆土	虎林县穆陵河北岸，太和公社正义大队北1.5km，铁路南150m	第四纪黏壤质沉积物	平原	100~110	麦楂地、蕨类
三江4	岗地白浆土	虎林县，月牙泡良种场1km（公路边15m）	河流淤积物	岗顶（地下水位2m）	55~60	柞、柳、灌木、小桦、艾蒿、小叶樟
Y-15	薄层腐殖质草甸白浆土	虎林饶河西3km	第四纪古河湖沉积物	乌苏里江第一阶地平坦地	40~50	柞、丛桦、大油芒、苔草
AC-1	草甸白浆土	虎林饶河西1.5km	第四纪古河湖沉积物	低阶地稍高平地	40~50	耕地、小叶樟杂类草-柞林
K-36	白浆化草甸土	宝泉岭饶宝公路北120m	全新世河流沉积物	低阶地	90	
CN-B-5	岗地白浆土	哈尔滨阿城亚沟	全新世冲积沉积物	台地高阶地残丘斜坡裙沿	200	谷类、大豆地
A-6	草甸白浆土（山地棕壤）	密山90km	东北古近纪高原沉积物（参见第五章）		200	

* 穆棱河流域张之一、谢萍若调查。

表6-2 主要土壤剖面形态特征

剖面编号	土层深度/cm		颜色	质地	结构	结持力	根系
Y-15	0~4	A₁	暗灰	黏壤	不稳固团块	松	多
薄腐殖质	4~48	A_E	浅灰	粉砂壤	无结构	稍紧	少、过渡明显
层白浆土	48~70	B₁	暗棕	黏土	棱柱、小核块	腐殖胶膜微显层状	少（少量硅粉末）

剖面编号	土层深度/cm		颜色	质地	结构	结持力	根系
	70~140	B_2	暗棕带灰	黏土	不明显层状、核状（结构面胶膜）	紧实	根孔多（硅粉末）腐黏土
	140~190	C_1	浅灰带蓝灰	黏土（夹石砾）	不明显层状、块状	紧实	少
	190~250	C_2	浅灰	粉砂质黏壤	微显层状（锈色条纹）	紧实	细根
AC－1	0~7	A_1	暗灰	轻黏壤	团块	疏松紧实	密集水平分布（过渡明显）
草甸白浆土	7~25	A_W	灰白（湿时灰黄）	粉砂黏壤	无结构大裂缝（铁子多）	紧实	少量细根
	25~49	A_E	灰白（湿时草黄）	粉砂黏壤	微显片状（铁子多）较少	紧实	根少（过渡明显，界限平整）
	49~86	B	暗棕	黏土	棱柱状、核状（褐色胶膜）	紧实	硅粉末
	86~130	BC	棕色夹灰	黏土	核状、微显层状	紧实	少量细根
	130~160	C	污灰色、锈棕色	黏土	核状、层状	很紧实	极少
CN－B－5	0~25	A	深暗灰棕	黏壤	团粒	较松	很多（过渡明显）
岗地白浆土	25~42	A_E	黄棕	黏壤	不明显层片状（多锈斑）	松	少（过渡明显）
	42~80	B_t	橄榄棕	壤黏	小棱块、柱状（铁锰胶膜）	紧实	少（过渡明显，硅粉末）
	80~120	BC	橄榄棕	壤黏	弱棱块	很紧实	极少
	120→	C				很紧实	
三江－4	0~15	A	棕灰	粉砂壤	粒状、团块状	疏松	多根系，过渡明显
岗地白浆土	15~25	A_E	浊黄橙	粉砂壤	不明显层片状	紧实	根系少，少量锈纹
	50~60	Bt	灰黄棕	粉砂黏壤	核块状（明显的淀积胶膜和锈纹）	紧实	
	115~120	BCg	灰黄棕	粉砂壤	核状结构	极紧实	明显过渡到砂层
	140~150	C	灰黄棕	砂壤	不明显	极紧实	无根系
三江－7	0~15	A	暗灰	黏壤	粒状、团块状	较疏松	较多
草甸白浆土	15~24	A_W	浅灰褐	轻黏	微显片状	稍紧	少量细根
	30~40	B_{t_1}	暗褐	中黏	鱼籽状和小核状	紧实	少量细根
	50~60	B_{t_2}	暗棕褐	中黏	块核状（淀积铁锰胶膜）	紧实	
	90~100	BC	棕褐，色不均	轻黏	块状	紧实	
三江－1	0~17	Ap	黑棕	壤质黏土	粒状结构（少量铁锰结核）	疏松	根系较多，过渡明显
岗地白浆土	17~27	A_E	棕灰	壤质黏土	片状结核（二氧化硅粉末、铁锰结核）	较紧	根系较少，过渡明显
	27~70	B_{t_1}	暗棕	黏土	核块状结构（少量铁锰结核）	较紧	无根系，过渡不明显
	70~102	B_{t_2}	暗黄棕	黏土	核块状结构	紧实	无根系，过渡不明显
	151~161	B_{t_3}	黄棕色	黏土	核块状结构（少量小铁锰结核）	极紧实	无根系

表6-3 土壤和黏粒的一般化学性质

剖面编号	深度/cm	有机质/(g/kg)	pH(H₂O)	ΔpH	交换性酸 [cmol(+)/kg] H⁺	交换性酸 [cmol(+)/kg] $\frac{1}{3}$Al³⁺	水解性酸 [cmol(+)/kg]	交换性阳离子 [cmol(+)/kg] $\frac{1}{2}$Ca²⁺	交换性阳离子 [cmol(+)/kg] $\frac{1}{2}$Mg²⁺	交换性阳离子 [cmol(+)/kg] K⁺	交换性阳离子 [cmol(+)/kg] Na⁺	盐基饱和度/%	黏粒*/%
Y-15	0~4	93.2	5.92	—	0.14	0.07	7.47	17.03	4.55	0.43	0.48	75.07	15.40
	4~20	12.4	6.08	—	1.85	3.68	7.94	4.95	2.33	0.11	0.37	49.34	20.64
	30~40	12.2	6.07	—	0.16	4.15	9.63	6.90	4.39	0.11	0.64	55.56	26.08
	80~90	9.0	6.01	—	0.28	6.48	10.25	12.99	8.15	0.11	0.96	68.42	44.37
	120~130	5.0	5.92	—	0.25	4.78	7.86	13.16	8.00	0.11	0.64	73.60	44.89
	150~160	4.2	5.86	—	0.27	3.70	6.69	12.93	7.20	0.11	1.28	76.29	40.12
	220~230	6.80	5.96	—	0.16	4.32	7.45	10.79	5.54	0.21	0.64	69.75	22.25
AC-1	0~7	8.98	5.28	-0.37	0.19	0.55	7.52	18.81	2.48	0.13	0.11	74.11	12.0
	10~20	9.2	6.00	-1.12	0.12	1.51	7.06	7.67	3.36	0.09	0.04	61.25	20.0
	30~40	7.2	6.05	-1.16	0.12	3.14	9.52	7.09	4.05	0.11	-0.09	54.36	23.0
	60~70	6.8	5.85	-1.18	0.19	5.01	14.02	13.85	9.46	0.21	0.19	62.84	44.0
	100~120	4.6	5.38	-1.36	0.12	1.80	7.82	15.62	7.29	0.10	0.19	74.79	38.0
	150~160	4.7	5.12	-0.16	0.12	0.52	5.33	16.45	7.72	0.15	-0.26	82.18	41.2
CN-B-5	0~25	3.39	6.93	-1.35	0.04	0.04	0.59	21.08	1.70	0.27	0.19	97.52	21.3
	25~42	4.70	6.88	-2.03	0.03	0.05	1.45	10.88	1.36	0.19	0.14	89.66	22.4
	42~80	7.50	5.28	-1.36	0.46	1.44	7.82	16.32	3.40	0.38	0.35	72.34	38.3
	80~120	5.20	5.17	-1.54	0.37	0.96	5.35	15.64	4.08	0.35	0.46	79.33	36.0
	120→	4.70	5.35	-1.76	0.34	0.39	4.78	16.32	3.74	0.40	0.52	81.44	34.8

* Y-15和AC-1 <0.001mm,CN-B-5 为 <0.002mm。

表6-4 土壤和黏粒的全量化学组成

剖面编号	深度/cm	烧失量/ g·kg⁻¹	全量化学组成（占灼烧土 g·kg⁻¹）						
			SiO_2	Al_2O_3	Fe_2O_3	CaO	MgO	K_2O	Na_2O
Y-15	4~20	58.7	724.1	210.6	42.4	11.0	12.7	13.0	14.0
	80~90	77.7	716.3	200.0	54.0	16.9	15.6	11.3	8.9
	150~160	82.8	707.6	200.5	51.0	14.9	14.1	9.2	9.1
黏粒	4~20	201.0	588.1	278.2	77.0	0.8	9.4	23.1	5.8
	80~90	153.0	583.3	278.0	75.8	0.7	2.1	18.1	3.2
	150~160	156.7	556.9	301.8	86.1	0.9	5.1	16.1	3.0
AC-1	0~7	156.8	761.2	129.6	46.0	20.9	9.0	15.7	19.0
	10~20	54.0	723.8	144.2	69.4	19.9	11.1	13.0	14.0
	30~40	62.0	726.3	145.5	46.3	23.8	12.7	10.0	14.1
	60~70	101.6	680.2	188.4	77.7	18.2	15.6	11.3	8.9
	100~120	79.6	664.8	172.5	94.8	22.7	14.0	11.5	10.5
	150~160	83.0	682.5	180.5	85.8	15.0	14.0	9.2	9.1
黏粒	0~7	300.9	591.3	232.4	132.6	2.0	15.0	24.0	7.4
	10~20	166.4	569.8	260.5	129.6	1.0	19.0	23.1	5.8
	30~40	159.0	563.9	247.5	146.5	1.1	23.2	20.9	4.9
	60~70	163.1	559.3	260.0	148.1	1.2	26.5	18.1	3.2
	100~120	149.0	552.2	246.6	157.7	1.7	22.0	17.8	4.0
	150~160	161.6	553.8	251.6	153.3	1.3	18.5	16.1	3.0
CN-B-5	0~25	147.2	547.4	223.8	94.3	8.9	72.5	27.6	6.2
黏粒	25~42	93.7	568.1	224.1	88.1	8.7	56.4	30.7	8.3
<2μm	42~80	93.3	541.2	226.0	100.4	7.0	57.7	29.1	5.8
	80~120	94.2	546.8	220.4	98.3	2.8	74.0	27.6	5.8
	120~150	85.0	544.8	233.5	100.5	8.4	62.2	29.9	8.2

表6-5 AC-1 土壤机械组成

土壤名称	剖面编号	取标深度/cm	粒径/（mm）%						>0.01 物理性砂粒含量	<0.01 物理性黏粒含量	根据机械分析土壤名称
			砂		粉砂			黏粒			
			1.00~0.25	0.25~0.05	0.05~0.01	0.01~0.005	0.005~0.001	<0.001			
白浆土	AC-1	0~7A₁	7.36	15.67	46.19	17.10	6.74	6.74	69.22	30.78	中壤土
		10~20Aw	5.71	6.88	36.59	18.30	16.26	16.26	49.18	50.82	轻黏土
		30~40Aw	3.41	24.31	20.36	15.26	13.85	22.79	48.10	51.90	轻黏土
		60~70B	0.54	12.57	19.89	12.57	12.56	41.87	33.00	67.00	中黏土
		100~120BC	0.77	3.74	32.18	13.49	12.46	37.36	36.69	63.31	轻黏土
		150~160C	0.81	5.8	30.04	13.50	14.55	35.30	36.65	63.35	轻黏土

第二节 土壤和黏粒的一般性质

由表6-3、表6-4和表6-5可见，白浆土剖面中，由A_1、A_w向下到B层黏粒含量显著增加，黏粒含量和母质比较而得负平衡是其最固有的特征，它是黏粒矿物破坏过程或移动过程的一种衡量标准，在此松散沉积物母质基础上有明显淋淀和蚀变过程。A层黏粒含量低，自A_w向下逐渐增高，B层黏淀积明显，$A_w/B > 1$，细粉砂粒级仍以A_w层为高，随粒级增大，A_w/B值逐渐减小，中粉砂>1。土壤表层腐殖质含量高，由A_w层向下明显降低。土壤均呈强酸→中性，pH值在5.7~6.1，或5.2~6.9，表层生物富集，土壤盐基饱和度A层高，A_w层低，由A、B到C层又逐渐增高，剖面中见有土壤交换性Ca、Mg（Na）淋溶，从岗地白浆土→草甸白浆土→潜育化草甸土，随地形由高到低水成作用加强，盐基饱和度、阳离子交换量和水解酸度在剖面上分异减少，各层$\triangle$pH值是负值，表层净负电荷值小，A_w和B层增大，C层则变小，交换性H^+和Al^{3+}和水解性酸均以B层最大。各发生层相对比较来看，水解酸度占优势的次序是$A_1 > A_w > B > C$，白浆土A_w层较B层水解酸相对比代换酸多，因Al蛭石的Al吸得较牢，被NaAC才能代出，蒙脱石的Al易被中性盐代出，这可能与黏粒矿物组成在剖面上的分布和不同黏粒矿物表面对H^+、Al^{3+}吸附牢固程度有关。SiO_2、Al_2O_3和Fe_2O_3在各发生层A_1、A_w，B和C层之间分异明显，土壤中SiO_2含量随剖面向下而减低，Fe_2O_3在A和A_w层明显降低，而Al_2O_3和Fe_2O_3则呈相反趋势，它们均随剖面向下而增高，此和形态观察结果相一致。矿物晶格中Ca、Mg释出，R_2O_3和MgO随深度而有所增加，黏粒化学全量组成中，除表层SiO_2含量较高外，在剖面中A_w和B层分异不明显，Al_2O_3和Fe_2O_3的差异亦较土壤为小，CaO和MgO亦不甚明显。CaO在黏粒和土壤中均较黄土状母质为低。黏粒中K_2O随剖面向下明显减小，Na_2O和CaO亦呈类似趋势，唯黏粒MgO较高，此与细粒云母转化为蒙皂石过程有关。

第三节 土壤成土母质的矿物性质

白浆土主要分布在黑龙江省和吉林省东部地区，以三江平原最为集中，最为典型，根据作者对长白山熔岩台地上黄土状沉积物上发育的草甸白浆土形成的研究，白浆土成土母质中的矿物风化程度较轻，比较富含铁、镁易风化矿物，母质的质地比较黏。因此，研究白浆土成土母质的矿物学性质，对认识白浆土的形成机理是十分必要的。根据Никольская（1972）有关资料对黑龙江泛滥地冲积物矿物学岩区特征分析如下：

位于黑龙江、松花江（包括支流牡丹江）和乌苏里江汇合处的三江平原低地是一、二级阶地，平均海拔50~70m，即是一块母质物质来源较一致的河湖相堆积的沉积物，一般受有邻近火成岩变质岩风化物影响，细粒沉积物中，云母-水云母含量一般可高达40%（Fanning and Keramidas）。三江平原湖积黏土富含发生在黏质沉积物的云母（即水云母，又称绢云母）、伊利石与上游碱性粗面岩类的风化沉积不无关系。

松花江、阿城和牡丹江二级阶地冲积物属于角闪石－石英－长石岩区。松花江一级阶地矿物组成属稳定性较小的绿帘石－角闪石－长石区，比二级阶地更多，在一级阶地沿河直下则更相近似。在更低的地面和现代河床冲积物亦均属这类组成。根据主要的重、轻矿物分区，同一矿物特征既存在于高平原沉积物，同样也见诸于现代冲积物。明显见得，松花江冲积物与牡丹江和倭肯河冲积物相类同，它们明显区别于西辽河二级阶地的石榴子石－石英岩区。

乌苏里江流域冲积沉积物中轻粒级部分不是以抗风化强的石英为主，而是以抗风化较弱的长石为主。低洼地冲积物中绿帘石为主，基岩中角闪石来源并不多，石英亦属次要，也可由于火山作用，松散沉积物中富含火山岩类形成物所致。

沿东北往西南的大断裂带喷发的熔岩富含铁、镁等的易风化矿物对沉积物矿物组成也会有一定的影响。穆棱河、倭肯河、挠力河都流经熔岩断裂带，牡丹江源头镜泊湖就是在大约一万多年前由冷却的熔岩堵塞了河道而形成的高山堰塞湖（图6-3）。

根据《中国白浆土》（曾昭顺等，1997）资料（表6-6），在三江平原穆棱河流域密山县低地的草甸白浆土细砂粒级（<0.25mm）重矿物中主要含铁（锰）镁（钙）硅酸盐电磁性重矿物，其中最不稳定的属辉石、闪石、绿帘石，绿泥石是具有较小稳定性的岩浆岩矿物变化了的含水硅酸盐。它们在白浆层（A_E）依次按稳定性大小而受到不同程度的破坏和风化蚀变。

上述分析资料，若按重矿物含量组成换算更为明显，剖面上分异受有沉积过程和风化过程影响，A_E层（20~40cm）明显减少是白浆化作用的结果。砂粒级较粗粉砂粒级减少得更多，褐铁矿（细粒针铁矿水化物——Schwertmann and Taylor，1977）在 A_E 层中活动性大，是含铁矿物风化产物，而抗风化稳定的电气石、锆石则仅少量或微量可见。

虎林县饶河低阶地剖面 AC-1 细砂和粉砂粒级长石含量高达26%~31%（表1-2）粗粉砂粒级（50~10μm）X 射线衍射分析结果（图谱6-1）表明，长石含量高，主要为斜长石（3.15、3.19Å 双线；2.89~3.04Å 2、3、4 线）、钾长石（3.23Å）；并有痕量辉石3.02~2.94Å；（2.87~2.91Å；2.60~2.53Å）。此外，尚有针铁矿（2.67~2.69Å）、（2.45~2.43Å）、（2.25~2.23Å）和少量磁铁矿（2.51~2.53Å）等，剖面上各发生层矿物组成很相一致，无疑各发生层是发育在同源母质上。由中粉砂粒级（10~5μm）结果图谱6-2可见，长石含量仍高，斜长石明显减少而含微量闪石（8.5~8.2Å）、（2.75~2.69Å）、（3.13~3.05Å）和水铁矿（2.56~2.55Å）；在60~70cm中较显。细粉砂（5~1μm）粒级中原生矿物明显减少；在 C 层尚可见得高角度（30°~32°）2.97、2.91、2.87、2.84Å斜长石和辉石小峰。随剖面向上石英峰增高；白云母（4.98Å）、水云母（4.48Å）峰在中粉砂粒级 C 层较显，且有二八面体蒙皂石化，随粒级变小至5~1μm，A_W、B 和 C 层分异明显（图谱6-3）。根据焦硫酸钠熔融法估算得 K-、Na-、Ca-长石和云母含量（Kiely and Jackson，1965），云母在5~10μm粒级为4%~5%（表1-3）。C 层并出现14Å 宽峰和4.45Å 二八面体云母和二八面体蒙皂石峰。因此，三江平原冲积湖积物成土物质中富含云母－水云母（伊利石）类矿物，砂、粉砂粒级矿物组成中尚含有铁、镁（钙）的矿物，其风化序列属中等不稳定的序次（Парфёнова цнр.，1962）。这可能是本区白浆土河湖沉积物母质的共同特征。

此外，作者从现有的1~5和5~10μm粒级 X 射线衍射大量分析资料中发现除长白山土壤外，牡丹江北湖头粗腐殖质火山灰土（AC-16）。宽甸黄椅山火山灰土（辽-102）。

表6-6 白浆土中重矿物组成*（＜0.25mm粒级）（%）

土壤剖面代号	深度/cm	重矿物	强磁性 磁铁矿	电磁性									无磁性			
				褐铁矿	角闪石	透辉石	绿帘石	电气石	绿泥石	磷灰石	锆石	白钛石	黄铁矿	蛇纹石	高岭石	水云母
87-白-19	0~20	2.24	—	10	25	少	8	n	40	少	微	—	n	10	5	2
	20~40	0.37	—	20	15	微	20	少	35	少	少	2	—	—	5	1
	107→	0.78	n	20	30	n	5	—	35	微	少	3	—	5	1	—
88-白-6	0~15	8.09	n	15	20	少	30	微	25	1	微	—	—	—	8	—
	15~25	3.24	—	20	25	少	10	微	30	微	n	—	—	—	12	—
	55~100		n	8	22	少	15	n	30	少	—	10	—	10	4	—

* 引自《中国白浆土》。

丹东河口滩涂、饶河白浆土（Y-15）、前郭旗草甸盐土（吉郭-20）等土层中，都有8.5Å 衍射峰（图谱1-1、图谱1-2）和高分散的石英和长石峰，以及针铁矿、磁铁矿等暗色矿物，亦和第二松花江、鸭绿江源头碱性玄武岩、流纹（粗面）岩松散沉积物不无关系。它们并与长白山黄土状冲积物上的山地白浆化暗棕色森林土长-5的矿物组成更相近似（图谱1-1）。

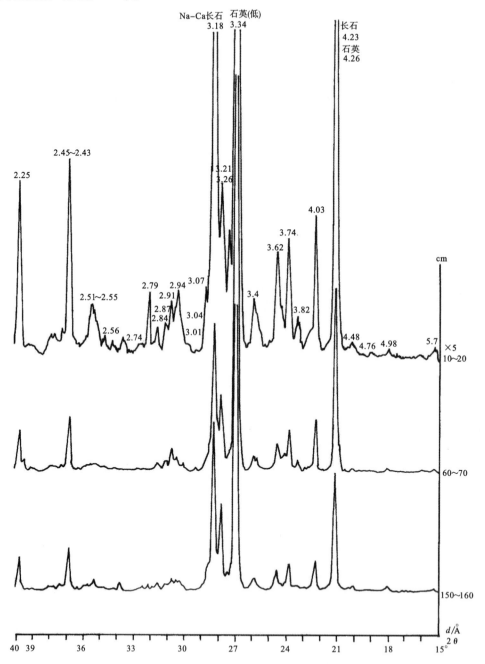

图谱6-1　剖面 AC-1 的 10～50μm 粒级硅片压样处理的 X 射线衍射谱
（CuKα，40kV/120mA，2°/min）

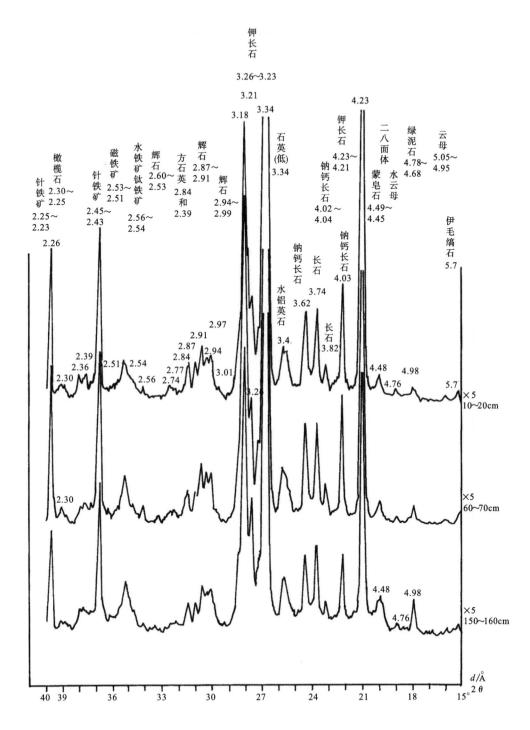

图谱6-2 剖面 AC-1 的 5~10μm 粒级硅片压样处理的 X 射线衍射谱
（CuKα，40kV/120mA，2°/min）（放大5倍—×5）

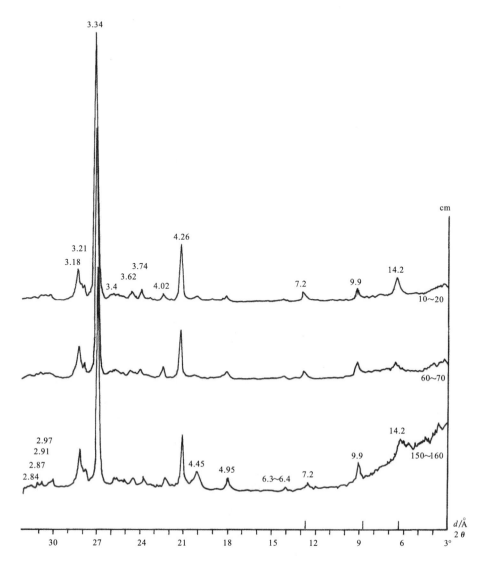

图谱 6-3　剖面 AC-1 的 1～5μm 粒级硅片压样处理的 X 射线衍射谱
（CuKα，40kV/120mA，4°/min）

第四节　土壤黏粒矿物组成

根据虎林县饶河低阶地剖面 AC-1 和 Y-15 的 X 射线衍射图谱：图谱 6-4、图谱 6-6。

A 层　水云母和膨胀性层矿物

Mg-饱和处理：水云母峰不对称，肩状延伸、见 14.6Å 小峰；5Å 峰向 4.78～4.75Å 变宽。4.45Å 峰为二八面体水云母或蒙皂石峰，尚有 7.18Å 和 3.58Å 高岭石-绿泥石小峰。

K-饱和处理：水云母峰不明显，和 14Å 峰呈肩状过渡、晶层间收缩小。

A_W 层　水云母蛭石-绿泥石化

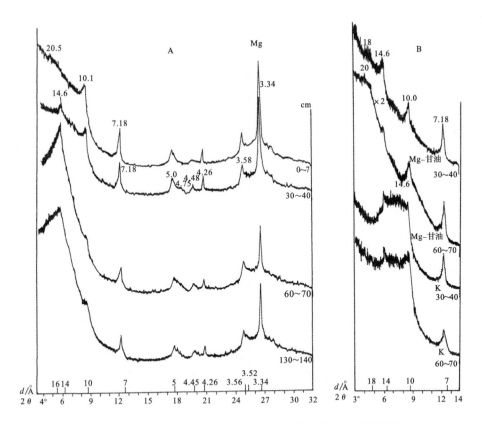

图谱6-4　剖面 AC-1 的 <1μm 粒级不同处理的 X 射线衍射谱

（CuKα，40kV/20mA，转速 2°/min，PW1140 仪）

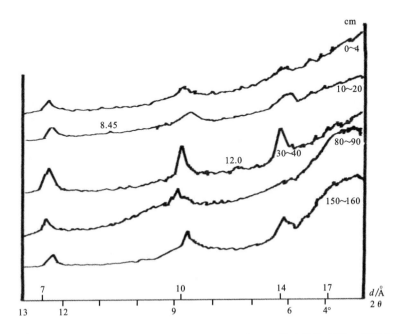

图谱6-5　剖面 Y-15 的 1~5μm 粒级 Mg-饱和、甘油化处理的 X 射线衍射谱

（CuKα，40kV/20mA）

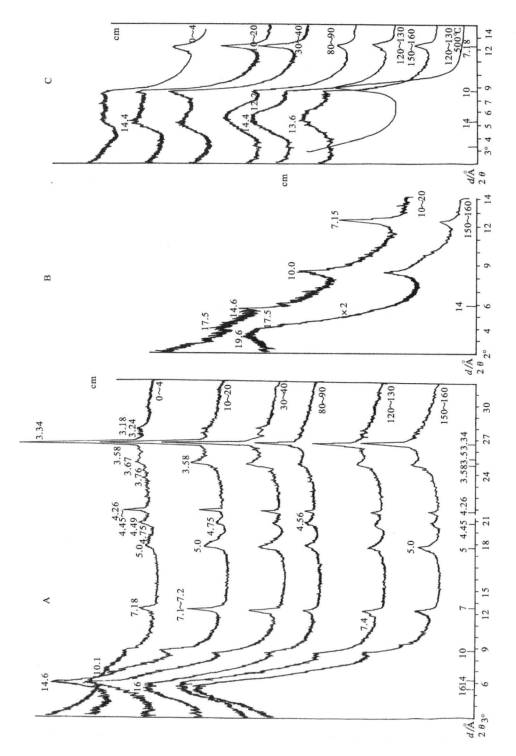

图谱6-6　剖面 Y-15 的 <1μm 粒级不同处理的 X 射线衍射谱
（CuKα，40kV/20mA，转速 2°/min）
A. Mg-饱和、风干；B. Mg-饱和、甘油化；C. K-饱和、风干

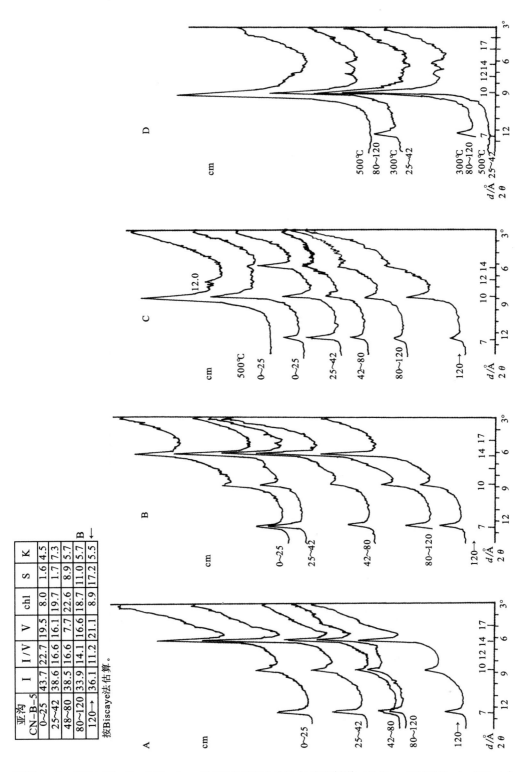

亚沟 CN-B-5	I	I/V	V	chl	S	K
0~25	43.7	22.7	19.5	8.0	1.6	4.5
25~42	38.6	16.6	16.1	19.7	1.7	7.3
48~80	38.5	16.6	7.7	22.6	8.9	5.7
80~120	33.9	14.1	16.6	18.7	11.0	5.7
120→	36.1	11.2	21.1	8.9	17.2	5.5

按Biscaye法估算。

图谱6-7 剖面 CN-B-5 的 <2μm 粒级不同处理的 X 射线衍射谱 (CuKα, 40kV/80mA, 2°/min)
A. Mg-饱和、风干；B. Mg-饱和、甘油化；C. K-饱和、风干；D. K-饱和、500℃ (300℃)

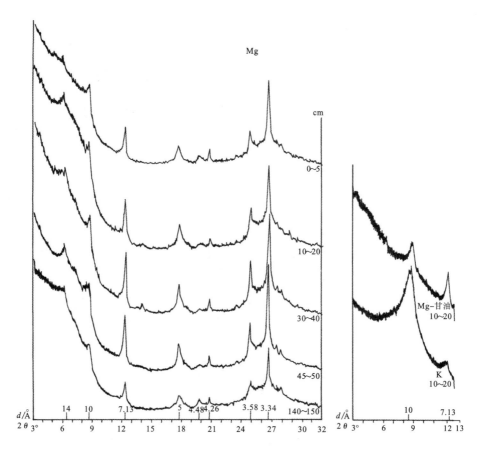

图谱6-8 剖面57-K-36的<1μm粒级Mg-饱和、风干处理和Mg-甘油
K处理的X射线衍射谱（CuKa、40kV/20mA，2°/min）

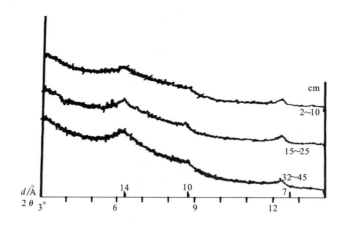

图谱6-9 剖面A-6的<1μm粒级Mg-饱和、风干处理的X射线衍射谱
（Cuκα，40kV/20mA，2°/min）

Mg-饱和处理：14.6Å 峰显著增强；7.18Å 和 3.58Å 峰增高；5.0Å 部分变宽为 4.9Å，并呈 4.8~4.75Å 宽谷即蛭石-绿泥石化。

Mg-甘油处理：部分 14.6Å 峰扩展为 17.6Å 峰。

K-饱和处理：水云母峰部分收缩；在 1.2~1.4Å 出现一个向低角度扩展的宽谷，为蛭石-绿泥石化羟基夹层物（次生绿泥石）。

B 层　水云母蛭石-蒙皂石化

Mg-饱和：14Å 峰部分扩展为 16Å，呈出 14.4~17.2 宽峰；5.05~4.95 云母峰对称性增强，4.45~4.49Å 小峰向低角度拓展到 4.80Å；高岭石-绿泥石峰有所降低（即 7.18Å 和 4.75Å）；3.58Å 峰亦降低。

K-饱和处理：水云母峰不收缩，呈肩状过渡为 12.2~14.4Å 宽峰，为蛭石化和蒙皂石化羟基夹层物所致。

C 层　水云母蒙皂石化

Mg-饱和：14Å 峰有所扩展为 16.5Å 宽峰，蒙皂石无序混层有所增加；5Å 云母峰对称性强。

Mg-甘油处理：水云母峰不对称，向低角度扩展到 19.6Å 宽峰，向高角度缓伸；7.15Å 峰变小。

K-饱和处理：13.3~14.4Å 宽峰变小。

K-500℃处理：晶层收缩，水云母峰对称性增强；蒙皂石晶层收缩；不现 7.18Å 绿泥石峰，可能有部分属 Fe 绿泥石。

此外，在衍射图谱上还可见得 A 和 A_W 层石英峰强，由上至下而减弱，并趋于稳定；长石在 B、C 层趋于消失。

位在第一阶地高处的剖面 Y-15（河湖黏土沉积物母质），黏粒矿物组成较低阶地受有近代砂壤质河流沉积物影响的剖面 AC-1 风化蚀变分异较大：A 层有机络合水云母蛭石化蒙皂石化较显，A_W 层水云母蛭石-绿泥石化较强，B 和 BC 层水云母蛭石（绿泥石）、C 层蒙皂石无序混层强，并有多水高岭石晶层形成。同时，其盐基饱和度和 pH 值均较高。

由剖面 Y-15（图谱 6-5）的细粉砂（1~5μm）粒级 Mg-甘油处理仍可见得黏粒矿物组成在剖面上的分异，淋溶和蚀变作用亦明显。

白浆土的形成，从土壤矿物组成变化看，是含中度风化的云母、水云母、黑云母和铁、镁矿物的冲积湖积母质，受草甸草本植被、周期性土壤干湿交替等因素综合作用下土壤矿物蚀变的结果。

现剖析剖面 Y-15（薄层腐殖质白浆土）和 AC-1（草甸白浆土）矿物蚀变的特点如下：

A 层　草本植物根系作用、有机质积累和弱度分解、土壤适度淋溶、溶液离子浓度降低使成土物质在弱酸性介质中水云母脱钾，随腐殖质层有 Fe、Al 转化和络合、溶液 H^+、Ca^{2+} 和 $Si(OH)_4$ 代出盐基含量高；四面体层片进一步弱度脱铝和硅化，层电荷减少，水云母蛭石化-蒙皂石化。

A_W 层　干湿交替、Eh 改变，进一步有利于晶层 K^+ 释放、络合淋溶和还原淋溶过程使释 Fe 脱铝增强，层电荷进一步减少；在弱酸-中性介质中随蛭石羟基 Al 化，同时干湿交替又使铝（铁）夹层得以稳定存在，羟基 Al 缩合固定为非交换性铝、CEC 和潜在酸度变小，形成二八面体蛭石-成土铝（铁）绿泥石以及高岭石；氧化过程使有部分聚铁而发生不同程度的晶质化。形成了草黄脱色的白浆层和铁（锰）新生体。

B层　土体铁聚和黏聚，由 A_W 层淋溶物质［Ca、Mg 和 Si（OH）$_4$］聚集，非交换性层间 K 被水合交换性阳离子羟基夹层物取代，层电荷进一步减低，在弱酸性潜水条件下可转化为蒙皂石，亦可由水云母四面体结构破坏成离子组分重行组合为无序混层蒙皂石化。CEC 和潜在酸度有所增大，盐基饱和度亦增高。

BC层和C层　蒙皂石化减弱，成土母质水云母淋溶和蚀变减弱，呈不同程度蛭石－绿泥石化。

发育在台地高阶地现代河成－湖成沉积物（Q$_4$）上的草甸白浆土（剖面 CN－B－5）、质地为壤－黏壤－壤黏的 <2μm 粒级 X 射线衍射图谱6-7表明：

Mg－饱和处理——

A_W 层 14.2Å 和 7Å 峰强，尚有不对称的 10Å 峰。

Mg－甘油处理——

A_W 层 14.2Å 峰增强，均未见低角度峰。但随剖面向下，Bt 和 BC 层低角度 16～18Å 呈肩状过渡；水云母 10Å 峰略变宽。

K－饱和处理——

A 层晶面间距收缩较完全，10Å 峰强，仅留有 14Å 微峰，K－500℃ 晶面间距收缩为 12Å，水云母蒙皂石混层；A_E 层 14Å 和 7Å 峰显著增强，10Å 峰对称性亦强，K－300℃ 后 K－500℃ 晶面间距收缩为 12.2Å 和 14Å 小峰，成土绿泥石和水云母－蒙皂石化。B 层 14Å 成宽峰，BC 层 K－300℃ 和 K－500℃，7Å 峰消失，在 12Å 区间呈肩状过渡到 10Å 峰，晶层间收缩不完全，仍含羟基夹层物。C 层 14Å 峰减低，向 10Å 峰低角度过渡，呈 14Å 肩状延伸；10Å 峰对称性增强。

由此可见，发育在现代河湖沉积物 Q$_4$ 上的草甸白浆化土壤的成土过程仍有成土绿泥石和蒙皂石化过程，而母质中水云母风化程度较低。

附：宝泉岭低阶地发育在全新世（Q$_4$）河流沉积物上蚀变分异更弱的剖面 57－K－36 白浆化深厚草甸土黏粒（<1μ）X 射线衍射图谱6-8和密山东北 9km 古近纪高原沉积物山地棕壤或灰化黑土（白浆化草甸土）剖面 A－6 黏粒 X 射线衍射图谱6-9。

从现有资料可见，三江平原白浆土成土母质组成的特点可归结为：

1）重矿物以电磁性中等不稳定性矿物为主，并有极少量强磁性矿物，无磁性重矿物极少。

2）轻矿物含 Na、Ca 酸性斜长石相对较多，并显 K 长石，但在粒级上分异不明显。

3）黏粒级中多白云母（黑云母）水云母和水悬性非晶硅（铝）物质。

成土母质属中等不稳定的序列，在温和湿润条件下风化和蚀变仍较弱。

根据松花江、牡丹江、乌苏里江上游源头火山灰土壤成土母质碱性粗面岩火山灰碎屑物（0.25～0.1mm）的鉴定，主要含辉石、磁铁矿、闪石和铁磁绿泥石，长石多，微量石英、方石英、鳞石英以及水合硅化物。由此可以初步推断，三江平原白浆土的成土母质直接受有源于长白山酸性火山岩松散沉积物的影响（参见图谱2－2、图谱2－3）。因而在白浆化土壤形成过程中的矿物学性质具有以下特点：

1）富铁矿物风化蚀变强。络合淋溶和周期性氧化还原淋溶，A_W（A_E）层非晶质活性铁高和铁质凝聚部分晶质化，B 层铁质黏粒质富集和晶质化。

2）云母－水云母蚀变为蛭石和绿泥石－蒙皂石化，A_W（A_E）层成土绿泥石化，B层蒙皂石化，成土母质中并仍含有铁磁绿泥石。

3）风化细粒矿物多无序性结构的长石，A_W（A_E）层干湿交替下风化弱；B层长期湿润条件下蚀变强、释放盐基，可转化为高岭石（多水高岭石）和水铝英石，或在排水不良，盐基富集条件下为蒙皂石化无序混层物。

4）水悬性黏粒含量高，富含高分散石英、长石、非晶硅酸（次晶）铝硅酸物，黏粒矿物结构不完善，分散性大，因而土壤淋溶强，A_W（A_E）层干湿交替易脱水成白色硅酸粉末晶质化，B层棱块结构多呈硅藻积累。在一江之隔的原苏联霍尔地区，土壤亦类同（Матюшкина，1983）。

5）对比剖面长－5发育在黄土状火山灰沉积物上的白浆化暗棕壤（参见第二章），矿物组成相近似，细粉砂粒级石英、长石、非晶硅酸均类同（参见图谱1－2）。土壤和黏粒中 SiO_2 低，Al_2O_3、Fe_2O_3、MgO 和 K_2O 均高；元素移动分异更明显：剖面 A 层 SiO_2 积累、弱酸性条件下 Al_2O_3 有所移出，土壤 Fe_2O_3 在 A_P、A_W 层低，随剖面向下在 B 层增高，黏粒的分异亦更为显著（参见《中国白浆土》表 6－9 p.78～79）。

第五节　土壤微形态特征

三江平原、牡丹江、穆棱河流域土壤链的微形态观察，见附表 6－1～6－6。

供试剖面分异大致均呈 0～20～40～60～80cm 分布，主要与周期性干湿和上层持水冻融有关。黏粒形成物和铁锰形成物在剖面上分异明显。

一、牡丹江－穆棱河流域土壤铁锰形成物主要特征

牡丹江－穆棱河流域土壤铁锰形成物主要特征见表 6－7。

表 6－7　铁锰形成物微垒结特征

剖面编号	母质（质地干湿）条件	颜色铁锰形成物（A）	颜色铁锰形成物（A_W）	结构体（铁质）淀积胶膜（B）	硅藻体
三江 1	粉砂壤，干	棕褐，铁锰凝团和雏形凝团	浅灰棕，凝团，雏形凝团	棱柱形，volsepic 反射光、黄棕	仅表层多
三江 7	粉砂壤，湿	暗褐，腐殖质铁质凝团	棕褐，雏形凝团	团聚形、弱 skelsepic 反射光黄棕、棕褐	表层有机残体中多
三江 3	粉砂壤，干	棕褐，凝团，凝聚物	浅黄棕结核	弱棱角形 insepic 反射光赭 volsepic，橙	表层较多，75～85cm 仍见有
三江 5	粉砂壤，湿	灰褐，凝团，凝聚物	浅棕凝团，雏形凝团	棱角形 insepic 反射光无 volsepic	表层多，75～85cm 孔面较显，145～155cm 仍见有，全剖面孔面和基质中均多，115～120cm 见硅藻块体（熔岩屑）
三江 6	粉砂壤，湿	暗棕灰，腐殖质铁质凝团，凝聚物	浅灰棕，雏形结核	弱棱角形 volsepic 反射光无	表层较多，70～80cm 仍见
三江 4	粉砂壤，干	棕灰铁质凝团	浅棕灰雏形结核，凝团	弱棱角形 insepic 反射光赭 volsepic，弱 skelsepic	少

附表 6−1 三江 1 岗地白浆土牡丹江市 300m

土层	基质	骨骼颗粒	细粒物质	孔隙	有机物质	结构性	黏粒形成物	新形成物	中形态（×20）
0～5A	棕褐色，不甚均一（棕为有机半分解物，褐为黏粒质），4/10细粒质中粗粉砂质，聚凝、流质松堆集，包膜－接触胶结	粗中粉砂，棱角较显（多0.01～0.02杂有0.1mm砂粒）分布不甚均一，多石英，细双晶斜长石，正长石、正长石英，晶面铁质化和绢云母理面铁质化，多硅藻	腐殖质－黏粒质，多针尖形绢云母，杂有棕褐色腐殖质浸染，不甚均一，多黑色腐殖质、类碳粒和半分解腐屑物	圆，椭圆闭合根孔和孔道	新鲜半分解禾本科植物根较多，有纤维光性，填满微孔道，并有菌孢子（照片6－1）	具孤立孔洞和孔道的未团聚化块体	asepic	铁锰凝块外棕内棕褐，多在孔边；大的边缘整齐，向基质逐渐过渡，面上有不完全黏粒走向；锥形凝团，凝聚状、内矿物颗粒部分清晰（照片6－2）	灰棕、块质，致密块体，棕褐色半分解碎屑物和真菌孢子体，尚见碳化菌叶输导组织，黄棕色和棕褐色铁质凝团，具一层型边缘整齐
17～27A	浅棕灰，较均一，5/10细粒质中粗粉砂质，黏结致密基底	粗粉砂，为0.02～0.03mm，砂和岩屑绢云母铁质化，堆集基底	黏粒质，不连续定向黏粒	单孔洞，水平唇形淋洗型，孔壁稀薄	半分解植物残根于大孔腔	多孤立孔洞的块体	asepic，纤维状黏粒集合体	大小棕褐色结核，多在孔齐，边缘较整齐，和基质薄弱处，少量呈凝聚扩散状	浅棕灰，致密块体，有水平大孔，小铁质结核，凝团块，个别呈棕褐状，大孔洞多
35～50B	或棕或褐，不甚均一，6/10粉砂细粒质，堆集致密基底	中粉砂，0.02～0.03，少，堆集层理走向	铁质黏粒质，斑点条带析离	多大、小裂隙，有呈三角形，壁有向定性黏粒	—	大小裂隙交叉的碎屑角块（照片6－3）	volsepic，流状铁质黏粒胶膜和泉华	铁质凝聚锥形结构体（反射光下黄棕），孔壁裂隙间有浅色流状，裂隙间大小弯曲裂隙分割，定向为流黏土（棕色）	浅灰棕，略不均匀，具团聚面的棱形结核体，由大小裂隙状块分割，具水平层理
100～06BC	棕褐，均一，7/10粉砂细粒质，黏结致密基底	中粉砂，大颗粒少，见绢云母半风化物，堆集层理	黏粒质，纤维状条带状弱光性定向黏粒褐色铁质浸染（照片6－4）	同上	—	黏粒收缩或薄弱处不明显（铁锰浓聚）的锥形结构体	skelsepic，基质条带离，质粗	暗棕褐铁，褐色铁质凝聚物很多	棕灰和暗棕灰，色不均一，由裂隙分割成多角形块体，结构体面色不一：暗褐、赭，棕灰，流状定向黏粒体较少
151～161C	浅棕，均一，5/10细粒质粉砂质，夹很多大砂粒，黏结、致密基底	粗中粉砂，大砂粒（0.1～1mm）多，紧密排列成大具理	黏粒质，条纹、斑点流状定向黏土	由流状黏土收缩的微裂隙	—	收缩裂隙分割的碎裂块体	skelsepic，纤维状in-sepic（volsepic质粗，扩散环状）（照片6－5）	暗褐色凝聚物，较多	浅褐黄，色均一，大具层理略颗粒排列具层性；大小水平裂隙，棕或褐色凝聚块，聚凝物少

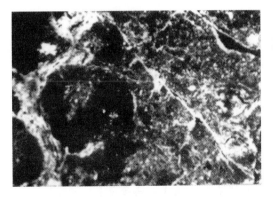

照片 6 – 1 基质为不均一的有机半分解物
（外棕）和腐殖质黏粒物质（内褐）凝聚体，微孔
洞中多光性植物残体 正交偏光×30

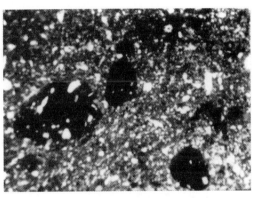

照片 6 – 2 中空（黑色）凝团和凝聚体，
基质层理性，微根孔中光性根
截面充填 正交偏光×75

照片 6 – 3 孔壁和核块状结构体面定向黏粒
集合体 正交偏光×30

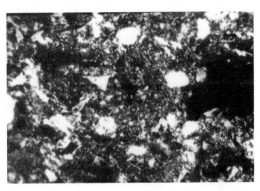

照片 6 – 4 基质中纤维状，细条带状
弱光性定向黏粒集合体 正交偏光×30

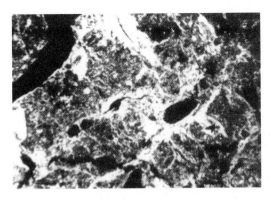

照片 6 – 5 孔壁和核块状结构体面定向黏粒
和收缩裂隙 正交偏光×30

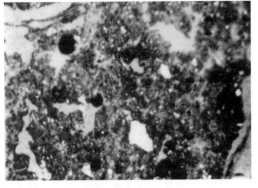

照片 6 – 6 腐殖质黏粒质松散屑粒状，根截
面多，基质铁质凝聚少，色浅 单偏光×30

附表 6-2　三江 7　冲积与洪积物上的草甸白浆土　密山县　三棱通

土层	基质	骨骼颗粒	细粒物质	孔隙	有机物质	结构性	黏粒形成物	新形成物
0~15A	暗褐，5/10细粒质粉砂质，絮凝基质，疏松填隙	中粉砂，0.01~0.03mm，均一，细粒云母少，云母化，松散排列	强腐殖质细粉砂质，黏粒物质少，光性强，针点状绢状云母	孤立不规则孔洞，多呈淋洗型（孔壁物质和基质同）	褐色腐殖质化碎屑和棕色半分解物，根截面多（照片6-6）	仅局部有团聚体松散多孔微结构	asepic	铁质凝聚物，少，边缘扩散，棕色残体中植物硅石不少（照片6-7）
15~24A$_W$	棕褐，5/10细粒质粉砂质，云母化少，较致密	中粉砂，均一，细粒云母多，绢云母少	腐殖质细粒质，细粒云母多，亮棕腐殖质，一黏块体	根孔洞部分为淋洗型，团聚块体、形微裂隙多	具纤维光性的棕色未分解物于部分孔道和根孔	局部相连的大小未分化的团聚形块体，团聚面呈褐色（照片6-8）	asepic	暗棕褐腐殖质铁质锥形凝团（照片6-9）铜粒面暗褐色腐殖质黏粒富集
30~40B$_1$g	棕褐，较均一，6/10细粒质砂质黏结絮凝胶结	中粉砂，均一，致密	强腐殖质铁锰质粒质，斑点状定向黏粒团面黏粒走向	弯曲微裂隙团聚体内外微裂隙	孔内半分解有机质呈棕褐色，暗棕腐殖质黏粒散布于基质	棕褐色大小疏松粒状团聚体和块体	insepic（条纹状铜外缘）	铜体面暗棕褐色腐殖质黏粒基质内多亮棕色铁质浓聚体
50~60B$_2$g	灰褐，9/10中粉砂质细粒质黏结胶凝沉积层理	中粉砂，均一，>0.03mm少，致密	铁锰质细粒质，浅棕色连续定向黏粒	弯曲形裂隙，多角形裂隙（黏粒定向薄弱处）	亮棕和棕褐色半分解物于大孔隙间	部分相连的大小团聚形块体	insepic（浅棕色条纹状强定向黏粒于黏粒外缘）（照片6-10）	亮黄棕色淀积黏粒凝聚状，铜状或凝聚状（棕褐色较少）
90~100BC	暗褐与灰褐交叠不均一，1/10细粒物质，0.1~0.3mm多黏结胶凝颗粒	砂砾质，不均一，大黑云母，角闪石，紧密排列，层状分选型	铁锰质细粒质	多大的闭合水平层理孔隙和堆集孔洞淋洗型		不规则棱角形多孔块体	asepic，高倍下有呈skelsepic（照片6-11）（浅灰棕粒棕色黏粒在暗棕色物在暗棕色黏粒大绢云母等颗粒析离	棕褐色，铁锰胶结物多，不均一

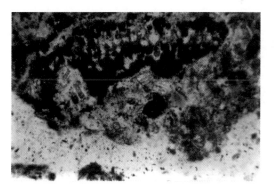

照片6-7　棕色有机残体内壁有隔纹的硅藻骨骼（中粉砂级硅藻）　正交偏光×150

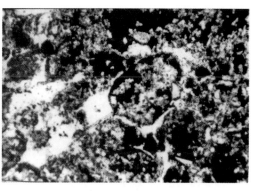

照片6-8　鱼卵粒面褐色腐殖质黏粒富集，基体内多亮棕色铁质定向黏粒体　单偏光×75

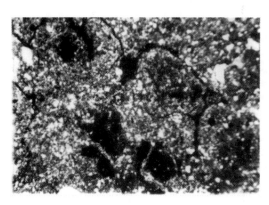

照片6-9　铁质凝聚为中心的团聚形体　正交偏光×30

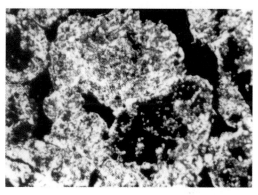

照片6-10　亮棕色铁质黏粒为基质的大小团聚块体　正交偏光×75

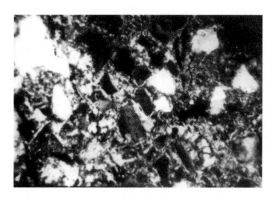

照片6-11　暗褐锰质和浅灰褐细粒质成条带交叠，骨骼颗粒面格子状黏粒走向　正交偏光×75

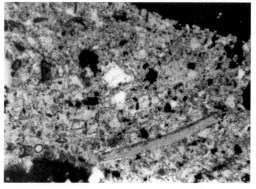

照片6-12　土体基质中禾本科植物硅藻极多　单偏光×150

附表 6-3 三江 3 岗地白浆土 虎林县雷达站岗顶

土层	基质	骨骼颗粒	细粒物质	孔隙	有机物质	结构性	黏粒形成物	新形成物	中形态（×20）
0~15A	棕灰，均一，6/10，细粉砂质油松，砂质絮凝松散絮凝	粗粉砂-中粉砂，多为0.01mm木本科硅藻很多疏松排列	腐殖质细粉砂质黏粒很少	大孔洞和孔道多，内含根系	根多，棕色末分解根系干大孔洞，碎屑物干微孔和基质	多大孔道和孔腔疏松块体	asepic	平行光下暗褐腐殖质铁质凝团，反射光下泛红棕0.5mm×0.5mm多	浅棕褐，粉砂质，细碎屑物很多，松散体，有黄棕-棕色凝团
20~30A	浅灰，均一，6/10，细粉砂质黏砂-黏质致密基底	粗粉砂-中粉砂，长石、绢云母多，硅藻很多，稍紧实（照片6-12）	黏粒质（针尖状）水云母光性强，轮廓清晰	少许根孔和水平裂隙	少，充填根孔	多微裂隙，根孔道的未团聚化块体	asepic	暗棕褐铁质结核同心圆状全结密实凝团（内为腐铁，外棕）（照片6-13）	浅棕，粉砂质水平裂隙，少很多大小黄棕，棕褐凝团，大的黄棕底上赭色
45~55AB	浅灰棕，较均一，8/10，细粉砂-黏砂，致密基底	条状云母，少，多宽条状（双折率低）	黏粒质（粒状）光性弱，绢云母风化黏粒和多成条纹状定向	收缩裂隙和淋洗型孔（基质薄弱处，裂隙黄棕变黄或棕无色）	棕色半分解植物残体和硅藻充填根孔洞（照片6-14）	由定向黏粒收缩而成的碎裂体，局部为流状泉华分立的团聚形体	淀积铁质黏质凝膜 volsepic 流状泉华较少，杂乱无序状	暗褐密实铁质凝团，有的内卷外棕褐黏粒定向和裂隙（照片6-15）	浅灰，浅灰棕不甚均，大孔洞和弯曲裂隙，基体相连的具网面小块体，大孔面定向黏粒质粗，铁质元化，赭色上少
75~85B	浅灰棕，较均一，细粉砂-黏粒，致密基底	硅藻较多	铁质黏粒质（亮线状光性定向粒）	收缩裂隙小结构体小孔多细孔，含贝状泉华	—	碎裂的团聚构体，基质为黏质定向黏粒	volsepic，与结构体面平行，杂乱无序状（照片6-16）	褐色凝团和橘红色小凝团（0.05mm）和流状泉华	黄棕和浅灰棕，较不均一，水平层理裂隙明显，层面多定向黏块体，多孔道和孔洞的结构块体，橘红棕凝团
145~155C	浅灰棕，较不均一	仍见硅藻	棕色和黄棕色铁质向黏粒较上，多在孔边，局部基质浅灰色细粉砂	收缩裂隙，微孔或基质薄弱处为淋洗型孔，大孔道多流状粗黏粒	—	碎裂结构体（由定向黏粒分割的多角形块体）	skelsepic，volsepic(弱) 淀积黏粒胶膜于结构体面和裂隙（照片6-17）	锥形结构体面上棕褐色铁质凝聚胶膜，锰质浸润有大小锰花纹	浅灰棕，具水平层面孔的大结构体，孔间粗孔，动性黏粒，孔边多棕-黄棕不一的凝团和锥形凝团

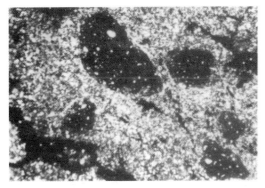

照片 6 – 13　铁结核（反射光下外黄棕，内赭色）
均一细粉砂基质、水平裂隙、
结核边缘整齐　正交偏光 ×30

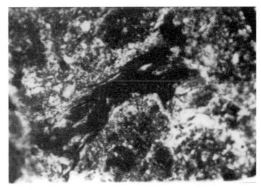

照片 6 – 14　孔洞中植物残体硅藻多
（弱光性）　正交偏光 ×75

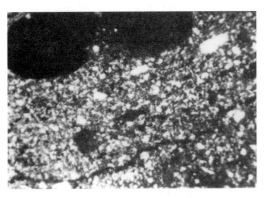

照片 6 – 15　内褐外棕，凝团水平裂隙同方向
正交偏光 ×75

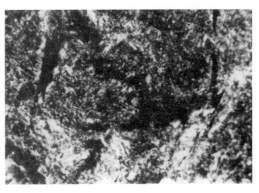

照片 6 – 16　孔隙面双折率低硅藻和硅酸粉末
正交偏光 ×75

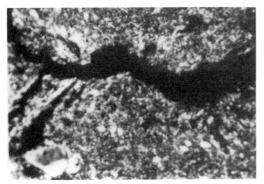

照片 6 – 17　裂隙面黏粒走向
正交偏光 ×75

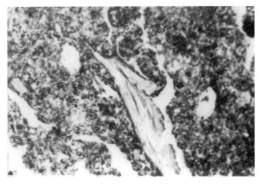

照片 6 – 18　根截面多和大小团聚形体
正交偏光 ×30

附表6-4 三江6 平地草甸白浆土 虎林县(八五〇辉崔气象观测站)

土层	基质	骨骼颗粒	细粒物质	孔隙	有机物质	结构性	黏粒形成物	新形成物	中形态(×20)
0~20A₁	暗棕灰，6/10，细粒质细粉砂质（不均一）云母少，硅藻较多絮凝基质，紧实填隙	中粉砂，棱角不显，正长石多，云母少，硅藻较多	铁质-腐殖质-黏粒质细粉砂质物质少，亮棕色腐质黏集合体	层片状水平裂隙和弯曲孔道，孔洞多（照片6-19）	很多，弱度分解植物残体充填孔洞	多角形较密实体，局部呈团聚化面（照片6-18）	asepic	大小褐色腐殖质铁质凝团，暗棕色浓聚团在孔壁，稍薄（照片6-19）	棕灰，腐殖质-黏粒质，孔不连均一，色有机质多已发有有团聚面，局部铁质腐殖质较多，近层面裂隙棕色铁质凝团，边缘清晰，凝团内棕褐不均
30~40A₂	浅灰棕，6/10，细粒质细粉砂质夹粗粉砂粉砂，云母绢云母紧实填隙	中粗粉砂，夹极细粉砂，绢云母多，硅藻多	细粉砂质，黏粒物质少，有黏粒定向走向	水平唇形孔洞（泡孔性）和层片状裂隙	亮棕色铁质腐殖质黏粒集合体分散于基质，无根系	具孤立孔隙，孔道的末团聚化块体	asepic（沿凝团和骨骼颗粒有黏粒走向）	锥形结核多（唇形结核边较小），边缘整齐，亮棕色大小凝聚体多（照片6-20）	浅棕，粉砂质-黏粒质，层片不明显，二层型凝团，基质中多棕色小凝聚物，有的结构色面上铁质较多（上层多腐殖质）
70~80B₁	棕褐和浅灰，不均一，8/10，粉砂质细粒质黏粒，致密基底	中粉砂，仍见硅藻	细粉砂质黏粒质，纤维状棕色定向黏粒	层片状裂隙淋洗孔（照片6-21）	常见未分解根截面干裂隙和孔洞	由不规则孔道和裂隙分立的大小团聚形块体（照片6-21）	volsepic（亮线状，与结构体面平行）少	铁锰浓聚物干结构体内部，呈凝块状，边缘不整齐	棕灰，不规则结构体，大结构体面浅灰和结构体内多铁锰，不均一铁锰凝聚物有的在骨骼颗粒面，无凝团
110~120B₂	棕褐，7/10，粉砂质细粒质黏结，致密基底	中粉砂，细砂增多，均一，硅藻仅个别可见	细粉砂质黏粒质，浅灰棕色定向黏粒	大层片状裂隙闭合孔洞	常见未分解根截面干裂隙和孔洞（照片6-22）	由闭合裂隙分立的不规则较大块体（照片6-22）	insepic, volsepic 少	褐色浓聚物散布干基质	棕褐和浅棕体变大，大的多铁锰，且在大结构体内浓聚而分立成小结构体（非移动氧化），而是浸润氧化
140~150BC	灰棕褐，7/10，粉砂质细粒质黏粒质，致密基底	中粉砂，细砂增多，均一，紧实	细砂质黏粒质（较粗），汉局部有定向黏粒	不规则大小闭合裂隙	—	不连续裂隙分立的多孔微结构，面上浅灰棕租质，定向黏粒，光性弱	volsepic 宽、弱，insepic 少	锰质浓聚物弥散在结构体内（照片6-23）	棕褐灰不均一，结构大，锰浓聚物增多，在结构体内成花斑纹

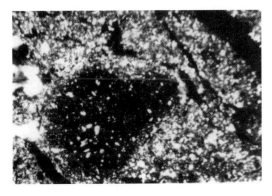

照片 6 – 19　铁质晕状凝团和微裂隙
正交偏光 ×30

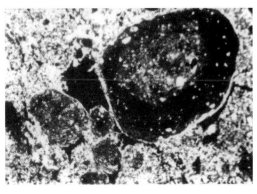

照片 6 – 20　细粉砂基质孔隙边结核和凝团
正交偏光 ×30

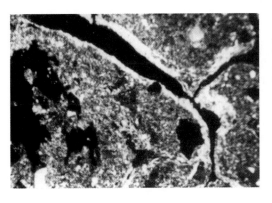

照片 6 – 21　核块状结构（铁锰质浓聚）沿裂隙
流动性黏粒　正交偏光 ×30

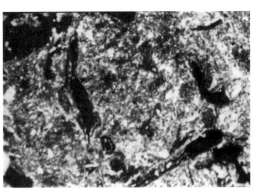

照片 6 – 22　多根系孔道和孔洞
正交偏光 ×30

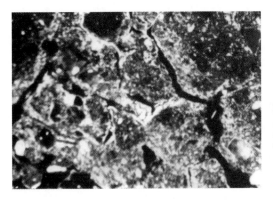

照片 6 – 23　基质中锰质凝聚体，裂隙面
多流状黏粒　正交偏光 ×30

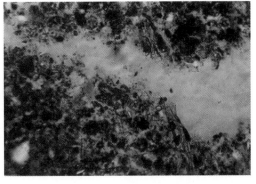

照片 6 – 24　裂隙边硅藻植物岩和孔边硅质细粒
（双折率低）　单偏光 ×150

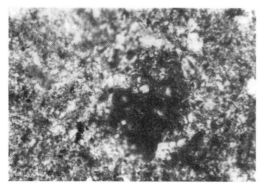

照片 6 – 25　棕色有机残体周围生物硅藻很多
单偏光 ×150

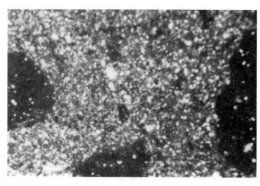

照片 6 – 26　凝团周围基质收缩形成夹凝团
水平裂隙　正交偏光 ×30

照片 6 – 27　定向黏粒多在结构体内
正交偏光 ×30

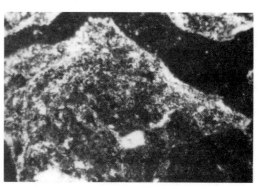

照片 6 – 28　一个结构体面剖析定向黏粒
在孔面较少　正交偏光 ×75

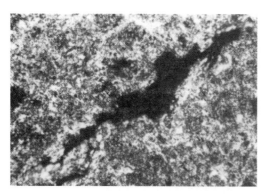

照片 6 – 29　基质与裂隙面多硅藻（光性弱）
正交偏光 ×75

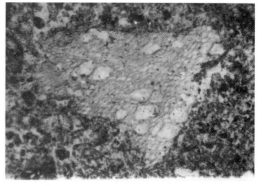

照片 6 – 30　基质中多孔硅藻体
正交偏光 ×150

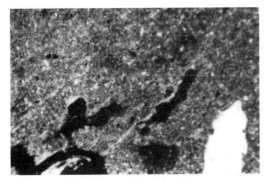

照片6-31 裂隙面显白色硅质体和硅藻
正交偏光×30

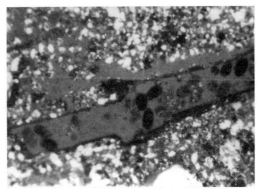

照片6-32 植物残体中虫粪，具光性
斜单偏光×75

照片6-33 黑色细胞壁体（椴树木质部纵切）
斜单偏光×75

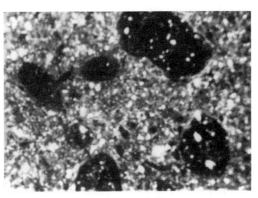

照片6-34 铁质凝团，边缘整齐（反射光下
内赭外棕）凝团面弱黏粒走向 正交偏光×30

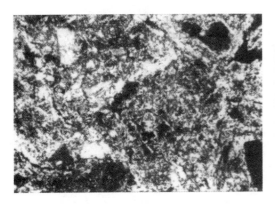

照片6-35 颗粒面无序纤维状斑点状弱光性
（硅质）黏粒集合体，铁质凝聚不均 正交偏光×30

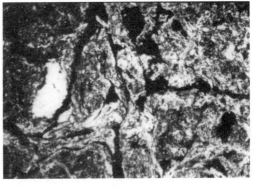

照片6-36 定向黏粒汇集于孔形成淀积黏粒
胶膜和铁锰质浓聚物胶膜 正交偏光×30

附表6-5 三江5 平地草甸白浆土 虎林县幪林河北岸典型平原

土层	基质	骨骼颗粒	细粒物质	孔隙	有机物质	结构性	黏粒形成物	新形成物	中形态（×20）
0~15A	灰褐，不均一，5/10，细粉质砂质黏粒质粉砂黏结，紧密实凝聚填隙	中粉砂质，棱角不显，正长石、云母较多，植物硅石多，较松散分布	（铁）腐殖质黏粒质，粒状，针尖状云母（双N高）轮廓清晰，硅藻极多、细条绢云母集合体	很多大根孔，充填有机物质，孔壁棕色半分解和硅藻很多（6-24）	很多，棕褐色半分解残体完全充填孔隙	多大小弯曲孔道和孔洞的多孔微结构体，团聚体明显（6-25）	asepic	有褐色铁锰质密实凝团和凝团；团聚体内铁质浸染斑弥散于基质	棕灰，壤质，有孔洞和水平大裂隙的块体，半分解有机质于大水平裂隙中，棕色凝团，边缘铁质弥散凝聚物逐渐变浅
25~35A_W	浅棕和棕，不均，5/10，细粉质粉砂质有细砂质油浪状黏结，紧实填隙	中粉砂质，杂，极少砂粒0.1~0.2mm，较紧实，硅藻较多	铁质-黏粒质（粒状，双N低）黏粒走向多至团至集合体（沿裂隙）	夹凝团水平微裂隙，淋洗型（0.2~0.3mm）（6-26）	基质内半分解根截面较多	多微裂隙的未团聚化块体（6-27,6-28）	asepic	铁锰质凝团多大、密实、清晰（反射光下显黄棕色结核）边上黄棕色弥散	浅灰棕、黄棕色凝团，边缘清晰，多孔洞，基质中很多黄棕色铁质絮凝体（黏粒蚀变和移动）
50~60AB	浅灰褐和棕褐6.5/10，细粉质砂粉质有细砂质个别砂粒黏结，致密基底	中粉砂质（见绢云母颗粒）紧实，硅藻较多	黏粒质，纤维状，黏粒走向不连续，裂隙面多硅藻集合体（6-29）	多不规则大小裂隙，微孔和结构体面多定向黏粒	—	不规则多角形核块状微结构体	insepic	分裂结构体中铁锰质光性结核，弯曲锰质分布为局部团聚的裂隙多，暗褐红、褐棕色散聚	浅棕灰，局部为带黄棕色的大小结核体，弯曲裂隙分割为微孔弥散状，大小块体，无结核
80~90B	棕和棕褐8/10	中粉砂质，紧实，硅藻减少	铁质黏粒质，细粒状走定向黏粒多SiO$_2$（6-30）	与孔洞相连的闭合细裂隙多，裂隙面多SiO$_2$	—	碎裂结构体	insepic, volsepic（结构面间裂隙面）	铁锰质凝聚体增多，结构体黏连多，孔道锰质胶膜增多	浅灰和黄棕，部分团聚形块体基质中絮状铁质，孔道中浅灰色定向黏粒
115~120	灰褐和黄褐8/10	中粉砂质，紧实，硅藻较少	黏粒质黏粒质，不连续，不连定向黏粒向	闭合弯曲大小裂隙，孔洞多硅藻（6-31）	腐殖质体较多	结构不明显的细碎块体	insepic, volsepic（弱）	棕赭色铁锰质连片，不均一，结构体立差	浅棕灰和黄棕，不均一，部分结构体呈絮状，黄棕色，基质薄弱层裂分割成块体
145~155	浅灰和浅灰褐，85/10，致密基底，具层理性	中粉砂质，较紧实，仍有硅藻	（灰色）铁质黏粒质，粒状，不均一，光性弱，连续定向黏粒少，层理取向	裂隙较少，面黏粒质多	—	不规则多角形块体	insepic, volsepic（弱）	孔道黏质胶膜多流痕	浅灰和黄棕灰，不均一，后者仅在局部结构体呈弥散状，较大裂隙分割的大块体，微孔或微裂隙面多赭色铁质浓聚胶膜

附表6-6 三江4 岗地白浆土 虎林县月牙泡57-58m岗顶

土层	基质	骨骼颗粒	细粒物质	孔隙	有机物质	结构性	黏粒形成物	新形成物	中形态(×20)
0~15A	棕灰,均一,粗粉砂细粒质絮凝,紧实填隙	多中粉砂,0.01~0.02mm,绢云母少,硅藻少	腐殖质黏黏质	较少,多大孔洞和孔洞	褐,棕色半分解有机碎屑填满孔,多碎屑物分散于基质(照片6-32,照片6-33)	较疏松块体	asepic	铁质浸染斑	浅灰棕,壤质,紫褐色有机碎屑多大孔道较松块体,棕色和以棕为底的褐色凝团(少),多棕色铁质絮凝点
15~25A_E	浅棕灰,均一,粗粉砂黏细粒质黏结致密基底	粗粉砂,棱角较不明显	双折率强,黏粒质,针点状,轮廓清晰(有腐-铁黏粒集合体,不明显)	不规则则孔洞,少,水平层理状裂隙,孔壁平整,色浅薄(淋洗型)	少,部分孔内有残体,个别类碳粒	具孤立孔隙,裂隙未团聚松块体	asepic,有弱黏粒定向(照片6-34)	棕褐色铁质,锥形结核,小的橘黄;二层型,边缘整齐(反射光下,内赭外棕)	浅棕灰,壤质,多孔隙和唇形孔,仅大孔洞中有分解棕色根截面,不明显层理性铁质细粒定向集合,部分铁质细粒凝团,部分弥散状,矿物面也铁质化,孔壁流泉状,色同
50~60B	棕黄浅灰,棕不均,粉砂-细粒质黏结,致密基底	粗粉砂增多,夹砂粒,棱角明显(0.03~0.05mm)层状分选	黏粒质,粒状增加,有腐铁-黏粒集合体	孔洞小,少,不规则则水平层理裂隙,裂隙壁定向黏土	—	具孤立孔隙,裂隙未团聚松块体	volsepic,条带状定向折离 skelsepic 纤维状(照片6-35)	暗棕褐铁质凝聚,暗棕,黑锰质胶膜,组合胶膜,植物硅少	黄棕,砂壤质,致密块体,大裂隙和水平裂隙,多定向黏粒质,并有定向集质黏粒质,铁质向集合体,赭色深浅不一凝团,部分呈黑褐花纹
115~120BC₁g	棕褐,不均一,细粒质-砂质黏质黏结,紧实基底	砂砾质(0.1mm)棱角明显,无硅藻,层理性	有腐-铁质质和黏质-黏粒集合体	不规则则孔隙,少,孔壁黏粒质,粗,定向弱,局部淋洗型	—	棱角形块体(照片6-36)	volsepic skelsepic 不连续弱	棕褐色凝聚物极少	黄棕,砂壤,砂粒较大,为具水平层面孔的块体,致密胶结,黏密粗大孔隙有活动的铁质黏团,锰质小花心,无凝团
140~150C	棕褐,不均一,细粒质黏-砂质黏结,紧实基底	砂砾质(0.1mm)风化绢云母层理性	铁质-黏粒质,细粒状黏粒集合体	水平层理孔隙和裂隙,较多	局部有腐殖质	棱角形块体	局部不明显的 skelsepic 和 volsepic(照片6-37)	棕褐色凝聚物很少	黄棕和浅棕不均,余同上,移动性黏粒更少

照片6-37　定向黏粒骨骼颗粒面析离
正交偏光×30

从腐殖质铁质凝团－铁质凝团（雏形凝团、凝聚体）－铁质结核（雏形结核、结核）光性特征可以看出，在这典型区域单元白浆化土壤A_W层，由低地到岗地白浆土，随水成性湿、干条件，其铁（锰）形成物的晶质化程度有所增强，B层铁质定向黏粒形成物也随岗、低地白浆化土壤和干湿等条件而晶质化程度有分异。

二、剖面形态上的分异

A_1层：基质为铁质－腐殖质－黏粒质，进行富里酸和铁结合的聚铁过程，形成腐殖质铁质凝团、雏形凝团和凝聚体。

A_W层：浅灰色单颗粒较密集的黏结基质　离铁和聚铁过程形成在水平层理孔边多铁质雏形凝团和凝团；随凝团铁锰物质晶质化进而有雏形结核和结核。随剖面地形部位高低和干湿条件颜色由黄棕（亮棕）－棕褐－暗褐；凝团和结核的边缘由整齐（三江3）而弥散。

A_W－B层：黏结基质　水平层理孔边多铁质凝团，凝团收缩，裂隙面黏粒定向和下移随黏粒下移和矿物蚀变，形成结构体雏形。结构体面的定向黏粒，质地越粗，定向性越弱，淋溶越强，铁质化（腐殖质化）越显。

B层：黏结基质中连续、不连续纤维或条状定向黏粒和浅灰色（A_W层）基质结构体面和大孔隙面多沉积的铁质定向黏粒收缩成核块状结构。由A_W到B层质地愈砂、越分明；砂砾比例越大、A层越长，B层越短；越砂越湿成结构体、单砂单湿不成结构体。在地形部位高和较干条件下，沉积黏粒中铁（锰）晶质化较明显。

BC层：定向黏粒减弱，有铁（锰）浓聚物，或成铁（锰）浓聚的结构体；铁质黏粒胶膜减弱。质砂，移动性黏粒胶膜和铁（锰）胶膜增强（三江4、6）。

剖面形态的分异特征还与成土母质矿物学性质和地貌有关。第四纪黏壤质河湖沉积物上的白浆化土壤链（剖面三江3、三江6、三江4和三江5）更较明显：A层腐殖质－铁质凝团和凝聚。A_E层除结核、密实凝团外，基质浅黄棕－浅棕－浅灰棕，夹凝团水平微裂隙和唇形裂隙，单孔洞和细孔多，B层孔面和骨骼颗粒面条带状、基质内纤维状细粒物质析离。土体由定向黏粒分割为致密棱角形块体。剖面三江1和三江7可能分别受有剥蚀堆积作用和潜育过程的影响，三江7岗间谷地上草甸潜育白浆土B_{1g}潜育层鲕粒体特征即铁质黏粒质凝聚成结构体内的非定向性微粒体，在不均一干湿条件下黏粒层片状移动，包结成网状、鲕粒状微结构体。因此草甸潜育结构性与属晚中更新世铁质黏土母质形成条件有关（参见 Гынинова，1983；Парфёнова И Ярилова，1977）。

从土壤链剖面三江1、7、3、5、6和4的硅藻体富集状况来看，除草甸过程作用外，它们并多富集在剖面三江6、三江3和三江5第四纪黏壤质沉积物母质上，可能是更新世末全新世大断裂带喷发的熔岩物质对此沉积物组成的影响。

第六节　土壤磷的吸附和释放

三江平原白浆土全磷属中等水平（0.6g/kg），有效磷缺乏（速P 10mg/kg），土壤中普遍以铁磷为主，且多以闭蓄态铁磷存在；在剖面上（oolitic）分异明显，对不同作物的供磷能力不一，磷的肥效与铁的化学组成和形态差异有关（表6-8）。

表6-8　不同磷肥用量的作物平均风干产量

处理号	施肥处理 （P·kg/亩）	1980 年		1981 年		1982 年		备注
		大豆	增产%	小麦	增产%	玉米	增产%	
I	0	295	0	215	0	817	0	
II	2.2	439	149	267	124	774	95	
III	6.6	523	177	375	174	849	104	
IV	11.4	590	200	354	165	962	118	
V	22.8	596	202	372	173	853	104	

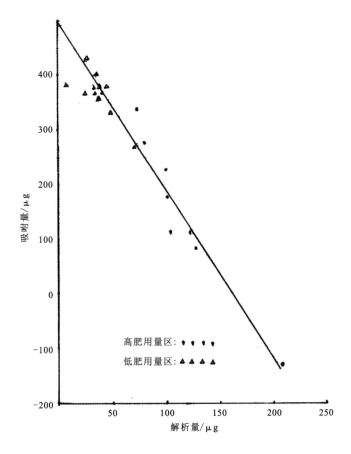

图6-3　1.6×10^{-3} MP 浓度下土壤吸附量和解析量关系

（根据表6-1、表6-3数据处理）

根据长白-5黄土状沉积物（碱性粗面质火山灰风化物）上发育的草甸白浆化暗棕色森林土 Al、Si 和 Fe 的选择溶解分析结果（表2-9），A 层以非晶态铁为主，A_W 层晶质铁和非晶铁含量各半，均属最高；B 层非晶铁部分转化为晶质铁。Fed/Fe_o 在 A、A_W 和 B 层分别为 1.7，2 和 3。（Fed - Fep）/（Feo - fep）各为 2.0、2.1 和 3.2，Fed 占（Fed + Ald）67% ~ 83%。与此相应，磷吸附率和磷解析率亦均以 B 层为最低。三江平原草甸白浆化土壤 Fed 占（Fed + Ald）80% ~ 90% ［Fed 包括晶质铁和非晶铁，有机铁，Ald 为非晶铝和有机铝］。由图 6-3 可见，高磷和低磷的草甸白浆土在 1.6×10^{-3}MP（即 500μgp/ml）磷浓度条件下磷的吸附量之间成线性化学吸附关系。草甸白浆土施磷具有极好的增产效果；对大豆的效果尤为显著。第一年收获后，土壤速效磷显著（表6-9）。二年后残效降低（表6-9），不同磷肥用量土层磷的吸附和解析不一，随着施肥水平提高，土壤 A 层吸附量小，解析量相对较大。自 A_W 层以下，吸附量有所增高，解析量则有所减少；当施磷量增加到 11.4kg/亩，吸附量达最高极限（4.56g/kg）后，解析率仍低达 10% 以下。当施磷量增高到 22.8kg/亩，吸附量则降低，解析量增高，尤以 A_W 显著，其时速磷/全磷比释率有所增加（表6-10）。吸附量降低，解析量增高，可能是化学吸附作用后的表面吸附较弱所致。初始解吸的磷呈"速效磷"态随后呈"缓效磷"态，当吸附溶液含标准 P 浓度增高 1 倍，解析率倍增，尤以表面结合能弱的 A_W 层为最（表6-11）。

表6-9　熟化高肥白浆土的含磷特征

处理号	施肥处理	土层深度/cm	pH	有机质/%	速效磷*/10^{-6}	全磷/%	吸附量/（Pmg/100g ±）	解析量/（Pmg/100g ±）	备注
	施三料磷肥	0 ~ 20	6.00		25.5	0.077	136.9	209.0	
	玉米	20 ~ 40	6.84		6.5	0.041	75.6	127.3	
		40 ~ 60	7.02		6.0	0.029	217.5	97.3	
	未施肥	0 ~ 20	6.86		8.0	0.046	103.8	123.5	
	玉米	20 ~ 40	7.12		3.0	0.039	115.0	106.0	
		40 ~ 60	7.18		2.75	0.03	169.4	101.0	
	未施肥	0 ~ 20	6.49		4.5	0.053	281.9	80.8	
	小麦	20 ~ 40	6.69		4.0	0.038	283.8	71.0	
		40 ~ 60	6.89		5.0	0.038	331.3	73.5	

* Olsen 法测得。

表6-10　不同磷肥用量土壤磷吸附和解析*

处理号	施肥处理/P·kg/亩	土层深度/cm	pH	有机质	全 P/g/kg	速效 P/（mg/kg）	吸附量/（g/kg）	解析量/（g/kg）	解析率/%
I	0	0 ~ 20A	5.77		0.64	6.7	3.68	0.39	13.37
		20 ~ 40A_W	6.15		0.48	4.0	3.42	0.36	10.6
		40 ~ 60B	5.91		0.49	2.75	3.70	0.44	11.8

处理号	施肥处理/ P·kg/亩	土层深度/ cm	pH	有机质	全P/ g/kg	速效P/ mg/kg	吸附量/ (g/kg)	解析量/	解析率/ %
		60～80B（C）	6.01		0.43	4.25	3.79	0.43	14.2
II	2.2	0～20A	5.78		0.73	3.15	3.68	0.40	10.75
		20～40A$_W$	6.15		0.34	3.50	3.54	0.35	9.75
		40～60B	6.11		0.40	3.50	3.58	0.39	10.8
		60～80B（C）	6.25		0.44	3.25	4.05	0.33	8.03
III	6.6	0～20A	5.71		0.61	5.0	3.76	0.15	4.19
		20～40A$_W$	5.89		0.56	4.0	3.66	0.36	9.79
		40～60B	6.16		0.49	5.25	3.63	0.29	8.0
		60～80B（C）	6.04		0.44	4.50	3.79	0.34	8.84
IV	11.4	0～20A	5.81		0.69	7.5	3.53	0.41	11.6
		20～40A$_W$	5.89		0.56	3.0	3.86	0.34	8.61
		40～60B	5.98		0.45	3.25	4.56	0.30	6.99
		60～80B（C）	6.10		0.46	4.75	3.95	0.33	8.23
V	22.8	0～20A	5.59		0.12	8.0	3.29	0.58	17.5
		20～40A$_W$	6.01		0.52	4.25	2.81	0.67	23.9
		40～60B	6.09		0.42	3.5	3.41	0.53	15.4
		60～80B（C）	6.28		0.44	4.5	3.80	0.41	10.7

* 辉崔牡丹江农科所试验地 1983 年秋季采样测定结果；磷吸附溶液含标准 P 浓度为 1.6×10^{-4} M（100μgP/20ml）。

表 6－11　不同磷肥用量土层磷吸附和解析 *

处理号	施肥处理/ （P kg/亩）	土层深度/ cm	吸附量/ （Pmg/100g）	解析量/	解析率/ %
I	0	0～20A	411.3	106.8	26.0
		20～40A$_W$	348.8	108.3	31.0
		40～60B	410.6	121.0	29.5
		60～80B（C）	465.0	120.0	25.8
II	2.2	0～20A	411.3	106.0	25.8
		20～40A$_W$	204.4	117.8	46.3
		40～60B	387.5	127.0	32.8
		60～80B（C）	446.9	117.8	26.3
V	22.8	0～20A	320.6	127.5	39.8
		20～40A$_W$	126.4	141.0	80.0
		40～60B	347.5	126.0	36.7
		60～80B（C）	441.3	125.0	28.3

注：辉崔牡丹江农科所磷肥试验地；* 磷吸附溶液含标准 P 浓度为 3.2×10^{-4} M（1000μg P/20ml）。

磷固定是农业生产的障碍因素，白浆化土壤也具有磷库的功能，磷吸附和解析容量直接与铁的化学形态有关，一次性大剂量施磷易使磷肥固定，降低磷的利用率。但在高肥白浆化土壤上种植水稻，活化闭蓄性磷；使用绿肥，秸秆熟化土壤有利于转化为有机磷。提高磷的释放率，调整磷肥效应是白浆化土壤建立有效磷库的重要措施（表6-12和表6-13）。

表6-12　深松白浆层施肥处理作物平均产量（kg/亩）

处理号	施肥处理*	1980年		1981年		1982年	
		大豆	增产%	小麦	增产%	玉米	增产%
	一次施P白浆层不深松	439	0	267	0	774	0
	一次施P，耕层混施绿肥秸秆深松白浆层15cm	398	91	342	128	964	125
	耕层混施绿肥秸秆深松白浆层15cm	440	0	352	132	1014	131

* 1979年基肥均含P 6.6kg/亩（三料磷肥），绿肥秸秆为2400kg/亩。

表6-13　深松白浆层施肥处理后的土层含磷解吸特征

处理号	施肥处理*	土层深度/cm	pH	速效**P/10^{-6}	全P/%	吸附量/（Pmg/100g）	解析量/（Pmg/100g）	解析率/%
Ⅲ	一次施P	0~20	5.71	5.0	0.061	376.3	15.8	4.20
	白浆层不深松	20~40	5.89	4.0	0.056	363.2	35.5	9.77
		40~60	6.16	5.25	0.049	362.5	29.0	8.00
		60~80	6.04	4.5	0.044	378.8	33.5	8.84
Ⅵ	一次施P	0~20	5.75	5.5	0.067	356.3	28.0	7.86
	耕层混施绿	20~40	5.18	3.0	0.055	359.4	25.0	6.96
	肥桔秆	40~60	6.09	3.0	0.046	367.5	30.5	8.30
	深松白浆层15cm	60~80	6.10	3.0	0.044	367.5	30.0	8.16
Ⅶ	耕层混施绿	0~20	5.83	5.5	0.066	356.3	42.0	1.79
	肥桔秆	20~40	5.95	6.5	0.063	277.5	51.5	18.56
	深松白浆层15cm	40~60	6.09	3.0	0.043	390.0	38.5	9.87
	每年分层施，各1/2	60~80	6.09	4.25	0.049	401.3	34.8	8.67

注：辉崔牡丹江农科所磷肥试验地；*1979年基肥均含P 22.3kg/亩（三料磷肥），绿肥秸秆为2400kg/亩；**Olsen法测得。

第七章 松嫩平原苏打盐渍土黏土矿物

松嫩平原位于本区中部，是重要农、牧基地，西部半干旱地区分布有大面积苏打盐渍土。本区的地质、地貌、土壤、气候等条件具有以下特点：①地质构造上属中生代凹陷地带，分布有上更新统（Q_3）及全更新统（Q_4）的河流冲积层和湖泊沉积层，表层为厚度 1~3m 黄土状黏土层，平原四周由大、小兴安岭、长白山和松嫩分水岭所环绕，母岩主要为花岗岩、片麻岩、斑岩及钙长石、硅酸盐矿物。四周山地丘陵向平原过渡的洪积台地，大部分为更新统黄土状黏土或黄土石砾。平原的低洼部分堆积了近代湖相黏质沉积物，渗透性差，地表经常积水；②寒温带季风气候，冬季严寒少雪，多西北风，夏季温暖多雨，约占年降水量 70%~80%，年蒸发量大于降水量 2~3 倍，多东南风，土壤季节性冻层每年从 10 月至 5 月，长达 7~8 个月；③地形平坦，东北高，西南低，海拔 140~180m，区内排水不畅，湖泊、泡子、沙丘星罗棋布。微地形变化对本区地表盐分的运移和分布具有重要影响。平原地区主要为碳酸盐草甸黑钙土、低洼及沙丘间低地分布有大面积草甸土和盐渍土，在中、微域地形内，盐化草甸黑钙土、碱化草甸盐土和浅位柱状碱土多成复区存在；④本区苏打盐分来源，除周围长石、硅酸盐矿物、花岗岩等风化产物外，油田承压水是本区地表苏打盐分的重要来源，本区油田深层承压水，盐分组成以苏打和氯化物为主，根据大庆地区数百余口深井（100~400m）水质资料证明：在白垩纪石油层砂层存在有大量 HCO_3–Na 型水质的深层石油水和 CO_2，深层石油水在强大压力下，沿背斜带裂缝上升扩散到第四纪地质层内，因而，无论是第四纪砂砾层还是新近纪–左近纪、白垩纪（石油埋藏层）含水层的水质 pH 值多在 8~8.9，总矿化度 300~1000mg/L，离子组成以 HCO_3^- 和 $Na^+ + K^+$ 为主，深层承压水是本区地表苏打盐分积累和异常分布的重要因素［黑龙江省农业科学院杨豁林等考察报告，1980；大庆市土壤普查办公室资料（图 7–15）］。同时，在油田气藏中环烷酸、CO_2 等气体的影响下，促使地层中 $CaHCO_3$ 往上移动，在近地表 CO_2 消失后，成 $CaCO_3$ 在地表聚集，对本区土壤中 $CaCO_3$ 的积累亦有影响[*]（程伯容，胡思敏，罗旋，蔡国祥[*]等，1964，吉林扶余油田地区土表 $CaCO_3$ 分布与油气藏影响报告）。

本章研究了以下四个问题[**]：

1）肇东–安达–大庆地区苏打盐渍土的黏土矿物及柱状结构微形态特征；
2）红色草原牧场苏打盐渍土黏土矿物和微形态与缺硒原因的探讨；
3）砂岗地浅位柱状碱土形成的化学矿物学性质；
4）大庆油田油井附近土壤污染及改良。

[**] 参加本章土壤调查的先后有：黑龙江省农业科学院杨豁林；南京土壤研究所俞仁培及谢萍若、胡思敏等。
[*] 程伯容、胡思敏、罗旋、蔡国祥等，1964，吉林扶余油田地区土表 $CaCO_3$ 分布与油气藏影响报告。

第一节　肇东 – 安达 – 大庆地区微地形对苏打盐渍土的黏土矿物组成的影响及柱状结构微形态特征

　　肇东 – 安达 – 大庆地区位居松嫩平原中心（图 7 – 1、图 7 – 2），盐碱土分布集中，微地形变化对土壤分布和植被生长影响明显，群众称为"一步三换土"、"狗肉地"。海拔高度 160～140m，地下水位 160～140cm，成土母质主要为河湖沉积物和黄土性沉积物，从肇东向西至大庆，有浅位柱状碱土、碱化草甸盐土、碳酸盐草甸土、碱化草甸土、盐化草甸土、盐化草甸黑钙土、盐渍沼泽化草甸土及泡子等。

　　本节研究了在微地形影响下，主要盐渍土类型和成土母质的黏土矿物和柱状结构的微形态特征，旨在深化对本区土壤碱化和盐化成土过程的认识。

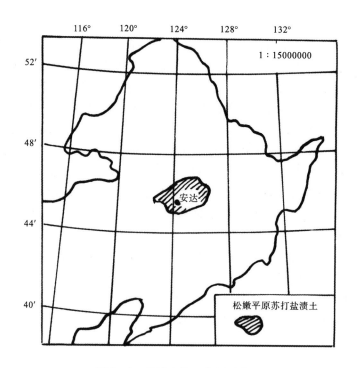

图 7 – 1　供试土壤区位置示意图

一、供试土壤剖面的自然地理条件与剖面形态特征

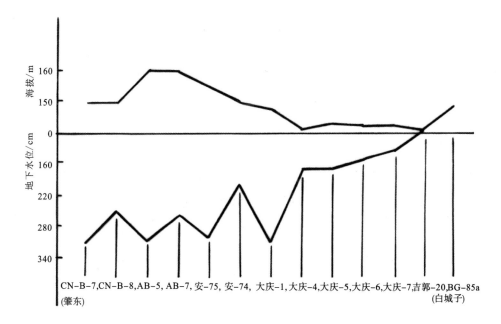

图 7-2 供试土壤剖面高程与地下水位分布示意图

表 7-1 供试土壤剖面的自然地理条件

剖面号	土 类	采集地点	母 质	地 形	海拔/m 与潜水位	植 被
CN-B-8	碱化草甸盐土（水成碱土）	肇东西 30km	近代河湖相砂质黏土或细砂沉积物	周期积水洼地	150 潜水 2.4~2.5m	碱草、碱蓬 <40%
CN-B-7	盐化草甸黑钙土	肇东东 30km（利民）	近代河流冲积和湖相沉积壤质黏土	平坦地	150 潜水 >2.5m	耕地
AB-5	浅位柱状碱土	安达东北约 7km	中黏壤质黄土性沉积物	土丘顶部	160 潜水 3~3.5m	碱草、碱蒿 10%
AB-7	碱化草甸盐土	安达东北约 7km	中黏壤质黄土性沉积物	洼地边缘	160 潜水 2.6m	碱蓬、碱蒿
安-75	盐化草甸黑钙土	安达西北约 7.5km	中、重黏壤质河湖沉积物	低岗地平坦处	155 潜水 3~4m	耕地
安-74	碱化草甸盐土	安达西北 3km	轻、中黏壤质河湖沉积物	洼地边缘	150 潜水 2m	碱蓬、星星草
大庆-1	浅位柱状碱土	大庆市红色草原牧场第五分场	湖相沉积物上的风成沙	起伏砂丘	148 潜水 4m	碱蓬、碱草 50%
大庆-5	碱化草甸盐土	大庆市红色草牧场第一分场 1.5km	冲积湖积物或轻壤质细砂沉积物	缓坡地低平处	143 潜水 165m	星星草
大庆-4	盐化草甸黑钙土	大庆市井下 20 号地	冲积湖积物	平缓地	140 左右 潜水 167m	耕地
吉部-20	盐化草甸土	前郭灌区 5 引支	中黏壤质近代河流冲积物	河漫滩平缓地	潜水 130m	狼尾草
BG-85a	碳酸盐栗钙土	白城子	河湖沉积物	山前丘陵及阶地	—	—
大庆-7	盐化草甸土	红色草原牧场一分场南二华里牛舌岗采草区	冲积湖积物	低平地起伏缓坡下部低平地（微地形）	海拔143m 潜水位 1.31m	碱草约 100%

剖面号	土 类	采集地点	母 质	地 形	海拔/m 与潜水位	植 被
大庆 - 2	盐化草甸土	大庆市五分场三队 0 号地西 15m（距 大庆 - 1 约 12m）	风砂淤积物	砂丘坡低平地	海拔 150m 潜水位 >2m	碱草、冰草、 芨芨草等覆 盖率 80%， 平均草高 30 ~40cm
大庆 - 6	草甸盐土	红色草原牧场一分 场南三华里牛舌岗 采划区二井旁	冲积湖积物	低平地起伏缓 坡中部	海拔 143m 潜水位 1.55m	碱蓬

表 7 - 2 土壤剖面形态特征

剖面号	土深/ cm	颜色	质地	结构	结持力	石灰反应 及新生体	根系
AB - 5	0 ~ 3A	浅灰 0.5cm 灰棕 0.5cm 以下	轻壤	片状	松	表面 SiO_2 粉末	多
（浅位柱	3 ~ 10B_1	黑褐	重壤	柱状	紧实	结构面 SiO_2 粉末	多
状碱土）	10 ~ 25B_2	灰棕带褐	重壤	柱状	坚实	灰白色盐聚集	
	25 ~ 65	灰棕	中壤	棱块状	较紧实	腐殖质淋溶	极少
	65 ~ 110	棕灰	重壤	棱柱状	较紧实	有 SiO_2 斑块	
	110 ~ 160	稍浅	重壤	核粒	较紧实	多 SiO_2 斑块	
大庆 - 1	0 ~ 5	浅棕灰	细砂	无结构	较疏松		
（浅位柱	5 ~ 12	暗棕灰	砂 - 轻壤	柱状体 (5cm×5cm×7cm)	坚实		
状碱土）	12 ~ 35	淡黄棕	砂壤	无结构	稍润	微量假菌丝体	须根
	35 ~ 56	黄棕夹暗棕	砂壤	无结构	较紧、润		少量须根
	56 ~ 78	黄棕夹暗棕	砂壤		较紧、润	少量石灰斑， 假菌丝体	腐烂小须根
	78 ~ 105	暗棕带黄	轻壤夹砂		紧润	少量石灰斑黏粒胶膜	
大庆 - 2	0 ~ 15	灰棕	砂壤	无结构	松润		生草层
（盐化草	15 ~ 50	暗灰棕	砂壤	无结构	稍紧、稍润		少量草根
甸土）	50 ~ 69	灰棕	砂壤	不明显块状	紧、稍润		半腐根、须根
	69 ~ 83	灰棕带黄	砂壤	不明显块状	紧、稍润	少量、假菌丝体 石灰斑、锈、锰斑	半腐根、粗苇根
	83 ~ 92	灰棕	砂壤	大量细孔	紧、稍润	石灰斑块 及假菌丝体	少量半腐根、 大量须根
	92 ~ 104	灰黑色	轻壤	不明显块核状	紧实、稍润	石灰斑块， 少量铁锈斑	多须根、半腐根
	104 ~ 138	棕灰	轻壤	不明显块状， 有胶膜	紧实、稍润	大量菌丝体， 石灰斑、锈斑	较多须根、半腐根
	138 ~ 180	灰棕带黄	轻壤夹砂	少量细孔	紧实、稍润	沿根孔明显 石灰淀积斑	少量腐根
大庆 - 4	0 ~ 20	暗棕灰	轻壤	块状显层状	松、潮		
（盐化草	20 ~ 30	浅灰棕	中壤	小核粒（显层状）	较松、潮	小孔隙多	根毛多

剖面号	土深/cm	颜色	质地	结构	结持力	石灰反应及新生体	根系
甸黑钙土)	30～56	灰白	中壤	小核粒	较松、潮	白色菌丝体	须根多
	56～80	棕灰	轻壤	小核粒	湿	白色石灰斑块	须根少
	110～140	深棕	轻壤	中棱块（胶膜）	较松、湿	多锈斑	下有白砂堆积块
CN－B－8	0～5	灰	砂质黏土	蜂窝状	松多孔	SiO_2 粉末	过渡明显
碱化草甸	5～27	暗灰棕	砂质黏土	小棱块	紧实	碳酸盐反应卅	上部很多,逐渐过渡
盐土（水	27～62	暗灰棕	砂质黏土	柱状		碳酸盐反应卅	少,逐渐过渡
成碱土）	62～92	棕	砂质黏土	弱柱状	紧实	铁锈斑,碳酸盐反应卄	逐渐过渡
	92～120	暗棕	砂质黏土	无结构	紧实	碳酸盐反应卄	
CN－B－7	0～16	暗灰棕	壤质黏土	粒状	松	石灰反应－	多,过渡清楚
（盐化草	16～28	暗灰棕	壤质黏土	小粒状	较紧实	石灰反应－	多,明显过渡
甸黑钙	28～38	棕	壤质黏土	小粒状	较紧实	石灰反应＋	少,明显过渡
土）	38～51	暗灰棕	壤质黏土	小粒状	较紧实	石灰斑和假菌丝体卄	过渡很明显
	51～84	暗棕	壤质黏土	核块状	较紧实	许多假菌丝体	逐渐过渡
	84～120	暗黄棕	壤质黏土	不明显块状	较紧实	石灰反应卄	
大庆－5	0～12	暗灰	轻黏土	大棱块	紧、潮		多
（碱化草	12～27	暗灰	轻黏土	棱块	紧、潮		须根多
甸盐土）	27～49	暗灰	轻黏土	小棱块	紧、潮		多
	49～87	灰	中壤	小棱块	稍紧、湿		根毛多（灰白）
	87～109	灰	轻－中壤	核块状	湿	锈斑、潜育斑、黑块斑	
	109～134	浅灰	轻壤	核块	稍紧、湿	石灰斑块、铁锰斑	粗黑条纹
	134～166	蓝棕不均	细砂	砂层片	湿	锈斑、潜育斑、黑块斑	
大庆－6	0～3	灰白	粉砂		松、潮	石灰斑块、铁锰斑	较少
	3～20	棕	中－重壤	层块状	稍紧、潮	黄色条纹	少
	30～45	棕灰	中－重壤	层块状	稍紧、潮	灰白条纹和斑块	少
	45～75	暗灰	中－重壤	核块	湿	石灰斑块	半腐根
	95～116	浅灰	轻壤	小核块	湿	石灰斑块、铁锰斑	少,腐根
	116～136	浅棕灰带黄	粉砂轻壤		湿	小螺壳	
大庆－7	0～7	暗棕灰	中－重壤	细粒状	紧、潮	稍多,未分解	
	7～26	暗灰	中－重壤	小核状	紧、潮	石灰斑块	腐根（少量）
	26～52	暗灰	中－重壤	小核块	紧、潮	石灰斑块（少量）	大腐根
	52～75	灰	中壤	细粒状	紧、湿		棕色腐殖物
	75～97	灰	中壤	中核块	紧、湿		白须根
	97～131	浅灰带浅棕	轻壤	不明显核块	紧、湿	细螺壳	白根

由表 7-1~7-3 可见，浅位柱状碱土（亦称草甸构造碱土）（剖面大庆-1，AB-5），具有明显的发生层次。表层为灰色或浅灰棕的有机质层，厚度为几厘米。片状或鳞片状结构，表层下为碱化层、灰棕或暗灰色。柱状结构、坚实、柱头可见白色粉末。碱化层下为盐分淀积层，暗色块状或核状结构，结构表面上或沿根孔上有白色盐霜或假菌丝体；母质过渡层多腐殖质淋溶条纹；下为母质层。由于草甸构造碱土的地下水位一般在 2~3m，土壤剖面下部常出现不均一黄棕或暗棕色的锈纹锈斑。

盐化草甸黑钙土（剖面安-75 和 CN-B-7）具有均匀腐殖质的表土层和含碳酸钙的亚表层。土壤腐殖质含量高，呈舌状过渡，钙积层有许多眼状石灰斑和菌丝体。母质层石灰反应减弱。盐化（碱化）草甸黑钙土地下水位较高，表层有盐分积累，钙积层深厚。

碱化草甸盐土（剖面 AB-7 和安-74，大庆-5，CN-B-8）除表层 0~3cm 集盐层外，剖面层次分异不甚明显，从 A 层开始向 B 层，结构由大棱块转变为小棱块，具不同程度碱化特征。剖面中常现石灰斑块，地下水位 1~2m 处出现铁锰锈斑。肇东底土水以 $NaHCO_3$ 和 $MgHCO_3$ 为主，而大庆泡子水以 $NaHCO_3$ 和 $NaCl$ 为主，大庆油田地区地下潜水（1~2m）以 $Na(K)HCO_3$ 为主（参见本章二、四节）。

表 7-3　肇东水成碱土剖面 CN-B-8 的盐分含量

深度/	pH (1:2.5)	CO_3^{2-}	HCO_3^-	Cl^-	SO_4^{2-}	Ca^{2+}	Mg^{2+}	$Na^+ + K^+$		总量
cm	H_2O				m. e. /100g				%	m. e. /100g
0~5	8.66	—	0.628	0.081	0.022	0.482	0.066	0.183	0.057	1.460
5~27	9.55	0.201	1.330	0.081	0.088	0.197	0.066	1.437	0.132	3.399
27~62	9.67	0.301	1.155	0.081	0.088	0.131	0.066	1.472	0.123	3.248
62~92	9.41	0.201	0.954	0.061	0.044	0.131	0.044	1.084	0.096	2.518
92~120	9.23	0.176	0.941	0.048	0.044	0.131	0.088	0.990	0.093	2.418
				地下水（240cm）μg/L						
	8.0	29.10	374.54	12.43	21.39	25.05	42.20	73.37		578.08

表 7-4　土壤的一般化学性质[*]

土壤名称	剖面号	采样地点	深度/ cm	腐殖质/ %	碳酸盐	pH 值/ (H_2O)	黏粒量/ %	黏　　粒		
								交换量	MgO	K_2O
								m. e. /100g	%	
浅位柱状	AB-5	安达东北	0~3	4.33	1.90	8.50	15.3	56.8	2.38	3.12
碱土		7km	3~10	3.62	0.38	9.25	20.6	71.7	2.43	2.77
			35~45	0.86	3.56	10.00	30.1	61.8	2.71	2.81
			85~110	—	3.79	10.50	28.4	64.2	2.84	2.75
			168~205	—	5.82	9.45	24.2	68.0	2.41	2.38
碱化草甸	AB-7	安达东北	1~10	1.24	2.56	10.00	21.3	58.2	2.51	2.40
盐土		7km	37~47	—	5.66	10.15	28.2	58.0	2.56	2.25

[*] $CaCO_3$。

土壤名称	剖面号	采样地点	深度/cm	腐殖质/%	碳酸盐	pH 值/(H_2O)	黏粒量/%	黏 粒 交换量 m. e. /100g	MgO %	K_2O %
			232~262	—	3.08	9.00	7.78	57.9	2.30	2.13
盐化草甸黑钙土	安-75	安达西北6km	0~10	4.81	6.50	8.90	28.0	77.8	2.31	2.22
			30~40	1.61	13.20	8.95	24.5	56.0	2.35	2.38
			70~80	0.62	6.30	9.40	26.0	52.0	2.40	2.35
			120~130	0.41	4.85	9.10	28.0	51.0	2.38	2.44
碱化草甸盐土	安-74	安达西北15km	0~5	1.64	5.65	8.30	24.7	47.8	2.42	2.25
			5~15	1.53	9.10	9.80	19.0	49.7	2.37	2.50
			30~40	0.38	8.90	10.10	27.6	44.6	2.53	2.31
			80~90	0.76	13.19	9.95	12.5	51.0	2.53	2.38
			170~180	0.54	7.84	9.56	27.4	45.9	2.87	2.57
浅位柱状碱土	大庆-1	安达西北25km（东荒地）	0~5	1.72	0.36	8.97	7.00	52.3	2.81	2.54
			5~12	1.64	14.86	10.06	16.2	51.8	3.15	1.99
			12~35	0.36	6.86	10.20	16.2	46.7	3.26	2.32
			56~78	0.02	4.16	10.27	12.4	48.2	3.06	2.38
			78~105	—	5.18	10.33	15.9	52.2	2.97	2.21
碱化草甸盐土	大庆-5	安达西北50km	0~12	1.33	8.01	10.06	16.6	47.2	2.18	2.75
			12~27	0.82	7.93	10.07	20.1	49.7	2.35	2.83
			27~49	0.95	11.60	10.05	14.2	52.0	1.89	2.78
			49~87	0.47	9.14	9.98	16.8	50.5	2.10	2.83
			109~134	0.18	6.40	9.97	12.1	46.4	2.10	2.78
盐化草甸土	吉郭-20	郭前旗	0~10	2.62	0.74	8.88	14.7	56.1	1.80	1.83
			20~30	1.11	5.48	8.88	19.4	56.1	2.46	1.80
			50~60	1.00	9.45	8.78	16.1	56.1	2.13	2.15
			80~90	0.50	12.25	8.79	19.0	45.9	2.08	2.00
			130~140	0.34	1.30	8.90	10.3	44.6	2.00	1.88
碱化草甸盐土（水成碱土）	CN-B-8	肇东西30km	0~5	4.31	6.45	8.66	27.5	17.99※	9.01	2.57
			5~27	2.52	9.19	9.55	35.0	19.24※	8.46	2.77
			27~62	0.93	8.89	9.67	31.6	17.90※	7.93	2.92
			62~92	0.66	16.70	9.41	35.9	16.16※	8.36	2.77
			92~120	0.58	16.10	9.23	35.3	17.18※	8.65	2.95
草甸黑钙土	CN-B-7	肇东东利民	0~16	2.58	2.10	7.58	32.6	23.64※	7.62	2.76
			28~38	1.63	3.46	8.13	31.7	20.96※	7.11	2.75
			38~51	1.26	5.10	8.17	30.6	19.07※	7.16	2.67
			51~84	0.59	6.73	8.18	28.2	15.39※	8.57	2.30

土壤名称	剖面号	采样地点	深度/cm	腐殖质/%	碳酸盐	pH 值/(H₂O)	黏粒量/%	黏 粒		
								交换量 m. e. /100g	MgO	K₂O
									%	
			84 ~ 120	0.38	6.67	8.12	28.6	14.81※	7.71	2.78
草甸黑钙土	大庆 - 4	安达西	10 ~ 20	2.64	8.08	8.66				
	30km	30km	30 ~ 56	0.71	18.96	9.06				
			80 ~ 90	0.50	14.35	8.89				
			130 ~ 140	—	2.14	9.08				

* CN - B - 7 和 CN - B - 8 黏粒为 <0.002mm，余均为 <0.001mm；CN - B - 7 pH 值测定水土比为 1:1，余均为 2:1。参照 *Post - Congress Tour of 14ᵗʰ International Congress of Soil Science Guidebook*（1990）、*Guolinhai etc.*（editors）.
※ 土壤交换量。

表 7 - 5 剖面 AB - 5、AB - 7 机械组成

采集地	田间号	土壤	深度/cm	盐酸洗失量/%	土粒（直径 mm）/%						物理性砂粒/% (>0.01)	物理性黏粒/% (<0.01)
					砂		粉砂			黏粒		
					1.00 ~ 0.25	0.25 ~ 0.05	0.05 ~ 0.01	0.01 ~ 0.005	0.005 ~ 0.001	<0.001		
安达东北	AB - 5	浅位柱状	0 ~ 3	1.04	1.43	36.25	35.75	5.11	5.1	15.32	74.47	25.53
7km		碱土	3 ~ 10	1.42	0.65	33.52	28.34	5.15	10.31	20.61	63.93	36.07
			15 ~ 25	8.29	0.51	24.04	31.00	5.17	2.06	28.93	68.84	36.16
			35 ~ 45	8.63	0.65	23.28	28.53	5.71	3.11	30.09	61.09	38.91
			85 ~ 110	9.2	0.72	23.07	25.77	6.19	6.70	28.35	58.76	41.24
			168 ~ 205	12.08	3.16	34.33	18.01	6.20	2.06	24.18	67.56	32.44
			282 ~ 345	5.25	7.32	62.10	6.08	2.53	6.59	10.13	80.75	19.25
安达东北	AB - 7	苏打草甸	0 ~ 1	5.32	0.31	43.46	17.82	12.73	2.54	17.82	66.91	33.09
7km		盐土	1 ~ 10	9.00	0.15	21.82	20.34	5.09	14.24	21.36	59.31	40.69
			19 ~ 27	11.71	0.97	25.58	19.04	5.66	6.17	30.87	57.30	42.70
			37 ~ 47	16.16	0.57	21.83	20.01	3.59	4.62	28.22	63.57	36.43
			93 ~ 113	18.06	0.93	21.69	25.80	5.15	3.61	24.76	66.48	33.52
			155 ~ 176	3.05	2.53	40.30	18.04	5.16	2.57	28.35	63.92	36.08
			232 ~ 262	6.04	5.06	54.36	9.14	5.08	2.54	7.78	74.6	25.40

二、土壤和黏粒的一般性质

由表 7 - 4 和表 7 - 5 可见，本区土壤的黏粒含量常因成土母质而有差异，在近代河湖相沉积物（Q₄）中土壤质地一般比较黏重，黏粒含量高达 28%，但因母质来源而有差异。发育在近代河流冲积物上的剖面吉郭 - 20 的质地较轻，黏粒含量一般在 15% 以

上。风积沙岗上的风成沙土（剖面大庆-1），黏粒含量低于15%。黄土性冲积物母质（剖面 AB-5、AB-7）中，剖面 AB-5 与剖面 AB-7 相距约10m，在2m深土层内，颗粒分布均匀，细砂和粗粉砂均各占25%~36%，物理性黏粒在34%~43%，随剖面向下过渡至棕色砂壤质，物理性砂粒达75%以上，剖面大庆-1为西部砂质风积土，物理性砂粒高达65%~84%。100cm以下，即为广泛分布的壤质的湖相沉积物，碳酸盐含量高达15%。碱化过程伴随着淋溶和淀积过程，黏粒含量在碱土和碱化草甸盐土剖面上有分异，在草甸黑钙土中则不呈现；另外，在同一剖面上，黏粒含量较高的 B 层，pH 值在10以上，土壤碱化度亦相应增高。土壤 pH 值和 $CaCO_3$ 含量在地理分布上均有自东向西增高的趋势。剖面上 $CaCO_3$ 分布在碱化层均有增加。黏粒阳离子交换量高达50~70m. e. /100g，最高是在结构碱土 B 层，从肇东、安达到大庆呈减低趋势。土壤交换性阳离子组成中，交换性 Mg/Ca 率较一般土壤高，B 层以下常出现交换性 Mg 显著高于交换性钙。

三、土壤黏粒矿物组成 [*]

为了研究微地形变化对土壤黏土矿物组成的影响，从供试土壤剖面中按土类和母质类型选择有代表性的碱土、盐土、草甸土，按母质类型（黄土性沉积物、河湖沉积物）分别组合成：①碱土（大庆-1，AB-5，CN-B-8）；②黄土性沉积物（AB-5）（浅位柱状碱土），（AB-7）（碱化草甸盐土）；③河湖沉积物（安-74）（碱化草甸盐土），（安-75）（盐化草甸黑钙土）；④冲积湖积物（大庆-5）（碱化草甸盐土）；湖积物上风成砂（大庆-1）（浅位柱状碱土）；近代河流冲积物（吉郭-20）（盐化草甸土）等组合，对比研究了土壤黏粒矿物组成及微形态特征，结果如下：

1. 碱土的黏粒矿物组成和分布

供试的碱土剖面 AB-5，CN-B-8 和大庆-1 的黏粒级的矿物组成很相近，在剖面上的分异亦呈同一趋势。由 X 射线衍射图谱 7-1~7-2 可见：

A 层：Mg-饱和低角度衍射峰呈弥散状，背景高而峰不明显，10Å 峰高，尚有7Å 峰。Mg-甘油处理，17~14Å 峰很小或不显。K-饱和处理，14Å 峰逐渐收缩为 10Å 峰，或 10~14Å 区间小峰，或留有 14Å 峰。

B 层：Mg-饱和 10Å 峰相对减低，呈现 14~15Å 峰。Mg-甘油处理，15Å 峰增强或出现 17.7Å 峰。它们在 B 层中的分布以 B_2 层为最显；K-饱和处理，10Å 峰稍增强，14Å 峰仍逐渐收缩至 10Å 峰，10~14Å 区间小峰不明显。

BC 层：Mg-饱和呈 14~15Å 峰。Mg-甘油处理，14~15Å 峰更为显著。K-饱和处理，仍保留 14Å 峰，且随剖面向下，14Å 峰相对显著，10Å 峰相对减弱。

C 层：与 BC 层趋势相同，但 Mg-饱和出现有 15Å 强宽峰。Mg-甘油处理成 15Å 或 17.7Å 峰。K-饱和 14Å 峰较强。肇东、大庆留有 10~14Å 或 14Å 峰，K-500℃ 收缩至 10Å 峰较完全，或仍显 14Å 或 10~14Å 小峰。

黏粒矿物组成并随母质来源不同而有差异。水云母在 A 层高，B 层以下逐渐减低，

---

[*] 黏粒样品（<1μm）提取是用稀盐酸脱钙、揉磨和 $NaCO_3$ 煮沸分散、沉降法分离。X 射线衍射分析是在 PW1140 衍射仪 CuKα 40kV/20mA，测角仪转速 2°/min 条件下进行。CN-B-7 和 CN-B-8 黏粒样品（<2μm）是在 CuKα（40kV/80mA，测角仪转速 2°/min）条件下进行。

在 AB - 5 和大庆 - 1 尤为明显，黏粒全量 K_2O 均高出 B 层 10%，AB - 5 全剖面含有较多水云母，此与黄土性冲积物母质水云母来源蒙皂石电荷较高有关。大庆 - 1 则多长石类矿物的蚀变自生蒙皂石电荷较低有关（待下节讨论）。CN - B - 8 中分异则不如前者明显，周期渍水洼地河湖沉积物母质中水云母混层程度高。根据黏粒 K_2O 估算，水云母在 AB - 5 A 层可达 45%，而在 CN - B - 8 约 30% ~ 35%。

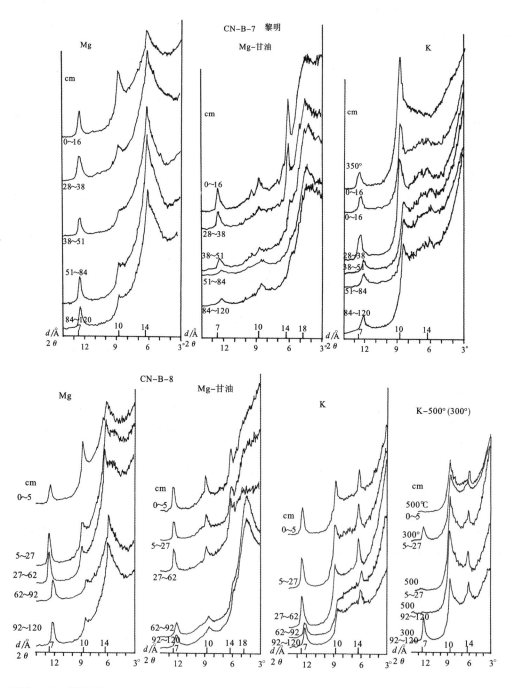

图谱 7 - 1　剖面 CN - B - 7、CN - B - 8（<2μm）不同处理的 X 射线衍射谱　CuKα，40K，80mA

膨胀性矿物在 B 层明显增高，它们均随剖面深度而有下降趋势，三个剖面也并不一样：AB－5 含有较多的蛭石－蒙皂石混层物，大庆－1 主要为蛭石－成土绿泥石，蒙皂石化弱，CN－B－8 含有显著的蒙皂石和蛭石－成土（镁）绿泥石。CN－B－8 B 层层间收缩变化表明含有较显著热稳定的成土绿泥石，K－300℃ 处理层间收缩小，K－500℃ 仍保留有较强的 14Å 峰，黏粒全量中 Al_2O_3 和 MgO 较高。<2μm 黏级中 MgO 含量高达 7%。

在周期性积水低洼地发育的 AB－5 和大庆－1 的 C 层，蛭石－蒙皂石混层均较显著。CN－B－8 蒙皂石－蛭石混层更强，并有成土绿泥石形成；而同一复区内的黑钙土型土壤 CN－B－7（海拔 150m，不见潜水层），均无此变化。由此可见，在临接底土潜水层，周期性水位变动，氧化还原过程交替，使黏粒和团聚体表面脱铁膜，有利于水合阳离子占据晶层间空间；除在一定碱化条件中，脱钾（脱硅）和羟基 Mg 嵌入，并可能有晶格中 Fe^{2+} 的移出和羟基铁的嵌入，使蛭石蒙皂石成土绿泥石化。冻融过程也有利于夹层的稳定存在。当然也并不排斥接潜水层的母质层本身组成上的一些差异。

用 Biscaye 法，根据 X 射线衍射峰的面积估算的肇东水成碱土（CN－B－8）和草甸黑钙土（CN－B－7）黏土矿物定量方面的组成，对比如下：

由表 7－6 可见水成碱土（CN－B－8）（近代河湖相沉积物）剖面 A 层水云母含量显著，B 层水云母－蛭石（绿泥石）相对高，随剖面向下至 BC 和 C 层蒙皂石明显增高。

由表 7－7 和 7－8 可见，盐化草甸黑钙土（CN－B－7）（近代河流冲积湖相沉积物）剖面的成土作用对黏粒矿物的蚀变作用弱。

表 7－6　水成碱土（CN－B－8）（近代河湖相沉积物）

土深/cm	I	I/V	V	ChL	S	K	备注
0～5	39	11.4	32.9	6.5	6.3	3.9	
5～27	26.8	11.0	23.1	9.9	24.8	4.4	
27～62	22	10.2	30.5	12	20.3	5.0	
62～92	9.8	6.7	18.3	17.7	44	3.5	
92～120	14.3	9.4	24.2	11.1	37.7	3.3	

表 7－7　盐化草甸黑钙土（CN－B－7）（近代河流冲积湖相沉积物）

土深/cm	I	I/V	V	ChL	S	K	备注
0～16	43.3	19.3	2.2	12.3	20	3	
28～38	33.6	15.4	0	17	30.8	3.2	
38～51	11.2	10.4	15.2	15.2	45	3	
51～84	13	11	25	14.5	33.5	3	
84～120	14.5	11.6	26.3	14.1	30.8	2.7	

表 7 -8　碱土剖面黏粒矿物低角度 d 值（nm）的变化

	Mg - 饱和	Mg - 甘油吸附	K - 饱和
A	低角度峰弥散状（背景高）	1.7~1.4（弱）	1.4~1.0 小峰
B	1.4~1.5	1.5（增强）或出现 1.7（B$_2$ 层最显）	1.4 峰收缩，区间小峰弱，1.0 增强
BC	1.4~1.5 增强	1.7 增强	1.0 峰减弱，1.4 增强
C	1.5 强宽峰	1.5 或 1.7	1.4 增强

2. 黏土矿物组成与母质

剖面（AB -7）与剖面（AB -5）为复区存在，均属黏壤土（表 7 -4），黏粒矿物组成相同，唯（AB -7）水云母水化度高，脱钾过程较强（图谱 7 -2），黏粒 K 含量和 CEC 较（AB -5）低，见表 7 -4。

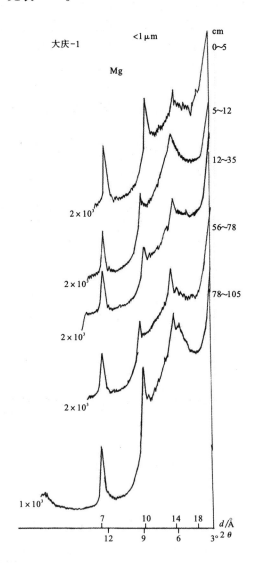

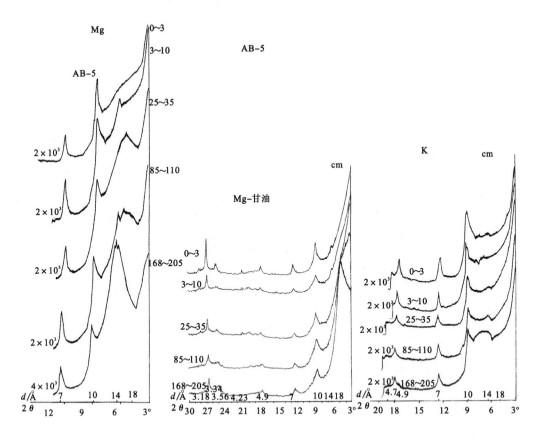

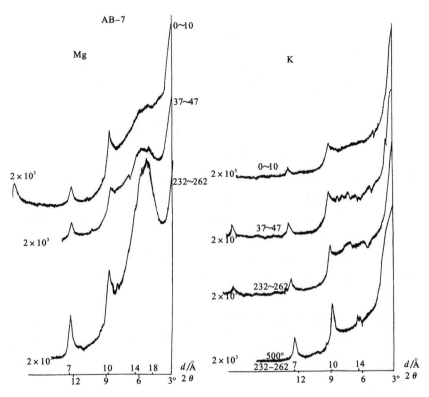

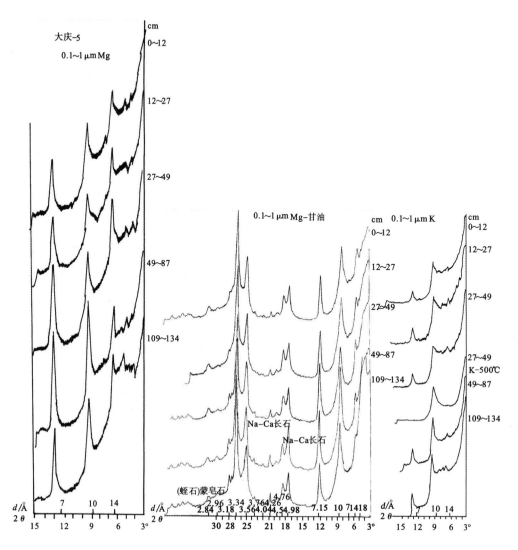

图谱7-2 剖面大庆-1、AB-5、AB-7、大庆-5（<1μm）
不同处理的X射线衍射谱 CuKα 40kV/20mA

剖面（安-74）为轻、中黏壤质，较相距约4km的（安-75）重黏壤质土含有较多的水云母，由于受盐碱作用，黏粒矿物蚀变过程强，底土潜水层膨胀性晶层间含羟基水化物亦高，（安-75）的矿物蚀变过程则不明显（图谱7-3）。

剖面（大庆-5）与剖面（大庆-1）相距约15km，黏粒矿物组成相似，（大庆-5）和（大庆-1）不同之点在于剖面中蒙皂石含量分布较为均一，由粗、细黏粒Mg-甘油处理扩展为17Å的衍射峰对比明显可见。大庆-5粗黏粒K-饱和与大庆-1相同，晶层间14Å小峰，500℃加热即消失，含层间水化物，尤其是碱化层羟基水化物相对较高，底土潜水层同样可见。

剖面（吉郭-20）的粗、细黏粒的衍射图谱（图谱7-4）表明，粗黏粒主要含水云母和蒙皂石，蛭石峰仅底层稍明显，细黏粒中水云母蒙皂石混层，K-饱和收缩极不明显。C_2层的黏粒矿物组成反映了近代冲积物的沉积作用，而受成土地球化学风化过程影响小（图谱1-1）。

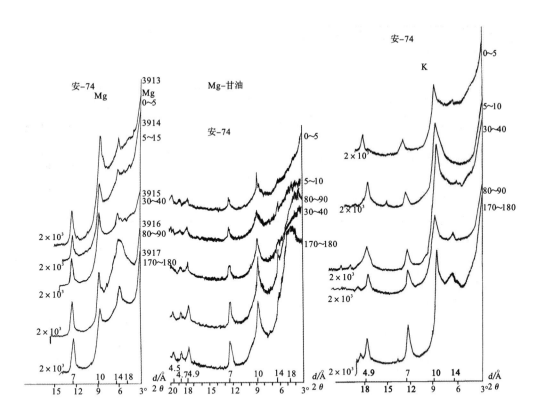

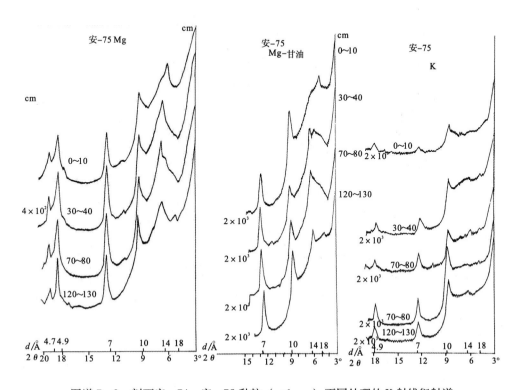

图谱7-3 剖面安-74、安-75黏粒（<1 μm）不同处理的X射线衍射谱

由此可见，本区土壤黏粒矿物组成和特征可归结为以下几点：
1）黏粒矿物组成。

	浅位柱状碱土	碱化草甸盐土	盐化草甸黑钙土
A.	水云母、低晶物质	水云母、低晶物质，蒙皂石－蛭石混成物	水云母、蒙皂石、蛭石混层物
B.	水云母和蒙皂石－成土绿泥石－蛭石混层物（B₂尤高）	水云母、蒙皂石－蛭石－成土绿泥石混层物（B₂层较高）	水云母、蒙皂石、蛭石混层物
C.	蒙皂石－蛭石－成土绿泥石混层物，水云母	蒙皂石－蛭石混成物，水云母	水云母、蒙皂石、蛭石混层物

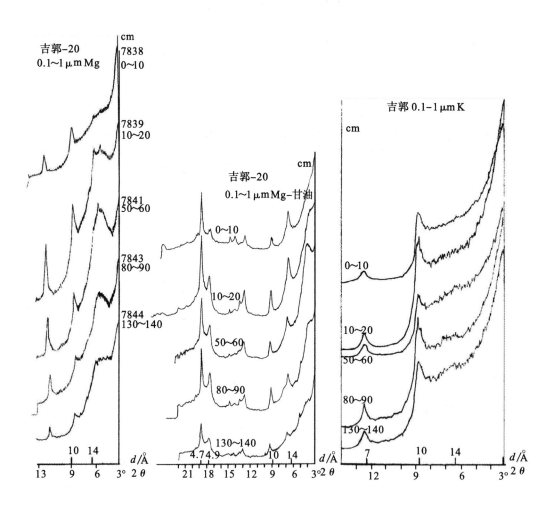

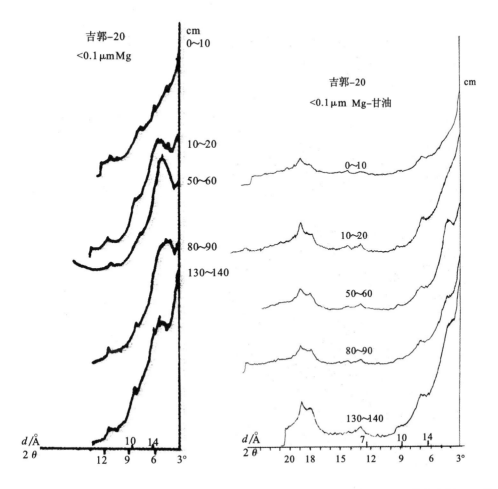

2）除黏壤质的黄土性母质外，河湖相沉积物上的苏打草甸盐土和草甸黑钙土明显不同于结构碱土，K-饱和膨胀性矿物的晶层明显减少，底土潜水层均见有 Mg-饱和14Å强衍射峰。Mg-甘油处理扩展为15Å强宽锋，K-饱和处理也呈现14Å较强峰。这些都反映了底土潜水层频繁活动的结果。

3）土壤碱化过程中，碱性水成过程促使细粒矿物碱性水解，水云母晶格层间阳离子 K⁺ 移出，取代离子水化，使矿物晶格结构松弛，尤其在透水性差的碱化层，累积的盐基水合阳离子在黏粒晶层间扩展，也可有成土过程的蒙皂石矿物形成，使碱化草甸盐土和结构碱土中水云母蒙皂石化；在膨胀性层状硅酸盐中有羟基层间物嵌入，碱性介质也可以有成土（镁）绿泥石化过程。

由此可见，松嫩平原土壤黏土矿物组成和化学特性是土壤成土母质（近代冲积、湖积和风积的河流冲积物等）受土壤盐化、碱化等土壤地球化学过程作用的结果。

附：白城市栗钙土黏粒（<1μm）的 X 射线衍射图谱7-5和图谱7-6

栗钙土多发育在黏壤质或黄土性古老冲积洪积层（Q₃）或风化层上，一般分布在平缓的高阶地、高平原或起伏的山前丘陵，并经过较长成土年龄发育而成，近代风积砂层上，一般都无石灰质淀积层发育。

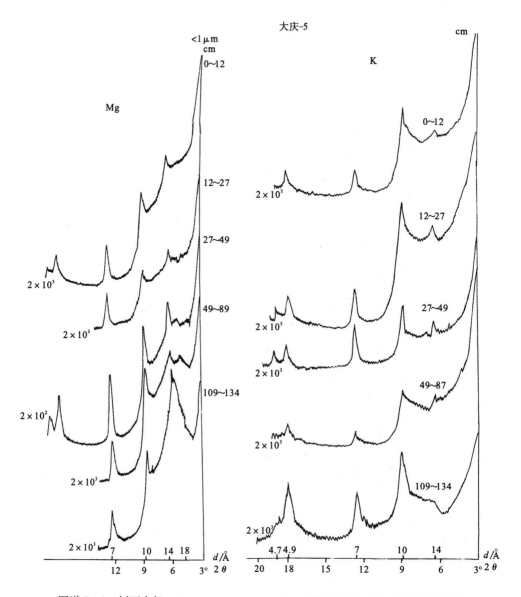

图谱 7-4　剖面吉郭-20　0.1~1μm，<0.1μm 粒级不同处理的 X 射线衍射谱

　　从松辽平原向兴安山岭东坡而上到白城地区，在平原上则带有草甸过程，白城市河湖沉积物上的碳酸盐栗钙土剖面 BG-85a 黏粒矿物组成为蒙皂石、绿泥石，剖面上分异显著；K-饱和并可见绿泥石、蛭石无序混层（12~14Å 宽峰）；而在局部低平地段还兼有盐渍化过程，如碳酸盐盐土剖面 BG-64；山坡上部栗钙土如剖面 BG-9，其碳酸盐层比在山坡下部或山前平原的埋藏深；另外，在西坡高平原内蒙古兴安盟乌兰浩特（山前丘陵）淋溶栗钙土剖面 BG-25 云母-蛭石无序混层较白城地区剖面高，可能与较强的地质过程有关。

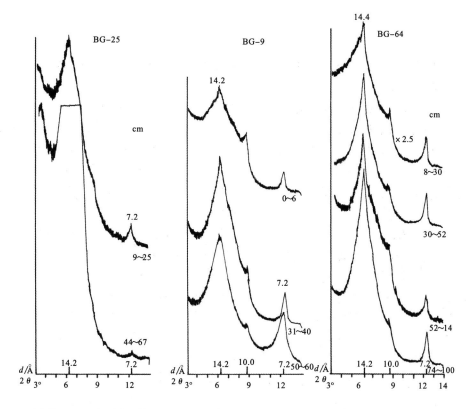

图谱7-5 白城市栗钙土BG-9、碳酸盐盐土BG-64和内蒙古兴安盟乌兰浩特
BG-25黏粒（＜1μm）的X射线衍射图谱（Mg-饱和、风干）

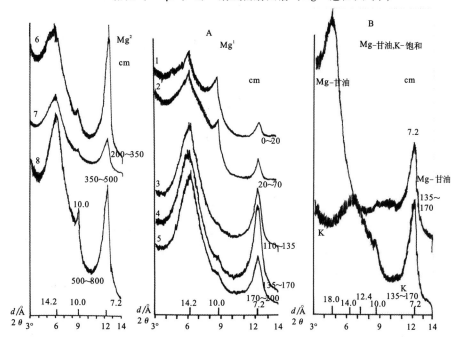

图谱7-6 白城市碳酸盐栗钙土（BG-85a）黏粒（＜1μm）的X射线衍射图谱
A. Mg-饱和、风干；B. Mg-甘油处理和K-饱和、风干

四、土壤微形态

在上述典型剖面形态观察的基础上，对本区浅位柱状碱土（AB-5）的柱头结构层的微垒结进行了剖析。

浅位柱状碱土 AB-5 的柱头结构：浅位柱状碱土 AB-5 与草甸盐土（AB-7）成复区分布，约高出草甸盐土（AB-7）40cm，由于积盐和脱盐交替频繁，形成具有柱状结构的碱化层。剖面上 A 层物理性黏粒为 36%，B 层 42%，全剖面质地较均一。A 层含盐量 0.2%，B 层柱头到柱底，由 0.37% 增至 1%，碳酸盐反应微弱，在植物根系横向分布的结皮层下，黏粒高度分散下移，在湿胀、干缩交替作用下，形成了具有垂直裂隙而黏合紧密的柱状结构层，其剖面层次具以下微形态特征：

A 层（0~3cm），呈水平层理，水平裂隙多，中有植物根系分布，根系间微根孔洞和孔道多；向下则孔洞中棕色有机质、暗棕色半分解腐殖物质很多。基质为腐殖质-黏粒质，部分孔道壁和裂隙有定向黏粒析离。具填隙和斑晶嵌埋形式的层片状块体。

B 层（3~10cm），柱状层，孔隙多三岔分枝状大裂隙和水平裂隙，裂隙壁有残留的弱分解根系，孔壁和有机残体面有连续或不连续纤维状定向黏粒集合体，腐殖质黏粒物质呈不明显的骨骼颗粒面格子状定向黏粒析离，孔壁裂隙面为条纹状定向黏粒析离；柱状层下部定向性愈显增强，使柱状层土体呈骨骼面析离（skelsepic）和岛状析离（insepic）的致密垒结；在垂直面上，定向黏粒连续性亦增强，除孔面和骨骼颗粒面外，根系表面亦见有移动性定向黏粒。在柱体基部基质中多微晶质盐类，孔洞和孔洞中根截面富集有盐晶霜。

B_2 层 10~20cm，土体基质中富集有不均一的微晶质盐类，孔隙边有少量碳酸盐微晶。

详细的微形态特征见表 7-9 和偏光显微镜（PM）观察照片 7-1~7-12。

表7-9 剖面AB-5柱状结构的微形态特征

土层	孔隙	细粒物质	有机质	新形成物	团聚体	细粒物质垒结	相关分布形式
0~3A	垂直面 根孔洞和微孔道多水平层理孔道（照片7-2）	褐色腐殖质黏粒质	棕色和暗棕色半分解根截面多，水平层理分布（照片7-1）		层片状团块	纤维状定向黏粒局部呈volsepic	填隙斑晶嵌埋
	水平面 根截面微孔道多（照片7-3）		半分解有机质根截面很多，多根毛				
3~10B₁	上水平面 多角形和分枝管道状孔隙 照片7-4	腐殖质黏粒质	孔洞根截面和分枝孔道棕色弱分解有机质少	孔间定向黏粒和盐霜（照片7-5）	致密块体（照片7-4）	insepic（弱）volsepic（照片7-8）	斑晶嵌埋
	侧面 大裂隙		弱分解有机质根系在大孔道残留	定向黏粒和盐晶顺大裂隙面和根系下移（照片7-6）	致密块体（照片7-6）	volsepic, skelsepic（照片7-12）	
	下水平面 水平大裂隙和孔洞（照片7-7）		孔洞中都有根截面，截面中都有盐霜	孔洞和基质中定向黏粒和盐类富集（照片7-7）	致密块体（照片7-8）局部团块（根截面多处）（照片7-9）	volsepic（强）insepic（强）	
10~25B₂	任意向 连续、不连续大小分枝裂隙	腐殖质黏粒质	少	沿根系和孔面定向黏粒（照片7-10），基质中微晶质盐类，孔道碳酸盐微晶（照片7-11）	不规则则较致密块体（由定向黏粒干缩所致）（照片7-12）	volsepic skelsepic	斑晶嵌埋

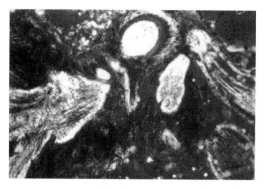

照片 7 - 1　半分解根截面多、水平层理分布
正交偏光 × 30

照片 7 - 2　水平层理孔有根系
单偏光 × 30

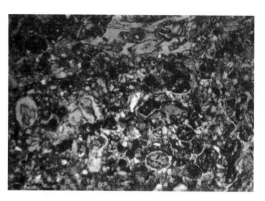

照片 7 - 3　根截面和微孔道多
单偏光 × 30

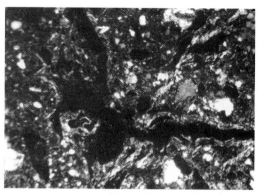

照片 7 - 4　多角形和分枝管道状孔隙
（柱头上部）　正交偏光 × 30

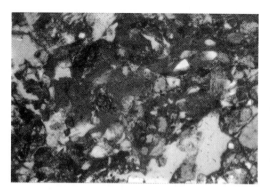

照片 7 - 5　粗定向黏粒和盐霜于腐殖质
基质孔洞边（柱头上部）　单偏光 × 75

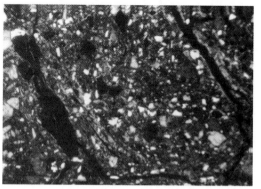

照片 7 - 6　致密块体（柱头断面）由根系
形成的大裂隙分割　正交偏光 × 30

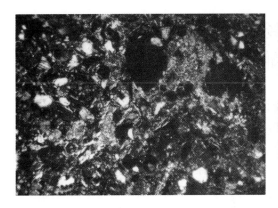

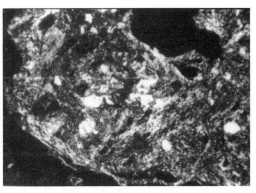

照片 7 – 7　孔洞和基质中定向黏粒和
盐类富集（柱头下部）　正交偏光 ×75

照片 7 – 8　致密块体（柱头基底面）
由定向黏粒固结　正交偏光 ×75

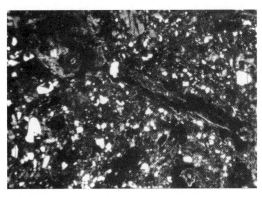

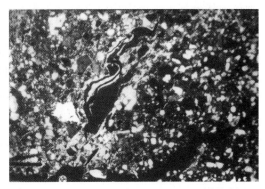

照片 7 – 9　团块孔洞中都有根截面，
面上多盐霜　正交偏光 ×30

照片 7 – 10　基质和沿根系孔洞面定向黏粒
正交偏光 ×75

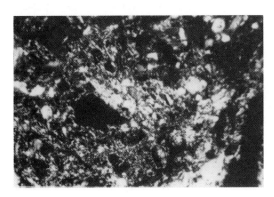

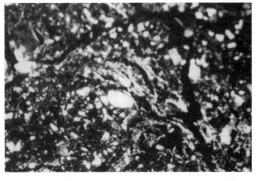

照片 7 – 11　骨骼颗粒面定向黏粒和微晶盐类，
孔道边沿碳酸盐微晶　正交偏光 ×75

照片 7 – 12　不规则致密块体（由定向黏粒
干缩所致）　正交偏光 ×30

第二节　红色草原牧场苏打盐渍土黏粒矿物和微形态与缺硒原因的探讨

红色草原牧场位于大庆市东部，是重要牧业区和羊草生产基地，全区地形为平地－低平地组成的碟形闭流区。区内地下水位变动在 1.5~1.4m，水质为弱矿化苏打水。土壤多成复区分布。土壤类型有碱化草甸盐土、草甸盐土及盐渍化草甸土，按盐分组成盐渍化草甸土可分为苏打－硫酸钠、硫酸钠－苏打及氯化物等盐渍化草甸土。

红色草原牧场一分场地处牛舌岗，为闭流区，水源丰富，地下水中 SO_4^{2-} 含量在 500~1260mg/L（大庆市土壤普查办），由于开垦利用不当，牧草质量变差，同时，存在氟中毒、缺硒等。

我们在场内选择微地形高差不超过 40cm，长度约 100m，面积约 100m² 地段，按微地形起伏分坡上、坡中和坡下分别采集了碱化草甸盐土（大庆－5）、草甸盐土（大庆－6）和盐化草甸土（大庆－7），进行了土壤微形态、X 射线和电镜研究。

供试土壤大庆－5、大庆－6、大庆－7 的剖面形态、土壤盐分分析结果与微地形分布分别见表 7－1、表 7－10、表 7－11 和图 7－3。微地形变化碳酸钙积累显著；剖面中 HCO_3^-、SO_4^{2-} 和 Cl^- 的变化以大庆－6 为最，大庆－5 次之。

表 7-10　土壤盐分

田间号	深度/cm	pH	碳酸钙/%	CO_3^{2-} m. e/100g	%	HCO_3^- m. e/100g	%	SO_4^{2-} m. e/100g	%	Cl^- m. e/100g	%
大庆－5	0~12	10.06	6.69	2.06	0.062	0.76	0.046	1.66	0.080	1.59	0.057
（碱化草	12~27	10.07	6.75	2.28	0.068	0.71	0.043	4.16	0.200	2.79	0.100
甸盐土）	27~49	10.05	9.75	2.39	0.072	4.50	0.275	3.75	0.180	2.79	0.100
	87~109	9.98	8.30	1.41	0.042	0.54	0.033	2.68	0.129	2.39	0.086
	109~134	9.97	5.86	0.92	0.028	0.71	0.043	2.96	0.142	1.89	0.068
大庆－6	0~3	9.87	2.34	3.26	0.098	1.47	0.089	3.47	0.167	6.17	0.222
（草甸盐	3~20	9.56	8.88	1.74	0.052	1.79	0.109	3.06	0.147	7.46	0.269
土）	20~45	9.62	10.30	1.52	0.046	2.39	0.146	3.26	0.157	4.18	0.150
	45~74	9.61	11.10	1.19	0.036	3.69	0.225	—	—	2.59	0.093
	74~95	9.57	11.90	0.98	0.029	4.50	0.275	—	—	1.59	0.057
	95~116	9.24	14.80	0.87	0.026	1.41	0.086	—	—	1.10	0.039
大庆－7	0~8	9.65	10.80	0.60	0.018	1.41	0.086	0.64	0.031	0.65	0.023
（盐化草	10~18	9.91	17.90	1.03	0.031	4.15	0.253	0.36	0.017	0.25	0.009
甸土）	30~38	9.76	15.50	0.98	0.029	3.12	0.190	0.18	0.009	0.30	0.011
	52~75	9.44	17.50	0.43	0.013	5.21	0.318	—	—	0.40	0.014
	75~97	9.40	17.20			未		测			
	97~130	9.07	19.50	0.33	0.010	2.98	0.182			0.80	0.029

表 7－11　土壤吸收性盐基和黏粒（碱化草甸盐土）（大庆－5）

深度/ cm	腐殖质/ %	碳酸盐/ m. e/100g	碳酸钙/ %	pH 水浸	吸收性阳离子/m. e/100g Ca²⁺	Mg²⁺	Na⁺	K⁺	总量	碱化度/ %	重量 %	交换量 m. e/100g	黏粒 MgO %	K₂O %	Mg/Ca
0～12	1.33	8.01	6.69	10.06	1.92	2.88	13.59	0.69	19.08	71.23	13.7	47.2	3.24	3.05	1.46
12～27	0.82	7.93	6.75	10.07	0.96	3.36	17.94	0.41	22.67	81.29	17.5	49.7	3.33	2.78	3.5
27～49	0.95	11.60	9.75	10.05	0.96	1.44	19.57	0.46	22.43	87.25	12.5	52.0	3.15	2.78	1.5
49～87	0.47	9.14	8.30	9.98	0.96	1.92	14.67	0.46	18.01	81.45	15.0	50.0	2.85	2.95	2.0
109～134	0.18	6.40	5.86	9.97	0.96	1.92	12.77	0.36	16.01	79.76	11.3	46.4	2.61	2.78	2.0

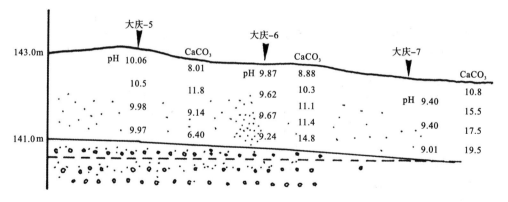

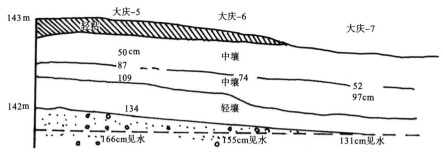

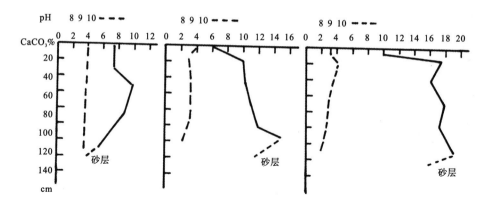

图 7-3 微地形条件下（大庆-5、大庆-6、大庆-7）土壤盐分动态示意图

一、土壤微形态特征

大庆-5、大庆-6、大庆-7三个剖面的主要微形态特征见表7-12和PM照片7-13~30。

大庆-5全剖面为具有单孔洞和裂隙的致密块体，A层堆集状，絮凝基质，B层多不规则乳头状连接孔；细粒物质为粉砂质无析离物垒结和局部骨骼颗粒面黏粒析离，B层骨骼面黏粒析离多，A层盐类和根聚物多，盐类积聚物中 Na_2SO_4 很多（见SEM）。B层以下见有埋藏碳质植物残体；C层堆集孔，局部孔壁为薄层雾状碳酸钙，有浅棕色铁锰凝团，土壤具有碱化特征。

大庆 - 6 孔隙多呈沟通的或不沟通的弯曲大小裂隙，絮凝基质多为具凝聚面的块体，面上多盐晶粒，表层土体较松散，向下较致密，A 层除有褐色强度分解植物残体外，无植物根系，除底层 BC 和 C 层大孔道和微孔边有定向黏粒析离外，均为无黏粒析离，C 层碎屑方解石、生物岩在裸露颗粒和孔、微孔壁呈半溶态和雾状碳酸盐烟团和浅棕色铁质亚胶膜，为盐化土壤剖面特征。

大庆 - 7 全剖面为具根孔洞、孔道和弯曲裂隙，具团聚面的不规则块体，全剖面无黏粒物质析离；A 层为腐殖质碳酸盐黏粒物质析离，B 层基质中多腐殖质锰质浓聚物，孔隙中多棕色、棕褐色和暗棕褐色腐殖质和植物残体，水成草甸过程明显。

三个剖面的骨骼颗粒分布相一致，大约 50cm 以上为粉砂黏粒质，以下为粉砂质。成土母质可能为二层型的湖积物。前者为弱碳酸盐黏粒质，后者为中、强碳酸盐 - 粉砂质。前者碳酸盐微粒和凝团多，而在后者见有许多方解石植物岩（植物刚毛、韧皮纤维、硅藻壳和低等生物苔藓菌类孢子），土体中多孢子碎屑，但是，它们并没有明显的界限。从碳酸盐锰、铁凝团少而小，呈雾状轮廓看，土壤经常处在碱化水成过程。碳酸盐基质中有方解石、石英硬结物（剖面 5）和基质中有边缘清晰的方解石斑块（剖面 7），弯曲状方解石和生物岩与大骨骼颗粒和大方解石晶粒胶结，方解石的形成可能是近代地质沉积过程作用的结果。

大庆 - 5 粗、细黏粒 X 射线衍射结果（图谱 7 - 2）表明主要含水云母，剖面上水云母蚀变程度较低，仅在底土水和粉砂层频繁作用下，蛭石 - 蒙皂石化混层增强。

根据微形态和化学分析结果，碳酸盐含量比较为：大庆 - 7 > 大庆 - 6 > 大庆 - 5。大庆 - 7 底土水与粉砂层相连，下降流和上升流交替活动频繁，$CaCO_3$ 沉积最多，大庆 - 5、大庆 - 6 底土水处于砂层间，沉积较少。

二、表土盐霜 X 射线衍射分析和扫描电镜（SEM）鉴定

除了对土壤剖面的微形态观察外，同时对（大庆 - 5、大庆 - 6）土表盐霜进行 X 射线（图谱 7 - 7）和电镜鉴定。

根据土壤盐分动态研究，重碳酸底土水沿地形或土体移动造成缓坡各剖面土层中盐类组成不同，地处高位的剖面大庆 - 5 碱度和 SO_4^{2-} 含量最高，低处的大庆 - 7 则移动性强的 Cl^- 相对较低（表 7 - 10），微形态分析盐霜中多为絮凝态 Na_2SO_4，不见有石膏的晶粒和同晶替代。土壤溶液苏打化过程使溶液中仍是碳酸钙和硫酸钠的积累过程。

$$Na_2CO_3 + CaSO_4 = CaCO_3 + Na_2SO_4$$

另外，关于盐霜 Na_2SO_4 的 X 射线衍射图谱、红外光谱和电镜鉴定分别见图谱 7 - 7、图 7 - 4 和电镜照片（SEM 1 ~ 6）。

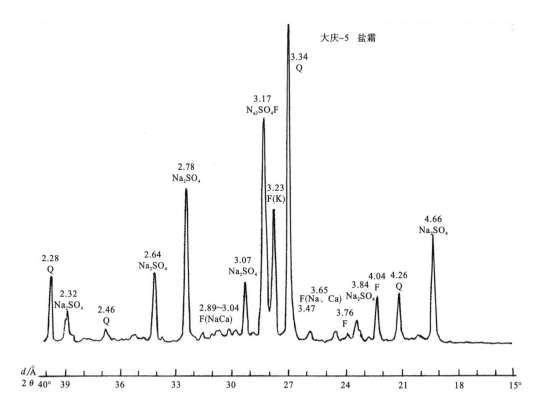

图谱7-7 大庆-5盐霜X射线衍射图谱

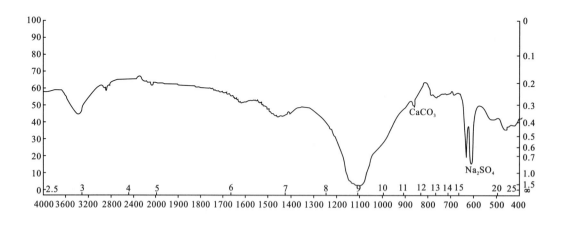

图7-4 大庆-5盐霜红外光谱分析

表 7-12 大庆-5、大庆-6、大庆-7 三个土壤剖面的微形态特征

大庆-5 土壤的主要微形态特征

土层	基质	骨骼颗粒*	细粒物质	孔隙	有机物质	结构性	黏粒形成物	新形成物
0~1A$_0$	暗褐色, 3/10	粗粉砂、半磨圆, 不均一, 长石绢云母化, 堆集状(照片7-14)	弱碳酸盐黏粒质**, 局部盐晶粒质	孔洞和裂隙	新鲜植物残体, 棕褐腐殖化残根棕黑腐殖质(照片7-13)	致密层片状块体	asepic	方解石微粒、自生方解石颗粒和碳酸盐-石英岩屑
1~5A$_1$	暗褐色, 2/10, 絮凝基质	砂-粗粉砂质, 不均一, 半风化长石很多, 堆集状	弱碳酸盐黏粒质, 盐晶粒多	孔洞和孔道	新鲜植物残体, 根截面充填孔洞	致密团聚形块体	asepic 局部 skelsepic	方解石微晶和凝团雾状生物岩碎屑(根毛)
12~20B$_1$	棕褐色, 3/10, 黏结基质	粉砂质, 局部有大、小砂团, 包埋状, 层状分选	弱碳酸盐黏粒质, 细条纹状碳酸盐黏粒晶膜(照片7-15)	不规则连接孔和单孔	极少半分解残体	由层理面和裂隙分割的大小块体	insepic-skelsepic-volsepic	方解石生物岩⊗和块状雾状凝团
30~38B$_2$	浅棕褐, 4/10, 絮凝-黏结	粉砂质, 较均一, 堆集-嵌埋状	弱碳酸盐黏粒质, 盐晶粒较多	孔洞和细裂隙	见有半分解残体有黑褐色腐殖物质侵染基质的夹层	由大裂隙分割的致密块体	asepic	方解石生物岩(藻)多晶粒质、碳酸钙凝团、砂层面上沉积有(照片7-17)
87~96C$_1$	棕褐色, 3/10, 黏结基质	砂-粗粉砂质, 不均一(照片7-16), 嵌埋状, 层状分选	弱碳酸盐黏粒质, 碳酸盐悬膜	不规则孔道和孔洞	见有半分解植物残体	致密块体	asepic	烟雾状自生方解石和生物岩碎片(细和粗粒质)(照片7-17)
109~117C$_2$	棕色, 3/10, 黏结基质	砂-粗粉砂质, 不均一, 嵌埋状, 层状分选	隐晶质弱碳酸盐黏粒质, 连续碳酸盐悬膜	不规则孔道和孔洞(照片7-18)	—	致密块体	asepic	浓雾状碳酸盐晶粒、铁锰凝团

大庆-6 土壤的主要微形态特征

土层	基质	骨骼颗粒*	细粒物质	孔隙	有机物质	结构性	黏粒形成物	新形成物
0~3A$_0$	棕褐, 2/10, 絮凝状	砂质, 不均一、堆集状	盐晶-腐殖质, 黏粒质少	沟通的弯曲形大小孔洞和孔道	褐色腐殖质化植物残体充填基质	松散微微凝聚体	asepic	方解石微粒、少, 结构体面有无水芒硝晶簇(照片7-19)

注: * 砂质 0.2~0.5, 粗粉砂质 0.02~0.03; ** 弱碳酸盐基质, 含 10% 左右; 碳酸盐基质, 15%~20%; ⊗ 生物岩为方解石岩, 部分双折率低的为 NaHCO$_3$ or Na$_2$CO$_3$ 成分。

土层	基质	骨骼颗粒*	细粒物质	孔隙	有机物质	结构性	黏粒形成物	新形成物
3~20A	棕褐, 2/10 絮凝	砂-粗粉砂质, 不均一, 堆集状	盐晶-腐殖质, 黏粒质少 (照片7-20)	不规则孔洞和弯曲裂隙	碳化植物残体	致密凝聚体	asepic	生物岩 (照片7-21)
20~45AB	淡棕褐 3/10 絮凝	砂-粗粉砂质, 不均一, 夹粉砂团堆集-嵌埋状	弱碳酸盐黏粒质, 盐晶粒极多	大孔洞和弯曲微裂隙	半分解植物残体散见	具微团聚体面的块体	asepic 局部 skelsepic	半雾状方解石斑块基质中多隐晶质隐晶粒质凝团 (照片7-22)
45~74B	棕色, 3/10 黏结基质	砂-粗粉砂质, 不均一, 夹粉砂团层状嵌埋状	弱碳酸盐-腐殖质黏粒质, 多连续碳酸盐悬膜 (照片7-23)	弯曲微裂隙	残有碳酸盐黏结的半分解植物残体	具团聚面的块体	asepic	生物岩较多, 盐晶, 均匀分布 (隐晶质块体)
95~116C	淡棕褐 3/10~4/10 黏结, 夹细砂层	砂-粗粉砂质, 不均一, 堆集-嵌埋状, 层状分选 (照片7-24)	隐晶质弱碳酸盐腐殖质, 多连续碳酸盐悬膜	弯曲微裂隙和大小孔道	—	致密块体	asepic	隐晶质生物岩多, 盐晶粒少
大庆-7 土壤的主要微形态特征								
0~7A₀	棕褐, 3/10 絮凝	砂-粗粉砂质, 较均一, 堆集状	盐晶-腐殖质, 黏粒少	孔洞和弯曲裂隙	棕、棕褐和暗褐, 半分解残体, 亮棕褐腐殖质体多 (照片7-25)	不规则团聚面块体	asepic	晶质生物岩和隐晶基质
7~26A	棕褐, 4/10 絮凝	粗粉砂质, 较均一, 嵌埋状	腐殖质-碳酸盐黏粒质, 盐晶粒多 (照片7-26)	孔洞、孔道和弯曲裂隙	半分解植物残体充填部分孔洞和孔道	连生的团聚形体	asepic	半雾晶质生物岩
52~75AB	棕褐, 5/10 和 2/10, 黏结	砂-粗粉砂质, 不均一, 层状分选	弱腐殖质-碳酸盐黏粒质, 盐晶较多, 不连续细条纹定向	孔洞、孔道和弯曲裂隙 (照片7-27)	棕褐、黑褐色腐殖质夹层	疏松棱角形块体 / 致密块体	asepic	隐晶基质
75~97B	淡棕褐 5/10和2/10, 絮凝	砂-粗粉砂质, 不均一, 层状分选, 色埋状	盐晶质黏粒质, 连续细条纹定向黏粒	收缩弯曲裂隙	—	大小团聚形体	asepic, 局部弱 volsepic (块体面)	大块晶质生物岩, 隐晶基质 (照片7-28)
97~130	淡棕褐 3/10, 絮凝-黏结	砂-粗粉砂质, 不均一, 夹砂团层状分选, 嵌埋状	隐晶质碳酸盐黏粒质, 不连续细条纹定向 (照片7-29)	不规则孔洞和细弯曲裂隙 (照片7-30)	—	密实块体	asepic, 局部弱 volsepic	隐晶质生物岩和斑块, 凝团块多, 浓雾状凝团体

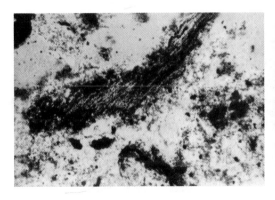

照片7-13　半分解根截面和碳酸盐、盐晶粒质
粉砂基质溶合　正交偏光×130

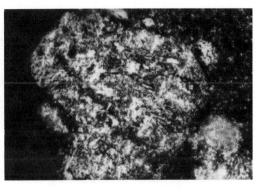

照片7-14　斜长石绢云母化和弱碳酸盐化
右角碳酸盐烟团　正交偏光×260

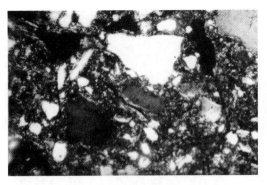

照片7-15　骨骼颗粒面不明显的碳酸盐
黏粒晶膜（SO_4^{2-}为主）　正交偏光×65

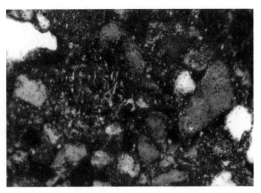

照片7-16　长石绢云母化和骨骼颗粒间
方解石晶粒　正交偏光×130

照片7-17　沉积母质中方解石根毛生物岩
（SO_4^{2-}为主）　正交偏光×130

照片7-18　大孔壁碳酸盐烟团化，仅基质中
有方解石晶粒，正长石解理面铁质化
（SO_4^{2-}为主）　正交偏光×65

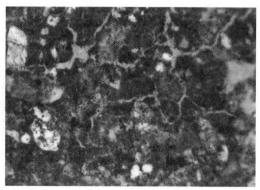

照片 7 – 19　结构体面盐霜针状无水芒硝
正交偏光 ×30

照片 7 – 20　腐殖质凝聚细裂隙（Cl⁻ 为主）
单偏光 ×75

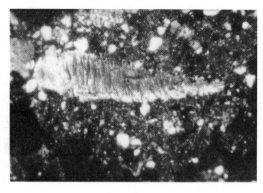

照片 7 – 21　无结构，盐晶粒和方解石生物岩
正交偏光 ×75

照片 7 – 22　胶结大骨骼颗粒的方解石斑块
（HCO_3^-、SO_4^{2-}、Cl^- 为主）　正交偏光 ×75

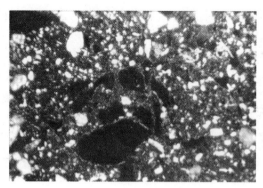

照片 7 – 23　根孔中根系分解物方解石岩（孔边
颗粒）碳酸盐悬膜（HCO_3^- 为主）正交偏光 ×30

照片 7 – 24　碳酸盐黏粒质胶结骨骼颗粒
单偏光 ×30

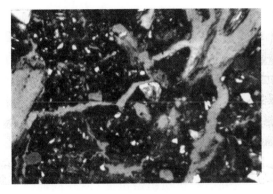

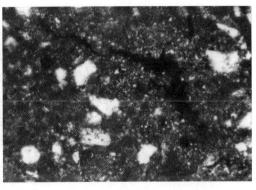

照片 7-25　根孔道和弯曲微裂隙碳酸盐
腐殖质基质　单偏光×30

照片 7-26　碳酸盐亚胶膜于裂隙面碳酸盐基质
正交偏光×150

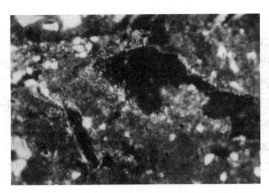

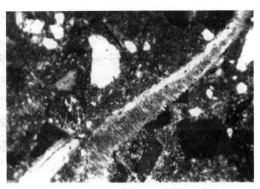

照片 7-27　孔隙面珍珠晕碳酸盐亚胶膜放大
正交偏光×75

照片 7-28　碳酸盐凝块和方解石根毛
正交偏光×75

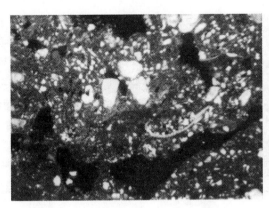

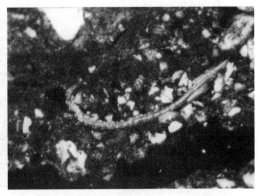

照片 7-29　大孔道面铁质化细砂和黏土层
正交偏光×30

照片 7-30　碳酸盐黏粒质基质和淋洗型孔
隐晶质方解石生物岩（照片 7-29 之放大）×75

　　由上述研究结果，可以充分说明在弱矿化苏打型地下水条件下，土体内的盐类组成分异和碳酸钙富集、硫酸钠形成结晶、未见 $CaSO_4$ 聚积是本区寒冷内陆半干旱地区特有的土壤地球化学成土过程。因而，在改良利用上，应以有效利用碳酸钙为前提，调控苏打和硫化物转化为硫酸钠，以降低土壤碱度；同时根据本区微地形土壤分布的特点，可利用盐化草甸土种草、种树、种稻、种苇或重点改良盐斑；结合利用水泡养殖（鱼、贝、藻），全面规划，合理利用，可望成为草、稻、渔、林相结合的生态模式。

三、缺硒原因的探讨

在属富硒区的松嫩平原（程伯容等，1980），一分场牛舌岗牧草区牲畜患有缺硒病症，母牛妊娠后母乳中注射亚硒酸钠有一定效果，可能是由于 Na_2SO_4 的积累、硫和硒的拮抗作用（尹昭汉等，1989）：①在黏质土壤、有机质积累和底土水位高的强还原环境中，硫酸盐还原成 H_2S，在含 $NaHCO_3$ 碱性介质中成 HS^- 和 S^{2-} 稳定状态，可使 Fe^{2+} 成为很不活动的 FeS，对于亲铜元素如 CdS 也都可在此列；与此同时存在的 H_2Se 的解离常数比 H_2S 要大 $100\sim1000$ 倍，比 S^{2-} 更易被固定。②Se 只有在硒酸盐和亚硒酸盐即氧化态时才是活动性的，对植物是有效的，这时 S^{2-} 则更易氧化成 SO_4^{2-}，比 Se 被氧化的能力强而压过 Se，使 Se 不易成为易被植物吸收的氧化态。表土层富集有 Na_2SO_4，并有有机物存在时，闭流淹水条件下的反应是：

$$Na_2SO_4 + 2C + 2H_2O \rightarrow 2NaHCO_3 + H_2S$$

因而在积水表层更能降低 Se 的有效性。在这种情况下，若改变氧化还原条件，增高 Eh 值，Se（硒化物 Селенаты）较 S 易于氧化，可提高 Se 的有效性，采用多次灌排和滴灌，排水可释放 Se 效。根据田间调查，本区大面积草场在春天采用灌水 20cm 的措施，碱草长得茂盛，产量由 50kg/亩提高到 100kg/亩以上，植物含 Se 量由施肥对照区的 11.8×10^{-9} 增加至 16.5×10^{-9}。土壤硒和硫价态的调控可能是本区苏打硫酸钠盐土改良利用上的关键问题。

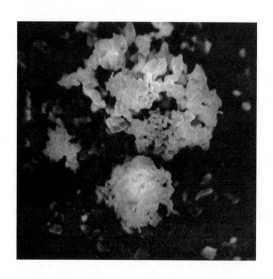

SEM1 土表盐皮霜（粒状、皮壳状、被膜状）
放大 3×10^3

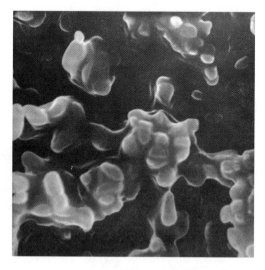

SEM2 土表盐皮霜芒硝皮壳状玻璃光泽
上图中上部　放大 1×10^4

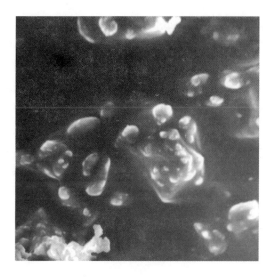 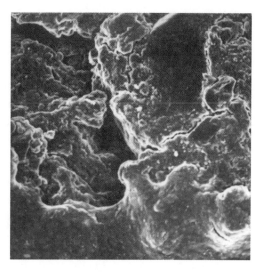

SEM3 无水芒硝（Na_2SO_4）
放大 1×10^3

SEM4 12～20cm　盐类淋移，基质边缘凝聚状
放大 3×10^2

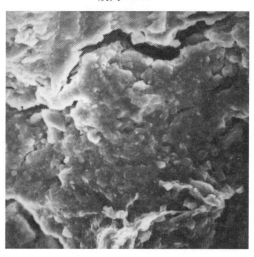 

SEM5 12～20cm　凝聚基质
上图中右部　放大 1×10^3

SEM6 12～20cm　结构体面 Na_2CO_3 – Na_2
SO_4 – NaCl 盐皮　放大 1×10^4

大庆 – 5 盐皮霜（含芒硝 $Na_2〔SO_4〕$ – $10H_2O$）电镜照片（SEM1～6）

第三节　沙岗地浅位柱状碱土形成的化学矿物学特性[1]

　　大庆市西部半干旱地区，受近一二百年来风沙影响，在碟形闭流区沙岗地上广泛分布有比黏质结构层物理性状更为坚硬的砂质浅位柱状碱土，并与草甸黑钙土和草甸盐土

1）本章节承蒙匈牙利土壤学家 Szabolcs，I 教授指导并修改，特致以诚挚的谢意。

成复区存在。了解在碱性的半水成状况下，砂土母质形成浅位柱状碱土的地球化学风化过程，以及土壤矿物－胶体溶液间相互作用将可深化对碱土形成过程的认识（Овчаренко，Алешин，Куратов，1974；Raychaudhuri，1968；Andronikov and Yarilova，1968；Daraь and Remenyi，1978；Fedoroff et al.，1986）等人对碱化土壤中矿物的蚀变过程和微形态特征均有报道（Slaughter et al.，1960；Rich，1968；Gupta，1969；Carstea et al.，1970；Darab and Remenyi et al.，1978；Gerei，1990）对苏打盐渍化土壤中层状硅酸盐矿物转化，尤其对膨胀性矿物羟基Mg夹层共沉淀和稳定性进行了研究。

本章研究了本区——典型浅位柱状碱土的原生矿物风化，次生矿物形成，砂粒级、粗、细黏粒级的矿物组成和微垒结特征，旨在从化学－矿物学特性方面，进一步认识碱土形成过程。

浅位柱状碱土（大庆－1）与盐化草甸黑钙土（大庆－2）分布的地形部位，见图7－5。

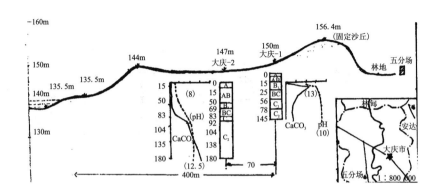

图7－5　大庆－1、大庆－2自然地理条件示意图

大庆－1，剖面地表至土深78cm均为砂壤；以下为轻壤；大庆－2，69cm以上为砂壤，83cm以下为轻壤质的埋藏剖面。大庆－1在柱状结构层中CaCO$_3$聚积，而与其复区存在的大庆－2草甸黑钙土，全剖面呈弱碱性反应，在砂质层中CaCO$_3$移动和积累少，碳酸盐反应仅在80cm埋藏腐殖质层以下的碳酸盐沉积物层中（表7－13、表7－14）。

浅位柱状碱土（大庆－1）和盐化草甸黑钙土（大庆－2）的自然地理条件和剖面特征见图7－5，土壤可溶性盐见表7－15。

由表7－15和表7－16可溶性盐分析结果可以看出，由于受蒸发和地表侧流影响，地形部位较高的大庆－1，盐分聚集较大庆－2高，$CO_3^{2-} + HCO_3^- / Cl^-$值为：

大庆－1＞大庆－2＞泡子

一、测定方法

黏粒样品的提取是将经1mm筛孔的土壤标本除去粗有机质后，用0.5NHAC－NaAC溶液（pH～5）除去碳酸盐，用揉磨和化学处理（加稀Na$_2$CO$_3$溶液至pH9.5）使之分散，采用沉降法分离出全部＜1、1～5、5～10、10～50、50～100、100～250和

表 7 - 13 　大庆 - 1、大庆 - 2 自然地理条件

剖面号	土　类	采集地点	母　质	地　形	海拔/m 与潜水位/cm	植　被
大庆 - 1	浅位柱状碱土	大庆市西北红旗农牧场五分场	风积的冲积砂，大兴安岭海西期花岗岩近代风化物，150cm 以下为埋藏腐殖质层，轻壤，母质为石灰性淤积物	闭流区泡沼 - 岗地高包坡上部，按地形部位由下往上土壤序列依次为泡沼 - 砂质盐化草甸黑钙土（大庆 - 2）	地下水位在 4m 以下，水质为弱矿化度的重碳酸钠型；距剖面 200m 的泡沼因逐年干旱而变小，几近干涸	羊草（Aneurolepidium Chinese），虎尾草（Chlon's Verguta SW），山葱（Allium pdyrrhizum Turcz），碱蓬（Suaeda spp），高度 20cm，覆盖率 30% ~ 50%
大庆 - 2	盐化草甸黑钙土	大庆市西北红旗农牧场五分场三队西约 7m	砂壤，轻壤质淤积物	距大庆 - 1 约 20 ~ 30m，地形较大庆 - 1 稍下		羊草、大茸草、冰草、虎尾草等，植株高度 30 ~ 40cm，植被覆盖度约 80%

表 7 - 14 　大庆 - 1、大庆 - 2 剖面特征

剖面号	土深/cm	颜色	质地	结构	结持力	石灰反应及新生体	根系
大庆 - 1	0 ~ 5 A 层	浅灰棕	细砂土	较疏松	干		中量植物根（pH8）
	B₁ 层（5 ~ 12）	暗灰棕	砂 - 轻壤	坚实柱状体大小为 5cm×5cm×7cm	干		（pH9）
	B₂ 层（12 ~ 35）	淡黄棕	砂壤	较紧实	稍润	沿根孔有微量假菌丝体	少量须根（pH8.5）
	B₃ 层（35 ~ 56）	黄棕夹不均匀暗棕色斑块	砂壤	较紧实	润		少量半烂须根（pH8）
	C₁ 层（56 ~ 78）	黄棕夹不均匀暗棕色斑块	砂壤	较紧实	润	有少量假菌丝体和石灰斑块	
	C₂ 层（78 ~ 105）	暗棕带黄	轻壤夹砂	紧实	润	有虫孔、黏粒胶膜和少量石灰斑	
大庆 - 2	A 层（0 ~ 15）	灰棕	砂壤	较疏松	润		
	AB 层（15 ~ 50）	暗灰棕	砂壤	稍紧	稍润		少量根
	B₁ 层（50 ~ 69）	灰棕	砂壤	紧，不明显块状	稍润		少量腐烂根
	BC 层（69 ~ 83）	灰棕带黄，有锈斑		不明显块状	稍紧	少量假菌丝体及石灰斑、锰斑	少量半腐烂根
	C₁ 层（83 ~ 92）	灰棕	轻壤	块状	稍润，大量细孔，紧	有石灰斑块及假菌丝体	大量须根，少量半腐根
	C₂ 层（92 ~ 104）	灰黑色（埋藏表层）	轻壤	不明显块状		有灰色石灰淀积斑块明显假菌丝体	
	C₂ 层（104 ~ 138）	棕灰	轻壤	不明显块状，有胶膜	大量细根孔，紧实，稍润	明显石灰淀积白斑，大量假菌丝体，有锈斑	
	（138 ~ 180）	灰棕带黄色不均	中壤		少量细孔，稍润，紧实	沿根孔有明显石灰积斑，有轻壤石灰胶结，有锈斑	少量半腐根

表 7-15　大庆-1 土壤可溶性盐分析结果*

深度/cm	pH 值	计算值全盐%	阴离子 m. e/100g 土/%				阳离子 m. e/100g 土/%			CaCO₃/%
			CO_3^{2-}	HCO_3^-	Cl^-	SO_4^{2-}	Ca^{2+}	Mg^{2+}	Na^+	
0~5	8.97	0.035	0.06	0.39	0.07	0.05	0.08	0.04	0.52	0.53
			0.002	0.013	0.002	0.003	0.002	—	0.012	
5~12	10.06	0.133	0.77	0.60	0.43	0.17	0.05	0.02	2.13	12.85
			0.023	0.037	0.015	0.008	0.001	—	0.049	
12~35	10.12	0.188	2.06	0.62	0.47	0.04	0.04	0.02	2.96	5.47
			0.062	0.038	0.017	0.002	0.001	—	0.068	
35~56	10.20	0.163	2.00	0.44	0.33	0.14	0.04	0.07	2.39	3.78
			0.060	0.027	0.012	0.007	0.001	0.001	0.055	
56~78	10.27	0.146	1.78	0.43	0.30	0.10	0.01	0.04	2.17	3.48
			0.053	0.026	0.011	0.005	—	—	0.050	
78~105	10.33	0.137	1.55	0.45	0.32	0.07	0.01	0.01	2.09	4.47
			0.047	0.027	0.011	0.004	—	—	0.048	
泡子水	$\frac{m. e. /L}{‰}$	1.149	1.06	10.07	3.66	0.53	0.49	0.20	14.63	
			0.032	0.614	0.130	0.025	0.010	0.002	0.336	

* 可溶性盐分资料由俞仁培等提供。

表 7-16　大庆-2 土壤可溶性盐分析结果*

深度/cm	pH 值	计算值全盐%	阴离子 m. e/100g 土/%				阳离子 m. e/100g 土/%			CaCO₃/%
			CO_3^{2-}	HCO_3^-	Cl^-	SO_4^{2-}	Ca^{2+}	Mg^{2+}	Na^+	
10~15	7.62	0.008	0	0.05	0	0	0.19	痕迹	0.04	1.11
				0.003			0.004		0.001	
15~50	7.91	0.006	0	0.05	0	0.03	0.04		0.04	0.95
				0.003		0.001	0.001		0.001	
50~69	8.17	0.009	0	0.09	0	0.01	0.04		0.09	0.99
				0.006		—	0.001		0.002	
69~83	8.66	0.022	0.04	0.21	0	0.01	0.03		0.30	3.27
			0.001	0.013		—	0.001		0.007	
83~92	9.17	0.045	0.10	0.32	0.11	0.09	0.03	0.01	0.61	8.82
			0.003	0.019	0.004	0.004	0.001	—	0.014	
92~104	9.19	0.059	0.21	0.38	0.21	0.07	0.01	0.01	0.87	10.3
			0.006	0.023	0.007	0.003	—	—	0.020	
104~138	9.31	0.063	0.30	0.44	0.15	0.02	0.01	0.01	0.91	10.4
			0.009	0.027	0.005	0.001	—	—	0.021	
138~180	9.21	0.060	0.32	0.37	0.14	0.03	0.01	0.01	0.91	12.5
			0.010	0.023	0.005	0.001	—	—	0.021	

>250μm 粒级。各粒级悬液加稀 $CaCl_2$ 至 pH 近 4 使之絮凝，用蒸馏水更换上清液，直至氯离子基本洗净，在 60℃ 恒温水浴上烘干。称重、供分析用。提取出的 <1μm 粒级并用高速离心机分离出 1~0.1、<0.1μm 的粗、细黏粒（熊毅等，1985）。

表 7 - 17 大庆 - 1 土壤的一般物理化学性质

土层深度/cm	机械组成								有机质/%	碳酸盐/%	pH	CO_3^{2-} m.e/100g	HCO_3^-	碱化度/%	CEC	黏粒		
	mm			μm												MgO	K_2O	CaO
	1.0~0.25	0.25~0.1	0.1~0.05	50~10	10~5	5~1	1~0.1	<0.1										
0~5A	10.4	58.4	15.6	7.1	0.7	0.8	3.7	3.3	1.72	0.53	8.97	-	0.61	24.1	52.3	2.81	2.54	0.28
5~12B₁	8.8	49.4	12.8	7.5	3.8	1.5	5.7	10.5	1.64	12.85	10.06	0.29	2.16	72.1	51.8	3.15	1.99	0.63
12~35B₂	8.6	47.2	13.0	8.3	3.7	3.0	8.7	7.5	0.36	5.47	10.12	0.57	3.26	78.9	46.7	3.26	2.32	0.16
56~78C₁	9.8	52.9	13.6	6.5	2.1	2.7	5.9	6.5	0.02	3.48	10.27	0.41	3.02	78.7	48.2	3.06	2.38	0.15
78~105C₂	10.0	52.3	14.5	7.6	0.7	2.0	6.4	7.0	-	4.47	10.33	0.65	2.37	73.8	53.8	2.97	2.21	0.18

砂和粉砂粒级（250～100，100～50，50～10，10～5μm）的石英、长石和云母的定量测定应用焦硫酸盐熔融法。K_2O 和 Na_2O 用 $HF - HClO_4$ 法熔融，火焰光度计测定。CaO 用碳酸钠熔融稀释，等离子体光谱仪测定。

X 射线衍射扫描除粗、细黏粒（1～0.1 和 <0.1μm 粒级）外，并有 1～5 和 5～10μm 粒级。样品先用双氧水去除有机质，再分别用 Mg - 饱和、Mg - 饱和甘油化、K - 饱和和 K - 饱和 300℃ 和 500℃ 灼热 2h 处理，此外，并用 0.1NHCl + 1NKCl 煮 48h 处理，制成定向样品，以测定黏粒晶层间物，5～10μm 粒级为粉末样品。分析采用铜靶 K_α 辐射，在 PW1140 仪上进行。管压 40kV，管流 20mA，样品转速 1°/min。

游离氧化物测定是用近沸 0.5NNaOH 加入盛有过 0.5mm 筛孔的土壤样品的塑料坩埚中，微沸 2.5min（总时间控制在 5min 内），在冷水浴上迅速冷却至室温，NaCl 絮凝。连续浸提四次，每次浸提作三个重复。

碳酸钙测定是将样品用乙二醇洗去可溶性盐后，再用酸溶法测得。此外，并根据 X 射线衍射结果判读。

微形态特征观察是取原状土风干，用不饱和聚酯树脂（3301）浸渍，制成薄片，在偏光显微镜（PM）下观察土壤的微垒结特征，同时并观察砂粒级颗粒的表面形态。细粒矿物和土壤自然结构体分别用电子显微镜和扫描电镜观察。

二、结果和讨论

1. 砂粉砂粒级矿物组成和形态

由表 7-17 可见，土壤机械组成属黏质砂土型的砂壤土，中砂粒级占 60% 以上，其中细砂粒级（0.25～0.1mm）占 50%；粉砂和黏粒级含量很低，B_1 层细黏粒有富集。除 A 层外，全剖面均呈强碱性。碳酸钙含量在 B_1 层最高。从土壤剖面上 pH 值、CO_3^{2-} 和 HCO_3^- 含量变化可见有脱碱化过程；而与其成复区存在的草甸黑钙土则全剖面呈弱碱性反应，碳酸盐反应仅见于 80cm 埋藏腐殖质层以下的碳酸盐淀积物层中。

用焦硫酸钠熔融化学测定得 250～100、100～50、50～10 和 10～5μm 各粒级中的石英、长石和云母含量，长石按残渣中的 Na、K 和 Ca 含量换算成微斜长石、钠长石和钙长石量（表 1-2）、250～100μm 细砂粒级中石英和长石含量分别高达 55% 和 40%；粉砂粒级中长石含量仍变化不大。长石中以 Na - 长石为最高，K - 长石在细砂粒级中较多，随粒级变小而明显减少，Ca - 长石则在 5～10μm 粒级中含量高。因而，可作为土壤风化指数的 Na∶K 长石比率，随粒级减小而增大，Ca∶K 长石比率则相反。此表明原生矿物稳定性较小，成土地球化学风化程度较低。砂粒级中云母含量甚微，立体镜下甚至未被检出，至 5～10μm 粒级含量明显增加，剖面下层达 12%。

10～5、5～1μm 粒级的 X 射线衍射图谱 7-8、图谱 7-9 表明，矿物成分除石英峰外，主要也是长石类矿物，有 6.4、4.04、3.78、3.67Å 中强峰和 3.17～3.21Å 两个强峰，此证明 Na、Ca 斜长石多。斜长石在剖面上的分布是 B_1 层略高，随剖面向下减少不明显。云母和高岭石随粒级变小而有增高。在 1～5μm 粒级中，也随剖面向下而有相对增高的趋势，可能是受半水成条件下的水化作用，阳离子代出后物理破坏增强所致（Reichenbach and Rich，1975；MacEwan and RuigAmil，1975）。另外，除有 10Å 云母峰外并见 5.9 和 9.6Å 蒙皂石化峰，B_1 层尤显。

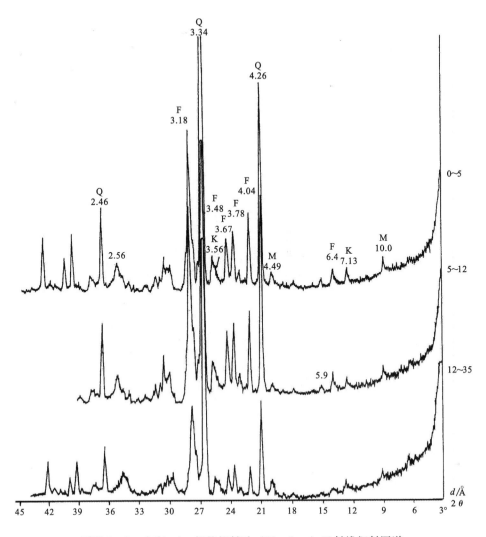

图谱7-8 大庆-1，粗粒级粉砂（10~5μm）X射线衍射图谱

偏光显微镜镜检砂-中粉砂粒级的颗粒，进一步鉴定了矿物的种类和风化特征。长石主要是酸性斜长石、正长石、条纹长石、少量钠长石和微斜长石。斜长石折射率略大于树胶，突起低，多为奥长石。颗粒边缘溶蚀，裂解面多，呈灰褐色泥化，颗粒面上多干涉色高的细鳞片状，为斜长石绢云母化，5~10μm粒级中颗粒多呈细条绢云母集合体。正长石在肋骨状解离缝间多泥质化和铁质化，但在5~10μm粒级中仍残存有风化颗粒的骨骸。条纹长石中正长石部分泥质化铁质化显著。钠长石聚片双晶表面仅见局部混浊。此外，有较多角闪石。并有磁铁矿、石榴子石和锆石。黑、白云母很少。角闪石和黑云母干涉色变低而绿泥石化。由50~100μm砂粒的SEM照相可见有很多长石类矿物表面溶蚀，沿解理缝和溶蚀点形成各种规则的和不规则的溶蚀坑和溶蚀凹面［附扫描电镜照片SEM（A-J）］。

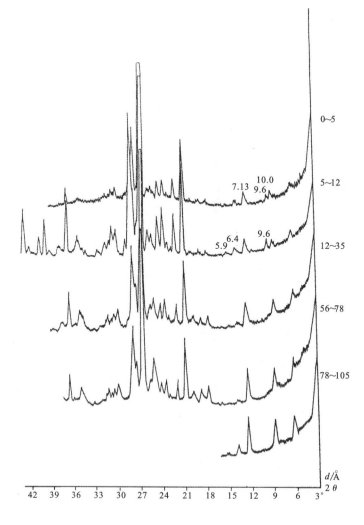

图谱 7-9 大庆-1，粗粒级细粉砂（5~1μm）X 射线衍射图谱

2. 黏粒级矿物组成和形态

由表 7-17 可见，粗黏粒 A₁、B₁ 层含量相对均较低，而细黏粒在 A 层含量低，在 B 层见有富集，向下逐渐减少。由粗细黏粒 X 射线衍射图谱 7-10、图谱 7-11 可见，粗黏粒以水云母为主，并有蛭石和高岭石，各层均有少量蒙皂石。A 层水云母含量高，蛭石和蒙皂石以 B 层为显。随剖面向下水云母有减低的趋势，此与 1~5μm 粒级的分布状况相反。C 层水云母与蛭石混层较显。K-20℃风干处理 A 层层间收缩，B 层以下均留有 14Å 峰，以 B₁ 层最显，蛭石、蒙皂石层间电荷吸附点受水合阳离子作用较大，K-300℃处理 14Å 峰收缩为 10Å 峰，对温度的稳定性差，同时 7Å 峰也消失，表明此为仅部分充填的羟基 Mg 型蛭石。此外，还可见长石小峰，斜长石 3.18Å 峰亦以 B 层较显。TEM 观察见有许多斜长石绢云母化颗粒，薄片状绢云母由斜长石骨骼颗粒面剥离（TEM C）。

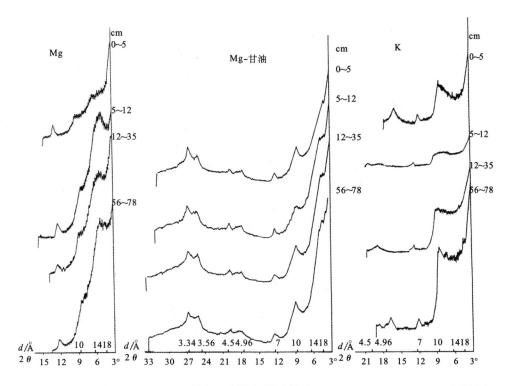

图谱 7-10 大庆-1 的 <0.1μm 粒级 X 射线衍射图谱（CuKα40kV/20mA pw. 1140 衍射仪）

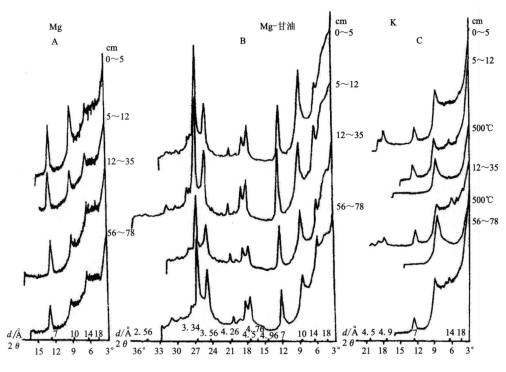

A. Mg-饱和，风干；B. Mg-饱和，甘油化；C. K-饱和，风干及 K-饱和500℃

图谱 7-11 大庆-1 的 0.1~1μm 粒级 X 射线衍射图谱

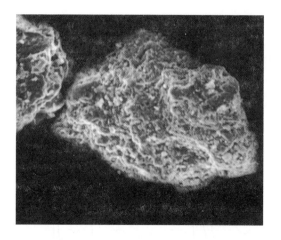

SEM（A）风化正长石细砂粒×400

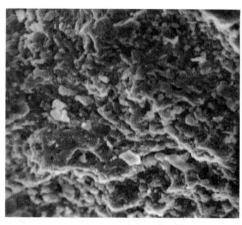

SEM（B）风化正长石细砂粒，放大×10000

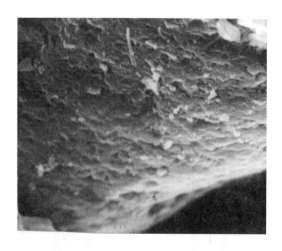

SEM（C）风化斜长石细砂粒×3000

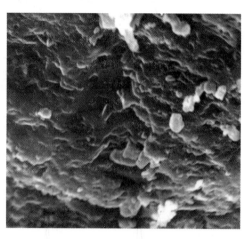

SEM（D）风化斜长石细砂粒，放大×10000

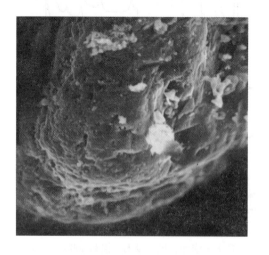

SEM（E）风化微斜长石细砂粒×1000

SEM（F）柱状结构体亚胶膜×3000

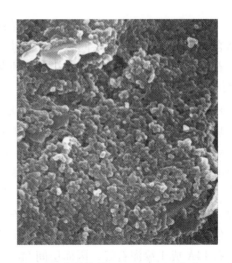

SEM（G）柱状结构体亚胶膜，放大×1000　　　SEM（H）柱状结构体经0.02NHCl淋洗，100℃
　　　　　　　　　　　　　　　　　　　　　　　　烘干后的亚胶膜×1000

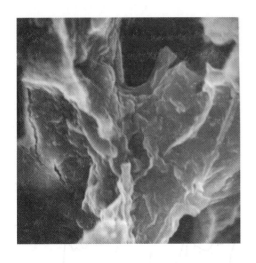
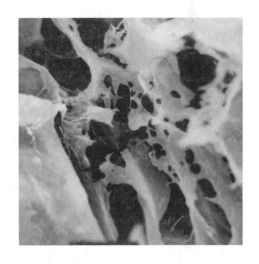

SEM（I）柱状结构体外层定向黏粒体×30000　　SEM（J）柱状结构体内孔枯植物残体×3000

　　细黏粒呈蒙皂石和水云母混层物宽衍射峰蛭石峰不显，矿物结晶度很低。它们在剖面上的分布是：A层蒙皂石含量低，B_1层增高，向下逐渐变低。水云母没有像粗黏粒由上而下减少的趋势。K-20℃风干处理；14Å峰成肩状收缩至10Å，尤其是B_1和B_2层；A和C层则为部分收缩。矿物层间电荷密度小，水化度很高。C层混层更显，TEM照片观察得大量片状膨胀性层矿物和絮状物质以及少量无定形硅酸球状物，多水高岭石雏晶均为长石分解和蚀变产物［附透射电子显微镜照片TEM（A～F）］。

　　3. 黏粒层间羟基镁夹层

　　土壤黏粒矿物的蚀变和土壤溶液处在动态平衡中，土壤环境介质的pH值和溶液Na^+、K^+、Ca^{2+}、Mg^{2+}对碱土性质和土壤肥力有很大影响，特别是羟基镁离子的作用可使土壤中蛭石、蒙皂石转变为成土绿泥石，在碱化层中更为明显。这种潜在的Mg^{2+}位，和土壤代换性盐基处于相互平衡中。

用 1N KCl 和 0.1N HCl 浸提土壤黏粒 < 1μm 和细粉砂粒级 5 ~ 1μm 部分晶层间羟基络合物可测得层间镁和层间钙相对含量比，由表 7 – 18 表明黏粒和细粉砂粒级蒙皂石、蛭石晶层间羟基镁夹层络合物在一定的淋溶条件下可以由矿物晶格层逐渐移出。层间物 Mg/Ca 值在黏粒中明显大于细粉砂级，尤以碱化层最显。在特定的碱性介质中（pH 值 9.4 ~ 10.9）又能在夹层间重新充填。层间羟基镁聚合物的移出和嵌入，其吸附程度随碱化过程而增强。当介质 pH 值多为中 – 弱碱性和碱性时，蒙皂石和蛭石层间镁形成达稳定。蛭石中夹层形成在 pH 值 > 10，蒙皂石从中性开始在 pH 值 10.4 就完全形成类镁绿泥石（Harward and Knox，1970）。因而土壤溶液 pH 值也影响代换性盐基的组成。

供试黏粒样品经 K – 饱和、105° 和 300° 先后处理的 X 射线衍射分析结果（图谱 7 – 12）表明，水云母混层（蛭石 – 蒙皂石化）以 B_1 层最显。随剖面向下，成土绿泥石化增强。0.1N HCl + 1N KCl 代出层间物后的图谱表明，B_1 层水云母蚀变混层最强，尚残存有 14Å 成土绿泥石峰，因而层间 Mg/Ca 值在 < 1μm 和 5 ~ 1μm 分别高达 5.5 和 3.7，碱土形成过程中 Mg – 绿泥石化也反映在土壤交换性 Mg/Ca 等盐基组成上。

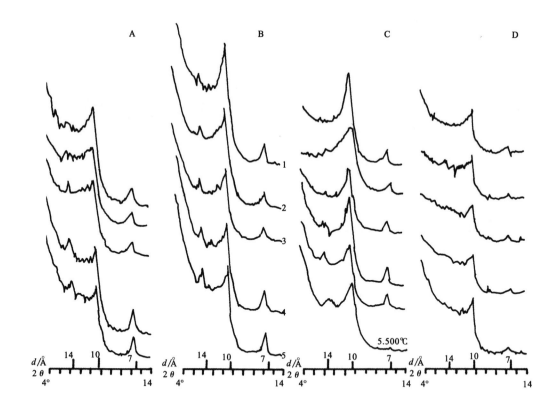

1. 0 ~ 5cm，2. 5 ~ 15cm，3. 12 ~ 35cm，4. 56 ~ 78cm，5. 78 ~ 105cm

A. K – 饱和，50% R. H，B. K – 饱和，105℃，C. K – 饱和，300℃，D. 0.1NHCl + 1NKCl 处理

图谱 7 – 12　< 1μm 粒级 X 射线衍射谱（1NKCl 和 0.1NHCl 浸提前后的比较）

表 7 - 18　晶层间 Ca^{2+}、Mg^{2+} 含量 [cmoles（+）/kg]

| | 5 ~ 1μm | | | < 1μm | | | Ex. cation |
	$\frac{1}{2}$Mg	$\frac{1}{2}$Ca	Mg/Ca	$\frac{1}{2}$Mg	$\frac{1}{2}$Ca	Mg/Ca	Mg/Ca
A	40. 0	16. 0	2. 5	54. 6	29. 6	1. 8	0. 45
B_1	34. 5	9. 3	3. 7	127. 0	23. 0	5. 5	1. 50
B_2	76. 4	29. 9	2. 6	102. 0	25. 5	4. 0	2. 00
C_1	83. 2	30. 2	2. 8	81. 6	35. 7	2. 3	2. 66
C_2	—	—	—	91. 8	48. 2	1. 9	1. 36

　　由此可见，B_1 层羟基镁嵌入多而稳定，经 0. 1N HCl + 1N KCl 处理尚留有 14Å 峰，表明矿物成土风化过程不仅有蒙皂石和混层矿物形成，并有镁绿泥石化过程，随剖面向下，土壤 pH 值高，晶层间羟基镁亦较稳定。

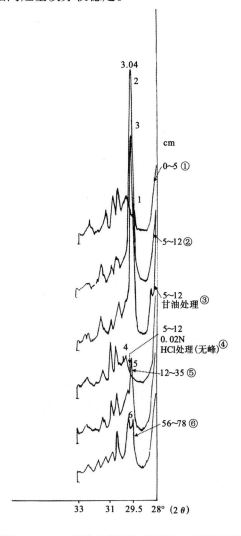

图谱 7 - 13　土壤粉末样经处理后的 X 射线衍射谱

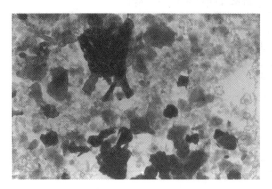

TEM（A）大庆–1 5～10cm 土悬液柱状层
土体壁斜长石碎屑物 ×2.0×10⁴

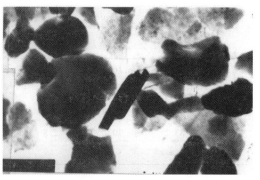

TEM（B）大庆–1 5～12cm 粗黏粒中分离
斜长石碎屑物和水云母 ×2.4×10⁴

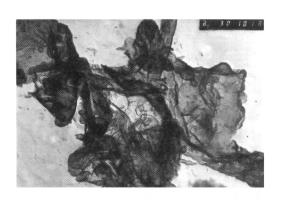

TEM（C）0～5cm 粗黏粒斜长石蚀变为
多水高岭石雏晶 ×3.3×10⁴

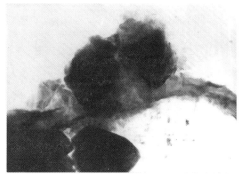

TEM（D）大庆–1 5～12cm 黏粒柱状层长石
面风化水云母及膨胀性黏粒卷层
（0.5μm）×4.0×10⁴

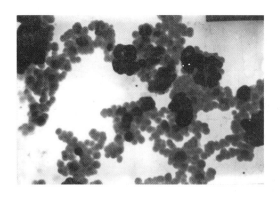

TEM（E）大庆–1 0～5cm 细黏粒中分离的
硅酸无定形物质 ×3.0×10⁴

TEM（F）大庆–1 12～35cm B层粗黏粒中
分离的无定形物质 ×3.2×10⁴

4. 无定形硅铝物质和碳酸钙

碱土剖面上部常有大量硅酸物质积累，其形成和积累过程有不同的解释。从地球化学风化观点，长石经水解而有硅、铝、钠等物质的溶出，土壤碱性介质更可使硅、铝溶解剧增，促进土层中硅酸物质的积累。用 0.5N NaOH 化学热溶试验结果（图 7－6）表明，土样中无定形硅和铝的溶出甚多（表 7－19）。连续四次溶出 SiO₂ 含量均以 A 层最低，B₁ 层最高，随剖面向下逐渐减低。SiO₂ 溶出量均随溶出次数增加而渐趋稳定。溶出 Al₂O₃ 量经一次浸提后就迅速降低。剖面 A、B₁、B₂ 和 C₁ 各层 SiO₂/Al₂O₃ 比率分别为 4、4.3、9.8 和 17.1。由偏光显微镜观察得 A 层有较多硅酸生物积累，透射电镜检出硅酸粉末无定形球状物。第一次溶出的硅酸含量较后次均低，此与硅酸胶凝物脱水缩合程度有关。B₁ 层硅酸积累显著，在立体镜下观察得结构体裂面乳白色凝胶物质，在 SEM 下呈亚胶膜。第一次溶出的硅和铝同步增高，部分硅酸呈含铝凝胶形态存在。剖面各层 SiO₂/Al₂O₃ 比率由 B₁ 层随剖面向下迅速增高，碱性介质更有利于铝的淋移。全剖面四次浸提硅铝溶出量均甚高，并与前述的土壤富含长石半风化物和无定形胶体物质有密切关系。

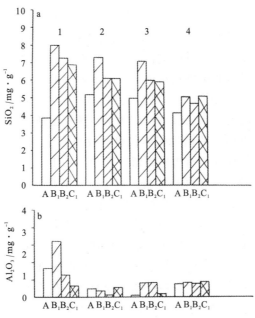

图 7－6 0.5N NaOH 四次浸提 A、B₁、B₂、C 层无定形 SiO₂ 和 Al₂O₃ 的含量比较

表 7－19 大庆－1 无定形氧化物含量（mg/g）

| 土层深度/ | SiO₂ | | | | Al₂O₃ | | | | Fe₂O₃ | | | | SiO₂* | 总 SiO₂ |
cm	（次）1	2	3	4	（次）1	2	3	4	（次）1	2	3	4	Al₂O₃	Al₂O₃
0~5	3.85	5.28	5.00	4.99	1.63	0.47	0.08	0.83	0.25	0.17	0.45	0.04	4.0	10.6
5~12	7.99	7.42	6.56	5.56	3.20	0.37	0.83	0.24	0.15	0.16	0.08	0.03	4.3	10.0
12~35	7.28	5.99	5.99	5.56	1.26	0.08	0.83	1.28	0.07	0.19	0.13	0.11	9.8	12.8
56~78	6.85	5.99	5.85	5.99	0.68	0.57	0.12	1.38	0.11	0.36	0.09	0.05	17.1	15.3

* 第一次硅铝分子率。

碳酸钙的活动和聚积是本区土壤盐渍化作用的特点，斜长石在碱性水成条件下的风化亦可叠加钙的积累。由表 7-17 可见，土壤中除 A 层含量甚微外，均含有大量碳酸钙，且以 B_1 层为最高，达 12%。由土壤粉末样品的 X 射线衍射（图谱 7-13）分析可知，B 层均有较高的 3.04、1.913、1.875Å 的方解石衍射峰，而 0.02N HCl 处理的样品中衍射峰消失。图为 A_1、B_1、B_2、C_1 层土壤样品的（112）特征峰 X 射线衍射扫描结果比较。由 3.04Å 峰强度对比的结果与化学分析结果很相一致。在 100 倍偏光显微镜下观察，碳酸盐在剖面上的形态是不一样的：A 层为方解石单粒，极稀少；B_1 层为灰泥质基质充填物，B_2 层为碳酸盐细粒，C_1 层为不规则碳酸盐凝团（见微形态图）。由此可见，碳酸钙在土层中的活动性甚大，在碱土形成中 B_1 层 Na 质黏土使碳酸钙重沉淀，B_2 层集盐使碳酸钙晶质析离，C 层受水成作用频繁而成凝团。

土壤剖面中碳酸钙含量分布和游离硅的趋势相一致，碳酸钙的积累有利于硅酸胶凝聚积。作者曾将 B_1 层结构体亚胶膜用 0.02N HCl 淋洗后在 100℃下变干，样品 SEM 图像表明，结构体表面的胶膜层仅局部溶蚀，凝胶状胶膜轮廓清晰（SEMH）。

5. 微形态特征（PM 观察）

薄片中土体主要是由 0.1~0.15mm 粒径的细砂，0.04~0.07mm 粗粉砂颗粒和细粒物质组成。细砂颗粒中多角形石英占优势。粗粉砂粒级中风化长石占优势，白云母很少。细粒物质主要是水云母等层状硅酸盐，多方解石晶粒和微晶。微形态特征主要讨论细粒物质的微垒结、微结构和碳酸钙特征。剖面上各层的微形态特征：

A 层 0~5cm　骨骼颗粒形成简单堆集孔隙，较均一，局部夹杂粉砂。50 倍镜下，颗粒面上见有黏粒腐殖胶膜，水云母细粒矿物呈空颗粒面薄层粗腐殖质析离。有的长石骨骼颗粒被具有明显双折射率的植物残体包裹。仅见有个别方解石晶粒。可见 A 层经淋溶和变干，胶溶物质下移和粗有机质残留（照片 7-31）。

B_1 层 5~12cm　骨骼颗粒包埋在致密的黏土-碳酸盐基质中；局部成空颗粒堆集。基质不均一，在骨骼颗粒面上黏土细粒物质呈定向排列，具中强度光性，骨骼颗粒间逐趋混浊。有三种明显不同的孔隙，正源孔内残留有半分解植物残体（照片 7-32）；植物根系有助于孔洞的形成。在致密的黏土碳酸盐基质中呈干裂多角形枝状裂隙（照片 7-33、照片 7-34）；大的偏源孔呈乳头状，边沿聚有光性弱的海绵状硅酸胶凝颗粒；由此可见，在碱性介质中，膨胀性黏粒矿物呈胶溶态，在骨骼颗粒面上沉积和定向排列（SEM I）；移动性碳酸钙在钠质黏土基质中淀积，因而细粒物质在骨骼颗粒面和基质内呈不均一的条块状析离。脱碱作用使硅酸溶出聚积，经脱水而在黏土结合力薄弱处形成枝状裂隙和乳头状偏源孔。植物根系使保留有正源孔洞，干枯于其中（SEM J）。

B_2 层 12~20cm　连接孔洞多，骨骼颗粒包埋在黏土和晶质碳酸盐基质中，呈凝聚状微团聚体。微团聚体堆集形成不规则正源孔洞。细粒物质主要呈晶质的和无析离物垒结（照片 7-35），因此，B_2 层主要是集盐过程，细晶质碳酸盐颗粒（0.06mm 大小）零星稀落于盐类微晶质基质中（照片 7-36）。

BC 层 35~45cm　多堆集孔洞和连接孔洞。骨骼颗粒为非均质的黏粒碳酸盐细粒物质胶结（照片 7-37）。局部可见骨骼颗粒与晶质微团聚体松散堆集。细粒物质在骨骼面上弱定向排列，呈空颗粒黏粒胶膜。基质中碳酸盐聚集薄弱处，多定向黏土集合体，伴有腐殖质浸染的棕色色彩（照片 7-38）。在连接孔洞壁有不连续的孔胶膜，定向性

照片 7 - 31　0~5cm（水平切面）简单
堆集孔多长石颗粒　正交偏光

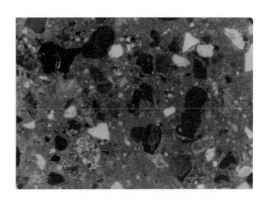

照片 7 - 32　5~12cm（水平切面）致
密黏粒－碳酸盐基质和非均质性，正源孔内
半分解植物残体　正交偏光

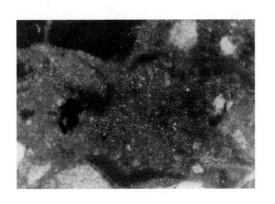

照片 7 - 33　5~12cm（垂直切面）致
密黏粒－碳酸盐基质中多角形枝状裂隙大的
偏源孔呈乳头状，边沿聚集（硅质）
凝胶颗粒　正交偏光

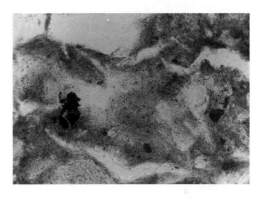

照片 7 - 34　5~12cm（垂直切面）致
密黏粒－碳酸盐基质中多角形枝状裂隙大的
偏源孔呈乳头状，边沿聚集（硅质）
凝胶颗粒　单偏光

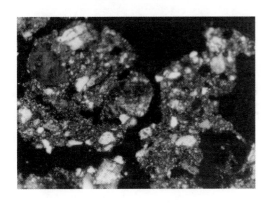

照片 7 - 35　12~20cm（水平切面）
亮晶质碳酸钙集块状和晶质－无离析
物的细粒物质垒结

照片 7 - 36　25~35cm（水平切面）
盐类和碳酸钙亮晶颗粒富集

较弱。可见 BC 层有腐殖质黏粒淋移和碳酸盐类浓聚（照片 7 – 39），是受土壤水下降流和底土水上升流平衡作用的结果。

C_1 层 56～78cm　孔隙主要为复合堆集孔和不规则正源孔。骨骼颗粒 – 黏土 – 微粒质碳酸盐胶结（照片 7 – 40）。碳酸钙凝团少的地方，细粒物质在骨骼颗粒面呈空颗粒黏粒胶膜，条纹消光形式。基质中碳酸钙多呈铁质化不规则凝团。土壤受有较频繁的水成过程。

C_2 层 100～110cm　组成不均，粉砂团和骨骼颗粒堆集，局部骨骼颗粒面隐晶质碳酸盐黏粒胶膜（照片 7 – 41、照片 7 – 42）。

照片 7 – 37　35～45cm（垂直切面）
正源孔壁隐晶质碳酸盐凝团和
弱骨骼颗粒细粒基质垒结

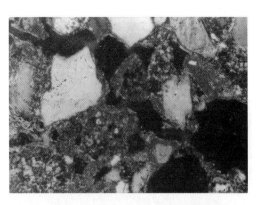

照片 7 – 38　35～45cm（垂直切面）
移动性黏粒胶膜和碳酸盐

照片 7 – 39　35～45cm（垂直切面）
移动性淀积黏粒胶膜

照片 7 – 40　56～78cm（垂直切面）
骨骼颗粒面细粒物质垒结和碳酸盐凝团

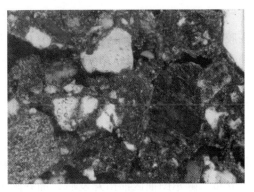

照片 7-41 100~110cm C₂ 组成不均，
粉砂团和骨骼堆集状弱骨骼颗粒面细粒
物质垒结 正交偏光

照片 7-42 100~110cm C₁ 局部骨骼
颗粒面细粒物质垒结 正交偏光

三、结论

1）供试地区土壤原生矿物主要是酸性花岗岩高度风化长石类产物，多斜长石（更长石）热液蚀变的绢云母化斜长石。成土风化过程绢云母化蚀变增强而多水化云母。成土地球化学过程导致黏粒组成分异：粗黏粒级绢云母化斜长石大量转化为水云母；水云母蛭石化和蒙皂石化；部分羟基镁嵌入膨胀性晶层。细黏粒含高度水化的水云母和蒙皂石蛭石混层物，此外尚有大量无序硅（铝）酸盐物质。

2）矿物主要转化序列为：

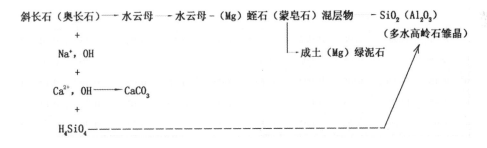

矿物–胶体–溶液平衡作用下形成　　Na 质膨胀性黏粒
　　　　　　　　　　　　　　　　碳酸盐（钙）重结晶
　　　　　　　　　　　　　　　　硅酸胶凝

3）微形态特征表明，土壤矿物胶体在碱性溶液上升流和下降流交替作用下，A 层水云母含量高，呈砂质空颗粒堆集，有无定形硅酸粉末富集，B₁ 层 Na 质化膨胀性黏粒矿物、活动性碳酸钙的再沉积和游离硅（铝）在结构体内和面上胶凝，B₂ 层多微晶质和细晶质碳酸钙等盐类析离，随剖面向下碱性增强，黏粒羟基 Mg 夹层含量亦高。BC 层移动性腐殖质黏粒胶膜和铁质碳酸盐凝团浓集。水云母蚀变为膨胀性层矿物及蒙皂石化无序混层更为显著。

4）注意控制长石的碱性水解过程，活化碳酸钙，机械改良淀积层，考虑 Mg 的潜在胶溶作用等因素可能有利于土壤盐碱化的防治（Rhoades，1978；Rhoades，1981；Shainberg et al.，1981；Alperovitch et al.，1986）。

第四节　大庆油田油井附近土壤污染及改良

大庆市地处松嫩平原闭流区最低洼部，海拔 140m 左右，微地形比较平坦，与位于萨隆尔图一带高阶地的平缓坡地上的碳酸盐草甸黑钙土、低洼地的盐碱土和草甸土成复区分布。萨尔图油区油田开发后，油井附近土壤板结，不长庄稼的情况，甚为普遍。

根据大庆市农业部门的介绍，我们在大庆市井下指挥部 21 号地进行了调查，该地为碳酸盐草甸黑钙土，成土母质为冲积湖积物，土壤熟化程度高，是发展蔬菜、粮食和饲料的基地。多年来，由于地下水大量开采和油井排放污水，地下水位升高，土壤进行着强烈的草甸化过程，土壤板结，既怕雨，又怕旱，群众反映"大水灌一次，一片白，翻地板结，等于要拆掉一个铧"。根据情况，我们采集了该地遭受污染的土壤（大庆 - 4 碳酸盐草甸黑钙土）进行黏土矿物和土壤微形态观察（照片 7 - 43 ~ 照片 7 - 50 和 SEMa、b）研究，探讨土壤板结的原因，寻求改良对策，结果如下：

一、大庆 - 4 采集地自然地理条件和剖面形态

大庆 - 4 采集地自然地理条件和剖面形态见表 7 - 1、表 7 - 2。

表 7 - 20　大庆 - 4　土壤阴离子组成

深度/cm	pH	碳酸盐/%	CO_3^{2-}		HCO_3^-		Cl^-		SO_4^{2-}		阴离子/%
			cmol/kg	%	cmol/kg	%	cmol/kg	%	cmol/kg	%	%
0 ~ 10	8.01	8.08	2.06	0.062	0.73	0.05	0.60	0.02	0.18	0.01	0.14
10 ~ 20	8.66	—	0.05	0.002	0.51	0.03	—	—	0.10	0.01	0.05
30 ~ 50	9.16	18.96	0.05	0.002	0.65	0.04	0.15	0.02	0.10	0.01	0.05
80 ~ 90	8.85	14.35	0.05	0.002	0.62	0.04	0.15	0.01	0.13	0.01	0.05
130 ~ 140	8.69	2.14	0.05	0.002	0.52	0.03	0.10	0.01	0.20	0.01	0.05

大庆 - 4　土壤代换性能

深度/cm	腐殖质/%	碳酸盐/%	碳酸钙（镁）%	吸收性阳离子/（cmol/kg）					碱化度/%
				Ca^{2+}	Mg^{2+}	Na^+	K^+	总量	
10 ~ 20	2.64	8.08	7.64	15.60	1.04	1.13	0.26	18.03	6.27
30 ~ 50	0.71	18.96	18.40	8.32	4.89	1.13	0.21	14.54	7.78
80 ~ 90	0.50	14.35	14.41	7.80	5.72	0.87	0.21	14.60	5.90
130 ~ 140	—	2.14	2.20	7.28	4.37	0.34	0.23	12.22	2.78

二、土壤盐分分析

由表 7 – 20 可以看出，土壤盐分为 0.3% ~ 0.4%，土壤 pH 值由表层 8.01 和 8.66 向下升到 9.08，碳酸盐含量表层 8.08%，B 层高达 20%，C 层下降为 2.2%，均是以碳酸钙为主，全剖面碱化度 < 10%，交换性 Ca 占交换性盐基总量 85%，明显受油田水的影响（图 7 – 7）。

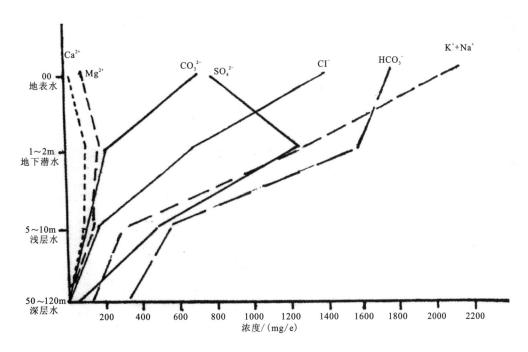

图 7 – 7　大庆油田地区各深度水盐分离子含量（根据大庆市土壤普查办资料）

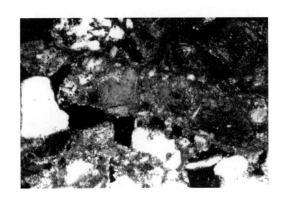

照片 7 – 43　泥晶质碳酸盐基质胶结
正交偏光 × 65

照片 7 – 44　细微晶质碳酸盐基质
正交偏光 × 65

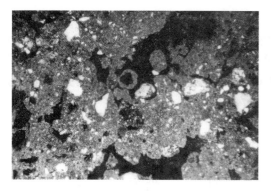

照片 7 - 45　细微晶质团聚块状体胶结　　　　　　照片 7 - 46　放大
正交偏光 ×26　　　　　　　　　　　　　　　正交偏光 ×65

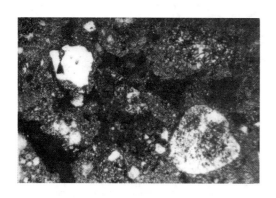

照片 7 - 47　骨骼颗粒解理面碳酸盐　　　　　　照片 7 - 48　方解石粗晶（0.1mm）
细晶（亮晶）形成物 ×65　　　　　　　　　　突起高 ×260

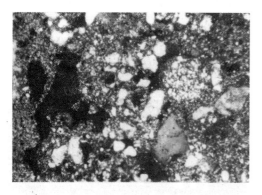

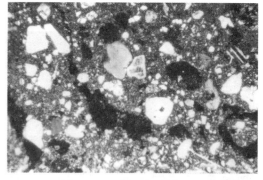

照片 7 - 49　碳酸盐黏粒基质和方解石珍珠晕　　照片 7 - 50　多碳酸盐悬膜和呈根毛状晶膜
中晶粒（孔边散晶）有凝聚半腐根 ×75　　　　　　　　　×26

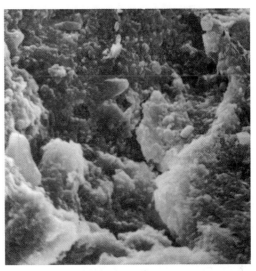

SEM a　10～20cm
泥晶质碳酸盐基质面×3000

SEM b　30～56cm
微晶质碳酸盐基质面×3000

三、微形态观察

由微形态观察可见（表7-21），土体碳酸盐活动性很强，A层基质为腐殖质-碳酸盐黏粒质，呈隐晶、微晶、细晶粒凝聚集合体，团聚面多扩散隐晶，石英和风化长石骨骼面由碳酸盐隐晶镶嵌成单一或复合结构体，碳酸盐隐晶凝团连结成多大小微孔的团聚状块体，有的团聚形体面为弱碳酸盐松散微团聚体或碳酸盐微晶。

B层基质为强碳酸盐黏粒质，碳酸盐和黏粒凝聚成致密的粉砂质微晶粒胶结物均一的微晶质碳酸盐-黏粒物质与骨骼颗粒，包膜填隙胶结成局部黏连的团聚形块体，个别孔洞面有骨骼颗粒大小的嵌晶和嵌晶集合体，大石英骨骼面裸露，骨骼颗粒间孔面基质有溶蚀，微孔面微晶质碳酸盐稀落，由基质向微孔呈扩散状。有的团聚体碳酸盐富集处有 Fe-Mn 斑凝团面，边缘整齐，土层受有频繁临时持水作用。

BC层基质为强碳酸盐黏粒质，基质中碳酸盐为均匀分散、不呈弥散状的大小细晶，粗骨骼颗粒为微晶凝团凝聚成局部相连的团聚形块体；孔洞中有嵌晶（0.07～0.03mm），碳酸盐基质经受溶解和重结晶，孔面微晶质和基质形貌相同，轮廓清晰，碳酸盐富集处有晕状铁锰凝团，碳酸盐稀薄处较大骨骼颗粒面有不连续的淀积黏粒胶膜或呈亚胶膜状弱定向黏粒胶膜，部分淀积作用特征为碳酸盐掩蔽，也均受有地下潜水频繁活动影响所致。

由上述可见，由于油井大量排放油气床污水，使土壤基质中碳酸盐处于不断的溶解和重沉淀过程，油气床污水中主要含 $NaHCO_3 + CO_2$（图7-7），形成碳酸盐泥质化（隐晶和微晶）。土壤溶液在 pH 值和 CO_2 分压高时，HCO_3^- 活度增大，可使硅酸盐矿物面硅和盐基活化，二氧化硅络合物浓度增大，使土壤基质强碳酸盐黏粒质和有泥质化凝团形成，表土层腐殖质-碳酸盐-黏粒质在干湿交替中形成具多角孔面的团聚形块体；

表7-21 碳酸盐草甸黑钙土（大庆-4）微形态特征

土层	基质	骨骼颗粒	细粒物质	孔隙	有机物质	结构性	黏粒形成物	新形成物
10~20A	棕褐色，4/10，细砂粉砂质絮凝基质，填隙和斑晶嵌埋状	中粉砂多（0.01~0.02mm），砂粒级较多（0.1~0.2mm），半磨圆形，粗粉砂少（0.03~0.05mm），石英多，泥浊化长石，铁质化长石	腐殖质碳酸盐-黏粒质，细粒物质针点状集聚，或稀疏弥散分布，局部呈雾状隐晶凝团（内含细晶微质）（照片7-31，SEMa）	复合颗粒和单粒形成的堆集性孔沟（多0.1~0.3mm），微孔和孔道面多絮状隐晶质泥晶	棕色，半分解植物根和断面较多半分解暗棕色有机质和碳酸盐黑色碳化体，碳酸盐-腐殖质团凝体，褐色凝粒分布不均一	不明显的疏松团块体（一、二级），在碳酸盐繁殖团聚体周围有弱腐殖碳酸盐松散微凝形体	silasepic	自生方解石颗粒（0.06mm），有的呈节肢动物的生物岩，有的光性已减弱而呈细晶、微晶、隐晶质
30~50B	浅灰棕，4/10，细砂-粉砂质絮凝基质，包膜填隙状	解理面清晰的条纹长石和斜长石堆集状，均匀分布不一致	强碳酸盐细晶黏粒质和碳酸盐微粒较上层多且大，均匀分布（照片7-33，SEMb）	复合堆集孔洞多呈角形和不规则大小沟孔洞和孔道，孔面多微晶质碳酸盐，轮廓清晰	极少	轮廓清晰的团块和多级团聚块体	silasepic	均一的碳酸盐微晶基质面孔具自生自晶方解石（0.06mm）集合体，有的边缘由大而小直至弥散，并见藻类和节肢类生物岩
80~90BC	浅灰棕，4/10，细砂-粉砂质絮凝基质，不均一，实填隙状	砂-粉砂（较少）堆积层理性	强碳酸盐微晶细晶黏粒质	堆集孔洞和大小沟孔，圆形多，孔边多嵌晶（照片7-35、照片7-36）		由大凝聚小裂隙分割的致密团块状体，多级团聚轮廓清晰	silasepic 不明显的 skelsepic 局部 asepic	碳酸盐浓聚的基质上见有褐色的Fe、Mn上凝团轮廓明显，方解石颗粒较上多，Fe、Mn浓聚较上多，呈晕状凝团，分布不均一（照片7-37）
130~140C	棕色，3/10 或 4/10，细砂-粉砂絮凝质黏结基质，不均一，紧实填隙孔	砂-粉砂粗骨或细砂-粉砂砾包埋嵌排列和孔隙呈层理性	铁质弱碳酸盐黏粒质，局部多为铁质碳酸盐黏粒质	细圆孔和偏圆孔，仅微孔面有一定向黏粒或充填为铁质碳酸盐菌粒，悬膜黏接孔壁光滑清晰（照片7-38）		致密块状体和团聚形体胶结	silasepic skelsepic 较上显（碳酸盐稀少处）	碳酸盐成隐晶质的大圆团聚体，铁质凝聚物和铁质化长石较多

干湿条件相对较稳定的 30~50cm B 层，则多细晶，孔面半溶蚀中晶较多，孔间粗晶少，碳酸盐基质致密聚结。土壤碱度和碱化度低，交换性钙占交换性盐基总量 60%~80%。B 层交换性钙高达近 60%，交换性镁则高达 40%，至 130~140cm C 层，碳酸盐含量下降到 2%，孔边多碳酸盐悬膜，140cm 为白砂堆积块层，碳酸盐草甸黑钙土半水成作用受地下上升水作用较弱。

根据以上分析，土壤板结是由于土壤中碳酸钙、镁导致土壤理化性质恶化的结果，弱矿化的油、气污水灌溉是引起土壤中碳酸钙、镁富集的主要原因。因此，断绝污染源是首要的。对于已板结的土壤改良，则以消除土壤中碳酸钙、镁的不良影响为主，或根据条件采取种草、种稻等有效利用土壤中碳酸钙、镁的生物改良措施。

第八章 褐 土

本区褐土是华北褐土带的延伸，主要分布于辽西低山丘陵与昭盟玄武岩高原地区，为棕色森林土与栗钙土过渡地带。辽宁褐土主要分布在辽西地区，大致以医巫闾山和松岭山地为界（图8-1）。

本区的生物气候条件具有以下特点：

1）大陆性暖温带半湿润季风气候，由于东南季风向西北递减，春干风大，夏季炎热多雨，冬季寒冷干燥，年降水量451~637mm，年平均温度7.5~9℃，干燥度1.0~1.3，由西北至东南而增加。西部低山丘陵区干燥度<1，具有明显的大陆性气候，属半干旱类型。

2）地势由西北辽西低山丘陵包括朝阳、阜新、北票盆地和建平高原北部地区向东南辽河平原倾斜，海拔由800~700m，至200m；松岭山脉斜卧在北票至建昌一带，在阜新至建昌一带，大部分是古地层割切破碎的低山丘陵，并厚积黄土，海拔一般在300~500m；至阜新、朝阳、建平西南部，一直到下辽河平原西北侧山前倾斜平原呈山前扇裙地、坡洪积裙和河谷阶地的规律分布。

3）成土母质以黄土和黄土状沉积物为主，主要分布于辽西地区的丘陵和盆地，辽南（甘井子等）亦有零星分布；砂黄土主要分布在建平、北票和阜新以北，其次为石灰岩、钙质砂质岩等风化物的残积、坡积和洪积淤积物等；丘陵中上部则多花岗片麻岩残坡积物。自然植被多为原始森林植被遭受长期破坏后的次生植被，现多辟为牧场或农地。

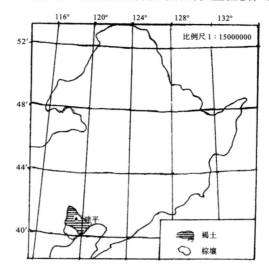

图8-1 供试土区位置示意图

注：本书的褐土、棕壤及红黏土主要分布在辽宁省，作者参加了辽宁省全国第二次土壤普查，提供了土壤黏土矿物及微形态等资料，并参与了该书土壤黏粒矿物及微形态章节的编写，在本书中引用了《辽宁土壤》一书中部分分析数据。

4）土壤：由于区域性成土母质、水热条件和淋溶程度的差异，形成不同的褐土类型，棕色森林土极不典型。从西部半湿润区向东部湿润区，淋溶强度增大，而为碳酸盐褐土－普通褐土－淋溶褐土等。碳酸盐褐土主要分布在阜新、朝阳北部，从河谷到山顶起伏和缓的黄土梁地区，母质为风积砂黄土，处于砂土到黄土之间，为砂质壤土，$CaCO_3$ 含量一般在 4%～12%，通体均为菌丝状钙质新生体，从上层往下层增强，B 层多呈棕白色，有机质含量很低。普通褐土是重要耕种土壤，主要分布在黄土丘陵的平坦阶地。母质主要为黄土和黄土性冲积物，覆盖厚度不大，因受附近岩屑的影响，常掺有极少量粗砂级颗粒。黄土母质极细砂和粗粉砂占很大比重（50%～60%），粒度极为均匀，黏粒 <1μm 含量在 25%～30%，辽西的黄土略偏砂，辽东的粗粉砂多些。普通褐土的淋溶作用较碳酸盐褐土强，有明显的钙积层，出现部位多在 130～200cm，土壤 pH 值 8.4～8.6，黏化层比较明显，某些石灰岩、菱镁矿残坡积物母质上的钙镁质褐土亦归属于此。淋溶褐土主要分布在辽西海拔 700～1000m 的低山坡下部和丘陵顶部，地形部位比普通褐土高，成土母质主要为黄土、黄土状沉积物。剖面中的碳酸钙淋失，无钙积层，多在 2m 以下有石灰反应或斑点状石灰新生体。本章试图从西部半湿润区向东部湿润区八个土壤剖面的黏土矿物组成和微形态特征，探讨褐土形成中的微过程。

第一节　土壤的自然地理条件特征

一、土壤的成土条件特征

土壤的成土条件特征见表 8－1。

表 8－1　土壤的自然地理条件特征

土壤	剖面号	采集地点	地形与地下水位/m	母质	海拔/m	植被与利用
碳酸盐褐土	辽－48	阜新市西北于市他本套力改村靠近内蒙古沙丘	坡洪积裙前缘，240m（牤牛河支流下切深 10 余 m）1.2m 以下为红棕色古土壤层	砂黄土厚 4～5m	240	农地（高粱）（侵蚀严重）
碳酸盐褐土	辽－53	建平县北北马场插花营子	高平原（直接覆盖在冲积洪积地层）	砂黄土，4～5m	530	草场，小灌木丛
淋溶褐土	辽－61	凌源西宋杖子欺天村	山前倾斜平原前缘 20～30m	壤质黄土状沉积物	450	农地（高粱）
淋溶褐土	辽－88	义县西头道河子王家沟	河谷高阶地	壤质黄土状沉积物	200	灌丛
淋溶褐土	辽－54	锦西县西黄土坎	高台地，10 余 m（中度侵蚀）	壤质均质黄土状沉积物，7～8m	190	农地（玉米）
淋溶褐土	辽－63	大连市甘井子革镇堡	丘陵台地	砂壤质黄土状沉积物	150	灌草
普通褐土	辽－67	朝阳凤凰山中寺	低山中上部西北坡 15°	碳页岩和石灰岩	400	栎槭椴落叶阔叶林
普通褐土	辽－69	宽甸石湖沟	低丘东南坡 8°	菱镁片岩残积坡积物	440	胡枝子，灌丛，刺槐

注：为国际 14 届土壤学会东北地区野外考察汇编资料，1990。

本区的褐土、棕壤及红黏土主要分布在辽宁省境内，作者参加了辽宁省第二次土壤普查的野外调查，提供了黏土矿物和微形态等资料。在《辽宁土壤》书中承担了"黏土矿物和微形态"编写，本书的棕壤、褐土及红黏土等章节，引用了部分调查和分析数据。

二、土壤的剖面形态特征

土壤的剖面形态特征见表8-2。

表8-2 主要土壤剖面形态特征

剖面号	土层深度/cm	颜色	结 构	结持力	石灰反应	pH	根系
辽-48	0~16	浊橙	屑粒	疏松	强	8.4	少
碳酸盐	16~36	浊橙	块状	较疏松	强	8.3	稍多
褐土	36~53	浊橙	块状	稍紧实（多孔隙）	强	8.3	少
（自然断面）	53~81	浊橙	块状（面上石灰斑点）	稍紧实	强	8.2	很少
	81~120	浊橙	块状（面上石灰少量）	较紧实	强	8.2	很少
	120~160	亮红棕	块状（面上石灰极少）	较紧实	强	8.2	—
辽-53	0~20	棕	屑粒-块状	疏松	强	8.1	多
碳酸盐	20~45	黄棕	块状（面上假菌丝体5%）	稍紧实	强	8.1	少
褐土	45~65	亮黄棕	块状（面上假菌丝体10%）	紧实	强	8.1	—
（自然断面）	65~160	亮黄棕	块状（面上假菌丝体15%，石灰结核）	紧实	强	8.2	—
	160~255	浊黄橙	块状（面上假菌丝体少量）	稍紧实	强	8.2	—
辽-61	0~20	浊棕	屑粒-块状（面上黏粒胶膜）	疏松	无	7.4	须根多
淋溶褐土	20~80	暗棕	棱块（面上黏粒胶膜）	紧实	无	7.8	少
（农地）	80~130	棕	小棱块（面上黏粒胶膜）	紧实	无	7.8	—
	130~205	亮棕	大棱块（面上黏粒胶膜）	紧实	无	7.6	—
	205~250	浊橙	大棱块（面上黏粒胶膜）	紧实	强	8.0	—
辽-54	0~23	棕-浊棕	屑粒-块状	较疏松	无	7.9	须根多
淋溶褐土	23~81	浊棕	棱块（面上黏粒胶膜）	紧实	无	7.9	少
（农地）	81~138	棕-浊棕	棱块（面上黏粒胶膜较多）	紧实	无	7.5	—
	138~193	浊橙	棱块（面上黏粒胶膜）	紧实	无	7.2	须根多
	193~295	浊橙	棱块（面上黏粒胶膜）	紧实	无	7.0	—
辽-67	2~12	浊棕	粒状	疏松	无	7.6	多
普通褐土	12~34	浊棕	粒状	疏松	无	8.0	多
（林地）	34~59	亮棕	棱块（多岩屑块）	稍紧实	无	8.0	少
	59~87	淡黄橙	多岩屑块	稍紧实	强	8.1	—
	87~137	灰白	多岩屑块	紧实	强	8.1	—
	137→	灰白	半风化白云质灰岩				—
辽-69	0~15	黑棕	屑粒（多岩屑）	疏松	无	7.8	多

剖面号	土层深度/cm	颜色	结　构	结持力	石灰反应	pH	根系
灌木林地	15 ~ 43	黑棕	粒块状	较疏松	无		
—	43 ~ 67	淡黄橙	块状	较紧实	强	7.7	
	67 ~ 79	灰白	片理结构（半风化物）面有棕色胶膜				
	79 ~ 100	滑石菱镁片岩	表面有碳酸盐淀积				

第二节　土壤的物理、化学性质

一、颗粒组成

剖面辽 - 48　自然断面，母质粒度相当均一，均为砂质壤土，细砂粒级占 70% ~ 80% 以上，含 < 2μm 黏粒 13% ~ 14%，120cm 以下为砂质黏壤土，细砂粒级（0.2 ~ 0.02）仍占 65% 左右，土壤 pH8.2 ~ 8.4（表 8 - 3）。

剖面辽 - 51　自然断面，母质属砂质黏壤土，粒度较均一，< 2μm 黏粒为 21% ~ 20%，160cm 以下为砂质壤土，土壤 pH8.0 ~ 8.2。

剖面辽 - 61　母质为壤质黏土，除表层含石砾外，土层厚达 4m，粒度均一，土壤表层有机质含量较高，< 2μm 黏粒占 23% ~ 35%，极细砂粒、粉砂和黏粒含量相当，土壤 pH7.4 ~ 8.0。

表 8 - 3　土壤机械组成

剖面号	深度/cm	石砾占总重% 石砾/mm >2.0	颗粒（粒径）/mm				质地名称
			2.0 ~ 0.2	0.2 ~ 0.02	0.02 ~ 0.002	< 0.002	
辽 - 48	0 ~ 16	0	4.8	734.8	128.0	132.4	砂质壤土
	16 ~ 35	0	366.3	371.0	114.8	147.9	砂质壤土
	35 ~ 53	0	4.9	745.2	117.4	133.5	砂质壤土
	53 ~ 81	0	6.6	773.1	87.7	133.2	砂质壤土
	81 ~ 120	0	7.6	793.5	87.6	111.2	砂质壤土
	120 ~ 160	0	25.3	683.2	127.4	164.1	砂质黏壤土
辽 - 51	0 ~ 20	0	25.6	579.4	183.0	212.0	砂质黏壤土
	20 ~ 45	0	16.9	608.1	156.9	218.1	砂质黏壤土
	45 ~ 65	0	13.4	603.2	174.5	208.9	砂质黏壤土
	65 ~ 160	0	9.0	562.5	206.6	221.9	砂质黏壤土
	160 ~ 255	0	55.1	656.6	129.8	158.5	砂质黏壤土
辽 - 61	0 ~ 20	27.3	38.6	463.4	268.0	230.0	砂质黏壤土
	20 ~ 80	0	23.1	332.9	292.0	352.0	壤质黏土
	80 ~ 130	0	14.5	324.5	324.0	337.0	壤质黏土
	130 ~ 205	0	15.5	338.5	358.0	288.0	壤质黏土

剖面号	深度/cm	石砾占总重% 石砾/mm >2.0	颗粒（粒径）/mm				质地名称
			2.0~0.2	0.2~0.02	0.02~0.002	<0.002	
	205~250	0	15.3	429.4	291.9	263.4	壤质黏土
辽-88	0~17	0	28.1	609.0	185.0	177.0	砂质黏壤土
	17~35	0	23.4	578.6	190.0	208.0	砂质黏壤土
	35~87	0	6.7	399.3	322.0	272.0	壤质黏土
	87~154	0	20.5	428.5	266.0	285.0	壤质黏土
	154~177	0	15.4	479.6	249.0	256.0	壤质黏土
	177~300	0	14.3	558.0	228.8	198.9	壤质黏土
辽-54	0~23	153.0	78.0	487.0	239.0	196.0	砂质黏壤土
	23~81	0	21.8	372.2	382.0	224.0	黏壤土
	81~138	0	1.1	324.9	352.0	322.0	壤质黏土
	138~193	0	7.7	303.3	390.0	306.0	壤质黏土
	193~295	0	0.5	279.5	440.0	280.0	壤质黏土
辽-69	0~15	0	166.4	394.6	343.0	96.0	砂质壤土
	15~43	497.5	217.8	299.9	304.0	179.0	黏壤土
	43~67	0	101.8	391.2	268.0	239.0	黏壤土

剖面辽-88　全剖面均为壤质黏土，以细砂粒为多，<2μm 黏粒占 17%~29%，在剖面上分异较大，土壤 pH7.1~8.0。

辽-54　母质为黄土状沉积物，主要为壤质黏土，<2μm 黏粒占 20%~32%，逐渐过渡，在淀积层 81~138cm 最高。极细砂粒级约占 30%~45%，70% 左右为石英；正长石和斜长石各半，并有少量黑云母、角闪石和不透明矿物。0~23 和 23~81cm 重矿物较多，主要为磷灰石。斜长石相对含量在剖面上的分异也较明显。

辽-67　母质为砂页岩和石灰岩，剖面上部 0~10、10~23cm 是坡积的混合岩物质构成，32~57cm 大部分为混合岩粗粒碎屑物质；下部 57~85、85~135cm 是石灰岩风化物。剖面粒度分异明显：表层极细砂含量高达 30%~40%，石英占绝大多数，超过 80%，随剖面向下骤减，见有重矿物磷灰石和锆石，底层 85~135cm 多石灰岩大小碎块，极细砂粒级中以斜长石为主，石英少。

辽-69　母质为菱镁片岩残坡积物，<2μm 黏粒含量 9.6%~24%，由上而下逐渐增高，43~67cm 为灰白色钙镁碳酸盐层。

辽-63　母质为黄土状沉积物，全剖面均为砂质黏壤土，逐渐过渡，<2μm 黏粒含量为 12%~20%，在剖面上的分异明显。土壤 pH 为 7.1~7.7，表层有机质含量 14.4g·kg^{-1}。

二、土壤的一般物理化学性质

土壤有机质含量低，一般在 15g·kg^{-1} 左右，发育在砂黄土母质上的碳酸盐褐土（辽-48）尤低，达 7.2g·kg^{-1}；仅义县河谷高阶地黄土状沉积物上的土壤（辽-88）

达 $20g \cdot kg^{-1}$，钙镁质褐土则在 $40g \cdot kg^{-1}$ 以上（表 8-6）。

土壤呈弱碱性，碳酸盐褐土 pH 值高达 8.4，$CaCO_3$ 含量最高可达 $94g \cdot kg^{-1}$，pH 值与 $CaCO_3$ 含量成正相关。

土壤交换量与黏粒含量成正相关，并与黏粒矿物组成有关，辽-61 和辽-88 壤质黏土为最高。盐基饱和度和土壤中 $CaCO_3$ 淋溶程度直接相关。交换性盐基以 Ca 为主，辽-61 交换性 Mg 和 K 较显著，辽-63 底层中交换性 Na 高可能受异质海相沉积物的影响（表 8-4）。

表 8-4　土壤的一般化学性质

剖面号	深度/ cm	pH （水浸）	碳酸盐/ $g \cdot kg^{-1}$	交换量/ $[cmol（+）\cdot kg^{-1}]$	交换性盐基/ $[cmol（+）\cdot kg^{-1}]$				盐基饱和度/ %
					Ca^{2+}	Mg^{2+}	K^+	Na^+	
辽-48	0~16	8.4	93.7	12.08	11.60	0.23	0.18	0.07	100.00
	16~35	8.2	94.1	12.47	11.99	0.29	0.14	0.12	100.00
	35~53	8.2	71.5	12.10	11.58	0.27	0.14	0.11	100.00
	53~81	8.2	68.1	11.95	11.32	0.27	0.25	0.11	100.00
	81~120	8.2	69.5	11.80	11.28	0.29	0.13	0.10	100.00
	120~160	8.2	55.8	11.83	11.03	0.50	0.18	0.12	100.00
辽-51	0~20	8.1	29.0	17.45	16.93	0.23	0.18	0.11	100.00
	20~45	8.1	50.9	16.36	15.84	0.25	0.14	0.13	100.00
	45~65	8.1	76.0	18.04	17.37	0.24	0.30	0.13	100.00
	65~160	8.2	85.2	14.33	14.21	0.29	0.24	0.09	100.00
	160~255	8.2	60.1	14.15	13.35	0.43	0.26	0.11	100.00
辽-61	0~20	7.5	19.6	22.56	17.87	3.91	0.57	0.21	100.00
	20~80	7.8	21.2	30.09	24.72	4.61	0.44	0.32	100.00
	80~130	7.8	21.1	29.76	22.69	4.01	0.51	0.25	92.27
	130~205	7.6	23.5	29.61	21.14	1.13	0.54	0.29	78.01
	205~250	8.0	83.8	22.89	18.96	3.13	0.62	0.18	100.00
辽-88	0~17	7.8	24.9	18.46	16.20	1.64	0.54	0.08	100.00
	17~35	8.0	24.1	18.94	16.86	1.71	0.24	0.13	100.00
	35~87	7.9	26.8	23.60	19.36	3.52	0.34	0.38	100.00
	87~154	7.2	22.5	26.46	20.56	3.34	0.35	0.54	93.69
	154~177	7.1	21.4	25.04	19.70	2.04	0.26	0.48	91.21
	177~300	7.8	38.4	20.64	19.45	0.68	0.22	0.29	100.00
	300~350	7.3	29.2	—	—	—	—	—	—
辽-63	0~12	7.2	15.2	15.96	12.55	2.75	0.49	0.17	100.00
	12~38	7.6	15.9	11.17	8.39	1.69	0.13	0.17	92.93
	38~54	7.7	13.5	15.61	11.67	2.88	0.21	0.23	95.96
	54~180	7.6	14.3	14.18	10.29	1.50	0.21	1.84	97.60

剖面号	深度/cm	pH（水浸）	碳酸盐/(g·kg^{-1})	交换量/[cmol（+）·kg^{-1}]	交换性盐基/[cmol（+）·kg^{-1}]				盐基饱和度/%
					Ca^{2+}	Mg^{2+}	K$^+$	Na$^+$	
	180～230	7.1	12.3	20.07	12.81	1.53	0.35	5.38	100.00
辽 - 54	0～23	7.9	17.0	16.75	12.71	3.13	0.34	0.15	97.49
	23～81	7.9	17.7	23.54	14.22	6.85	0.33	0.24	92.18
	81～138	7.5	18.1	25.60	14.82	6.87	0.45	0.46	88.28
	138～193	7.2	21.1	26.90	13.75	6.97	0.44	0.50	80.52
	193～295	7.0	20.2	25.92	13.55	7.58	0.37	0.45	84.68
辽 - 67	0～10	7.6	17.4/5.6*	22.28	19.13	2.53	0.54	0.08	100
	10～32	7.9	8.6/3.1	14.66	12.63	1.77	0.20	0.06	100
	32～57	8.0	9.9/5.7	10.95	8.15	2.26	0.17	0.07	100
	57～85	8.1	160/130	9.48	6.88	2.45	0.08	0.05	100
	85～135	8.1	310/136	6.66	3.21	3.36	0.04	0.05	100
辽 - 69	0～15	7.8	8.0/39.2	20.88	1.13	11.36	0.24	0.15	100
	15～43	7.6	5.8/37.1	11.55	3.08	8.25	0.07	0.15	100
	43～69	7.7	6.9/133	19.84	3.40	16.03	0.13	0.26	100

* 分子和分母分别为 CaCO$_3$ 和 MgCO$_3$ 含量。

第三节　微形态特征

一、发育在富钙黄土上的石灰性褐土（辽 -48）

全剖面直至 160cm 骨骼颗粒组成一致，多石英、风化正长石和（中性）斜长石、白云母。基质比 0.15～0.2，为黏粒质 - 细砂质垒结疏松堆集。细粒物质为碳酸盐 - 黏粒质，粗细颗粒呈包膜 - 接触胶结，也有呈架桥 - 包膜状的。成土物质为风成来源，骨骼颗粒含等大自生方解石，它们在土体中的分布状况：A 层亮晶有部分溶蚀，成细晶和微晶集合体→半分解植物体晶膜，团聚体泥晶。Bk$_1$ 层由亮晶→扩散的细晶、隐晶集合体→根孔壁晶膜、晶环和有机残体晶簇，Bk$_2$ 层由亮晶、隐晶集合体→根孔壁隐晶霜→小孔洞针状晶霜相连。Bk$_3$ 层由亮晶、隐晶集合体→根孔壁泥晶多孔斑块体→大小孔洞隐晶质晶霜相连。基质中碳酸盐活动随剖面中湿度增大有所增强。石灰性褐土在半干旱条件下方解石活化和根毛作用密切有关。

1）A（0～16cm）：浊橙色（7.5YR7/4），平行光下为均匀的棕白色，由碳酸盐所致。骨骼颗粒基本上呈半磨圆形，主要为 0.05mm 大小砂粒，有极少量大至 0.08mm，小至 0.02mm 的颗粒，分布均匀。矿物组成主要是石英、半风化正长石、白云母、（中性）斜长石；微斜长石、黑云母、磁铁矿、磷灰石、锆石、角闪石均个别可见。方解石亮晶与骨骼颗粒等大，部分溶蚀或重晶，镶嵌于细粒物质中并见半风化颗粒（照片 8 -2）。细粒物质为碳酸盐 - 黏粒质少，大量隐粒质和微粒质镶嵌于少量黏粒物质中，分布不均一。黏粒物质呈斑点状，碳酸钙稀薄处在 200 倍下见有骨骼颗粒面定向黏粒（也有细粒云母）；浓厚处色白，多在 mm 级根孔成碳酸盐膜，向基质逐渐扩散。有机质弱分解性，生物孔隙中均填有未分解浅棕色禾本科植物根，根切面纤维素呈双折射；棕色半分解残体上有隐晶碳酸盐和微粒质方解石（照片 8 - 1）。微结构不甚均一，骨骼颗粒简单堆集成具孤立孔隙的微结构区，隐晶质碳酸盐和细粒物质包被或桥连成海绵状微结构区。骨骼颗粒堆集间隙孔呈棱角形，颗粒大小接近；圆形、椭圆形孤立根孔多为 0.2 ~ 0.5mm。有的孔壁由于碳酸盐溶蚀骨骼颗粒自基体外突，大孔道外突尤甚。土体发育成松散的不明显的 0.2mm × 0.2mm 规则微团聚形体，表面为骨骼颗粒面，故不平整，含中量碳酸盐基质处团聚体较明显；含大量碳酸盐泥晶处则密实成片，形成大团聚体。

2）Bk₁（36 ~ 53cm）：浊橙色（7.5YR7/4），平行光下为棕白色，致密垒结，也有呈包膜状胶结的。细粒物质呈斑点状，中量和大量微晶和隐晶质碳酸盐镶嵌于细粒物质中，有机质很少。土体为具孤立孔隙和孔道的多孔微结构体，孔隙大小与骨骼颗粒相近似，多不明显的团聚形块体。有方解石环状物，即根毛外石灰管，孔壁上为微粒质向基质扩散，根孔中有有机残体和针状晶霜簇（照片 8 - 3）。有个别方解石斑块（0.1mm × 0.1mm），内孔面微粒质，表面晶霜簇。

3）Bk₂（80 ~ 95cm）：土体和上层相似，较密实，多为颗粒堆集孔隙，团聚体不明显。基体中有隐晶质和粗晶质（大于 0.1mm）干涉色高方解石，圆形、椭圆形根孔壁有隐晶质晶霜，大小孔洞由针状晶霜相连接（照片 8 - 4）。

4）Bk₃（120 ~ 160cm）：亮红棕色（5YR5/6），土体较密实，仅局部为海绵状多孔微结构体。基体中含干涉色亮方解石亮晶粒和多砂粒级大小的颗粒。多 0.3mm × 0.7mm 微细粒质斑块体（照片 8 - 5）。基质隐晶质方解石组分减少，仅在大孔洞见由隐晶质晶霜相连（照片 8 - 6）。矿物颗粒面上有棕褐色铁锰质浓聚物。

二、发育在砂岩白云岩上的石灰性褐土（辽 - 67）

全剖面骨骼颗粒组成明显不一致，上两层是砂页岩物质组成，有石灰岩掺入，下层是白云岩屑，上层基质 - 凝聚状，有方解石生物岩积累；亚表层除大量砂岩屑外，微粒质方解石较多，成凝聚团块；基质无光性定向黏粒析离，仅细粒云母在骨骼颗粒面积附，见有方解石铁质化；下层白云岩溶蚀部分边缘铁质化。

1）腐殖质层 A（0 ~ 10cm）：浊棕色（7.5YR5/3），平行光下为浅褐色，粉砂 - 细粒质，基质比 5，填隙 - 嵌埋胶结形式，较均一。骨骼颗粒的棱角较明显多 0.03 ~ 0.05mm 大小颗粒；石英多，有的正长石和斜长石颗粒面有褐色和暗黑色铁质浓聚物；细黑云母不少，有的黏附在骨骼颗粒面上。此外，并有磷灰石、锆石、方解石颗粒及石灰岩岩屑。细粒物质呈细针形 - 细鳞片形较多，轮廓清晰；密实处为亮棕色腐殖质，不均一浸染基质；在骨骼颗粒面呈各向异性，是细粒云母在颗粒面积附所致。植物根少，主要为粗根。基体中常可见得半发解残体；弯曲形大孔道（多为 0.1 ~ 0.3mm）和裂隙分离土体为大小碎裂微结构体，局部为团聚化的微结构体。不规则形块体的结构很不一，大块体腐殖质少，颗粒清晰；小块体发育成不规则的 0.2mm 小团聚体（照片 8 - 7）。团聚体面棕色腐殖质浓聚，孔隙度大，孔壁土体未变性。基质中除有细粒质方解石外，并见有薄壁细胞间充填钙质的生物岩（照片8-7）。

2）过渡层AB（10~32cm）：浊棕色（7.5YR5/4）平行光下为淡褐色，粗粉砂-细粒质，较不均一，基质比6；局部亮白色，多白云岩岩屑及半风化物，填隙-嵌埋胶结形式。骨骼颗粒呈棱角形，较少和小。石英颗粒减少，颗粒面较光滑清晰。常见0.01mm方解石微晶，细方和长条形滑石。白云岩岩屑部分溶蚀或裂隙面铁质化。黏粒质细粒物质呈浅褐色，细针状和纤维状集合体较多，解理面干涉色较低，消光和解理面并行，轮廓清晰，基质中腐殖质少，仅大孔道中见有亮棕色未分解根系和大的根截面（照片8-8）。岩屑间有被啃食的幼根内含动物粪粒。团聚体大小差异很大，面不平整，内多溶蚀中孔，由钙质腐殖质-黏粒物质黏连，亦见有根截面草酸钙生物岩。

3）母质层（60~103cm）：灰白色（10YR8/2），基质比5，石英少，滑石、斜长石和正长石较多，主要为白云岩岩屑，多方解石亮晶，片状解理滑石，部分孔洞和裂隙面方解石风化成粒状集合体铁质化（照片8-9）。

三、发育在脱钙黄土上的淋溶褐土（辽-61）

全剖面除表层杂有砂粒和中性岩屑外，直至300cm骨骼颗粒组成基本相一致，多正长石和黑云母，基质比0.3~0.4，粉砂-黏粒质基本垒结；随剖面向下黏粒质有所增加。A层正长石和黑云母含量较高，细粒物质多针点状绢云母，为弱度腐殖质-铁锰质细粒物质，团聚块体孔间弱分解有机质少；AB层弱碳酸盐细粒物质呈弱度光性定向形式，孔隙多为淋洗型；B层80~130cm黏粒淋移弱、淀积黏粒成不连续条纹状光性定向形式，黏粒弱铁质化。常见大小黏粒体沉积在与骨骼颗粒（正长石、黑云母）解理面的凝聚块体。205cm以下的Bca层砂粒骤增，骨骼颗粒堆集，具沉积特征，隐晶和微晶质碳酸盐多在较大根孔壁聚集成较厚晶管。黑云母和铁镁质矿物在土体中风化和聚铁较明显，剖面受有石灰岩-安山岩岩屑掺入。黏粒定向性不明显，应是半干旱碳酸盐土壤富含膨胀性黏粒矿物的微形态特征，表土骨骼颗粒黏附干缩弯曲分离的非淀积黏粒物质亦可能与风积砂有关（Allen，1985）。

1）A（0~20cm）：浊棕色（7.5YR5/4），平行光下为均一的浅棕褐色，细粒-粗粉砂质。包膜-填隙状胶结形式；骨骼颗粒棱角较明显。石英较少，多正长石和黑云母，并有角闪石、绿帘石等，长石颗粒轮廓清晰，铁质化和质化不多。石灰质岩屑多磁铁矿-斜长石微晶和正长石（照片8-10）。细粒物质呈淡褐色，多细云母，弱度碳酸盐铁质腐殖质黏粒质，基质中高倍镜下粗骨骼颗粒面碳酸盐干缩呈弯曲分离堆集状，多微晶、隐晶集合体（照片8-11）。有机质较少，在大小孔道中常可见到根截面，禾本科木质部纤维素多具双折射，棕褐色腐殖质化韧皮物质与铁锰絮状物不易区分，散见碳质体。由细粒物质黏连成不完全分立的团聚体状的微结构体，多0.1~0.2mm不规则团聚孔洞和孔道。土体发育为0.1、0.2和0.3mm组合态雏形团聚体（照片8-12），面不平整，微团聚体内有较多褐色铁质黏粒物质。

2）Bt_1（20~80cm）：棕色（7.5YR3/4），平行光下为棕褐色、填隙状胶结形式，大黑云母增多，风化长石少，岩屑少；黏粒-粉砂质基本垒结。细粒物质呈不均匀的淡棕褐色，为碳酸盐铁质黏粒质，基质中有铁锰絮点弥散分布。有机质少，仅个别孔道有纤维素双折射。土体由大孔道分割成块体，不规则中孔道、囊孔和喇叭形孔（0.1、

0.2、0.3mm）。分立土体成不规则团聚形体，仅在大结构体之间有大小毗连的微团聚体（0.1、0.2、0.3mm）。大块体面凹凸骨骼颗粒面不平滑，裂隙和微孔亦多为淋洗型孔（照片8-13），仅局部孔壁有薄层黏粒走向，微团聚体面较平整，呈有不完全薄层碳酸盐黏粒体。个别骨骼颗粒面铁（锰）质化，与基质中浓聚点光性同正交偏光下，棕褐-红棕平行光下，褐-棕褐单斜偏光下，褐-红棕。

3）Bt_2（80~130cm）：棕色（7.5YR4/4），平行光下为浅褐色，不均一，褐色是由铁锰质风化颗粒面和铁锰质斑点所致，填隙-嵌埋胶结形式。骨骼颗粒较上层少而小，黑云母大而多，长石风化颗粒面铁质化增强，岩屑增多。细粒物质较土层多，黏粒-粉砂质，基质比0.3，与方解石微晶呈不明显的条纹状光性定向形式和骨骼颗粒面黏粒析离，黑云母细针集合体和较大颗粒排列方位一致（照片8-14）；细粒物质富集处多铁锰浓聚点。土体为具稀疏裂隙的碎裂微结构，结构体内为具0.03mm孤立孔隙的紧实垒结和孔隙互通的海绵状垒结。局部团聚体面较上层平滑，有薄层黏粒析离。个别微孔边的矿物颗粒面有铁质浓聚圈向基质扩散。基质黏粒游离铁明显增高（参见图1-3土壤游离铁和黏粒游离铁锰剖面分布）。

4）Bt_3（130~205cm）：亮棕色（7.5YR5/6），平行光下为浅棕褐色，均一，细粒-粗粉砂质，填隙-嵌埋胶结形式。骨骼颗粒较上层增多，多大颗粒黑云母和正长石，长石颗粒面有浅棕褐色浓聚物。常见方解石微粒显假吸收的极细晶质（0.03mm），大小与骨骼颗粒等同，并散见方解石微粒质斑块（0.02~0.1mm）。细粒物质为碳酸盐黏粒质，浑圆微粒质和隐晶质方解石稀疏散布，并有少量无定形氢氧化铁弥散分布。土体为海绵状多孔微结构体（0.1~0.3mm），多凝聚状微团聚体间孔隙和宽为0.1~0.2mm孔道和长椭圆孔，孔壁自基体外突；小椭圆孔稍平整，孔壁有黏粒走向。土体发育为组合态不规则形团聚体和块体，部分毗连，团聚体面较平整光滑（照片8-15）。局部孔边有方解石微粒和初生胶膜，并见有铁质浓聚物。

5）BCk（205~300cm）：浊棕色（7.5YR6/4），平行光下为均一的棕色，细粒-粉砂质，杂有砂粒，斑晶嵌埋胶结形式。骨骼颗粒棱角明显，0.04~0.1mm砂粒骤增，大粒黑云母较上层多。黑云母与其他骨骼颗粒致密堆集排列，具一致方位，为沉积特征。细粒质方解石（0.03~0.05mm）散布于基质中，并有半溶态微粒和凝粒；部分基体为高隐粒质和微粒质碳酸盐基质。土体为有孤立孔隙的多孔微结构体，多0.05mm以下的略不规则形或团聚形孔，边缘光滑，无黏粒走向，无隐晶质方解石或较基质中稀薄；0.2~0.3mm大椭圆形或葫芦形孔少，孔壁为骨骼颗粒，或黏粒质的孔壁和微裂隙壁多较稀薄，结构体内和结构体间有石灰质根孔（0.4~0.6mm），仅有个别石灰质大根孔（1mm）（照片8-16）。局部土体发育为雏形团聚体，面较平滑，有薄层黏粒走向。基质铁质化，个别微孔边有铁质浓聚圈向基质扩散。

四、发育在脱钙黄土上的淋溶褐土（辽-88）

全剖面直至300cm骨骼颗粒组成基本一致，正长石和斜长石含量较高，基质比0.2~0.3，呈黏粒质-粉砂质基本垒结。0~35cm粗粉砂质，含棱角形正长石、斜长石多；35~177cm粉砂质、黑云母增多；177~300cm黑云母少，多磨圆形正长石，斜长石较上层质粗。剖面上随碳酸盐含量和骨骼颗粒变动，胶结形式也不同，细粒物质淋移和淀积较为明显，上部多凝聚状，仅局部薄层定向黏粒析离，下部土层淋洗型孔隙，在钙积层Bk177~300cm基质中微粒质（隐晶）和细粒质（微晶）方解石富集，300cm以下下垫土壤受有底土水活动而铁质化，为含低碳酸盐–铁质–黏粒质。成土物质呈有多次沉积特征（砂黏–壤黏–砂黏质）。

1）A（0~17cm）：浊棕色（7.5YR5/3）平行光下为淡棕色，粗粉砂质。基质比0.2，单一和架桥状胶结形式，均一。骨骼颗粒呈棱角—半磨圆形，多为小于0.04mm的颗粒。轮廓清晰，表面蚀变不明显，分布均一。石英较少，多正长石和斜长石，云母少。重矿物有角闪石、绿帘石、锆石、磷灰石和电气石，见有个别正长石岩屑。细粒物质呈浅棕色、斑点状集合体，双折射率光性不甚明显。100倍下骨骼颗粒面不完全薄层黏粒析离。有弱–中度分解禾本科植物残体和根截面布满孔洞和孔道（照片8–17），根截面保留有棕褐色韧皮组织、亮白色具双折射的木质部和中髓，中有孢子体。土体为具孤立孔洞和孔道的微结构体，孔洞多为颗粒堆集孔和圆形、椭圆形生物孔。团聚化弱，仅为松散块体。

2）Bt_1（17~35cm）：浊棕色（7.5YR6/4），平行光下为淡棕色，细粒–粗粉砂质，基质比0.25，包膜–架桥状胶结形式，骨骼颗粒中黑云母较上略多，有个别铁质化斜长石岩屑。细粒物质较上略多，100倍下呈骨骼颗粒面薄层光性定向形式（照片8–18），局部微孔中有定向黏粒胶膜。有机质较少，见有碳质体。圆形、椭圆形孔洞和沟通的弯曲形裂隙壁均粗糙。土体发育为不明显的松散团聚形体，局部黏粒质富集。

3）Bt_2（35~87cm）：紫色（5YR6/4），平行光下为棕色，细粒–粉砂质。基质比0.3，包膜–填隙状胶结形式，有的微区呈斑晶嵌埋状，骨骼颗粒中黑云母增多，细粒物质条纹状集合体（绢云母）上层明显增多，100倍下呈骨骼颗粒面光性定向形式。圆形、椭圆形生物孔洞较大而少，孔壁光滑有黏粒胶膜积聚（照片8–19）；也有凹凸形孔，孔壁残留部分黏粒胶膜，均为半淋洗型孔。

4）Bt_3（87~177cm）：浊橙色（7.5YR6/4），平行光下为橙色，细粒–粉砂质，基质比0.3，包膜–架桥状胶结形式。粗颗粒小，多在0.03mm以下，黑云母少而大，细粒物质较上层明显减少，呈凝聚状，骨骼颗粒面黏粒走向不明显。上部87~154cm孔洞中见有植物残体和虫粪，骨骼颗粒和基质胶结，孔隙互相沟通的多孔微结构体，多颗粒堆集孔和根孔洞，孔壁均有薄层定向黏粒胶膜（照片8–20）。土体为局部毗连的团聚形块体，边缘凹凸不平整。向下过渡到154~177cm，土体为具游离块体的疏松垒结，有不明显的团聚孔隙，孔壁粗糙，孔隙度大，可达40%，团聚块体轮廓不清晰。

5）Bk（177~300cm）：浊橙色（7.5YR7/4），平行光下为浊棕色，细粒–粉砂质，基质比0.4，包膜–斑晶嵌埋胶结形式。骨骼颗粒较粗，0.05mm较上面各层都多，黑云母却少。细粒物质多高碳酸盐–黏粒质密实基质，碳酸盐成分约占30%，为微粒质和细粒质，掺有长针形集合体（照片8–21）。部分骨骼颗粒面见有薄层钙质弱定向黏粒析离。土体为具孤立孔隙和不规则细孔道的多孔微结构体，细孔道相互沟通孔洞，不规则形孔和孔道少，孔壁部分骨骼面外突，多淋洗型孔。土体发育为不明显的组合态团聚–胶结块体。

6）BC（300cm以下）：平行光下为亮棕色，细粒–粉砂质，基质比0.3，包膜–斑晶状胶结形式，色均一。骨骼颗粒同上层，有磨圆形正长石和斜长石砂粒，长石双晶面有铁细菌。细粒物质呈亮棕－亮黄棕色。细粒状集合体双折射率较高，定向性弱，为铁质黏粒质。有机质少，在大孔洞中见有亮棕色强分解植物残体和碳质体；基质中有虫粪孢子体（照片8－22）。土体为骨骼颗粒堆集的微孔隙（0.05～0.1mm）相互沟通的海绵状微垒结，孔隙度约占20%，微孔隙与颗粒等大，孔壁颗粒外突，呈凹凸形，骨骼颗粒面在低倍下就见有定向黏粒析离，另一种为0.2～0.4，个别达1mm以上的大孔洞和平行孔道，孔壁很少有黏粒走向，显沉积的水平层理孔。土体团聚化弱，仅发育为较松散的大小连片的块体。基质中铁质碳酸钙似年轮状沉积（照片8－23）。

五、发育在黄土上的淋溶褐土（辽－63）

全剖面直至230cm，骨骼颗粒组成一致，石英较多，多正长石和微斜长石、角闪石、辉石粒状集合体，细粒物质为黏粒质－粗粉砂质，基质比0.15，松散堆集和紧密堆集不一。A层受有侵蚀影响，生物作用弱，AB层淋溶作用较显著，B层有钙质黏粒析离。土体粗细颗粒水平排列或层理分布，沉积特征明显。土层中仅见有骨骼颗粒面钙质黏粒体，可能为复钙作用所致（参见《辽宁土壤》p. 233图2. 2. 5）。

1）腐殖质层A（0～12cm）：棕色（7.5YR4/4），平行光下为淡棕色，基质比0.15，包膜－架桥状结结形式，不见岩屑。骨骼颗粒棱角较不明显，为半磨圆形，石英较多，并多正长石、微斜长石，云母少，颗粒面较不清晰，有泥质化，分布不甚均一。黏粒质细粒物质呈斑点状，双折射率低。基质中偶见有黏粒胶膜。骨骼颗粒面有薄层钙质黏粒析离，有机质较少。棕色韧皮和具双折射的木质纤维残存在一些大孔洞和孔道中，有少数碳粒体（照片8－24）。土体为孤立孔洞和孔道的松散堆集微结构块体。除颗粒堆集孔外，多略不规则形孔洞，大小为0.1～0.2mm，个别达0.4mm，土体发育为不明显的松散团聚形体，部分连片未分化。

2）过渡层AB（12～38cm）：浅黄棕色（7.5YR8/4），平行光下为淡棕色，基质比0.1，骨骼颗粒大小分布很不均一，粗细颗粒（0.05和0.03mm）水平排列成层理分布。粗颗粒架桥状堆集，较细颗粒多包膜状堆集，细粒物质浅棕褐色，粗颗粒面呈局部光性定向形式，较细和密集的颗粒多钙质黏粒析离物。有机质极少。土体为有孤立堆集状孔洞和堆叠层理面孔的微结构体（照片8－25）。多大小不规则孔和层理面平行的断续裂隙。孔壁有少量定向黏粒胶膜。仅局部发育为不明显的团聚状体和具水平裂隙的片体。

3）淀积层B（38～54cm）：橙色（7.5YR7/6），平行光下为浅棕褐色，基质比0.15，以架桥胶结形式为主。骨骼颗粒泥质化，呈半磨圆形，大小较均一，呈松散堆集和紧密堆集不一。细粒物质在骨骼颗粒面呈均匀收缩不连续的薄层钙质黏粒体（照片8－26）。多闭合的棱角形堆集孔，大孔道中多植物残体。土体为由细粒物质桥连堆集颗粒的层片状块体。

4）过渡层BC（54～180cm）：黄橙色（7.5YR7/8），平行光下为浅褐色，基质比0.15，架桥状胶结形式。骨骼颗粒堆集状，孔隙全是堆集孔。颗粒面在100倍下呈不完全的薄层定向黏粒析离。土体为较松散的层片状块体（照片8－27）。

5）母质层C（180～230cm）：浅棕色（7.5YR5/6），均同上层，唯细粒物质无黏粒定向析离。

六、砂黄土上的碳酸盐褐土（辽-53）

全剖面直至255cm骨骼颗粒组成一致，细粒质-粗粉砂质，杂有砂粒和中性岩屑，疏松垒结；细粒物质少，呈凝聚态。方角石与骨骼颗粒同大，在风化和成土过程中，随土壤溶液在土层中扩散和运移：0～3、3～10cm由自生方解石颗粒→细晶方解石集合体→基质和颗粒面晶芽薄膜；30～40cm进一步在根孔和腐殖质富集处扩散状微晶和隐晶质凝聚集合体，碳酸盐铁质浓聚物多短针晶膜；65～75cm并见有凝团增大，具团聚形，成毗连的结构体面和孔壁晶芽膜增大，自上而下溶液聚钙增强；160～225cm骨骼颗粒大而多、方解石亮晶大、晶簇多，呈有细粒→微晶→隐晶质团聚体和针形晶簇、溶液碳酸钙活动递度较上层显著增大。

1）A（0～3cm）：棕色（10YR4/6），平行光下为淡褐色，细粒质-粗粉砂质，杂有0.3～0.5mm砂粒和岩屑，基质比0.2，疏松堆集，架桥状相关分布形式，分布均一。骨骼颗粒为棱角-半磨圆形，多为0.05～0.03mm，轮廓清晰。石英较少，大都是带正方裂面的正长石和酸性斜长石，少量黑云母和白云母，个别微斜长石、绿色角闪石、绿帘石和榍石；磁铁矿和石榴子石。方解石与骨骼颗粒同大，稀疏分布不均一。细粒物质为弱碳酸盐黏粒质、黏粒少、浅棕褐色，针形和细鳞片形，干涉色低，150倍下局部不完全骨骼面析离。基质中碳酸盐稀疏散布，呈短针形。棕褐色未分解禾本科植物根多，普遍充填在孔和孔道中，正交下纤维组织具光性。孔隙度大，多骨骼颗粒堆集孔和根孔（0.4mm×0.2mm），形成极不明显的不规则团聚形体。见有方解石生物岩，和根部组织细胞同形（照片8-28）。

2）A'（3～10cm）：同上，有大岩屑（1.5mm×2.5mm）长石绢云母化，解理缝中有黑云母，岩屑的风化解理裂面和基质中风化长石颗粒同貌，常见原生方解石晶粒集合体和生物孔洞生物岩。黏粒基质少，偶见基质和骨骼面有短针晶膜，×200倍下可见颗粒面黏粒物质析离。根孔洞和孔道较上层稍大而多，微孔中都有有机物质，部分或完全充填。浅棕褐色腐殖质多处方解石微晶集合体亦多，有的半溶颗粒面又复有$CaCO_3$定向沉积。

3）AB（30～40cm）：棕褐色，黏粒质-细粉砂质，基质比2.5，架桥包膜状分布形式。大骨骼颗粒>0.06mm的石英较多，棱角不显，大黑云母较上多，无岩屑。细粒物质为铁质碳酸盐-黏粒质，隐晶碳酸盐镶嵌于细粒物质中，并有大量褐色铁锰质浓聚物，表附短针晶膜。有机物质同上层，根切面组织较厚。土体成具孤立孔隙的多孔微结构，在碳酸盐凝聚处，团聚形体较明显。闭合的弯曲不规则根孔［（0.1～3）×0.1圆孔和0.6mm×0.5mm夹孔］，内含方解石和半分解有机物凝聚碳酸盐晶霜和晶簇使微孔间微团聚形体相连为大小团块（0.2～0.4）²。碳酸钙富集处团聚形轮廓清晰。碳酸盐稀薄处呈不规则大小凝聚裂缝（照片8-29），而在泥晶核和微晶多的孔壁因干缩而变清晰。

4）Bca（65～75cm）：亮黄棕色（10YR6/6），平行光下为浊棕褐色，基质比0.3，架桥-包膜状，局部微区碳酸钙微晶和隐晶密集为包膜-嵌埋形式。骨骼颗粒同上，仅偶见大黑云母，骨骼颗粒间多细粒质方解石、半溶态、多凝粒。细粒物质为中碳酸盐黏粒质、碳酸盐黏结-絮凝基质、多微晶质（1～10μm）密集块体，轮廓清晰。有机质极少，仅个别大孔道残留，具光性。多 0.1mm 圆、长椭圆松根孔道和棱角形团聚体闭合孔隙，土体发育为由堆集孔和孤立孔洞、孔道沟通的、隐晶微晶胶结的大小毗连微结构体（照片 8 - 32），结构体面上、孔壁和囊孔内残余有机物面多扫帚状和松状晶膜（照片 8 - 30）；仅个别大孔道孔壁光滑。有的孔中并见细粒质方解石生物岩（照片 8 - 31）。仅见个别长石颗粒面铁质化。

5）Bca（160～255cm）：浊黄橙色（10YR7/4），平行光下为淡褐色，基质比 0.2，包膜 - 架桥状形式。骨骼颗粒多而大，面清晰；方解石晶粒亦较上层大，由细晶、微晶、隐晶而逐渐变小，至颗粒面呈长针形包裹体。基质中细粒物质少、碳酸盐含量高；在碳酸盐富集处呈局部连片的团聚形体，面上常见针形晶膜。有机质极少，仅孔壁有残体，面上有针状晶簇。孔隙度大，多堆集孔，圆形和椭圆形封闭的大孔道（宽 0.1mm）多。多孔微结构体和上层相同，边面嵌填有微晶质方解石而平整光滑；黏粒基质（铁）锰质化，微晶 - 细晶聚集处有黑色铁锰凝聚（照片 8 - 33）。

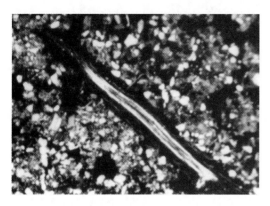

照片 8 - 1　禾本科植物根（根髓光性强）弱碳酸盐基质钙质松散团聚体　正交偏光 ×30

照片 8 - 2　方解石岩屑，半风化方解石和骨骼颗粒同大小骨骼面碳酸盐黏粒体　正交偏光 ×150

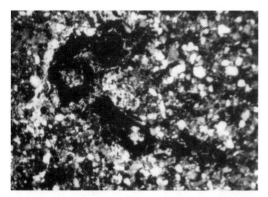

照片 8 - 3　根孔中多有机残体和针状方解石晶簇和细晶质凝团　正交偏光 ×30

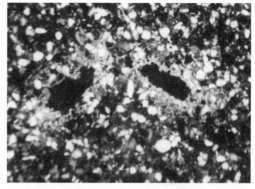

照片 8 - 4　微孔面方解石晶粒　正交偏光 ×30

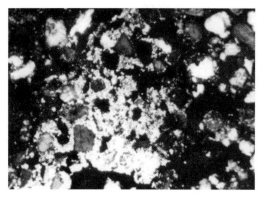

照片 8－5　微晶粒凝团较上层大而多　　　　　照片 8－6　孔道由针状方解石晶膜相连
　　　　　正交偏光 ×75　　　　　　　　　　　　　　　　正交偏光 ×75

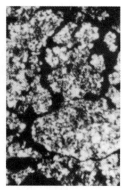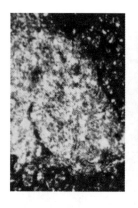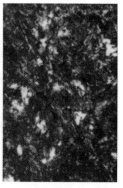

照片 8－7　棕色半分解根截面中髓薄壁组织　　　照片 8－8　半风化白云质石灰岩碎屑体和含消失
　　方解石生物岩晶粒和不规则形石灰质团聚块体　　　　片状解理平行的云母、滑石纤维状集合体
　　　斜偏光 ×35　　　正交偏光 ×15　　　　　　　　正交偏光 ×15　　　单偏光 ×35

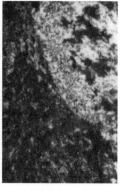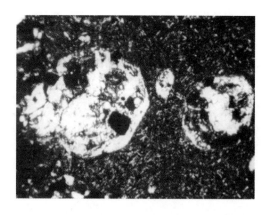

照片 8－9　白云质灰岩风化成粒状集合体　　　照片 8－10　石灰岩岩屑（磁铁矿－斜长石微晶和
　　并铁质化灰岩滑石（贝壳状断口）　　　　　　绢云母化斜长石包裹体；基质多针点状
　　正交偏光 ×15　　　单偏光 ×35　　　　　　绢云母和方解石微晶）　正交偏光 ×35

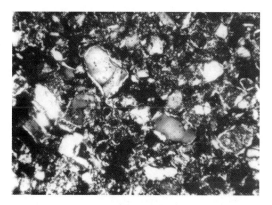

照片 8 - 11　骨骼面薄层弱碳酸盐黏粒物质干缩
呈弯曲分离状，凝聚基质多微晶隐晶
集合体　正交偏光 ×150

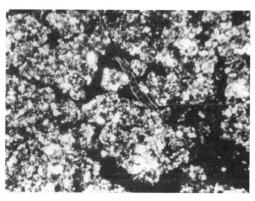

照片 8 - 12　直径 0.1、0.2 和 0.3 团聚体，孔间
为浅棕色纤维质光性有机残体　正交偏光 ×30

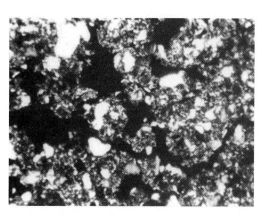

照片 8 - 13　不规则孔道骨骼颗粒外突裂隙和
微孔多为淋洗孔　正交偏光 ×75

照片 8 - 14　基质弱碳酸盐黏粒体成条纹状分布
形式，放大可见微小针状和较大绢云母颗粒，
方位一致性　正交偏光 ×150

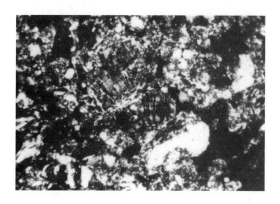

照片 8 - 15　大小钙质黏粒沉积在骨骼颗粒（正
长石、黑云母）解理面的凝聚体　正交偏光 ×75

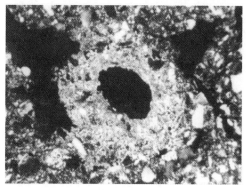

照片 8 - 16　铁质碳酸盐黏粒基质和碳酸盐 - 方
解石环管物（石灰管根孔）　正交偏光 ×75

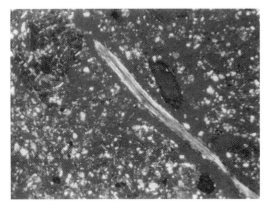

照片 8－17　光性植物根截面填满微孔洞
土体多正长石　斜偏光 ×30

照片 8－18　薄层骨骼颗粒面析离（垂直样）
正交偏光 ×150

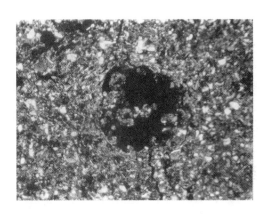

照片 8－19　黏粒移动在孔壁定向排列（弱）向
基质逐渐扩散　正交偏光 ×30

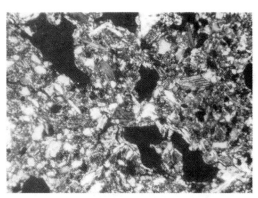

照片 8－20　凹凸形孔部淋洗，局部弱定向
黏淀　正交偏光 ×75

照片 8－21　淀积层微粒质（细针状）碳酸盐
密集基质　正交偏光 ×75

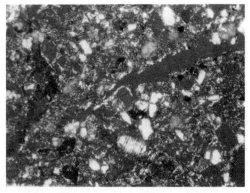

照片 8－22　孔壁薄层不完全定向钙质黏粒体
基质多碳酸盐微粒质和棕色半分解有机质
单斜偏光 ×75

照片 8 – 23　基质中年轮状定向黏粒（铁质碳酸
钙在根截面沉淀、部分已成方解石细晶）
斜偏光 ×75

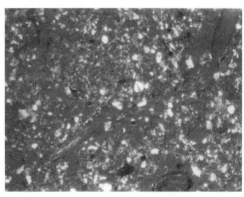

照片 8 – 24　禾本科未分解根截面（具光性）
和骨骼面薄层钙质黏粒析离　单斜偏光 ×30

照片 8 – 25　骨骼颗粒堆集，多角闪石、辉石
粒状集合体，粗细层理分明　正交偏光 ×75

照片 8 – 26　堆集骨骼颗粒面收缩不连续薄层
钙质黏粒体　正交偏光 ×75

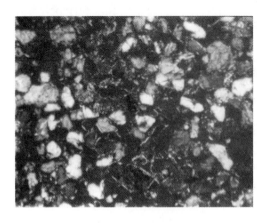

照片 8 – 27　堆集骨骼颗粒面不完全薄层
黏粒析离弱　正交偏光 ×75

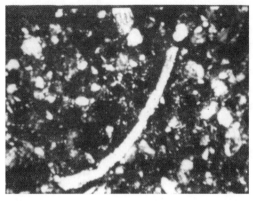

照片 8 – 28　方解石生物岩
正交偏光 ×75

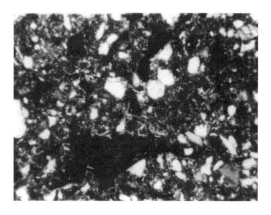

照片 8 – 29　团聚体面不规则孔间针尖形
碳酸钙析离　正交偏光 ×75

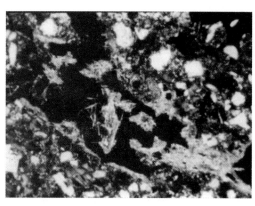

照片 8 – 30　大孔洞和孔间团聚体溶液稀薄处
针状碳酸钙　正交偏光 ×75

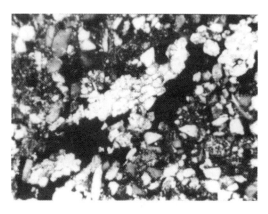

照片 8 – 31　大孔道中的生物岩
正交偏光 ×75

照片 8 – 32　大小毗连的微结构体由均匀方解石
微粒基质集聚而成的块状体　正交偏光 ×30

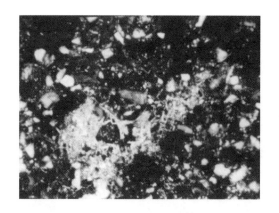

照片 8 – 33　碳酸钙微粒细粒凝集基质和花瓣状
铁、锰凝聚（右下方）　正交偏光 ×150

由对比各剖面土壤和黏粒全量化学组成（表 8 – 5），可见土壤剖面分异小，元素化学组成与矿物成分直接相关。

辽 – 48　风积砂黄土　黏粒 – 细砂质，石英含量高，并有较多长石及云母类矿物，Al_2O_3 和 K_2O 含量相对较高；方解石约占 9.5%，碳酸盐含量高使土体 CaO 高达 $57g \cdot kg^{-1}$，它们在剖面分布上呈一致的变化；土体烧失量较高，与此碳酸盐含量高有关。

辽 – 51　砂黄土　黏粒 – 粗粉砂质，含正长石、斜长石和少量黑云母、白云母及铁、镁暗色矿物、磷灰石等中性岩矿物，使 Fe_2O_3、MgO、MnO、P_2O_5 都较辽 -48 高。元素组成在剖面上的分异也小。方解石由上到下含量增高，使土层中 CaO 最高达 $50g \cdot kg^{-1}$，如同剖面辽 -48，黏粒硅在剖面上有下移趋势。

辽 -61　壤黄土　粉砂 - 黏粒质，含正长石和黑云母较高，暗色矿物亦较多，细粒物质多绢云母，为铁（锰）质黏粒质。$205cm$ 以下方解石、碳酸钙聚集处，黏粒硅亦高，细粒物质有"硅化"现象。

辽 -88　壤黄土　黏粒 - 粉砂质，多正长石和斜长石，云母少。$35 \sim 177cm$ 黑云母等暗色矿物有所增加，Fe_2O_3、MgO、MnO 等亦见增高；$177 \sim 300cm$ 以下，黏粒 SiO_2 亦有增加，细粒物质有"硅化"现象。

辽 -63　黏粒 - 细砂质黄土　石英含量高，多正长石、微斜长石，云母少。

辽 -67　砂页岩和石灰岩母质，富钙和富镁。

辽 -69　滑石菱镁片岩母质，富镁和富磷。

表 8 -5　土壤和黏粒的全量化学组成

剖面号	深度/ cm	烧失量/ $(g \cdot kg^{-1})$	全量化学组成（占灼烧土 $g \cdot kg^{-1}$）										阳离子交换量/ $[cmol (+) \cdot kg^{-1}]$
			SiO_2	Al_2O_3	Fe_2O_3	CaO	MgO	TiO_2	MnO	K_2O	Na_2O	P_2O_5	
辽 -48	0 ~16	53.4	733.4	126.5	29.5	49.9	8.9	6.0	0.51	26.7	21.6	0.49	
土壤	16 ~35	52.6	722.9	129.6	30.5	57.0	9.7	6.3	0.59	26.3	23.3	0.54	
	35 ~53	44.2	733.4	128.0	28.7	42.2	9.2	6.0	0.54	27.9	22.3	0.60	
	53 ~81	39.6	744.1	124.5	29.4	38.2	8.6	6.2	0.47	28.0	22.4	0.58	
	81 ~120	39.8	737.5	126.0	28.1	37.3	7.7	6.1	0.44	27.2	22.4	0.53	
	120 ~160	38.9	743.0	127.3	30.0	33.3	8.5	6.3	0.55	27.5	20.6	0.57	
黏粒	0 ~16	129.3	571.7	238.7	92.6	3.5	32.7	7.9	0.59	36.4	4.2	2.25	66.19
	16 ~35	138.0	574.5	240.7	99.7	3.1	31.8	8.1	0.55	40.5	4.3	2.22	64.52
	35 ~53	122.1	579.6	241.4	96.8	2.6	31.6	8.1	0.55	39.9	4.0	2.12	92.62
	53 ~81	125.1	577.6	245.1	98.1	2.6	31.9	8.2	0.58	40.4	4.4	1.89	61.38
	81 ~120	121.7	576.7	240.8	95.5	3.1	32.4	8.0	0.54	39.3	4.2	2.11	59.30
	120 ~160	178.5	576.1	252.5	100.9	2.8	32.4	8.0	0.75	41.5	4.4	2.52	67.68
辽 -51	0 ~20	39.2	722.4	139.6	40.2	22.9	15.8	6.4	0.79	27.4	24.0	0.79	
土壤	20 ~45	45.9	708.5	143.4	40.8	35.0	13.6	6.2	0.71	27.3	23.1	0.96	
	45 ~65	43.2	693.6	156.2	39.4	43.0	13.1	6.0	0.64	25.6	22.3	0.83	
	65 ~160	48.0	684.2	150.0	42.8	49.4	14.9	6.1	0.78	25.2	21.8	0.99	
	160 ~255	32.4	701.2	143.9	36.7	39.5	14.0	5.9	0.61	26.7	25.1	0.91	
黏粒	0 ~20	167.1	544.6	252.0	105.4	10.0	36.4	7.7	1.06	30.0	6.0	3.11	77.75
	20 ~45	157.7	559.9	249.2	100.2	2.4	34.8	7.9	0.70	30.9	6.7	3.68	77.04
	45 ~65	147.9	552.4	248.1	97.9	2.2	35.1	8.3	0.70	33.1	6.9	3.53	76.72
	65 ~160	132.6	562.8	246.5	95.0	2.7	34.8	8.3	0.75	33.4	6.8	2.86	70.23
	160 ~255	120.3	576.9	237.9	92.6	3.3	35.9	8.2	0.73	37.2	6.1	2.23	63.23

剖面号	深度/cm	烧失量/(g·kg⁻¹)	SiO₂	Al₂O₃	Fe₂O₃	CaO	MgO	TiO₂	MnO	K₂O	Na₂O	P₂O₅	阳离子交换量/[cmol(+)·kg⁻¹]
辽-61	0~20	44.3	698.7	165.2	52.8	16.2	10.4	8.5	0.86	29.5	21.2	1.23	
土壤	20~80	46.6	685.8	177.3	57.6	15.1	14.2	7.9	0.87	29.0	17.3	1.17	
	80~130	40.0	690.6	172.1	56.8	15.4	15.3	7.8	0.89	28.1	17.4	1.15	
	130~205	37.5	700.2	154.2	56.9	15.2	15.8	8.0	0.82	28.1	18.7	1.29	
	205~250	64.6	679.1	147.7	51.5	46.5	15.0	2.5	0.83	29.2	19.1	1.57	
黏粒	0~20	142.3	579.7	245.1	100.5	2.7	28.7	8.1	0.77	35.3	3.8	3.00	63.91
	20~80	141.4	570.9	249.1	99.9	2.6	27.3	8.3	0.78	38.1	3.4	3.13	69.67
	80~130	138.3	570.0	246.5	99.9	2.9	30.0	8.2	0.77	40.5	3.3	2.99	68.11
	130~205	123.1	570.3	244.7	102.1	4.2	31.9	8.2	0.79	37.3	4.4	2.83	69.12
	205~250	125.8	577.5	245.7	96.8	2.3	30.5	8.2	0.46	39.0	4.1	2.25	66.56
辽-88	0~17	46.9	715.6	141.2	46.4	16.3	12.4	8.6	0.69	27.9	23.7	1.19	
土壤	17~35	40.9	718.0	144.3	44.2	16.5	12.8	8.4	0.69	26.7	22.4	0.99	
	35~87	37.3	704.6	154.6	53.1	14.9	15.6	7.6	0.89	26.3	20.2	1.03	
	87~154	34.1	690.8	165.4	53.0	16.0	14.8	8.1	0.82	27.0	20.0	1.02	
	154~177	34.5	698.9	156.1	51.0	15.4	14.9	7.9	0.80	27.8	20.0	1.12	
	177~300	48.5	692.6	164.8	48.8	17.3	14.9	7.7	0.85	26.6	22.0	1.16	
黏粒	0~17	131.0	557.8	255.1	101.8	2.4	26.6	9.0	0.63	35.0	4.0	1.66	58.59
	17~35	156.5	565.7	248.4	103.5	2.3	32.6	8.2	0.82	30.7	4.2	2.35	58.54
	35~87	138.5	576.6	246.1	103.8	2.0	32.4	7.7	0.86	34.2	4.1	1.67	63.06
	87~154	140.4	558.4	250.0	102.4	2.4	32.1	8.1	0.85	29.1	4.1	2.28	66.79
	154~177	153.5	572.8	252.1	102.3	2.4	31.2	8.1	0.82	33.2	4.3	2.43	46.75
	177~300	143.1	590.7	236.4	97.9	2.3	29.6	8.8	0.55	35.6	4.1	2.17	62.03
辽-63	0~12	35.9	758.7	127.9	36.2	13.2	8.6	7.3	0.77	28.4	21.9	0.74	
土壤	12~38	16.7	769.4	121.7	28.4	11.7	6.7	6.3	0.44	28.6	21.9	0.49	
	38~54	20.4	759.0	128.1	34.6	12.6	8.8	5.7	0.59	27.8	20.6	0.56	
	54~180	19.1	758.8	127.2	33.4	12.8	8.1	5.5	0.62	28.2	22.7	0.66	
	180~230	22.0	732.4	140.7	39.6	13.0	10.7	5.9	0.71	28.6	23.9	0.79	
黏粒	0~12	153.3	543.4	261.4	105.4	3.5	29.5	8.9	0.86	34.8	5.0	2.68	77.36
	12~38	130.3	550.5	261.6	108.5	2.9	29.1	8.6	0.83	32.4	3.3	1.67	82.76
	38~54	118.8	553.7	259.5	106.2	2.5	29.7	8.1	0.77	34.5	3.4	1.17	84.32
	54~180	119.4	556.8	266.5	97.0	4.0	26.9	9.0	0.58	32.0	4.3	2.24	82.50
	180~230	118.5	554.5	251.4	104.9	2.4	30.4	7.8	0.94	38.7	4.0	1.76	82.57
辽-67	0~10	75.3	712.2	144.3	44.7	18.3	17.6	7.4	0.66	27.4	20.9	0.92	
土壤	10~32	65.2	702.7	155.5	49.9	14.4	19.6	7.4	0.58	27.2	17.8	0.71	
	32~57	61.1	629.9	183.6	69.2	14.4	42.3	6.9	0.84	39.8	11.2	1.12	

剖面号	深度/cm	烧失量/(g·kg⁻¹)	全量化学组成（占灼烧土 g·kg⁻¹）										阳离子交换量/[cmol(+)·kg⁻¹]
			SiO_2	Al_2O_3	Fe_2O_3	CaO	MgO	TiO_2	MnO	K_2O	Na_2O	P_2O_5	
	57~85	274.3	365.7	116.7	44.8	233.2	213.0	3.9	0.65	17.1	3.7	1.25	
	85~135	291.6	288.1	81.7	28.4	358.6	217.4	2.9	0.44	14.8	3.0	1.12	
黏粒	0~10	200.1	547.8	251.3	94.4	3.5	46.9	8.5	0.59	32.3	5.6	2.96	66.72
	10~32	181.7	550.5	261.3	90.1	3.0	43.7	8.4	0.48	31.5	4.3	1.89	71.64
	32~57	146.1	540.6	252.8	93.3	4.5	61.2	6.8	0.54	30.3	6.3	1.70	76.11
	57~85	143.2	532.9	215.1	73.1	2.6	147.2	5.3	0.21	26.0	3.0	1.69	64.96
	85~135	116.0	516.9	147.2	61.4	2.1	247.7	6.5	0.02	21.6	1.7	1.53	61.68
辽–69 土壤	0~15	110.8	609.1	59.4	27.4	13.4	271.3	2.5	0.55	6.0	8.2	1.44	
	15~43	111.2	610.2	30.6	22.7	6.9	318.4	1.1	0.44	2.8	5.2	1.29	
	43~79	116.8	538.0	22.8	24.7	3.8	401.0	0.3	0.36	1.2	2.9	1.69	
	半风化岩	105.6	528.0	8.8	10.0	7.5	451.1	Tr	0.10	0.3	0.7	0.56	
黏粒	0~15	357.2	576.5	120.7	63.6	3.2	200.1	2.5	0.39	10.0	4.1	7.42	76.74
	15~43	239.2	547.2	92.7	51.3	2.1	284.6	3.7	0.18	6.3	3.3	5.98	63.88
	43~79	153.4	530.6	77.5	41.9	2.3	230.1	1.8	0.30	10.6	1.9	2.08	52.04

第四节　黏粒矿物

褐土黏粒矿物主要为水云母，并有一定量的蒙皂石和蛭石（绿泥石）。成土地球化学风化过程特点是脱盐基作用弱，硅铁铝移动性小。母质中普遍富含云母–水云母。碳酸钙的存在延缓了脱钾过程，因而云母–水云母为黏粒的主要成分。云母易于绿泥石化，并有利于蒙皂石晶层的形成。褐土剖面 pH 及黏粒的基本性质见表 8–4、表 8–5。

一、石灰性褐土

辽–48 和辽–51 为两个石灰性褐土剖面。

由图谱 8–1 辽–48 可见，Mg–饱和，14Å 峰强，10Å 峰对称，有膨胀性层矿物和水云母；K–饱和，14Å 峰部分收缩，而 10Å 峰有所增强，有蛭石或蒙皂石。Mg–甘油，有明显的 18Å 稍宽峰，膨胀性层矿物除蛭石外，并有较显著的蒙皂石。560℃ 热处理，14Å 峰呈肩状收缩，7Å 峰消失，晶层间有少量高岭石和羟基夹层物。黏粒矿物组成在剖面上分异不明显，仅 36~53cmMg–饱和 14Å 峰略高于上下层，羟基夹层物略多，同时 K–饱和收缩成 10Å 峰相对增强，蛭石化云母稍高；蒙皂石晶层在 0~16cm 和 36~50cm 较多，随剖面向下逐渐减少。如果水云母含 K_2O 按 60g·kg⁻¹ 计算，其含量可达 40% 以上。此外并有微量石英和长石。120~160cm 硅铝率低而烧失量和交换量较一般高，可能与亮红棕母质层黏粒水云母相对增高及水化度大有关。

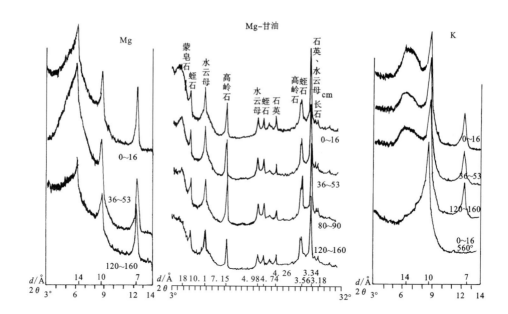

图谱8-1 石灰性褐土（辽48）Mg－、Mg－甘油、K－饱和处理黏粒X射线衍射谱

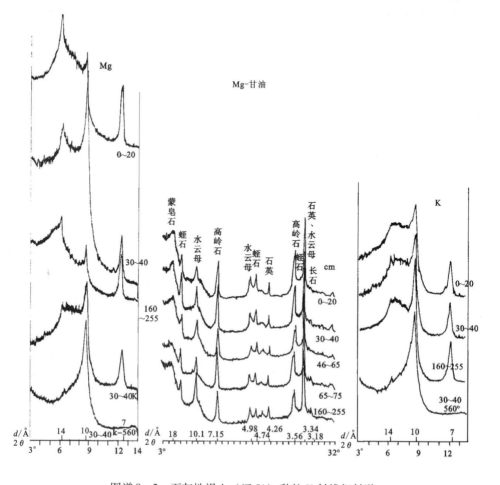

图谱8-2 石灰性褐土（辽51）黏粒X射线衍射谱

由图谱 8 - 2 可知, 辽 - 51 剖面 Mg - 饱和, 14Å 峰强; K - 饱和, 14Å 峰变宽; 10Å 峰随剖面向下有所增强; 560℃ 热处理向 10Å 峰部分收缩而呈肩状过渡; Mg - 甘油处理, 有 18Å 宽峰, 黏粒矿物主要为水云母和蛭石 (绿泥石) - 蒙皂石混层物, 并有少量高岭石, 亚表层 30 ~ 40cm 蛭石稍显, 随剖面向下蛭石化水云母固钾选择力增强。此外尚有微量石英、长石衍射谱可辨认。水云母的水化程度较辽 - 48 剖面大, 蒙皂石晶层含量以上层为高, 往下逐渐减少; 亚表层 30 ~ 40cm 蛭石峰有所增强, 非交换性羟基夹层物更较明显。水云母含 K$_2$O 按 60g · kg^{-1} 计算, 含量超过 400g · kg^{-1}。

根据黏粒硅铝率和硅铁铝率各为 3.7 ~ 4.0 和 2.9 ~ 3.2, MgO 含量高达 30g · kg^{-1}, 表层和亚表层烧失量较辽 - 48 剖面高而硅铝率低, 以及交换量超过 70cmol (+) · kg^{-1} 的结果可见, 此与 X 射线衍射谱结果相一致。160 ~ 255cm 土层中硅铝率含量高而烧失量和交换量低则与此母质层砂质壤土黏粒中云母含量增高有关。

二、褐土

辽 - 67 和辽 - 69 为两个褐土剖面分别发育在钙镁质和镁质风化物母质上。各自的 pH 及其黏粒的基本性质见表 8 - 4。

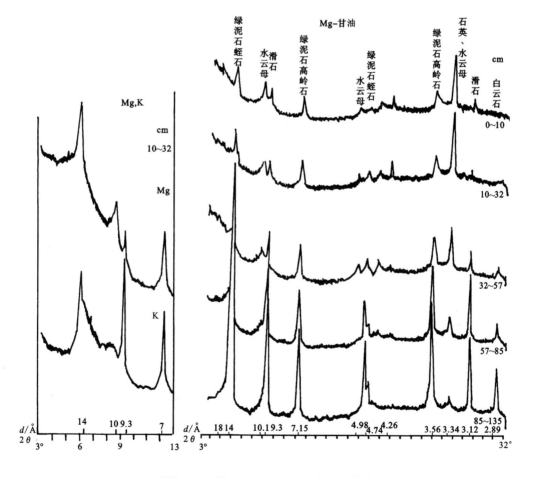

图谱 8 - 3　褐土辽 - 67 黏粒 X 射线衍射谱

由图谱 8 – 3 可知，辽 – 67 剖面上部主要含水云母和绿泥石（蛭石），少量高岭石，少量蒙皂石，仅见有微量石英和长石峰。32 ~ 57cm 内，滑石峰增高，石英峰减弱。57 ~ 85cm 主要为富镁绿泥石滑石含量高，并有一定量高岭石，石英含量甚微，不见长石峰。随剖面向下至 85 ~ 135cm，水云母减少，绿泥石（OOL 均强）和滑石含量显著增加，且结晶程度很高，并见白云石。由 Mg – 和 K – 饱和风干处理衍射峰对比看出金云母峰和滑石峰消长转化。

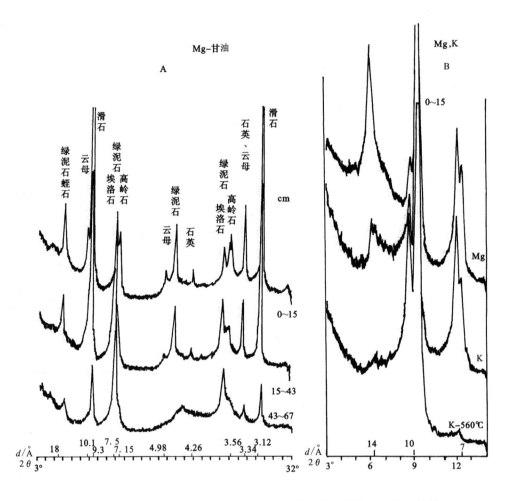

图谱 8 – 4　褐土辽 – 69 Mg、Mg – 甘油、K – 饱和处理黏粒 X 射线衍射谱

由图谱 8 – 4 可知，辽 – 69 剖面土壤黏粒主要为滑石，有镁绿泥石、埃洛石 – 高岭石，并有微量云母和石英。它们在剖面上的分异很大，0 ~ 15cm 和 15 ~ 43cm 有大量滑石，43 ~ 67cm 滑石含量大大减少，高岭石和埃洛石含量高，在底层湿润条件下，埃洛石稳定存在，随剖面向上部分脱水而转变为高岭石。表层 Mg – 饱和 14Å 峰增强，其余峰与 Mg – 甘油图谱同；K – 饱和 14Å 峰明显收缩，10Å 峰仅部分收缩，K – 560℃收缩增强，仍留有 14 和 7Å 峰，有较少绿泥石，较多（蛭石）羟基夹层物。在 43 ~ 67cm 显著减少，表明此为菱镁矿残、坡积物，风化蚀变强。

这些结果与黏粒化学组成中硅铝率、硅铁铝率、K₂O 和 MgO 含量以及交换量值（表 8 – 4、表 8 – 5）相符合。

三、淋溶褐土的黏粒矿物

辽 – 88、辽 – 61、辽 – 54 和辽 – 63 为淋溶褐土的四个剖面，全部发育在黄土状母质上，pH 及其黏粒的化学组成见表 8 – 4。

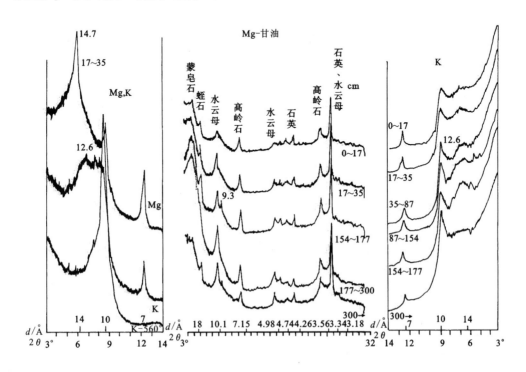

图谱 8 – 5　辽 – 88 Mg、Mg – 甘油、K – 饱和处理黏粒 X 射线衍射谱

由图谱 8 – 5 可见，辽 – 88 剖面主要含水云母、蒙皂石，少量绿泥石（蛭石），微量高岭石和石英、长石峰不明显。Mg – 饱和，14Å 峰稍强，10Å 峰弱，K – 饱和呈 12.6 ~ 14Å 弱宽峰，随剖面向下有所增强，10Å 峰稍有所增，K – 560℃处理呈肩状收缩，10Å 峰强。水云母按 K₂O 60g·kg⁻¹计算，约占 42% ~ 60%，表层水化强，随剖面向下结晶程度增高，蒙皂石含量也有所增高。由各层黏粒硅铝率和硅铁铝率以及 MgO 含量（表 8 – 7）推断的黏粒矿物组成与 X 射线衍射分析结果相一致。例如，177 ~ 300cm 土层中硅铝率高达 4.2，与 X 射线衍射分析很符合。300cm 以下则为两次沉积层。

由图谱 8 – 6 可知，辽 – 61 剖面主要为水云母，有一定量蒙皂石和绿泥石（蛭石）混层物，仅有很少量高岭石。水云母含 K₂O 量按 60g·kg⁻¹计算，可达 500 ~ 600g·kg⁻¹。蒙皂石和绿泥石（蛭石）晶层含量在心土层中较高，Mg – 饱和，20 ~ 80cm 14Å 峰强；K – 饱和 14 ~ 10Å 间呈弱宽峰；蛭石增加为淋溶过程所致，80cm 以下 10Å 峰相对增强，水云母蛭石化较显。K – 560℃处理，7Å 峰表明有绿泥石，原始钙长石晶层。底层高岭石略微有增高。黏粒矿物在剖面上分布较一致。黏粒硅铝率和硅铁铝率各为 3.9～4.0 和 3.1～3.2，黏粒 MgO 和 Na$_2$O 相应有所减少，阳离子交换量为 64～70cmol（＋）·kg^{-1}，心土层稍高，此与 X 射线衍射分析结果一致。淋溶过程处在脱钙阶段，黏粒矿物的蚀变很不明显。

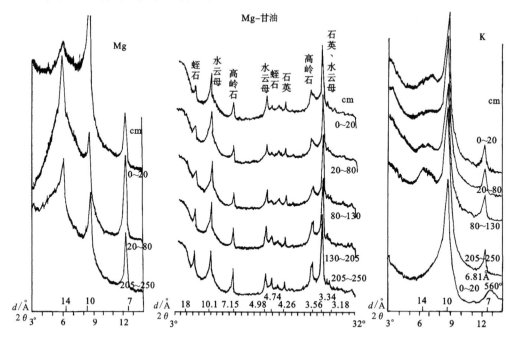

图谱 8-6　淋溶褐土辽 -61 Mg、Mg - 甘油、K - 饱和处理的黏粒 X 射线衍射谱

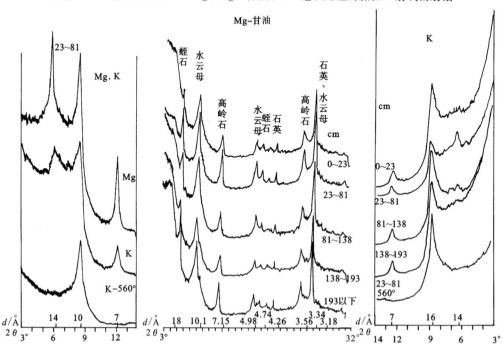

图谱 8-7　淋溶褐土辽 -54 Mg、Mg - 甘油、K - 饱和处理黏粒 X 射线衍射谱

由图谱 8-7 可知，辽-54 剖面黏土矿物主要为水云母、蒙皂石和蛭石（绿泥石）混层物，水云母晶性较好，并有微量高岭石。水云母含 K_2O 按 600g·kg^{-1} 计算，其含量可达 500～600g·kg^{-1}。黏粒矿物含量在剖面上的分布有些分异：0～23cm、23～81cm 蛭石峰较显著，向下 81～138cm 则云母水云母含量较高。底土层按 193～295cm 蒙皂石含量相对较高；剖面各层 X 射线衍射结果和黏粒化学组成、烧失量、硅铝率、K_2O 含量分布比较一致。亚表层 23～81cm 云母蛭石化含量增高，Mg-、K-饱和见有羟基夹层物，同时蒙皂石晶层减少，K-560℃处理，10Å 峰肩状过渡不明显，水云母蛭石化水化作用较强，主要是成土过程淋溶作用所致。

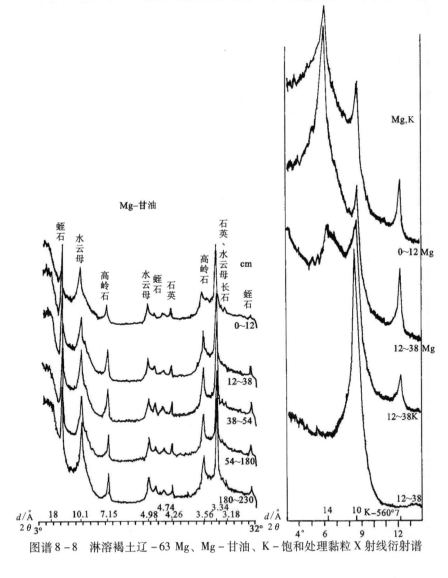

图谱 8-8　淋溶褐土辽-63 Mg、Mg-甘油、K-饱和处理黏粒 X 射线衍射谱

图谱 8-8 表明，辽-63 剖面主要含水云母、蛭石（绿泥石）和蒙皂石混层物以及微量高岭石。此外，有微量石英和长石，长石峰在 12～38cm 不明显。水云母水化程度

较高，K_2O 含量按 $60g \cdot kg^{-1}$ 计算，可达 $450 \sim 550g \cdot kg^{-1}$。黏粒矿物组成在剖面上变化明显，$0 \sim 12cm$ 蛭石和蛭石 - 蒙皂石混层物含量较低，而心土层 $12 \sim 38cm$ 和 $38 \sim 54cm$ 比辽 -5 和辽 -17 剖面显著增高；K - 饱和，14Å 峰部分收缩，仍留有羟基夹层物，10Å 峰略有增强，K -550℃，10Å 峰对称，蛭石化、水云母水化强，心土层黏粒矿物组成与交换量高达 $83cmol$（+）$\cdot kg^{-1}$ 的结果相符。

由图谱 8 - 8 可见，辽 -63 剖面主要含水云母、蒙皂石、少量绿泥石（蛭石），微量高岭石和石英、长石峰不明显。Mg - 饱和，14Å 峰稍强，10Å 峰弱；K - 饱和，呈 $12.6 \sim 14Å$ 弱宽峰；随剖面向下有所增强，10Å 峰稍有所增，K -560℃ 呈肩状收缩，10Å 峰强。水云母按 $K_2O60g \cdot kg^{-1}$ 计算，约占 $420 \sim 600g \cdot kg^{-1}$，表层水化强，随剖面向下结晶程度增高，蒙皂石含量也有增高。由各层黏粒硅铝率和硅铁铝率以及 MgO 含量推断的黏粒矿物组成与 X 射线衍射分析结果相一致。例如，$177 \sim 300cm$ 土层中硅铝率高达 4.2，与 X 射线衍射分析很符合。300cm 以下则为两次沉积层。

由上述四个剖面分析结果可知，蛭石在亚表层含量最为显著。因此，亚表层水云母蛭石化和蒙皂石晶层增多应是淋溶褐土的重要特征。

第五节　褐土的养分状况

石灰性褐土有机质含量低，砂黄土辽 - 51 较辽 - 48 高出 1 倍，但仍仅为 $14g \cdot kg^{-1}$。全磷（P_2O_5）和速效磷均属低量水平，辽 -48 含全磷 $0.5g \cdot kg^{-1}$，母质含磷灰石等矿物较少；辽 -51 较多，仍不超过 $1g \cdot kg^{-1}$；速磷都低于 $5mg \cdot kg^{-1}$，仅表层有生物作用而略高，在富钙质的碱性介质中，磷酸盐的水解和淋溶弱。全钾（K_2O）量较高，均在 $25g \cdot kg^{-1}$ 左右，母质含云母、水云母、钾长石多，云母水化度不高，蛭石化水云母晶层间和颗粒边缘钾较易被溶液 H^+ 所取代，缓效钾含量多属中上等水平，而在富钙的碱性介质中可被 NH_4OAC 代出的交换性钾和可溶性钾即速效钾都属中量偏低，辽 -51 较辽 -61 为多。

淋溶褐土有机质含量仍属低下水平，一般 $<2g \cdot kg^{-1}$，辽 -61 较辽 -88 和辽 -54 低，耕层由西向东随气候条件变化而有增。土壤全磷在辽西地区 $\geq 1g \cdot kg^{-1}$ 左右，辽 -61 含磷灰石和黑云母等暗色矿物多，低层高达 $1.47g \cdot kg^{-1}$，与富磷成土母质有关；辽东地区辽 -63 则低达 $0.5g \cdot kg^{-1}$，相当于砂黄土母质水平。速磷亦较高，辽 -63 和辽 -51 底层可高达 $20 \sim 45mg \cdot kg^{-1}$；表层砂质壤土稍低，为 $10mg \cdot kg^{-1}$ 的中等水平，含磷矿物风化，土壤经脱钙淋移有利于磷在钙积层聚积。全钾量均在 $26 \sim 29g \cdot kg^{-1}$ 内，以辽 -61 和辽 -54 为高，黄土状沉积物母质中云母比例高，黑云母类矿物多，黑云母晶层面和楔位较易为水化阳离子取代，形成蛭石化水云母较石灰性褐土多；但在半干旱半湿润气候弱碱性条件下，脱钾过程仍缓慢。鉴于黏粒含量较高致使缓效钾和速效钾亦高，辽 -88 黄土状沉积物母质中正长石、斜长石含量高，矿物晶层面无以为溶液 H^+ 取代，缓效钾仅达 $400g \cdot kg^{-1}$，属中低水平；速效钾在 $135 \sim 177cm$ 随黏粒含量增加而有所增高，它们在剖面上的分异可能受冲积沉积的影响。辽 -63 在湿润气候地区，风化含钾矿物多，多正长石、微斜长石，云母少，但羟基夹层物多，云母水化作用强，尤其是在 AB 层以下，缓效钾高，可溶态和离子交换态的速效钾相对亦较高（表 8 -6）。

表 8-6 土壤养分状况

剖面号	深度/cm	有机质/$g \cdot kg^{-1}$	全磷/(P_2O_5) $g \cdot kg^{-1}$	全钾/(K_2O) $g \cdot kg^{-1}$	速效磷/(P_2O_5) $mg \cdot kg^{-1}$	缓效钾/(K_2O) $mg \cdot kg^{-1}$	速效钾/	黏粒量
辽-48	0~16	7.2	0.46	25.4	6.4	586	103	132.4
(农地)	16~35	3.8	0.51	24.9	4.0	631	85	147.9
	35~53	3.3	0.57	26.7	3.8	616	92	133.5
	53~81	3.1	0.56	27.0	3.9	660	92	133.2
	81~120	2.9	0.51	25.9	4.2	646	95	111.2
	120~160	3.7	0.55	26.3	5.3	691	105	164.1
辽-51	0~20	14.1	0.76	26.3	5.5	758	91	212.0
(草场)	20~45	12.9	0.92	26.0	5.4	713	90	218.0
	45~65	12.0	0.79	24.5	4.3	714	92	208.9
	65~160	7.0	0.94	24.0	4.4	704	109	221.9
	160~255	3.9	0.88	25.8	4.8	751	102	158.5
辽-61	0~20	15.8	1.18	28.2	10.4	1121	194	230.0
(农地)	20~80	14.0	1.12	27.6	17.2	1051	172	352.0
	80~130	10.9	1.10	27.0	33.4	1160	187	337.0
	130~205	6.7	1.24	27.0	44.5	1176	243	288.0
	205~250	6.1	1.47	27.3	44.9	1110	181	263.4
辽-54	0~23	14.1	1.02	27.2	9.5	799	151	
(农地)	23~81	6.1	1.21	29.3	24.0	1095	195	
	81~138	8.8	0.97	27.2	23.0	1164	224	
	138~193	5.6	1.22	27.8	22.5	1022	225	
	193~295	4.8	1.26	28.4	20.9	1024	211	
辽-88	0~17	20.2	1.13	26.6	6.0	413	179	177.0
(灌丛)	17~35	8.6	0.95	25.6	4.5	406	123	208.0
	35~87	4.4	0.99	25.3	7.1	387	158	272.0
	87~154	5.2	0.99	26.1	13.0	347	149	285.0
	154~177	5.1	1.08	26.8	13.7	348	146	256.0
	177~300	4.9	1.10	25.3	19.9	402	112	198.9
辽-63	0~12	14.4	0.91	27.4	12.0	887	197	196.0
(灌草)	12~38	1.7	0.48	28.1	4.2	532	83	224.0
	38~54	2.1	0.55	27.2	5.0	625	123	322.0
	54~180	1.5	0.65	27.1	8.2	663	118	306.0
	180~230	1.8	0.77	28.0	9.0	925	140	280.0
辽-67	0~10	39.3	0.85	25.3	11.5	950	184	
(落叶阔叶林)	10~32	14.8	0.66	25.4	3.9	416	74	

剖面号	深度/cm	有机质/g·kg⁻¹	全磷/(P₂O₅)g·kg⁻¹	全钾/(K₂O)g·kg⁻¹	速效磷/(P₂O₅)mg·kg⁻¹	缓效钾/(K₂O)mg·kg⁻¹	速效钾/(K₂O)mg·kg⁻¹	黏粒量
	32～57	6.7	1.05	37.4	2.5	335	64	
	57～85	5.5	0.91	12.4	2.5	痕	48	
	85～135	4.3	0.79	10.5	3.7	痕	30	
辽 -69	0～15	54.6	1.28	5.3	4.9	205	87	
（灌丛）	15～43	23.7	1.15	2.5	3.6	90	50	
	43～69	15.6	1.94	1.1	5.4	8	84	

第六节　成土地球化学风化过程特征

1) 辽宁黄土母质分布区域性分异由西北而东南呈有规律的变化：即砂黄土（富钙）-壤黄土（脱钙）-黏黄土（非钙质）。根据仅有的分析资料，极细砂粒级中，主要含石英和正长石。所不同的是西北部阜新砂黄土辽-48（砂质壤土）除石英长石外，白云母和斜长石较多；西部建平砂黄土辽-51（砂质黏壤土）黑云母增多；东部沈阳黏黄土辽-7（壤质黄土）风化正长石和黑云母多，重矿物暗色矿物在粒级中的组分有所增加。对比有关资料，表8-7中风化正长石、云母含量比数偏高的可能原因：①镜鉴极细砂中较大较重颗粒多为石英，风化正长石则较小和较轻。②云母类矿物呈片状，单位重量中颗粒数量多。因此所用计数法对比偏离于重量法。微形观察：辽-48、辽-88、辽-63细粒物质多斑点状集合体；辽-51、辽-61和辽-54多条纹状集合体，前者可有较多长石风化物，后者并多黑云母等风化物。且多以混层物存在（参见X射线衍射图谱1-2）。

2) 黄土母质上褐土的黏粒矿物主要为水云母，并有一定量的蒙皂石混层物和蛭石。脱盐基作用弱，硅、铁、铝移动性小的成土地球化学风化对褐土黏粒矿物蚀变的影响，按碳酸盐褐土、普通褐土及淋溶褐土次序而愈益明显。在弱碱性条件下，水云母蛭石化、脱钾过程缓慢；高 Si(OH)₄ 和 Ca²⁺，低 K⁺ 和 Al³⁺ 介质中和土壤云母结构 Fe²⁺ 氧化条件都有利于蒙皂石的形成和稳定存在。褐土亚表层晶层羟基 Al、Mg 和 Fe 夹层形成随淋溶状况而愈加明显。淋溶褐土除母质受外源物质（辽-61）多次沉积（辽-88）影响和底土水作用（辽-54）外，剖面中黏土矿物组成无明显分异。黏粒阳离子交换量较高（蛭石-蒙皂石化）水云母对 K⁺ 等阳离子选择固释能力较强，对褐土的肥力特性均有重要意义。辽-51、辽-61 和辽-54 固释能力较强，K-饱和晶层收缩较显著，用稀酸溶液取代的缓效性 K 亦较高，可能与黑云母风化黏粒楔位较多有关。

3) 辽西半湿润向半干旱过渡的北部地区富钙砂黄土上的石灰性褐土成土物质为风成来源，土体中含 CaCO₃ 5%～10%，自生方解石亮晶与骨骼颗粒等大，疏松堆集。西北部近内蒙古砂丘的阜新剖面辽-48 中风积砂土体亮晶多，Bk₁、Bk₂ 和 Bk₃ 钙积层中除有隐晶质-微粒质碳酸盐外，基体中保留有方解石亮晶半风化体，方解石在土层中扩

表 8-7 褐土细砂粒级（100~50μm）的矿物组成（比重 a. <2.87g·cm⁻¹, b. >2.87g·cm⁻¹）

剖面号	深度/cm	50~100μm %（占<2mm重）	轻矿量a.和重矿量b. g·kg⁻¹	磁矿量*/%	细砂粒级中矿物含量ψ												
					石英	风化正长石	黑云母	白云母	斜长石	微斜长石	磷灰石	普通角闪石	绿帘石	磁铁矿	石榴子石	锆石	榍石
辽-48	36~53	34.5	a.1000 b.0	-	卅	卌	-	±	±	微	微	-	-	-	-	-	-
辽-88	30~40	19.2	a.993 b.7	-	卅	卌	微	微	+	微	-	+	卅	微	微	-	+
辽-7	17~42	4.90	a.986 b.14	0.7	卅	卌	极少	微	-	-		+、卅	卅	微	±	+	-

* 磁矿量各占轻、重矿量%，ψ 按颗粒数所占比例计。

散和运移较缓慢，在微孔面呈微晶，土体中微晶质凝团，底土层湿度增大孔面针状晶膜。西部高平原建平剖面辽–51方解石在土层中扩散和运移较显著。由自生方解石亮晶颗粒→扩散的微晶方解石集合体→根孔扩散灰泥或团聚体灰泥核（微晶、细微晶）→团聚体晶膜（晶霜）→土体晶芽薄膜（针状晶体）→钙质黏土凝聚体。剖面垂直淋移弱，碳酸钙聚集呈棱块体，含 $CaCO_3$ 8%。

由西北而东南的壤质黄土沉积物上的淋溶褐土，随淋溶加剧，钙积层部位降低，剖面分异愈益明显。西南部山前倾斜平原凌源剖面辽–61，剖面上部基质呈凝聚状，常见方解石与骨骼颗粒等大的亮晶和石灰岩、安山岩岩屑，130cm 见有微粒质–细粒质方解石、钙质黏粒凝聚体。钙积层 205~300cm 部分基体为凝聚态隐晶质–微粒质碳酸盐基质，并见石灰根管（$CaCO_3$ 8%）。南部义县河谷高阶地剖面辽–88 剖面上层多凝聚状，微孔面基质显局部薄层钙质定向黏粒析离，钙积层 177~300cm 细粒物质呈高碳酸盐–黏粒质凝聚体，300cm 以下见根截面铁质碳酸钙淀积（碳酸盐成分约占 4%）。锦西高台地剖面辽–54 在 2m 以上呈弱碳酸盐基质。

因此，辽西土壤方解石的活动性是由北而南、由西而东、由上而下而增强。必须着重指出，植物根系对方解石的活动性，碳酸钙在土体和孔洞面的扩散、积聚，对土壤凝聚结构体形成和抗蚀性能有特殊重要作用，对钙（镁）在提高辽西土壤肥力和水土保持上具有头等重要意义。

发育的土壤都普遍富含水云母和蒙皂石类矿物。蒙皂石多以混层矿物存在。绿泥石除碎屑继承外还有蛭石的绿泥石化过程。黏粒矿物在剖面内的分异仍不很明显。各土壤黏土矿物组成和黏粒阳离子交换量等结果也很一致。

第九章 红 黏 土

红黏土即红色风化壳，以往视为母质，全国第二次土壤普查系统分类中，将红色风化壳作为初育土纲中的独立土类，列为始成土。

本区红黏土分布甚广，北至黑龙江省牡丹江，南至辽宁广大丘陵地区都有零星分布，一般埋藏在黄土之下，黄土侵蚀后出露，在辽宁大凌河中游和旅大侵蚀严重地区，出露最为广泛，一般厚度数米，最厚可达20多米，多为农地。

红黏土是湿热气候条件下的产物，形成的厚度、土壤矿物组成，取决于在湿润炎热气候条件下，风化作用的强度、持续的时间，以及风化产物的保持和迁移条件。

根据地层孢子分析，辽河平原新近纪–第四纪早更新世的自然植被是以阔叶为主的针阔混交林，亚热带树种，森林茂密，属于湿热的生态环境，适于红黏土的形成，到晚更新世，气候转为干冷，"红化"作用转弱，在红黏土上沉积了厚度不等的黄土、黄土状沉积物等。

本章对辽宁大连、沈阳、北票、朝阳及牡丹江宁安县等地区红黏土剖面进行了化学分析X射线衍射分析、微形态鉴定，研究了不同沉积时期的红黏土的土壤微形态特征、黏土矿物类型和一些土壤性质。

第一节 土壤的自然地理条件特征和剖面形态

土壤的自然地理条件特征和剖面形态见表9–1、表9–2。

表9–1 土壤的自然地理条件特征

剖面号	土 类	采集地点	母 质	地 形	海拔/m 及潜水位	植 被
辽–93	铁铝质红黏土	金州友谊乡八里村十里岗	冰川沉积物	山前冰蚀洼地	50	农地
辽–96	硅铝质红黏土	沈阳市东陵区英达乡赵家沟	冰水沉积物，下为风化混合花岗岩	垅岗	181	农地
辽–95	黏质硅铝质红黏土	朝阳县石家堡	冰水沉积物	V 字形侵蚀沟 (25m)	500	农地
辽–97	黏质硅铝质红黏土	北票市土城子乡刘家沟兴隆树村	河湖相沉积物	深度割切沟间地	230	农地
辽–100	黏质硅铝质红黏土	朝阳县波罗赤乡焦家营子	冰水沉积物（中更新世 Q_2）	高台地	420	农地
三江–9	细砂粉泥质岩红土	牡丹江宁安县兴安乡村北山（宁西中学北300m，距镜泊湖400m）	早白垩纪海浪组紫红色中粒长石砂岩	丘陵岗地	300	农地（作物生长不良）
辽–10	硅铝质红黏土	建平县卧龙岗	黄土沉积物下的红色黏土层	丘陵缓坡中上部	500~600	农地（作物生长不良）

表 9 - 2　土壤剖面形态

剖面号	土深/cm	颜　色	质地	结构	结持力	石灰反应及新生体	pH	根系
辽-93	0~39	红棕（干时）2.5YR 4/8 暗红（湿时）2.5YR 3/4	黏土	块状	紧实	铁锰结核	6.4	
	39~64	红棕（干时）10YR 4/8 暗红（湿时）10YR 3/8	粉砂质黏壤土	大块状	紧实	铁质胶膜	6.1	
	64~120	红色干时（10YR 5/8） 暗红（湿时）10YR 4/8	黏壤土	大块状	紧实	铁质胶膜	5.6	
	120~200	亮红棕（干时）2.5YR 5/8 红棕（湿时）2.5YR 4/8	黏壤土	大块状	紧实	铁锰结核少	5.6	
	200~250	橙（干时）5YR 6/8 亮红棕（湿时）5YR 5/8	黏土	大块状	紧实	红黄交错网纹层	5.5	
辽-96	0~45	亮红棕（干时）5YR 5/8 红棕（湿时）5YR 4/8	壤质黏土	碎块	较紧实		7.2	少量
	45~83	亮红棕（干时）2.5YR 5/6 红棕（湿时）5YR 4/8	壤质黏土	块状	较紧实	铁锰结核少量	6.7	少量
	83~117	红棕（干时）2.5YR 4/8 暗红棕（湿时）2.5YR 3/6	壤质黏土	块状	紧实	铁锰结核较上层多	5.7	
	117~155	亮红棕（干时）2.5YR 5/8 红色（湿时）10R 4/8	砂砾质黏土	大块状	紧实	铁锰结核较上层少	5.4	
	155~190	亮红棕（干时）2.5YR 5/8 红色（湿时）10R 4/8	壤质黏土	大块状	紧实	少量铁锰结核	5.4	
	190~258	亮红棕（干时）2.5YR 5/8 红色（湿时）10R 4/8	壤质黏土	大块状	紧实	少量胶膜	5.4	
	258→		震旦纪混合岩砂砾质黏土	全风化物			6.1	
辽-97	0~30	亮红棕（干时）5YR 5/8 暗红棕（湿时）5YR 3/6	砂质壤土	碎块		无石灰反应	8.0	多
	30~64	橙（干时）5YR 6/8 亮红棕（湿时）5YR 5/8	砂质黏土	块状	紧实	无石灰反应	7.6	较上层少
	64~102	红棕（干时）2.5YR 4/8 暗红棕（湿时）2.5YR 3/6	砂质黏土	块状	紧实	无石灰反应，少量铁锰结核	6.8	
	102~223	红棕（干时）2.5YR 4/8 暗红棕（湿时）2.5YR 3/6	砂质黏土	块状	紧实	无石灰反应铁锰结核较上层少	6.8	
	223~300	亮红棕（干时）2.5YR 5/8 红棕（湿时）2.5YR 4/8	砂质黏土	块核状	紧实	无石灰反应	6.7	
辽-100	0~100	红（干）10R 5/8 红（湿）10R 4/6	壤质黏土（砾石夹杂）	块状	较疏松	强石灰反应	7.6	少量
	100~350	红亮（干）10R 4/8 红（湿）10R 4/6	砂质黏壤土（砾石堆积层夹杂）	块状（垂直裂隙）	紧实	有石灰反应铁锰结核	7.7	
	350~580	红（干）10R 6/8 红（湿）10R 4/8	壤质黏土（砾石堆积层夹杂）	块状	紧实	有石灰反应石灰结核层（人头核子）	8.0	

剖面号	土深/cm	颜　色	质地	结构	结持力	石灰反应及新生体	pH	根系
	580~980	红橙（干）10R 6/8 红棕（湿）2.5YR 5/8	壤质黏土 （砾石夹杂）	块状	紧实	强石灰反应	7.8	
辽 -95	0~50	红橙	壤质黏土					
	300~350	红棕	砾石夹杂					
	900~1000	红	砾石夹杂					
	1550~2300		多底砾层			夹石灰半风化板层		
辽 -10	0~100	参见第十一章						
三江 -9	0~165							

第二节　土壤的物理和化学性质

一、颗粒组成

红黏土的机械组成（表 9 - 3、表 9 - 4）特点是：①质地为黏土、壤质黏土、砂质黏土，黏粒含量高，高者达 40% 以上。铁铝质红黏土可高达 57.6%（表 9 - 4），硅铝质红黏土中黏粒含量按辽 - 96 > 辽 - 95 > 辽 - 97 > 辽 - 100 顺序。②细砂和粉砂粒级少，细粒级矿物组成中长石含量愈少，风化度愈强，早更新始铁铝质红黏土细砂粒级含量低，为 7.96%，粉砂粒级风化长石和细粒云母相对富集，其含量仍低、为黏粒量的 1/2；硅铝质红黏土则相对有所增高，以沈阳英达乡壤质黏土层为例，随剖面向下，红化作用加深，粉砂粒级呈相对富集。③随红土化铁聚过程增强，铁质胶膜和结核形成红色和黑色集合体 - "假砂粒[1]"增多，可使铁铝质红黏土中"假砂粒"占砂粒级比重显著增高。而硅铝质红黏土中则明显减低：0.2~0.02 粒级，含量按辽 - 96 < 辽 - 95 < 辽 - 97 < 辽 - 100。④地形处于垅岗或沟谷红黏土，受侵蚀堆积影响，或冰碛、坡洪积物掺入使土体上部某些土层质地偏轻或土体中多石砾及石砾层、砂质层。

表 9 - 3　铁铝质红黏土的机械组成

剖面号	采土地点	深度/cm	石砾/g·kg⁻¹ 粒径/mm >2	颗粒组成/g·kg⁻¹ 粒径/mm				质地名称
				2.0~0.2	0.2~0.02	0.02~0.002	<0.002	
辽 -93	金州区友谊	0~39	53.4	153.6	270.0	523.0		黏土
	乡十里岗	39~64	27.9	257.1	365.0	360.0		粉砂质黏土
		64~120	40.4	342.6	369.0	248.0		黏壤土
		120~200	50.2	374.8	358.0	217.0		黏壤土
		200~250	30.4	79.6	294.0	576.0		黏土

1）假砂粒——铁质化、磁铁化岩屑或矿物集合体。

剖面号	采土地点	深度/cm	石砾/g·kg⁻¹ 粒径/mm >20	颗粒组成/g·kg⁻¹（粒径/mm）				质地名称
				2.0~0.2	0.2~0.02	0.02~0.002	<0.002	
辽-96	沈阳市东陵	0~45	23.6	30.3	263.7	316.0	390.0	壤质黏土
	区英达乡	45~83	31.2	31.7	242.3	325.0	401.0	壤质黏土
		83~117	40.6	22.0	196.0	333.0	449.0	壤质黏土
		117~155	11.7	35.7	194.3	342.0	428.0	壤质黏土
		155~190	135.7	144.8	210.2	296.0	349.0	砂质黏土
		190~258	68.3	68.3	188.7	338.0	405.0	壤质黏土
		258~400	223.9	66.9	352.1	223.0	358.0	砂质黏土
辽-95	朝阳县	0~250	15.7	4.0	233.0	314.0	449.0	壤质黏土
	石家窝铺	250~500	0	1.5	351.5	351.0	296.0	壤质黏土
		500~800	0	4.8	226.2	312.0	457.0	黏土
		800~1050	0	94.3	122.7	311.0	472.0	黏土
		1050~1300	53.5	117.1	200.9	308.0	374.0	壤质黏土
		1300~1550	38.1	25.9	103.1	282.0	589.0	黏土
		1550~1800	0	24.6	100.4	270.0	605.0	黏土
		1800~2050	0	4.7	315.3	361.0	319.0	壤质黏土
辽-97	北票市	0~30	43.8	95.1	443.9	189.0	272.0	砂质黏土
	土城子	30~64	0	21.7	396.3	242.0	340.0	砂质黏土
	刘家沟	64~102	0	28.1	344.9	251.0	376.0	砂质黏土
		102~223	0	12.9	359.1	321.0	307.0	砂质黏土
		223~300	0	19.5	335.5	280.5	360.0	砂质黏土
		>700	0	114.0	353.0	234.0	299.0	壤质黏土
辽-100	朝阳县	0~100	120.6	76.5	374.5	229.0	330.0	壤质黏土
	焦家堡	100~250	0	152.1	427.9	188.0	232.0	砂质黏壤土
		350~680	0	12.9	307.1	395.0	285.0	壤质黏土
		680~980	0	12.8	258.2	425.0	304.0	壤质黏土

二、土壤一般化学和物理性质

由表9－5可见，铁铝质红黏土为弱酸－酸性土（pH值5.5~6.2），随剖面向下酸性有所增强，而在剖面中部64~120cm红棕色土层中盐浸液 pH_{kcl} 值为4.1，潜在酸度最高，盐基饱和度最低，随剖面向下，潜在酸度低而交换量、盐基饱和度和黏粒含量则明显增高；且交换性钙、镁亦高达交换性盐基总量96%以上，随剖面向下交换性钙占盐基总量由表层56%向下逐渐递增到73%，交换性镁和交换性钠则各由40%和3%递减为24%和1.8%，这可能归于由石灰岩、辉绿岩形成的冰水沉积物受海退而残积的盐基较高的影响有关（《辽宁土壤》p.356）。

硅铝质红黏土的pH值和交换性能因母质和气候条件不同而有一定差异，反应在交换性盐基组成方面：由表9－6可见，硅铝质红黏土按剖面辽-96、辽-97、辽-95、

表 9-5 铁铝质红黏土的 pH 值及其交换性能

剖面号	采土地点	深度/cm	pH		交换量/[cmol(+)·kg⁻¹]	交换性盐基/[cmol(+)·kg⁻¹]					水解性酸/[cmol(+)·kg⁻¹]	交换性酸/[cmol(+)·kg⁻¹]			盐基饱和度/%
			水浸	盐浸		Ca^{2+}	Mg^{2+}	K^+	Na^+	总量		H^+	Al^{3+}	总量	
辽-93	金州区	0~39	6.4	5.6	13.92	7.85	5.50	0.14	0.33	13.82	0.10	0.026	0.068	0.094	99.28
	友谊乡	39~64	6.1	5.0	24.29	14.03	8.92	0.24	0.59	23.78	0.51	0.059	0.137	0.136	97.90
	十里岗	64~120	5.6	4.1	40.01	18.00	8.61	0.26	0.67	27.54	12.47	0.497	0.947	1.444	68.83
		120~200	5.6	3.3	49.18	28.20	10.36	0.24	0.76	39.56	9.62	0.608	1.088	1.696	80.44
		200~250	5.5	3.7	47.19	32.17	10.45	0.25	0.80	43.67	3.52	1.009	1.187	2.196	92.54

表 9-6 硅铝质红黏土的 pH 值及其交换性能

剖面号	采土地点	深度/cm	pH 水浸	pH 盐浸	交换量/[cmol(+)·kg⁻¹]	Ca²⁺	Mg²⁺	K⁺	Na⁺	总量	水解性酸/[cmol(+)·kg⁻¹]	H⁺	Al³⁺	总量	盐基饱和度/%
辽-96	沈阳市	0~45	7.2	6.0	24.49	15.29	3.79	0.25	0.29	19.62	4.87	0.01	0.02	0.03	80.11
	东陵区	45~83	6.7	5.5	25.59	12.97	5.29	0.33	0.33	18.92	6.67	0.01	0.07	0.08	73.94
	英达乡	83~117	5.7	4.4	25.16	12.05	4.71	0.35	0.43	17.54	7.62	0.15	0.42	0.57	69.71
		117~155	5.4	4.0	22.91	10.54	3.75	0.33	0.49	15.11	7.80	0.32	0.71	1.03	65.95
		155~190	5.4	4.0	16.88	7.76	2.72	0.26	0.42	11.16	5.72	0.30	0.50	0.80	66.11
		190~258	5.4	4.1	22.21	10.47	3.40	0.31	0.46	14.64	7.57	0.12	0.47	0.59	65.92
		258~400	6.1	5.1	8.58	4.91	0.99	0.12	0.29	6.31	2.27	Tr	0.03	0.03	73.54
辽-97	北票市	0~30	8.0	6.7	23.72	20.54	1.84	0.25	0.23	22.86	0.86	Tr	Tr	Tr	96.37
	土城子	30~64	7.6	6.3	28.42	21.66	3.64	0.27	0.55	26.12	2.30	Tr	Tr	Tr	91.91
	刘家沟	64~102	6.8	5.4	30.07	21.05	3.72	0.30	0.56	25.63	4.44	Tr	Tr	Tr	85.23
		102~223	6.8	5.1	30.61	21.89	2.98	0.32	0.48	25.67	4.94	0.02	0.07	0.09	83.86
		223~300	6.7	5.0	29.76	22.17	2.31	0.32	0.41	25.21	4.55	0.03	0.02	0.05	84.71
		>700	6.9	5.5	24.69	19.41	2.03	0.37	0.36	22.17	2.52	Tr	0.06	0.06	89.79
辽-95	朝阳县	0~250	7.2	5.8	32.16	22.78	4.88	0.74	0.35	28.75	3.41	Tr	Tr	Tr	89.40
	石家窝铺	250~500	6.7	5.4	22.39	17.05	3.25	0.43	0.61	21.34	1.05	0.040	0.010	0.05	95.31
		500~800	6.8	5.1	28.81	21.91	3.42	0.45	0.56	26.34	2.47	0.03	0.06	0.09	87.96
		800~1050	6.9	5.4	28.75	23.35	3.81	0.57	0.50	28.23	0.52	0.01	0.05	0.06	98.19
		1050~1300	7.0	5.7	24.10	17.54	3.15	0.59	0.46	21.74	2.36	Tr	Tr	Tr	90.21

剖面号	采土地点	深度/cm	pH 水浸	pH 盐浸	交换量/[cmol(+)·kg⁻¹]	交换性盐基/[cmol(+)·kg⁻¹] Ca²⁺	Mg²⁺	K⁺	Na⁺	总量	水解性酸/[cmol(+)·kg⁻¹]	交换性酸/[cmol(+)·kg⁻¹] H⁺	Al³⁺	总量	盐基饱和度/%
		1300~1550	7.1	5.8	22.81	16.28	3.01	0.37	0.38	20.04	2.77	0.03	0.18	0.21	87.86
		1550~1800	7.5	6.2	28.89	20.19	3.78	0.80	0.47	25.24	3.65	Tr	0.04	0.04	87.86
		1800~2050	7.0	5.2	29.89	21.28	3.78	0.35	0.57	25.98	3.91	0.01	0.05	0.06	86.92
		2050~2300	7.5	6.2	31.94	22.59	4.48	0.60	0.27	27.94	4.00	Tr	0.05	0.05	87.48
辽-100	朝阳县 焦家营子	0~100	7.7	6.4	21.84	19.24	2.08	0.36	0.16	21.84	Tr	Tr	Tr	Tr	100
		100~250	7.7	6.7	21.83	15.41	5.58	0.39	0.45	21.83	Tr	Tr	Tr	Tr	100
		350~580	8.0	6.8	24.96	17.84	6.12	0.54	0.46	24.96	Tr	Tr	Tr	Tr	100
		680~980	7.8	6.8	26.79	19.48	6.34	0.49	0.48	26.79	Tr	Tr	Tr	Tr	100

辽－100 顺序而变化：土壤酸度呈酸→中→弱碱性而变化，水解性酸度亦由高到低，盐基饱和度则由低到高而改变，交换性（Ca + Mg）以剖面辽－100 为最高。按剖面辽－100、辽－95 和辽－97 至辽－96 交换性 Ca 和 Na 相对减低而交换性 Mg 和 K 相对升高，交换性 K 按剖面辽－95 > 辽－97 > 辽－96 > 辽－100 趋势变化，交换性 Mg 以剖面辽－100 > 辽－95 > 辽－96 > 辽－97 趋势变化，而交换性 Ca 和 Na 则以剖面辽－100 > 辽－95 > 辽－97 趋势变化。在气候地带性基础上，剖面辽－100 和辽－95 分异大应归属母质来源上的不同。

三、土壤和黏粒的化学组成

由表 9－7 和表 9－8 可知，辽－93 土壤 Fe_2O_3 和 Al_2O_3 分别高达 24% 和 20.8%，脱硅富铝化程度高；剖面中元素含量变动大，CaO、MgO、Na_2O 和 K_2O 含量均低，120cm 以下 CaO、MgO 骤增，TiO_2、MnO_2 高，TiO_2 在表层以下骤增，200cm 以下高达 5.2%，与受石灰岩、辉绿岩残积影响有关。黏粒硅铝率和硅铁铝率低（分别为 2.6～2.8 和 1.9～2.0）；K_2O 含量低（1.3%～1.7%）；CaO、MgO 和 K_2O 含量随剖面向下亦增高，CaO 和 MgO 与硅铝质土壤等同而 K_2O 和 Na_2O 则大为减少。120cm 以下，烧失量和交换量减低。

硅铝质土辽－96、辽－95、辽－97、辽－100 脱硅富铝化程度低，除辽－100 硅铝比率高达 7 外，均在 3～4，TiO_2 含量均低达 < 1%；CaO 和 MgO 含量各别均 ≤ 10%，仅辽－100 分别为 72% 和 < 2%；K_2O 含量除辽－100、辽－95 高达 3% 外，余均在 2.7% 左右（表 9－9～表 9－11）。

剖面辽－96 冰水沉积物黏粒 Fe_2O_3/土体 Fe_2O_3 高；CaO 和 Na_2O 在剖面上分异明显，随剖面向下逐渐减少，117cm 以下尤显，0～45cm 长石类矿物风化度低，45cm 以下风化度增高，混合岩母质随剖面向下长石、黑云母蚀变强，磷钾的养分含量较高。

剖面辽－95 侵蚀沟断层，冰水沉积物元素含量变动较大，分层明显，尤以 CaO、Na_2O、MnO 和 Fe_2O_3 为显。黏粒化学组成 20～50cm MgO 高，硅铝率为 3.7%，水云母含量可达 55%；10～15m 处 CaO、MgO 和 Na_2O 含量降低，硅铝率降为 3.0，水云母含量超过 55%，交换量明显降低。

剖面辽－97 河湖相沉积物化学组成在剖面上分异不明显，但按黏粒 MgO 和 K_2O 含量水平，大致可分为 0～102cm 和 102～700cm 两种组合层。剖面上部 MgO 高，而 K_2O 低，烧失量高达 14.8%；剖面下部 MgO 低而 K_2O 较高，同时烧失量也降低。

剖面辽－100 冰水沉积物 Al_2O_3 和 Fe_2O_3 分别为 14.5%～16.1% 和 5.6%～6.9%，脱硅富铝化程度最低；CaO 和 MgO 含量高，100～350cm 分别为 3.7% 和 2.0%，是与石灰胶结物有关。K_2O 含量亦高达 3.5%，极细砂含量占土体 25%～35%，仍含有一定量长石类矿物；磷、钾的养分含量亦较高。

根据全量化学组成和其含量比率（表 9－12、表 9－13）可知红土的风化淋溶强度，铁铝质红黏土盐基几近淋失殆尽；硅铝质红黏土的风化淋溶强度序列为：辽－96 > 辽－95 > 辽－97 > 辽－100。铁铝质红黏土在风化过程中释放出 50% 以上矿物结构中铁锰转化成游离质，硅铝质红黏土仅为其 1/3，两者均主要以晶质铁锰水化物状态存在。应用 DCB 法一次性浸提测定结果表明，铁铝质红黏土比硅铝质红黏土游离铁高出 4.5 倍；黏粒部分高出 2 倍。

表 9 - 7　铁铝质红黏土体化学组成

剖面号	采土地点	深度/cm	烧失量/g·kg⁻¹	化学组成（占灼烧土）/g·kg⁻¹											分子率			
				SiO_2	Al_2O_3	Fe_2O_3	CaO	MgO	TiO_2	MnO	K_2O	Na_2O	P_2O_5	总量	$\dfrac{SiO_2}{R_2O_3}$	$\dfrac{SiO_2}{Al_2O_3}$	$\dfrac{SiO_2}{Fe_2O_3}$	$\dfrac{Fe_2O_3}{Al_2O_3}$
辽 - 93	大连市金州区十里岗	0~39	87.5	515.8	246.8	182.3	5.3	10.2	29.9	3.0	11.8	2.2	0.77	1007.9	2.41	3.55	7.52	0.47
		39~64	85.9	493.8	227.8	200.9	4.6	10.4	44.0	2.6	10.5	2.3	0.97	994.2	2.35	3.68	6.54	0.56
		64~120	92.9	461.9	228.2	231.7	6.9	12.8	44.5	2.6	9.7	2.3	1.10	1001.8	2.08	3.43	5.30	0.65
		120~200	84.4	434.8	206.0	260.9	9.6	17.1	55.4	2.8	10.6	2.2	1.26	1000.7	1.98	3.58	4.43	0.81
		200~250	91.4	435.9	205.2	255.8	10.2	19.6	57.3	3.7	12.5	2.4	1.49	1004.2	2.01	3.61	4.53	0.80
		$\bar{x}$	87.6	465.6	222.9	235.1	7.4	13.7	45.5	2.8	10.6	2.2	1.08	1001.6	2.14	3.54	5.34	0.68

表 9 - 8　铁铝质红黏土（<0.002mm）化学组成

剖面号	采土地点	深度/cm	烧失量/g·kg⁻¹	化学组成（占灼烧土）/g·kg⁻¹											分子率			阳离子交换量/[cmol(+)·kg⁻¹]
				SiO_2	Al_2O_3	Fe_2O_3	CaO	MgO	TiO_2	MnO	K_2O	Na_2O	P_2O_5	总量	$\dfrac{SiO_2}{R_2O_3}$	$\dfrac{SiO_2}{Al_2O_3}$	$\dfrac{SiO_2}{Fe_2O_3}$	
辽 - 93	大连市金州区十里岗	0~39	163.6	480.2	298.8	171.2	1.7	10.3	11.2	0.50	15.7	1.6	1.88	993.1	2.00	2.73	7.45	45.85
		39~64	152.6	466.8	305.1	175.6	1.7	11.1	12.6	0.66	16.9	1.7	2.01	994.0	1.90	2.60	7.07	43.93
		64~120	144.4	472.3	292.0	187.9	1.6	12.6	15.6	0.82	15.5	1.4	2.29	1002.1	1.95	2.74	6.68	43.51
		120~200	138.1	467.6	282.4	187.5	1.6	13.8	18.4	1.04	19.4	1.7	2.49	995.9	1.97	2.81	6.63	41.84
		200~250	166.3	536.2	292.8	118.5	2.1	16.8	8.0	0.59	20.3	1.9	2.60	999.9	2.47	3.11	12.02	41.00
		$\bar{x}$	153.2	192.9	291.7	161.5	1.8	13.9	13.0	0.78	18.3	1.7	2.37	997.9	2.13	2.87	8.58	42.88

表9-9 硅铝质红黏土土体化学组成

剖面号	采土地点	深度/cm	烧失量/g·kg⁻¹	化学组成（占灼烧土）/g·kg⁻¹											分子率				
				SiO_2	Al_2O_3	Fe_2O_3	CaO	MgO	TiO_2	MnO	K_2O	Na_2O	P_2O_5	总量	$\dfrac{SiO_2}{R_2O_3}$	$\dfrac{SiO_2}{Al_2O_3}$	$\dfrac{SiO_2}{Fe_2O_3}$	$\dfrac{K_2O}{Al_2O_3}$	$\dfrac{Fe_2O_3}{Al_2O_3}$
辽-96	沈阳市东陵区英达乡	0~45	48.3	703.4	168.3	57.0	8.4	10.6	8.3	0.74	25.9	14.0	0.59	997.1	5.83	7.09	32.80	0.15	0.22
		45~83	49.8	691.3	177.3	61.4	6.1	9.6	8.7	0.76	26.7	10.2	0.72	992.8	5.42	6.62	29.92	0.15	0.22
		83~117	50.6	691.8	180.0	62.1	5.1	9.1	9.6	0.84	28.0	8.0	0.59	995.1	5.34	6.52	29.67	0.16	0.22
		117~155	42.8	716.5	166.9	60.3	3.6	8.1	9.2	1.32	25.2	3.8	0.46	995.3	5.92	7.28	31.59	0.15	0.23
		155~190	42.5	730.2	153.7	60.5	2.9	6.8	8.4	0.91	27.9	3.7	0.36	995.3	6.44	8.06	32.08	0.18	0.25
		190~258	45.4	704.3	178.5	59.4	3.5	8.1	8.7	1.28	27.6	3.8	0.44	995.5	5.52	6.70	31.51	0.15	0.21
		$\bar{x}$	43.5	705.9	171.7	59.9	4.9	8.7	8.8	1.01	26.9	7.0	0.52	995.3	5.72	7.00	31.35	0.16	0.22
		岩石	38.0	704.6	201.6	29.9	2.5	5.7	3.5	0.14	30.1	20.5	0.19	998.8	5.42	5.93	62.63	0.15	0.09
辽-100	朝阳县焦家营子	0~100	52.9	677.9	156.9	64.3	24.2	15.8	3.4	1.66	30.5	12.6	0.63	992.8	5.81	7.33	28.02	0.21	0.26
		100~350	66.9	658.6	155.4	73.8	40.1	21.2	7.9	2.18	37.2	7.2	0.78	1004.3	5.52	7.19	23.70	0.26	0.30
		350~530	48.0	671.6	166.0	63.5	18.3	19.5	8.1	1.72	32.5	10.4	0.64	992.2	5.52	6.87	28.13	0.21	0.24
		530~980	50.2	680.9	169.6	59.3	24.5	17.4	8.1	1.19	27.3	11.8	0.64	1000.7	5.57	6.81	30.53	0.17	0.22
		$\bar{x}$	54.3	673.2	164.0	64.3	27.3	18.6	8.1	1.59	31.1	10.5	0.62	999.2	5.57	6.97	28.09	0.21	0.25
辽-97	北票市土城子刘家沟	0~30	42.4	722.1	152.0	45.7	13.2	8.9	7.0	0.92	26.6	18.3	0.44	995.2	6.76	8.06	42.00	0.19	0.19
		30~64	40.3	720.9	166.2	48.9	11.5	10.3	7.5	0.94	25.7	16.4	0.26	1008.5	6.20	7.36	39.18	0.17	0.19
		64~102	43.0	707.2	167.8	52.3	9.9	10.1	7.7	0.74	26.1	14.2	0.20	996.3	5.97	7.15	36.01	0.17	0.20
		102~223	44.6	11.2	162.3	53.2	12.4	12.0	7.9	0.98	28.7	16.0	0.26	1005.0	6.15	7.44	35.53	0.19	0.21
		223~300	45.6	710.4	163.7	54.6	11.7	10.9	7.9	0.95	28.7	15.1	0.43	1004.4	6.07	7.36	34.58	0.19	0.21
		$\bar{x}$	43.9	712.7	162.8	52.2	11.9	11.0	7.7	0.93	27.8	15.8	0.31	1003.1	6.17	7.44	36.41	0.19	0.20
		700以下	40.0	700.3	169.5	52.9	11.0	9.5	7.0	0.79	31.3	16.5	0.47	999.2	5.85	7.01	35.18	0.20	0.20

表9-10 硅铝质红黏土的黏粒（<0.002mm）化学组成

剖面号	采土地点	深度/cm	烧失量/g·kg⁻¹	化学组成（占灼烧土）/g·kg⁻¹											分子率			阳离子交换量/cmol(+)·kg⁻¹
				SiO_2	Al_2O_3	Fe_2O_3	CaO	MgO	TiO_2	MnO	K_2O	Na_2O	P_2O_5	总量	$\dfrac{SiO_2}{R_2O_3}$	$\dfrac{SiO_2}{Al_2O_3}$	$\dfrac{SiO_2}{Fe_2O_3}$	
辽-96 沈阳市 东陵区 英达乡		0~45	147.6	547.6	280.5	103.0	2.8	19.2	12.9	0.50	27.8	3.0	2.31	999.7	2.68	3.31	14.13	50.39
		45~83	145.2	541.8	287.0	104.6	1.1	15.8	11.7	0.47	29.5	2.8	2.15	996.8	2.60	3.20	13.77	51.12
		83~117	140.1	535.1	291.4	107.7	3.4	15.4	10.2	0.50	29.1	2.4	1.98	997.1	2.52	3.12	13.20	49.16
		117~155	131.1	532.6	294.3	106.5	3.0	15.3	9.8	0.77	28.8	1.9	1.67	994.7	2.49	3.07	13.29	48.48
		115~190	133.4	558.9	282.6	101.1	3.1	14.2	10.0	0.68	22.7	3.4	1.55	998.2	2.73	3.36	14.69	45.46
		190~258	117.8	548.1	288.7	100.3	2.9	14.1	10.0	0.73	29.6	1.8	1.65	997.8	2.64	3.22	14.52	47.33
		岩石	126.9	524.7	319.9	85.1	2.7	14.5	4.0	0.22	40.2	2.1	2.39	995.8	2.38	2.78	16.39	40.59
		$\bar{x}$	134.1	544.5	287.4	103.4	2.7	15.6	10.7	0.62	28.1	2.5	1.87	997.5	2.62	3.22	14.01	48.58
辽-97 北票市 土城子		0~30	148.6	573.4	263.6	100.3	3.0	24.5	8.5	0.52	26.8	3.2	2.18	1005.9	2.97	3.69	15.19	69.19
		30~64	148.3	567.5	269.2	97.6	2.3	25.4	8.7	0.41	26.5	3.7	1.74	1002.9	2.91	3.58	15.46	67.09
		64~102	134.2	562.3	271.8	98.2	2.8	22.3	8.7	0.35	26.0	3.3	1.13	996.7	2.85	3.51	15.22	64.25
		102~223	138.7	555.3	273.3	99.6	2.2	24.5	8.4	0.37	29.6	3.1	1.29	996.7	2.80	3.45	14.82	63.92
		223~300	132.2	567.8	264.5	98.8	2.7	2.0	8.4	0.37	30.2	2.7	1.97	997.3	2.94	3.64	15.28	62.46
		>700	128.2	561.3	272.8	92.2	2.9	1.5	7.9	0.46	30.7	3.2	1.54	988.0	2.87	3.49	16.18	57.57
		$\bar{x}$	138.5	562.6	269.4	99.1	2.1	18.5	8.5	0.39	28.7	3.1	1.58	993.9	2.87	3.55	15.10	64.47
辽-100 朝阳县 焦家营子		0~100	125.5	576.9	248.9	106.1	2.6	25.5	8.3	0.63	35.1	3.0	1.97	1009.0	3.09	3.93	14.45	63.39
		100~350	109.7	575.9	247.0	102.7	2.9	26.8	7.6	0.70	39.0	2.3	1.39	1006.2	3.13	3.96	14.91	53.50

剖面号	采土地点	深度/cm	烧失量/g·kg⁻¹	化学组成（占灼烧土）/g·kg⁻¹											分子率			阳离子交换量/[cmol(+)·kg⁻¹]
				SiO_2	Al_2O_3	Fe_2O_3	CaO	MgO	TiO_2	MnO	K_2O	Na_2O	P_2O_5	总量	$\dfrac{SiO_2}{R_2O_3}$	$\dfrac{SiO_2}{Al_2O_3}$	$\dfrac{SiO_2}{Fe_2O_3}$	
		350~530	105.1	570.9	242.1	98.9	3.0	30.8	7.7	0.65	40.5	2.2	1.64	998.3	3.17	4.00	15.34	56.31
		530~980	103.6	573.7	242.5	100.7	2.5	30.6	7.8	0.60	36.8	2.1	1.90	999.3	3.17	4.01	15.14	59.43
		$\bar{x}$	107.7	574.1	244.2	101.4	2.7	29.1	7.8	0.64	37.9	2.3	1.73	1001.9	3.15	3.99	15.05	57.75
辽–95	朝阳县 石家堡子	0~250	113.2	533.0	285.3	102.1	1.71	19.2	—	—	37.6	2.4			2.58	3.17	14.88	46.43
		250~500	108.2	554.8	254.1	105.3	3.55	26.2	—	—	37.0	4.2			2.93	3.71	14.01	47.48
		500~800	117.0	541.2	277.3	100.7	5.02	20.6	—	—	34.1	5.9			2.69	3.31	14.27	53.21
		800~1050	111.8	540.0	277.9	100.9	3.38	17.3	—	—	38.7	5.2			2.65	3.26	14.22	29.75
		1050~1300	113.0	531.7	297.0	101.0	1.62	17.3	—	—	35.7	2.5			2.50	3.04	13.99	36.88
		1300~1550	105.1	531.2	294.9	106.4	2.14	17.0	—	—	39.1	2.0			2.49	3.06	13.24	37.41
		2050~2300	98.9	529.6	287.8	102.5	3.66	15.9	—	—	36.4	1.8			2.54	3.12	13.73	37.66

表 9 - 11　硅铝质红黏土的养分含量

剖面号	采土地点	利用方式	深度/cm	pH	有机质/g·kg⁻¹	全氮/(N)g·kg⁻¹	碳氮比(C/N)	全磷/(P₂O₅)g·kg⁻¹	全钾/(K₂O)g·kg⁻¹	碱解氮/(N)mg·kg⁻¹	速效磷/(P₂O₅)mg·kg⁻¹	速效钾/(K₂O)mg·kg⁻¹	缓效钾/(K₂O)mg·kg⁻¹
辽-96	沈阳市	旱地	0~45	7.2	8.5	0.69	9.1	0.29	20.4	55.1	5.4	120.7	760.7
	东陵区		45~83	6.7	4.8	0.32	8.7	0.30	21.1	34.0	6.3	132.6	595.8
	英达乡		83~117	5.7	3.8	0.39	5.7	0.24	22.1	28.7	7.1	137.9	778.4
			117~155	5.4	2.7	0.36	4.4	0.19	20.0	21.3	7.2	139.1	803.4
			155~190	5.4	1.8	0.30	3.6	0.15	22.2	19.5	5.4	118.8	580.4
			190~258	5.4	2.14	0.34	3.7	0.18	21.8	18.2	5.6	166.0	844.3
			258~400	6.1	0.72	0.12	3.5	0.08	24.1	14.8	3.7	70.4	159.7
辽-97	北票市	旱地	0~30	8.0	13.0	0.84	9.0	0.18	21.2	60.7	4.1	123.3	576.4
	土城子		30~64	7.6	5.5	0.48	6.7	0.11	20.5	42.3	4.9	132.9	617.7
	刘家沟		64~102	6.8	2.7	0.35	4.5	0.08	20.7	28.9	4.3	140.3	667.9
			102~223	6.8	2.1	0.30	4.0	0.11	22.7	23.8	5.3	141.9	754.1
			223~300	6.7	2.2	0.33	3.8	0.18	22.7	29.0	5.4	143.3	807.7
			700以下	6.9	1.8	0.28	3.7	0.20	24.9	25.7	7.5	142.8	808.1
辽-100	朝阳县	旱地	0~100	7.7	8.2	0.79	6.0	0.30	24.0	47.9	4.1	122.4	766.6
	焦家堡		100~350	7.7	2.2	0.39	3.2	0.32	28.8	36.2	4.3	148.1	832.0
			350~580	8.0	2.4	0.41	3.3	0.27	25.6	49.4	6.5	166.1	1048.4
			580~980	7.8	2.4	0.34	4.1	0.27	21.5	37.7	7.6	164.1	1101.1

表9-12　红土铁的游离度*（剖面加权平均值）

形成时期	剖面号	采土地点	全铁/Fe	游离铁/Fed	活性铁/Feo	游离度/Fed/Fet	活化度/Feo/Fed	晶化度/Fed-Feo/Fed
			g·kg^{-1}			%	%	%
Q_1	辽-93	大连金州区十里岗	235.1	99.8	2.5	42.5	2.5	97.5
Q_2	辽-96	沈阳东陵区英达乡	59.9	26.9	1.9	44.9	7.4	92.9
Q_2	辽-95	朝阳县石家堡	64.0	26.1	0.7	40.9	3.0	97.3
Q_2	辽-97	北票市刘家沟	52.2	15.1	0.7	28.9	4.8	95.4
Q_2	辽-100	朝阳县焦家堡	61.0	20.1	0.8	32.9	4.2	96.3

表9-13　红土的风化淋溶系数

形成时期	剖面号	化学组成/（占灼烧土）g·kg^{-1}						含量比率			
		SiO_2	Al_2O_3	CaO	MgO	K_2O	Na_2O	$\dfrac{SiO_2}{Al_2O_3}$	$\dfrac{CaO}{MgO}$	$\dfrac{K_2O}{Na_2O}$	$\dfrac{CaO+K_2O+Na_2O}{Al_2O_3}$
Q_1	辽-93	465.6	222.9	7.4	13.7	10.6	2.2	3.54	0.54	4.81	0.09
Q_2	辽-96	705.9	171.7	4.9	8.7	26.9	7.0	4.11	0.56	3.84	0.23
Q_2	辽-95	678.5	188.3	9.0	11.6	25.9	10.0	3.60	0.77	2.59	0.24
Q_2	辽-97	712.7	162.8	11.9	11.0	27.8	15.8	4.38	1.12	1.76	0.34
Q_2	辽-100	673.2	164.0	27.3	18.6	31.1	10.5	6.97	1.47	2.96	0.41

由红土黏粒（0.002μm）的化学组成硅铁铝、硅铝和硅铁比（表9-14）亦可见风化强度序列为辽-93＞辽-96＝辽-95＞辽-97＞辽-100。

黏粒铁含量排列次序为：辽-93＞辽-95＞辽-96＞辽-100＞辽-97

黏粒磷含量排列次序为：辽-93＞辽-95＞辽-96＞辽-100＞辽-95

黏粒镁含量排列次序为：辽-100＞辽-97＞辽-95＞辽-96＞辽-93

黏粒钾含量排列次序为：辽-100＞辽-95＞辽-97＞辽-96＞辽-93

其中黏粒镁、钾以辽-100为高，而辽-95以含钾为显，辽-97以含镁为显。

第三节　土壤的矿物性质

一、微形态

研究了土壤剖面辽-93、辽-96、辽-95、辽-97、辽-100及细砂粉泥质岩红黏土三江-9等六个土壤剖面，分叙如下：

1. 红黏土（辽-93）

0～39cm为红土，39～120cm为暗红土，均为细黏粒质基本垒结，杂有砂砾和大量岩屑，下层岩屑更多。石英和重矿物多。花岗岩质碎屑物富铝化，长石为高岭石假晶；除有铁的氧化物浸染基质外，有离铁和聚铁特征，红化作用强。

（1）0～39cm　红色（10R 4/8）风化层

平行光下黄棕、橘红棕、暗橘红棕色交替；细黏粒中嵌有0.02～0.04mm，个别

表 9-14 红土剖面黏粒（<0.002μm）的平均化学组成

剖面号	地点	形成时期	烧失量/%	化学组成（占灼烧土重）/%												
				SiO_2	Al_2O_3	Fe_2O_3	CaO	MgO	TiO_2	MnO	K_2O	Na_2O	P_2O_5	$\dfrac{SiO_2}{R_2O_3}$	$\dfrac{SiO_2}{Al_2O_3}$	$\dfrac{SiO_2}{Fe_2O_3}$
辽-93	金州十里岗	Q_1	15.32	49.29	29.17	16.15	0.18	1.39	1.30	0.08	1.83	0.17	0.24	2.13	2.87	8.58
辽-96	东陵英达	Q_2	13.41	54.45	28.74	10.34	0.27	1.56	1.07	0.06	2.81	0.25	0.19	2.62	3.22	14.01
辽-95	朝阳石家堡	Q_2	10.96	53.74	28.20	11.53	0.29	1.91	0.78	0.05	3.69	0.33	0.22	2.63	3.24	14.05
辽-97	北票刘家沟	Q_2	13.85	56.26	26.94	9.91	0.25	2.36	0.85	0.04	2.87	0.31	0.16	2.87	3.55	15.10
辽-100	朝阳焦家堡	Q_2	10.77	57.41	24.42	10.14	0.27	2.91	0.78	0.064	3.79	0.23	0.173	3.15	3.99	15.05

达 0.2mm 大小不等的石英砂粒和岩屑。铁质黏粒质细粒物质中无定形氢氧化铁呈胶凝状分布。暗橘红色（反射光下橘红色）胶凝的黏粒基质在核心层，呈同心圆状垒结，由红棕色向黄棕色细条带和细黏粒基质过渡，向孔壁和凝聚体壁弥散（照片 9-1）。浅色处可见斑点状风化黏粒集合体，呈整体状光性定向，并有轮廓不清、双折射率低的高岭石化长石假晶（照片 9-2）。未见有机物质。土体由大裂隙和微裂隙分割成不规则多角形密实块体。相互贯通的大孔道（0.1~0.3mm）和微裂隙（0.03~0.05mm）多，闭合的微裂隙少，此均与红棕和黄棕色的絮凝和胶凝基质的脱水凝聚程度和非集合体的性状有关。基质中并有黑色铁锰氧化物焦斑。

（2）64~120cm　暗红色（10R 3/6）风化层，平行光下为淡白、黄棕、橘黄与黑灰色块体交杂。基质为无骨骼颗粒的细黏粒物质，由呈细粒质的辉石和黑云母风化蚀变所致。斜长石在风化黏粒物质基质中呈细板条状交织分布，就地蚀变为多水高岭石化的斜长石假晶。淡白色斜长石-多水高岭石、黄色或黄棕、橘黄色就地脱铁褪色辉石、黑云母水化物与空隙中、裂隙和孔洞壁的褐色铁锰质凝聚体相间（照片 9-3）；有的块体尚保留有斜长石-辉石-磁铁矿风化岩屑的形貌，白色斜长石-高岭石由粒状半风化辉石填隙，黑灰色磁铁矿（钛铁矿）和红棕色铁质黏土相间（照片 9-4）。土体为由稀疏的、闭合的微裂隙分割的碎裂微结构体，沿长石假晶裂面多微裂隙，而沿铁锰质凝聚体多弯曲形微孔隙。微裂隙和微孔面风化黏粒斑块，无光性定向黏粒走向。

2. 红黏土（辽-96）

土体 0~45cm 为浅棕色，83~117cm 为不均一的黄棕-橘黄色，191~258cm 橘黄色，258~400cm 橘红棕色和白色相错。全剖面均为粗粉砂-细粒质基本垒结，斑晶嵌埋分布形式，骨骼颗粒的矿物组成不一。表层大小骨骼颗粒面取向一致，显黄土状沉积物特征；83cm 以下，有富铝化过程，呈铁质黏粒质，土体收缩成以红棕色铁质凝聚体为核心的团聚形块体；191~258cm 基质中风化黏粒胶膜和铁聚体裂解和铁锰质斑纹显现；258~400cm 铁铝质土并受有湿热气候和干湿交替水成过程，绢云母化长石、黑云母脱铁蚀变高岭石化，形成"拟网纹层"。母岩为前震旦纪全风化混合花岗岩，土体受"红化过程"和矿物蚀变由下而上而减弱。

（1）0~45cm　红棕色（5YR 4/8）土体

平行光下浅棕色，较均一，粗粉砂-粗黏粒质，基质比 0.5，杂有少量大砂粒和大于 1mm 的砾石。骨骼颗粒棱角较明显，分布不甚均一，多为 0.02~0.05mm 大小。矿物组成以石英颗粒为最多，风化正长石较多，少量黑云母和白云母，微斜长石和磁铁矿、角闪石较多，绿帘石、金红石等重矿物亦较一般为多；颗粒面和轮廓较清晰，水化黑云母和较大骨骼颗粒排列取向一致（照片 9-5）。细粒物质为粗黏粒质，腐殖质富集处呈棕褐色，多斑点状集合体，双折射率低，高倍下骨骼颗粒面呈不完全定向黏粒析离。有机质少，根孔壁有有机残体，局部孔面和结构体面为棕褐色腐殖质浸染。土体由平行裂隙和弯曲裂隙分割成碎裂微结构。平行裂隙和分枝微裂隙多，有 0.1~0.2mm 孔洞和孔道，孔壁平整，部分骨骼颗粒外突，黏粒走向极不明显。仅有局部孔洞较多的土体呈团聚化，孔壁保留有有机残体。团聚体面光滑平整，见有棕色和暗棕色浓聚斑块（1.5~2）×3mm 和橘红色扩散浓聚雏形凝团，基质中的骨骼颗粒仍可见得。

（2）83~117cm　红棕色（2.5 YR 4/8）土体

平行光下黄棕色和橘黄色，不均一，基质比0.6，细黏粒质较上层多，砂质颗粒较上层大；骨骼颗粒棱角很明显，呈港湾状分布，棱角形石英多，长石颗粒面光滑，黑云母少，仅个别可辨认，个别0.1mm大砂粒为石英和微斜长石。铁质黏粒质细粒物质为光性定向性不一的黄棕色流状、橘黄色半流状和红棕色凝聚状分立块体（照片9-6），高倍下可见骨骼颗粒面淡黄色定向黏粒走边。土体为由铁质浓聚而分立成游离土块和团聚体的碎裂微结构体，孔隙度大，多大孔道和团聚形孔，孔边基质中偶见暗褐色铁锰浓聚物和小斑块。

（3）191~258cm　亮红棕色（2.5YR 5/8）土体

平行光下为橘黄色，与局部浅棕色交错，不均一，基质比0.5。骨骼颗粒与上层同。细粒物质为黏粒质和铁质黏粒质。浅棕色黏粒物质在基质中呈整体状光性定向黏粒析离，橘红色老化解体铁质黏粒胶膜并有橘黄色碎裂性黏粒斑块、橘红色老化解体铁质黏粒胶膜（照片9-7）。土体由稀疏裂隙分割成大小块体；弯曲裂隙多为0.05~0.1mm，并有分枝少的微裂隙；大的孔洞和孔道少，孔洞和孔道壁均有橘红色光性定向黏粒充填、呈流胶状、裂唇状和贝壳状，而微裂隙中则不显。无团聚体，碎裂微结构体面一般和未变性土体同，部分碎裂面由铁化黏粒老化分裂，常可见孔边基质有边缘整齐的黑褐色斑块（照片9-7）。

（4）258~400cm　红色网纹层

平行光下橘红棕色和白色条纹斑块成层状相间，砂-粉砂-细粒质基本垒结，基质比0.7，砂粒一般>0.1mm。骨骼颗粒多正长石，颗粒面见水化黑云母嵌晶，长石绢云母化，双晶面平行光下亮黄棕，反射光下黄棕色（照片9-8）。

细粒物质为双折射率低的灰白色微粒状集合体与双折射率高的橘红色粒状凝聚集合体，前者显条带状排列，呈同一方位性，多与附近孔隙或微孔道平行，后者呈凝聚-扩散状。土体基质离铁和聚铁交错，离铁基质骨骼颗粒和粗细基质颗粒分布欠紧密，为铁的还原和黏粒的溶蚀所致（顾新运，1989，p. 64网纹层形成机制的探讨）；聚铁基质较少，粗细基质颗粒为橘红色铁质黏粒质紧密黏结，周围并有棕褐色无定形氢氧化铁呈弥散分布（照片9-9）。土体为仅有少量稀疏穿过基质的闭合裂隙和微孔洞的微结构块体。

3. 红黏土（辽-95）

红土层均为细粒质基本垒结，黑云母化铁质黏粒物质的水化程度较高。各土层的颜色、矿物风化程度和垒结特征均有一定差别。表层受有近代气候条件下成土作用影响大，平行光下棕褐色，反射光下黄棕色，基质显有铁锰质凝聚，300~350cm土层红土化程度较高，平行光下呈黄棕色，反射光下为红棕色，长石和云母少，基质铁质化聚铁作用最为明显；900~1000m平行光下黄棕色，反射光下蛋黄棕，多针铁矿流状胶膜，1500~1600m各为亮棕褐色和橘黄棕色富铁锰花斑，红土化程度和矿物蚀变作用较弱，处于一定程度的滞水状态；也受有石灰性底砾层的掺入作用，有利于铁锰质红土化。

（1）20~50cm

平行光下为棕褐色，反射光下黄棕色，不均一；粗粉砂-细粒质。黏结-胶凝基质，斑晶嵌埋。骨骼颗粒棱角较明显，多为0.01~0.04mm颗粒、分布较均一。石英较多，长石风化较强、水化黑云母很多，有的大颗粒已就地蚀变成片状定向黏粒体。黏粒质细粒物质多呈凝粒状和斑点状,后者双折射率低;铁质黏粒质细粒物质铁质化不甚均一,在骨骼颗粒面定向性较弱,局部有细粒云母积附,干涉色强(照片9-10)。有机质少,仅少数根孔洞和孔道中有残体。土体为大小碎裂微结构体,多收缩的弯曲形微裂隙;有少量微团聚形孔隙。孔壁黏粒胶膜多,色较暗,定向性弱;少部分孔壁有薄层亮黄棕色定向黏粒胶膜。团聚体发育不明显,仅局部有规则的团聚形块体,块体面棕褐色铁质黏粒物质较富集,定向性弱。沿孔边黏结基质中常可见有扩散状暗褐色铁锰质凝聚斑块,斑块中骨骼颗粒和亮棕色黏结基质中骨骼颗粒相同(照片9-11)。

(2)300~350cm

平行光下为黄棕色,反射光下为橙红色,粉砂-细粒质,胶凝基质,杂有0.04mm粗颗粒,分布较均一。骨骼颗粒中棱角明显的石英很多,正长石解理面多绢云母,褐色黑云母,见个别0.35cm,杂有大于0.5mm粗砂砾。细粒物质为铁质黏粒质,色不均一,铁质风化黏粒呈胶凝状弥散分布,铁质黏粒物质浓聚处呈暗黄棕至褐色、凝聚状、定向性弱,基质中常可见双折射率高的褪色黑云母。土体由铁质基质黄棕色无定形氢氧化铁收缩分立成具弯曲微裂隙凝聚体(照片9-12)。孔隙度小,主要为0.1~0.2mm大裂隙和很小的微裂隙;裂缝和孔道壁多亮黄棕色光性黏粒体,面较平整,呈整体状光性定向。孔边基质细微裂隙处铁质化过渡则不明显。

(3)900~1000m

平行光下为黄棕色,反射光下为淡黄棕色,黏粒质,杂有小于0.04mm的粗-中粉砂粒,色均一。骨骼颗粒除石英外,风化正长石和细粒黑云母亦多,尚有风化斜长石、绿帘石、磁(赤)铁矿;骨骼颗粒面无定向黏粒析离。浅棕色铁质黏粒物质呈细斑点状和细条纹状集合体,后者双折射率较大。铁质黏粒富集处,棕带褐色,均匀弥散分布,仅少部分基质中有暗褐色凝聚体。土体由不规则略为弯曲微裂隙分立成大小块体。孔隙度小,多为裂隙;大裂隙壁仅局部有亮淡黄色针铁矿定向黏粒胶膜,孔洞和小裂隙面分布较多(照片9-13)。个别大凝聚块体面亦呈针铁矿流状光性黏粒胶膜(Bullock and Thompson,1985)。

(4)1500~1600cm

平行光下为亮棕褐色,反射光下为橘黄棕色、黏粒质,杂有较多粗粉砂粒和个别大砂砾,大多为石英,个别为长石,颗粒面上有黑褐色浓聚物。常见0.01~0.04mm大小,骨骼颗粒稀疏嵌埋于黏粒质基质中。棕褐色铁质黏粒质细粒物质多细纤维状和细粒状的黑云母风化物,局部呈黄棕色,褪色黑云母水化物,在基质中呈条纹状光性定向形式。由弯曲裂隙分割的不规则团聚形块体内多由水黑云母条状黏粒析离物形成的微裂隙和微孔网面;微裂隙面和基质中均可见有正长石解理面黑云母化定向黏粒集合体,高倍平行光下可见长石-黑云母解理微裂隙面呈黄色流状铁质黏粒,基质孔边多呈树枝状扩散的铁锰胶膜花斑(照片9-14、照片9-15)。

4. 红黏土(辽-97)

成土母质为河湖相沉积物具有明显的二元母质特征。

红土层30~64cm呈黄棕色,细粒-粉砂质基本垒结,223~300cm呈橘黄色、细粒-粗粉砂质基本垒结,均为填隙嵌埋胶结形式。比较同一剖面两个红土层,除骨骼颗粒有明显差异外,细粒质呈斑点条纹状黏粒集合体和细鳞片状不同定向形式,前者多含短针形方解石亮晶，后者多定向细黏粒体，水化氧化铁浸染基质的铁质化程度不一，223cm土层红化作用较为明显。

（1）30~64cm　橙色（5.7YR 6/8）

平行光下为黄棕色，基质比0.4；骨骼颗粒棱角较不明显，由0.05~0.01mm逐渐增多。石英多，有裂理，风化长石较多，并见有裂解的斜长石斑晶和角闪石集合体，颗粒面溶蚀和蚀变强，非铁质化；云母少，并有绿帘石和石榴子石。见有石英、正长石和斜长石砂粒和岩屑。细粒物质在平行光下呈亮黄棕色，斑点－条纹状集合体混有方解石细晶粒，并有弯曲针形（0.03~0.01mm）双折射率较高的亮晶。水化氧化铁弱度浸染基质（照片9－16）。多孔微结构体较密实，仅有宽为0.2mm不规则淋洗型孔洞和孔道。未团聚化的密实块体上有铁锰质浓聚物，个别斜长石铁锰质化，解理裂面有铁锰质细菌菌落。

（2）223~300cm　亮红棕（2.5YR 5/8）

平行光下为橘黄棕色，基质比0.5；骨骼颗粒多属0.05~0.01mm粗粉砂级，表面光滑的石英颗粒很多。细粒物质为细鳞片状集合体（蒙皂石化水云母，参见（三）黏粒矿物组成部分）铁染基质，在亮黄棕色基质中局部富集亮橘黄色条块、基质和骨骼颗粒面均为絮凝和胶凝不均一的铁质定向黏粒胶膜，颗粒面上定向性较弱；在孔壁和裂隙面多流状细黏粒集合体，离铁和凝铁作用较为明显。密实微结构体有少数孤立孔隙和弯曲微裂隙；碎裂微结构体则孔隙较多。孤立的孔洞为半淋洗型孔。孔壁黏粒胶膜稀薄；弯曲裂隙面则较浓聚。土体仅局部基质收缩分立成团聚体雏形。游离块体上铁锰质浓聚物较多。基质中和孔洞面均见有黏粒定向紧密排列的涡状扭曲层理特征（照片9－17）。

5. 红黏土（辽－100）

红土层的颜色、基本垒结，矿物的风化程度和垒结特征均有一些差别。共同的特征是：在似黄土状土体中有大量石灰岩和紫红棕碎屑侵入物，它们是多次冰水沉积作用的产物；方解石是继承性的成岩物质蚀变产物。剖面上部多为风化蚀变细土物质和岩屑，底部多溶蚀碳酸盐重结晶，根孔道钙质生物岩积累，对"红化"成土过程有复加影响。

（1）0~100cm　红色（10R 5/8）

平行光下为淡棕褐色，粗黏粒－粗粉砂质基本垒结，多大小岩屑侵入物。骨骼颗粒呈填隙式和岩屑架桥式的复合堆集状分布形式。骨骼颗粒为棱角半磨圆形，正长石和方解石多，水化黑云母少；铁质风化岩屑多，紫红棕色块体可达1.5mm×1mm，内部原生矿物已风化殆尽。方解石多，有0.5~2.0mm大小不等，有的方解石块体中有紫红棕色铁质、灰白色石灰质岩屑包裹体，和土壤基体中所有的包裹体一样，包裹体均呈磨圆形。细粒物质呈斑点状，双折射率低，在骨骼颗粒面，风化铁质和石灰岩屑包裹体边面有不连续针形方解石走边。有机质极少，仅个别孔洞边有棕褐色有机残体。土体多孤立孔隙的和似海绵状的微结构体。孔隙度大，均为大小差异很大的堆集孔。团聚化弱，仅发育为大小不规则的松散块体（照片9－18、照片9－19）。

（2）430~500m　红橙色（10R 6/8）

平行光和反射光下均为棕带褐色。粗粉砂－细粒质、斑晶嵌埋胶结形式。骨骼颗粒棱角较不明显，多为0.01~0.04mm，杂有少数0.05mm大颗粒，分布不甚均一。除石英和长石外，水化黑云母特多，且在基质中逐渐变小、变细。孔边和基质中还常可见到方解石微晶集合体和植物残体，前者可能是植物组织中残留的水草酸钙石（照片9-20）。仅在一些大孔道和孔洞边有弯曲微孔隙分立成微团聚体，局部毗连，由碳酸钙重沉淀的微晶、细晶粒贴附孔面，并桥连基质（根孔道中残留钙质生物岩）。团聚体面骨骼颗粒较光滑，仅个别面上有针状方解石微晶。基质中并有外形清楚的方解石斑块、棕褐色铁锰斑块和团块，面上亦有针形微晶镶嵌而与基质分明（照片9-21）。

6. 细砂粉泥质岩红土（三江-9）

早白垩世海浪组紫红色细砂粉泥质岩红土是细砂岩在粉泥质红土上再沉积的产物，有就地离铁和聚铁作用随剖面向下水化作用增强；红土基质矿物蚀变很强，砂岩屑矿物就地蚀变成假晶，土壤肥力低下。

（1）0～8cm

平行光下为暗褐-棕褐色，均一；细粒-粉砂-砂质基本垒结，腐殖质絮凝-铁质胶凝基质，基质比4/10。骨骼颗粒棱角较不明显，多为细砂颗粒，分布较均一。石英和正长石大砂砾中石英、正长石几近各半，并有微斜长石、轻微热裂石英，骨骼颗粒包埋于腐殖质-铁质（均质化）细粒质基质中。暗棕色、棕褐色未分解粗有机质极多（照片9-22），并含硅藻体（照片9-23）。土体为具孤立堆集形孔洞的大小碎裂微结构。孔隙度较大，多大小团聚形块体的堆集孔；多级凝聚性团聚形体面不光滑（照片9-22、照片9-23）。

（2）8～37cm

平行光下为红-棕褐色，较不均一，反射光下为橘红-亮红棕，基质比3/10，铁质胶凝基质，斑晶骨骼嵌埋状垒结。骨骼颗粒为砂砾和砂岩岩屑，骨骼颗粒面铁质化强，反射光下为红色，岩屑基质中较弱呈棕褐，反射光下亮红棕。砂岩岩屑基质中并有均质化的铁质黏粒质细粒物质浸渗，面上有锰质浓聚体。大小孔洞和孔道残留粗有机物根截面。

微结构体为具单孔洞和弯曲孔道分立的大块体，单孔洞面铁质胶凝，红和红棕色，孔壁光滑；孔道面基质多呈赭色（腐殖质入渗）。孔面和岩屑面有不明显的风化黏粒走边（照片9-24）。

（3）37～80cm

红棕和棕褐，不均，前者为细粉砂质，在平行光下亮红棕，反射光下橘红色，均质化的铁质胶凝基质，基质比3/10，斑晶嵌埋；后者是细基质颗粒粉砂基质的砂岩岩屑，骨骼颗粒多为>0.1mm细砂、大的达0.5和1mm粗砂粒，见有正长石砂粒沿解离溶蚀成卷曲高岭石板条（照片9-25），微斜长石双晶面变宽弱，矿物内多解理双晶纹（照片9-26）。土体为具单孔洞的胶凝块体。大孔道和孔壁多均质化铁质黏粒基质或贝壳状碎裂体（Bonor and Randall，1971）。

（4）80～105cm

平行光下呈赭-红棕色，反射光下红-暗红色，铁质细基质颗粒均匀分布，基质比3～4/10。胶凝基质，粗骨骼颗粒多为0.05～0.1mm细砂质具层理方位的砂岩岩屑，均匀分散嵌埋于铁质胶凝基质中，大骨骼颗粒（粗砂）呈架桥状。土体为具堆集孔的大块体，沿水平大孔隙和裂隙面铁质胶凝基质离铁和聚铁特征分异显著。

105～119cm

平行光下呈白－棕褐色，反射光下红棕色，浅色砂岩岩屑，细粒质－中粉砂质基质，基质比1/10，铁质胶凝，仅嵌埋在细砂岩裂隙中，岩屑具水平层理、不规则堆集孔，大孔壁多黑褐和暗褐色锰质凝聚物，并和铁质胶凝基质成胶凝－凝聚花纹，细骨骼颗粒（＞0.02mm），嵌埋于其中，偶见有5mm大黑绢云母片。微孔面和岩屑面风化黏粒体双折率高的高岭石黏粒走边增强（照片9－27）。

155～165cm

平行光下黄褐色，反射光下亮黄棕色，铁质细基质颗粒，4/10，多含黑云母风化黏粒体、呈网状胶结，与大小骨骼颗粒架桥包膜状分布。见碳化根截面。具层理堆集孔，孔壁黑云母风化黏粒体色显弱，基质中细微孔洞边可见弱光性定向黏粒体。

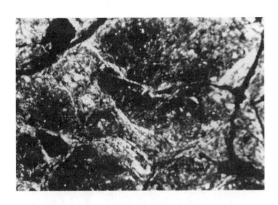

照片9－1　由铁锰质凝聚为核心的不规则凝聚块体及收缩裂隙　正交偏光×30

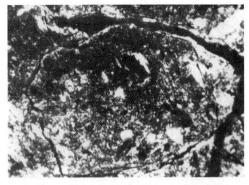

照片9－2　核心部反射光下赭红，平行光下暗橘红，外缘亮黄棕定向黏粒体　正交偏光×75

照片9－3　板条状斜长石、多水高岭石假晶、空隙中辉石黑云母铁质化　正交偏光×150

照片9－4　斜长石（辉石）多水高岭石化原状风化成呈淡白－黄棕－黑灰（锰质化）交错的块体　正交偏光×75

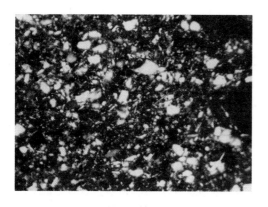

照片 9－5　大小颗粒取向一致沉积特征，
风化黑云母纤维状鳞片状集结黏粒
骨骼面呈不明显析离　正交偏光 ×75

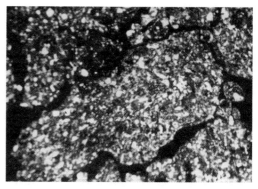

照片 9－6　橘红－淡黄色光性定向黑云母风化
黏粒体凝聚状分立块体，基质多绢云母化
正交偏光 ×30

照片 9－7　黑云母脱铁呈橘黄色碎裂性
风化黏粒体　正交偏光 ×30

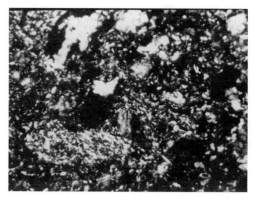

照片 9－8　红色网纹层大块长石绢云母化，双晶
面亮黄棕（∥ 平行光），黄棕（γ 反射光）铁质化
正交偏光 ×75

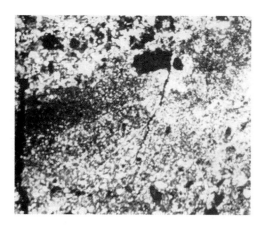

照片 9－9　红土网纹层离铁和聚铁特征，
透明棱角明显的砂、粉砂质和棕红色基质交错
正交偏光 ×30

照片 9－10　骨骼颗粒面光性定向黏粒
并有云母积附　正交偏光 ×75

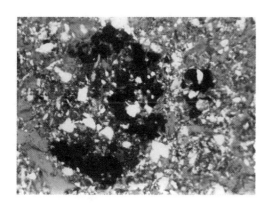

照片9-11 亮棕色黏结基质中暗褐色铁锰质
凝聚斑块，骨骼颗粒面不连续弯曲短针
形亮晶、少 斜偏光×75

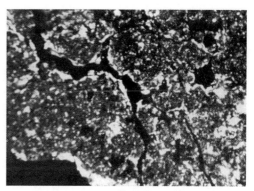

照片9-12 铁质凝聚块体裂隙面基质
呈亮棕色有解理裂面的风化黑云母
黏粒体 正交偏光×30

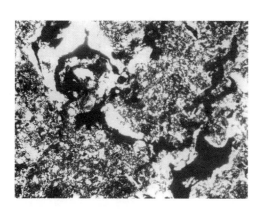

照片9-13 孔洞和微裂隙面针铁矿、
黄色流状黏粒胶膜 正交偏光×75

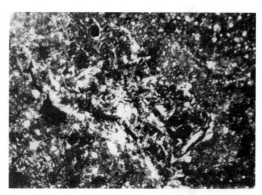

照片9-14 正长石解理面黑云母化，黄色定向
黏粒集合体弱度高岭化 正交偏光×30

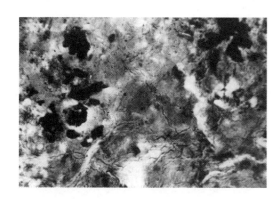

照片9-15 黄色黏粒集合体和铁锰花斑
单偏光×75

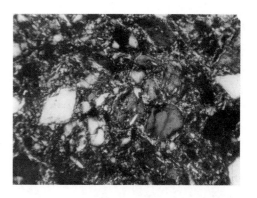

照片9-16 风化集结黏粒杂乱分布于基质内，
斜长石、闪石不连续弯曲短针形方解石亮晶
（0.03～0.01mm） 正交偏光×150

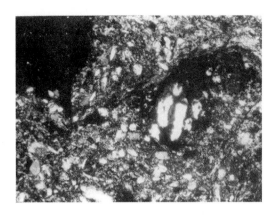

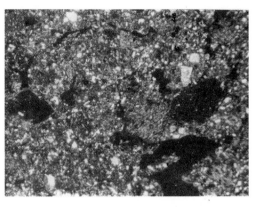

照片 9-17　骨骼颗粒和定向黏粒密实排列的
沉积层理特征　正交偏光×75

照片 9-18　紫红棕色磨圆形铁质（页岩）
岩屑和基质呈黏粒－方解石微晶走向
正交偏光×75

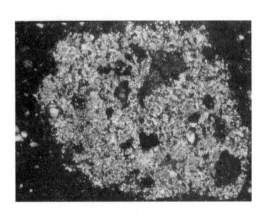

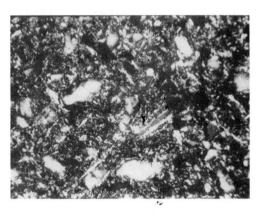

照片 9-19　方解石块体中紫灰褐色铁质岩屑和
灰白色石灰岩岩屑　斜偏光×75

照片 9-20　基质和大骨骼颗粒面、正长石解理面
风化云母和针形方解石微晶交错　正交偏光×150

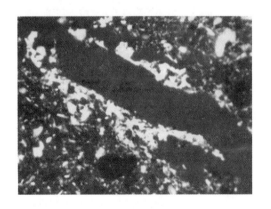

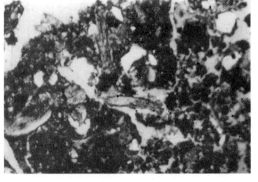

照片 9-21　根孔道中钙质生物岩残留
斜偏光×75

照片 9-22　不规则形大小游离团聚体，根截面
多，棕色半分解物与土壤基质黏连，并有菌孢，
无光性　单偏光×30

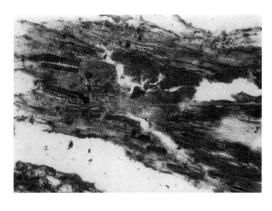

照片9-23 禾本科植物根切面的硅藻组织
单偏光×150

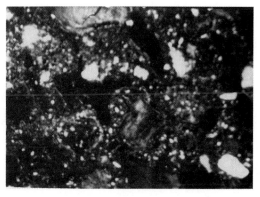

照片9-24 红色铁质细粒质粉砂基质与
砂岩岩屑胶结，孔面岩屑面风化黏粒走边
正交偏光×30

照片9-25 风化正长石沿解理纹风化成卷曲的高岭石板条，并呈铁质化
a. 单偏光；b. 正交偏光×45

照片9-26 红色细粒-粉砂基质和棱角
明显大小分异的砂砾矿物内多解理双晶纹
正交偏光×30

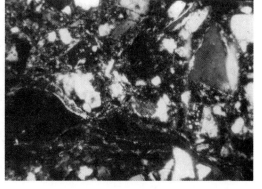

照片9-27 岩屑和铁质细粉砂基质成层堆叠，
孔面岩屑面风化光性黏粒体走边
正交偏光×30

二、砂粒级的矿物组成

砂粒级的矿物组成见表9-15。

表9-15 红黏土细砂粒级（100~50μm）的矿物组成（比重 a. <2.87g·cm⁻³；b. >2.87g·cm⁻³）

剖面号	深度	50~100μm %（占<2mm重）	轻矿量 a.和重矿量 b. g·kg⁻¹	磁矿量*/%	细砂粒级中矿物含量ψ											
					石英	风化正长石	白云母	微斜长石	植物岩	黑云母	磁（赤）铁矿	普通角闪石	绿帘石	金红石	锆石	榍石
辽-95	9~15m	1.8	a. 900	—	—	++	++	痕	—	—	—	—				
			b. 100	10.3	—	—	—	—	—	—	++	—	+++	痕	痕	个别
辽-96	0~45cm	4.3	a. 980	—	+	-++	+	痕	±	—	+					
			b. 20	微	—	—	痕	—	—	—	+	++	+	痕	痕	—

* 磁矿量各占轻、重矿量%；ψ 按颗粒数所占比例计。

三、黏粒矿物组成

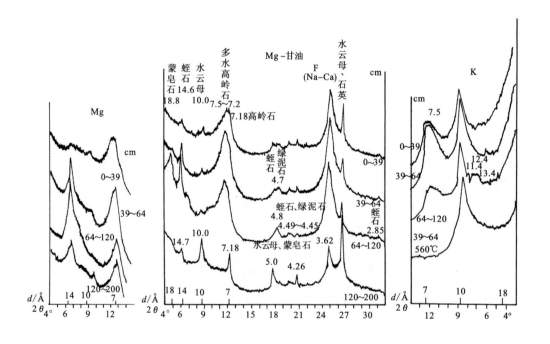

图谱9-1 辽-93 Mg、Mg-甘油、K-饱和处理的X射线衍射谱

由图谱9-1可知，辽-93剖面黏粒矿物组成在剖面上分异大；0~39cm主要为埃

洛石，蛭石和水云母少，且水合程度高，石英含量甚微；39～64cm 蛭石含量增高，结晶程度好，高岭石类矿物亦增高；64～120cm 除蛭石含量增高外，蒙皂石晶层含量亦显著增高，水云母－高岭石类矿物混层增强，K－饱和晶层间收缩弱；120～200cm 内，蒙皂石、蛭石逐渐消失，埃洛石完全消失，而水云母和高岭石出现，结晶程度好，石英含量亦骤增。由黏粒化学组成可知，0～120cm 土层中均以埃洛石为主。在 0～39cm 内，烧失量高达 16.4g·kg⁻¹，随剖面向下，逐渐减低到 13.8g·kg⁻¹，交换量由 45.9 减低到 41.8 cmol（＋）·kg⁻¹，这可能是由于下层铁镁矿物风化成的自生蒙皂石、蛭石结晶性好的缘故，而由此形成层电荷低的蒙皂石非同于由云母蚀变的晶层 d（001）＝10～11A。底层 120～200cm 则与水云母、高岭石组成有关。由土壤黏粒矿物组成及其黏粒化学组成在剖面中分异较大可知，此红黏土受多次沉积的影响，部分母质源自长石、铁镁矿物风化而成。

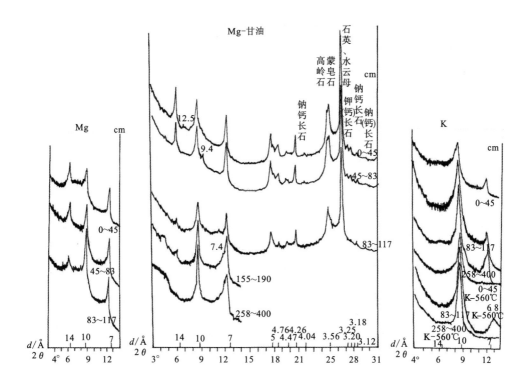

图谱 9－2　辽－96 Mg－甘油、K－饱和处理的 X 射线衍射谱

图谱 9－2 可见，辽－96 剖面表层 0～45cm 含水云母、蛭石和一定量高岭石，并有石英和微量长石。83～117cm 则为水云母和高岭石，蛭石峰很不明显，高岭石相对较高，K－560℃处理，83～117cm 7Å 峰失，出现 6.81Å 宽峰而为"似"长石类矿物（原始钙长石），258～400cm 7Å 峰完全消失。随剖面向下水云母和高岭石－多水高岭石增强，155～190cm 向下，水云母含量增高，蛭石－蒙皂石化和多水高岭石化均增强，黏粒硅铝率和硅铁铝率均在 3.0～3.3 和 2.5～2.7。根据 K_2O 计算，含水云母 300～400g·kg⁻¹，均是剖面上部高于下部。由此可知，下部红色土层属古冰水沉积物，上部

红棕色土层中仍见钾（钙）长石、钠钙长石和蛭石含量高；83～117cm、2～10μm 粉末样，并见钠钙长石和钾（钙）长石及蛭石混层。混合花岗岩母质风化亦和现代沉积过程有关。

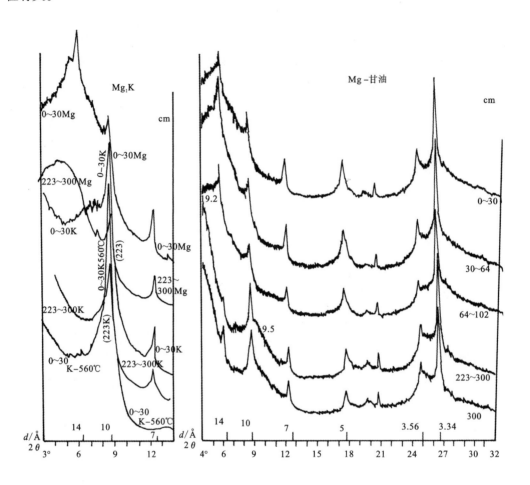

图谱9-3　辽-97 Mg-、K-饱和处理的 X 射线衍射谱

由图谱9-3可知，辽-97剖面上下部的黏土矿物可区别为两种组合，0～102cm 主要是水合度高的水云母和蛭石-绿泥石混层过渡矿物，K-饱和 14～10Å 间收缩小；层电荷低，呈现出宽的，向低角度扩散高峰；223～700cm 主要是水云母，K-饱和收缩至 1.0Å 层电荷高，水合度明显降低，含水云母蒙皂石化混层物，黏粒硅铝率也有所增高。全剖面高岭石和石英含量甚少。黏粒化学组成表明，硅铝率和硅铁铝率分别为 3.4～3.7 和 2.8～2.9。某些元素在剖面上亦呈分异，剖面上部含 MgO 高而 K_2O 低，烧失量高达 14.8g·kg^{-1}；剖面下部 MgO 低而 K_2O 较高，烧失量为 12.8～13.2g·kg^{-1}。因而上部多绿泥石-蛭石过渡矿物，下部主要为水云母。阳离子交换量分析结果与 X 射线衍射分析结果亦相符合。由此可知，此红土属第四纪母质来源不同的河湖相沉积物红色风化壳。

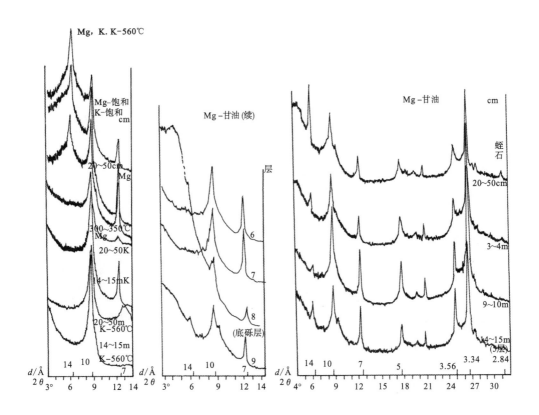

图谱 9 - 4　辽 - 95 Mg、Mg - 甘油、K - 饱和处理的 X 射线衍射谱

由图谱 9 - 4 可见，辽 - 95 剖面黏粒矿物主要为水云母，一定量蛭石和高岭石；水云母水化程度较高。黏粒矿物组成在剖面上有分异：表层 20 ~ 50cm 蛭石（绿泥石）含量高。蒙皂石晶层较高，3 ~ 4m 以下均低。9 ~ 10m 水云母和高岭石又明显增高，且水云母结晶程度好。14 ~ 15m 底砾层以下蛭石（绿泥石）消失；20 ~ 23m 底砾层水云母蒙皂石混层又显著增高。石英含量随 3 ~ 4m（红棕色黏土）至 14 ~ 15m（红色黏土）而变化明显。14 ~ 15cm7Å 峰完全消失。K - 560℃ 处理 20 ~ 50cm7Å 峰出现 6.81Å 宽峰"似"长石类矿物（原始钙长石）

图谱 9 - 5 表明，辽 - 100 剖面主要含水云母以及蒙皂石 - 蛭石混层物。水云母水化度高。按含 K_2O 60g · kg^{-1} 计算，含量为 500 ~ 600g · kg^{-1}。黏粒矿物组成在剖面上有分异，表层 0 ~ 350cm 蒙皂石混层物含量较高，和蛭石（绿泥石）混层显著。430 ~ 500cm 水云母结晶程度好，多蛭石 - 绿泥石，蛭石的结晶程度好，蒙皂石和蛭石混层的比例小。580 ~ 590cm 蒙皂石结晶程度较好。K - 饱和晶层收缩弱。K - 560℃ 出现"似"长石峰，形成原始钙长石晶层。黏粒化学组成与此分析结果相一致。

图谱 9 - 6 表明，三江 - 9 剖面主要含高岭石，结晶度好；此外，并有水云母，随剖面向下，水云母水化度增高；剖面下部，并有水云母蚀变为蒙皂石。

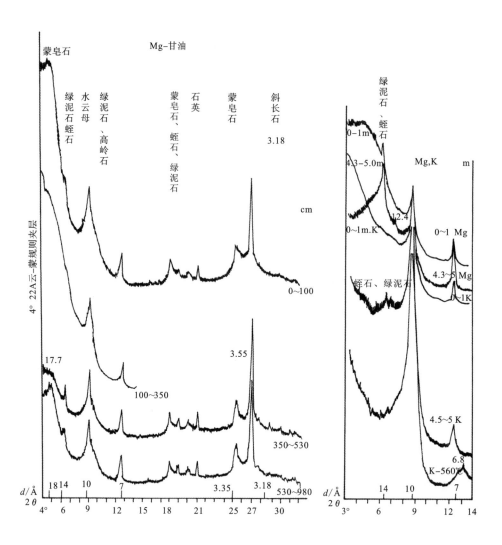

图谱 9-5　辽-100 Mg、Mg-甘油、K-饱和处理的 X 射线衍射谱

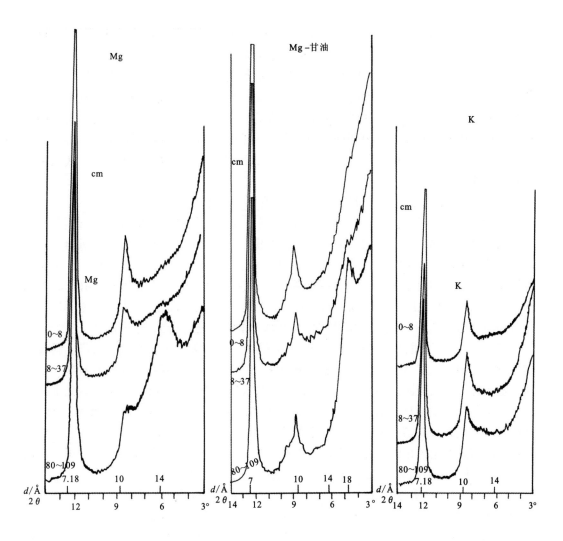

图谱 9-6 三江-9 Mg、Mg-甘油、K-饱和处理的 X 射线衍射谱

第四节 成土过程特点

根据以上红黏土剖面的研究可以看出:

1)本区红黏土是早更新世的古冰水沉积物经受长期间冰期湿热气候条件下的风化过程并就地堆积(保存)形成,第四纪早更新世(Q_1)后期,由于风化持续时间长,土壤地球化学风化过程强,形成铁铝质红黏土,到中更新世(Q_2)后期的间冰期湿热气候条件下,"红化"持续时间相对较短,形成硅铝质红黏土,到晚更新世,气候转为干冷,"红化"作用减弱,并在红黏土上沉积了厚度不等的黄土或黄土状沉积物、冰水沉积物和河湖沉积物等(《辽宁土壤》p. 350)。

2)由于"红化"作用持续时间和化学风化程度不同,黏土和游离铁富集,以及元素淋溶和迁移各异,铁铝质红黏土黏粒含量可达 57%。硅铝质红黏土剖面中,黏粒含量可按剖面辽-96＞辽-95＞辽-97＞辽-100次序，粉砂粒级风化长石和细粒云母相对富集，盐基性能和pH值均因母质来源和气候条件而有相类似的差异。

3）硅铝质红黏土冰水沉积物母质中普遍尚含有黑云母化正长石，沿解理面多呈黄色、黄棕色蛭石化或绿泥石化的风化黏粒体假晶，由于假象交代作用，在形成高岭石类矿类的同时，仍保持着原岩的残余结构，在含钙的或石灰岩介质中仍可恢复成似原始钙长石晶格。因此，石灰岩沉积物掺入延缓了"红化"和"高岭化"过程，并可促进"铁锰化"过程。早白垩纪长石砂岩红土除含大量高岭石外，尚见有水云母、底层水云母蒙皂石化。

4）红土的剖面结构，因母质来源不同而有明显分异。

（1）剖面辽-93具有多次沉积特征，表层有现代沉积物。母质含石灰岩、辉绿岩形成的冰水沉积物，主要矿物为基性斜长石和辉石，还可有少量橄榄石、黑云母、磁铁矿（钛铁矿）等。矿物盐基淋失，斜长石蚀变为含多水高岭石的假晶，辉石、橄榄石等蚀变为绿泥石和自生蒙皂石，含铁矿物就地铁质化成凝聚基质，红土化由上而下加深，64～120cm红化层酸度最高，200cm红土底层受石灰岩冰水沉积物影响，Ca、Mg盐基相对高而K（Na）低。土壤铁质化程度高，全磷、（钛）高，速磷低。

（2）辽-96母质含花岗岩形成的冰水沉积物，多石英、正长石、黑云母、斜长石碎屑物。剖面呈二层型，红土化由上而下加深。0～83cm云母蛭石化和高岭石化；反射光下显黄棕色扩散凝团。83～117cm正长石-黑云母铁质化和高岭石化。反射光下呈橘红、淡黄色风化黏粒体，含交代长石半蚀变假晶。191～258cm局部离铁聚铁，橘黄、橘红色（氧化还原过程变动大），风化黏粒体多水高岭石（高岭石）化。258～400cm底层为前震旦纪全风化混合花岗岩，正长石、黑云母水化离铁聚铁作用最强，形成白色（高岭石、多水高岭石）和棕色含有蒙皂石的基质交错的网纹层。

（3）辽-95母质为混有安山砾岩风化碎屑物的冰水沉积物，土体正长石解理面多黑云母化，为黑云母含量较高的铁质凝聚基质。全剖面矿物组成较均一，表层黄土层基质反射光下亮棕色，至300cm"红化"增强，1500cm尤显，由黄棕色而为黄色，弱蛭石化和蒙皂石化，0～250cm含长石"半蚀变"的高岭石假晶（K-560℃显原始钙长石），1500cm含高岭石（K-560℃不显原始钙长石）。石灰岩风化碎屑物掺入可促进"红化"现象，使黄色黏粒集合体中呈现铁锰花斑。

（4）辽-97成土母质为第四纪不同时期的河湖相沉积物，土层分异明显，0～102cm含水合度高的水云母和蛭石（绿泥石）混层，风化集结黏粒含方解石亮晶及基性矿物。223～300cm以下，水云母蒙皂石化（蛭石）混层物，全钾、缓效钾、速效钾均较高，"红化"现象较显。

（5）辽-100围岩为前震旦纪灰岩，母质为混有砾质石灰岩和紫色页岩侵入体的冰水沉积物，基质铁质化较弱，黏粒物质多水云母蒙皂石化，骨骼颗粒面、风化铁质和石灰岩岩屑包裹体面多针形方解石，含半蚀变的高岭石假晶（K-560℃显原始钙长石）。石灰性母质全磷和全钾高，缓效钾高而速钾、速磷相对低。

（6）剖面三江-9红土基质红化作用很强，长石就地蚀变为高岭石类矿物，结晶度高；下白垩纪细砂粉泥质岩历经交代-溶解-沉淀物理化学作用和再沉积过程；水云母随剖面向下水化作用增强；底层蒙皂石蛭石化增强，红化作用减弱。

第十章 棕　壤

棕壤即棕色森林土，是广为分布的土壤。在欧洲、亚洲均有分布，特别在亚洲和非洲热带和亚热带地区，棕壤发育的历史很久，在世界土壤分类系统中列为棕色森林土群。在我国东部和东南部均有分布，山东、辽宁是重点分布地区。

棕壤的发生和分类是土壤学家十分关注的问题，早在 20 世纪初，Гамани 已指出棕壤是在暖温带气候条件下，森林土壤形成的产物。同期，梭颇、И. П. 格拉西莫夫、陈恩凤等对我国山东棕壤已先后分别有论述，建国后，陈恩凤、唐跃先等对辽宁棕壤的水分状况、物理性状和肥力实质进行了深入系统的研究。辽宁土壤在全国土壤普查的基础上重点对褐土和暗棕壤进行了论述并将棕壤划分为棕壤、酸性棕壤、白浆化棕壤、潮棕壤，棕壤性土等五个亚类。现就已有的黏粒矿物组成和微形态资料研究了棕壤成土过程的特点。

第一节　供试土壤的自然条件和剖面形态特征

一、土壤的自然条件特征

土壤的自然条件特征见表 10 − 1。

表 10 − 1　供试土壤的自然条件特征

土　壤	剖面号	采集地点	地　形	母　质	海拔/m	植被与利用
酸性棕壤	辽 22	鞍山千山龙泉寺	山脊	花岗岩残积物	550	迎红杜鹃 − 内蒙古栎林
酸性棕壤	*CN − B − 1	千山龙泉寺	斜坡 15°~25°	花岗岩风化残积物（中度侵蚀）	560	次生松栎（覆盖率 60%~80%）
酸性棕壤	辽 23	宽甸泉山	中上部阴坡 27°	花岗（砾）岩残坡积物	800	沙松、红松、针阔混交林，开发后为内蒙古栎，水曲柳温性杂木林（郁闭度 0.9）
棕壤	*CN − B − 2	沈阳东陵公园东	低山	第四纪（Q₃）深厚黄土状沉积物	82	中国松栎
棕壤	辽 7	沈阳市东陵区李相乡	漫岗上部	黄土状沉积物（黏质浅淀）	120	玉米、大豆
棕壤	辽 5	营口县黄土岭	三级阶地	黄土状冰水沉积物（黏黄土）	250	

土　壤	剖面号	采集地点	地　形	母　质	海拔/ m	植被与利用
潮棕壤	辽 38	东沟县安民乡	漫岗	黄土状沉积物	20	玉米
侧渗型白浆化棕壤	辽 37	新宾县木奇镇	低丘中上部 （WS，10°）	花岗岩冲积坡积物	300	人工落叶松
滞水型白浆化棕壤	辽 36	新宾县木奇镇	低丘中上部	黄土状沉积物	300	
白浆化棕壤	辽 35	新金县普兰店	岗岭中下部	河湖沉积物	100	松栎次生疏林

　　* 为国际 14 届土壤学会东北地区野外考察汇编资料，1990。

二、土壤剖面形态特征

　　土壤剖面形态特征见表 10 - 2。

表 10 -2　土壤剖面形态特征

剖面号	土层深度/ cm	颜色	结构	质地	结持力	植被	pH
辽 - 22	0 ~ 4	灰棕	粒状	黏壤土（石砾 10%）	疏松	草本植物根多	6.1
酸性棕壤	4 ~ 15	灰棕	粒状	黏壤土（石砾 25%）	疏松	禾木植物根系腐根	4.3
	15 ~ 50	浊橙	粒块状	壤黏土（石砾 24%）	稍紧实	禾木植物根系腐根	4.9
	50 ~ 65	红黄棕	碎块状	壤黏土（石砾 28%）	稍紧实	根系较少	4.7
	65 ~ 78	浊橙	碎块状	黏壤土（石砾 66%）	稍紧实	根系较少	4.7
	78 ~ 110	亮红棕	花岗岩半风化物				
CN - B - 1	2 ~ 12	暗灰棕	屑粒或微团粒	砂壤	疏松	半分解粗腐根	
酸性棕壤	12 ~ 22	浅灰	湿不稳定屑粒	砂壤	疏松	松根系	
	22 ~ 48	黄棕	块状	砂壤	稍紧实	大树根系	
	48 ~ 71	暗黄棕	花岗岩半风化物	砂壤	紧实		
	71 ~ 100	新鲜花岗岩母质		砂土			
辽 - 23	0 ~ 15	黑棕	粒状	砂质壤土（石砾 19%）	疏松	多草本植物根系	6.0
酸性棕壤	15 ~ 35	浊橙	屑粒状	粉砂质黏壤土（石砾 24%	稍紧实	多草本植物根系	5.1
	35 ~ 74	橙	碎块状	粉砂质黏壤土（石砾 38%	稍紧实	木本植物根系较多	5.1
	74 ~ 115	黄橙	碎块状	黏壤土（石砾 76%）	稍紧实	根系较少	4.9
CN - B - 2	0 ~ 10	未分解枯枝落叶层					5.7
棕壤	10 ~ 21	暗灰（过渡明显）	疏松团粒	黏壤土	疏松	很多根系	5.5

剖面号	土层深度/cm	颜色	结构	质地	结持力	植被	pH
	21~43	棕（逐渐过渡）	棱柱	壤黏土	紧实	很多树根	5.4
	43~83	黄棕（过渡明显）	弱棱柱	壤黏土	坚实	大树根少	5.7
	83~114	黄棕	无结构	壤黏土	坚实		5.9
辽-7	0~17	黄棕	团块	壤黏土	紧实	植物根系较多	6.1
棕壤	17~42	橙	棱块	壤黏土	紧实	植物根少	5.8
	42~69	棕	棱柱	壤黏土	紧实	植物根少	5.9
	69~95	红棕	棱柱	壤黏土	紧实	植物根少，有腐根孔	5.9
	95~144	红棕	核块	壤黏土	紧实	腐根孔和小孔隙	5.8
	144~194	橙	核块	壤黏土	紧实	腐根孔和小孔隙	6.0
	194~239	红棕	核块	壤黏土	紧实	腐根孔和小孔隙	6.3
	239~335	橙	核块	壤黏土	紧实	腐根孔和小孔隙	6.4
	335~765	黄橙	核状	壤黏土	紧实	腐根孔和小孔隙	6.4
	765~865	黄橙	核块	壤黏土	紧实	腐根孔和小孔隙	6.6
	865~935	橘红	核块	壤黏土	紧实		
	935~1100	下伏侏罗纪花岗岩风化的第四纪红色黏土（斑晶）（红色风化壳）					
辽-38	0~21	浊棕	粒状	黏壤土	疏松	根系多	5.1
潮棕壤	21~42	橙	粒块状	壤质黏土	较疏松	根系较多	5.3
	42~66	橙	棱块状 结构面少量铁锰胶膜、铁子，并有锈斑	壤质黏土	较紧实		5.4
	66~116	橙	棱块状 铁锰胶膜、铁子，可见锈斑	粉砂质黏土	紧实		5.8
	116~160	橙	棱块状 较多铁子、铁锰 结核，可见较多锈斑	粉砂质黏土	紧实		5.2
辽37	0~24A	灰黄棕	粒块状	黏土（石砾3.5%）	疏松	根系多	5.3
白浆化棕壤	24~52A$_W$	灰白	块状（略显片状）	粉砂质黏壤	稍紧实	根系少	5.9
（侧渗型）	52~70A$_W$B	浊橙	核块状（面上铁锰 胶膜多，SiO$_2$，粉末）	壤质黏土	紧实	—	5.5
	70~120B	浊橙	核块状（面上铁锰 胶膜多，SiO$_2$ 粉末）	壤质黏土 （石砾4.2%）	紧实	—	6.0
辽35	0~15A	灰棕	粒块状 （粗粒级块状铁子较多）	壤质黏土	较疏松	根系多	5.4
白浆化棕壤	15~70A$_W$	橙色	（长石减少而石英增 多，结构体面铁子稍多）	黏土	稍紧实	根系少	6.1
（深位侧）	70~105B$_W$	灰白	块状（石英含量多， 铁子少）	壤质黏土	紧实	—	6.6

剖面号	土层深度/cm	颜色	结构	质地	结持力	植被	pH
渗型)	105～150B	橙色	块状（铁锰结核碎片较多）	黏土	紧实	—	6.6
	150～220C						

棕壤是暖温带湿润和半湿润、半干旱地区的地带性土壤。本区棕壤主要分布在辽宁东部山区丹东及沈阳等地区（图 10 - 1），是重要农林区。

本区的生物气候等条件具有以下特点：①地形部位多为海拔 500m 以下的丘陵缓坡山前台地及洪积阶地；②成土母质为不同类型的非钙质成土物质，基岩风化物的酸性结晶岩类为主，其次有基性结晶岩、砂页岩类，松散沉积物以黏黄土为主；③半湿润海洋性季风气候夏季温暖湿润，春季少雨，冬季寒冷、干燥；④原有的落叶阔叶林已被破坏，目前主要是次生落叶阔叶林，土壤侵蚀日趋加剧。

第二节　土壤的物理、化学性质

一、颗粒组成

棕壤、酸性棕壤、白浆化棕壤、潮棕壤的颗粒组成多为黏壤土至壤质黏土，因成土母质而异（表 10 - 3）。

黄土母质上发育的典型棕壤，多为黏壤土至壤质黏土，因土体母质经历沉积和风化或成土作用，黏粒（＜0.002mm）含量明显较高，剖面上黏化率变动在 1.2～1.5，一般随剖面向上而增高。

发育在基岩碎屑物上的酸性棕壤，多粗骨碎屑物，＞2mm 粒级石砾含量很高，砂粒级含量亦高，颗粒组成为黏壤土、粉砂质壤土或砂壤土，黏粒含量较低，土壤黏化率变动在 1.4～1.82，随剖面向下而增高。

发育在滞水性黄土状母质、冲坡积和湖相沉积物上的白浆化棕壤，多粉砂质黏壤土 - 壤质黏土 - 黏土，黏粒含量高，由于附加有白浆化过程，上轻下黏的质地剖面，成为白浆化棕壤的重要特征，此外，地处坡地的剖面上部的细土沉积物，可能是花岗岩冲坡积物，白浆化棕壤剖面上黏化率在 1.5～1.6，粉砂和黏粒含量高，潮棕壤黏化率随剖面向下而呈减低趋势。由此可见，黏化是棕壤成土过程的普遍特征。

二、土壤的一般化学性质

土壤的一般化学性质见表 10 - 4、表 10 - 5。

土壤有机质含量变幅很大，林地棕壤比旱地棕壤一般高出 10 倍，旱地棕壤表层含量在 15～30g·kg^{-1}，包括典型棕壤和白浆化棕壤，残积母质上发育的酸性棕壤在林地表层则可高达 80～113g·kg^{-1}。

土壤呈弱酸性。典型棕壤 pH 值 5.5～6.0，盐基饱和度约 80%，酸性棕壤 pH 值在腐殖质层为 6.0 左右，在土体中为 5.0 左右，盐基饱和度低（20%～50%），随剖面向下均有所下降，至母质层有所回升。发育在黄土母质上的潮棕壤和白浆化棕壤则处在两者之间，盐基饱和度在60%～70%。受有湖积过程的白浆化棕壤盐基饱和度高（86%～97%）；受上层水作用的棕壤则低（30%～50%）。

盐基饱和度与水解性酸度呈同步增高和降低。

棕壤在铁锰化学特性方面（表10－6、表10－9）仅在A层铁锰活化度络合度高而游离度相对降低，AB层在剖面上差异随成土母质有所不同：花岗岩残坡积物＞砾质残积物＞黄土母质。

潮棕壤除"棕化"过程外，受地下水（侧流水）影响，土体下部常有锈纹锈斑和铁锰结核，黏粒晶质铁高。

白浆化棕壤在河湖沉积物和黄土状沉积物上的淋淀作用较在花岗岩冲坡积物上的强，游离铁（Fed）含量：辽－35＞辽－36＞辽－37；有机络合作用则花岗岩冲坡积物上的辽－37强，而活性铁（Feo）和络合铁（Fep/Fed）含量：辽－37＞辽－36＞辽－35，它们在剖面上的分布：具侧渗的花岗岩冲坡积物剖面辽－37是呈由高到低变化，黄土状沉积物上的剖面辽－36黏粒淋移强而呈由低而高的变化。

表10－3　棕壤的颗粒组成

土壤	剖面号	深度/cm	石砾占总重/% 石砾/mm >2.0	颗　粒/粒径 mm				质地名称	黏化率
				2.0～0.2	0.2～0.02	0.02～0.002	<0.002		
酸性棕壤	辽－22	0～4	78.7	49.0	428.0	345.0	178.0	黏壤土	1.00
		4～15	251.5	89.8	346.2	363.0	201.0	黏壤土	1.13
		15～50	242.0	72.0	256.0	391.0	281.0	壤质黏土	1.58
		50～65	283.5	82.8	283.2	372.0	262.0	壤质黏土	1.47
		65～78	668.3	211.6	238.4	301.0	249.0	黏壤土	1.40
	CN－B－1	2～12	55	141	514	293	52	砂壤	1.00
		12～22	236	336	371	223	70	砂壤	1.35
		22～48	202	270	391	260	79	砂壤	1.52
		48～71	227	265	363	284	88	砂壤	1.69
		71～100	398	676	185	46	93	砂土	1.79
	辽－23	2～15	191.3	46.0	371.0	435.0	148.0	砂质壤土	1.00
		15～35	243.6	78.2	197.8	462.0	213.3	粉砂质壤土	1.44
		35～74	383.0	105.4	178.5	458.0	259.0	粉砂质黏壤土	1.75
		74～115	765.3	246.6	171.4	400.0	182.0	砂质壤土	1.23
棕壤	辽－7	0～17	0	35.5	317.5	340.0	307.0	壤质黏土	1.00
		17～42	0	12.7	317.3	298.0	372.0	壤质黏土	1.21
		42～69	0	5.5	314.5	310.0	370.0	壤质黏土	1.20
		69～95	0	10.9	290.1	318.0	381.0	壤质黏土	1.24
		95～144	0	12.5	351.5	275.0	361.0	壤质黏土	1.18

土壤	剖面号	深度/cm	石砾占总重/% 石砾/mm >2.0	2.0~0.2	0.2~0.02	0.02~0.002	<0.002	质地名称	黏化率
		144~194	0	6.8	331.2	324.0	338.0	壤质黏土	1.10
		194~239	0	11.8	301.2	326.0	361.0	壤质黏土	1.18
		239~335	0	5.4	353.6	330.0	311.0	壤质黏土	1.01
	CN-B-2	1~10	1.3	5	543	282	170	黏壤	（Ao层）
		10~21	1.3	6	525	252	217	黏壤	1.00
		21~43	0.6	1	389	326	284	壤质黏土	1.31
		43~83	0.0	3	388	262	343	壤质黏土	1.58
		83~114	0.0	4	413	257	326	壤质黏土	1.50
	辽-5	0~20	0	83.5	379.5	270.0	267.0	壤质黏土	1.00
		20~75	0	57.6	396.4	305.0	241.0	黏壤土	0.90
		75~135	0	5.4	263.6	383.0	348.0	壤质黏土	1.30
		135~250	0	7.0	251.0	416.0	326.0	壤质黏土	1.22
		250~500	0	8.7	275.3	410.0	306.0	壤质黏土	1.15
白浆化棕壤	辽-36	0~31	0	33.1	184.9	471.0	311.0	粉砂质黏土	1.0
		31~68	0	37.8	213.2	491.0	258.0	粉砂质黏土	0.83
		68~92	0	24.7	253.3	479.0	243.0	粉砂质黏壤土	0.78
		92~110	0	24.6	268.4	485.0	222.0	粉砂质黏壤土	0.72
	辽-37	0~24	35.3	68.6	306.4	458.0	167.0	黏土	1.00
		24~52	30.7	50.6	197.4	478.0	274.0	粉砂质黏壤土	1.62
		52~70	38.3	64.4	179.6	439.0	317.0	壤质黏土	1.90
		70~102	42.7	63.7	151.3	416.0	389.0	壤质黏土	2.32
	辽-35	0~15	0	96.6	291.4	297.0	315.0	壤质黏土	1.00
		15~70	0	6.3	124.7	341.0	528.0	黏土	1.68
		70~105	0	2.8	225.2	418.0	354.0	壤质黏土	1.12
		105~150	0	12.5	138.5	335.0	514.0	黏土	1.63
		150~220	0	13.0	150.0	357.0	480.0	黏土	1.52
潮棕壤	辽-38	0~21	0	67.2	292.8	397.0	243.0	黏壤土	1.00
		21~42	0	30.9	164.1	397.0	408.0	壤质黏土	1.68
		42~66	0	29.1	167.9	471.0	376.0	壤质黏土	1.55
		66~116	0	27.4	165.6	471.0	336.0	粉砂质黏土	1.38
		116~160	0	25.3	208.7	476.0	290.0	粉砂质黏土	1.19

表 10 - 4　土壤及黏粒的一般化学性质[*]

剖面号	深度/cm	pH		交换量/$[cmol(+) \cdot kg^{-1}]$	交换性盐基/$[cmol(+) \cdot kg^{-1}]$				水解性酸/$cmol(+) \cdot kg^{-1}$	交换性酸/$[cmol(+) \cdot kg^{-1}]$		盐基饱和度/%
		水浸	盐浸		Ca^{2+}	Mg^{2+}	K^+	Na^+		H^+	Al^{3+}	
辽 - 22	0 ~ 4	6.2	5.3	24.97	14.45	2.88	0.57	0.17	6.76	0.07	0.15	72.13
	4 ~ 15	4.8	4.1	15.27	2.27	0.36	0.23	0.08	12.33	0.31	5.83	19.25
	15 ~ 50	4.9	4.0	18.58	2.20	1.15	0.23	0.09	14.91	2.41	4.34	23.56
	50 ~ 65	5.1	4.0	13.27	1.59	1.34	0.15	0.10	10.03	1.73	4.76	24.07
	65 ~ 78	4.7	3.9	16.64	0.67	0.76	0.07	0.06	15.08	2.48	0.99	7.38
CN - B - 1	0 ~ 12	5.9	4.8	13.0	17.10	2.00	0.54	0.42	1.48	0.04	0.09	93.17
	12 ~ 22	5.4	3.7	8.4	3.42	0.29	0.17	0.22	2.16	0.53	1.18	65.60
	22 ~ 48	5.1	3.4	11.3	2.00	0.40	0.24	0.22	4.24	0.52	2.40	40.40
	48 ~ 71	5.0	3.2	11.1	2.00	1.03	0.17	0.22	3.84	0.29	2.67	47.24
	71 ~ 100	5.0	3.5	11.2	1.43	1.71	0.20	0.17	2.84	0.27	2.54	54.97
辽 - 23	2 ~ 15	6.0	5.0	42.80	23.33	2.78	0.47	0.16	16.06	0.04	0.10	62.48
	15 ~ 35	5.1	3.9	17.62	3.60	1.03	0.12	0.21	12.76	3.02	2.19	28.15
	35 ~ 74	5.1	4.1	11.97	1.54	0.27	0.14	0.18	9.84	2.46	1.31	17.79
	74 ~ 115	4.9	4.0	3.77	0.40	0.14	0.16	0.37	2.80	0.59	1.03	28.33
辽 - 7	0 ~ 17	6.1	4.8	22.35	13.65	3.99	0.27	0.17	4.29	Tr.	0.19	80.89
	17 ~ 42	5.8	4.3	27.65	15.39	5.79	0.36	0.35	5.76	0.09	0.52	79.16
	42 ~ 69	5.9	4.4	28.50	15.81	6.03	0.40	0.59	5.67	0.09	0.33	80.10
	69 ~ 95	5.9	4.5	28.64	16.08	5.64	0.37	0.57	5.98	0.10	0.21	79.12
	95 ~ 144	5.8	4.5	26.60	15.44	4.90	0.32	0.52	5.37	0.11	0.22	79.81
	144 ~ 194	6.0	4.6	25.56	15.69	4.39	0.20	0.42	4.88	0.08	0.11	80.91
	194 ~ 239	6.3	4.8	27.73	17.65	4.62	0.35	0.42	4.69	0.06	0.11	83.09
	239 ~ 335	6.4	4.8	24.27	17.19	4.20	0.36	0.38	5.14	0.07	0.31	91.18
	335 ~ 765	6.4	4.7	27.56	17.95	3.89	0.41	0.37	4.94	0.11	0.12	82.08
CN - B - 2	1 ~ 10	5.7	4.5	18.50	11.69	1.14	0.72	0.22	2.37	0.35	0.28	85.37
	10 ~ 21	5.5	3.7	21.47	10.55	1.43	0.42	0.32	4.38	0.21	1.27	74.43
	21 ~ 43	5.4	3.5	26.07	11.40	3.71	0.46	0.11	5.20	0.75	1.47	75.13
	43 ~ 83	5.7	4.0	26.09	15.68	3.99	0.46	0.42	2.77	0.12	0.36	88.12
	83 ~ 114	5.7	4.1	23.22	15.96	5.42	0.46	0.53	0.43	0.08	0.21	98.16
辽 - 5	0 ~ 20	5.6	4.3	20.90	11.23	3.00	0.20	0.15	6.32	0.27	0.35	69.76
	20 ~ 75	6.8	5.2	20.75	13.11	3.83	0.19	0.23	3.39	Tr.	Tr.	83.68
	75 ~ 135	6.4	4.8	27.41	14.18	5.94	0.34	0.55	6.40	0.09	0.06	76.65
	135 ~ 250	5.8	4.2	26.98	11.83	4.41	0.31	0.73	9.70	0.31	0.92	64.05
	250 ~ 500	6.1	4.4	24.45	12.67	4.17	0.35	0.54	6.72	0.08	0.24	72.52
辽 - 36	0 ~ 31	5.9	4.2	25.93	12.17	4.52	0.21	0.31	8.72	0.33	0.42	66.37

剖面号	深度/cm	pH 水浸	pH 盐浸	交换量/cmol(+)·kg⁻¹	交换性盐基/[cmol(+)·kg⁻¹] Ca²⁺	Mg²⁺	K⁺	Na⁺	水解性酸/[cmol(+)·kg⁻¹]	交换性酸/[cmol(+)·kg⁻¹] H⁺	Al³⁺	盐基饱和度/%
	31~68	5.9	4.4	20.40	9.83	3.07	0.29	0.27	6.92	0.07	0.31	66.08
	68~92	5.9	4.4	24.98	9.78	3.32	0.22	0.55	11.11	0.04	0.24	55.52
	92~110	5.7	4.5	29.05	13.52	2.95	0.20	0.26	12.12	0.13	0.09	58.28
辽-37	0~24	5.8	4.6	20.48	11.07	1.94	0.22	0.19	7.06	0.34	0.68	59.70
	24~52	5.9	4.1	19.37	9.23	2.59	0.19	0.29	7.07	5.15	3.39	63.50
	52~70	5.5	4.0	25.15	11.48	4.02	0.21	0.36	9.08	7.05	8.04	63.90
	70~102	6.0	3.9	25.12	13.60	5.07	0.30	0.45	5.70	4.07	9.86	77.31
辽-35	0~15	5.4	4.6	25.12	16.70	5.16	0.16	0.26	2.94	0.55	0.35	88.67
	15~70	6.1	4.9	31.08	22.86	5.87	0.57	0.85	0.93	0.05	0.80	97.00
	70~105	6.6	5.4	22.59	13.67	4.37	0.79	0.43	3.13	0.01	0.84	86.14
	105~150	6.6	5.2	34.07	22.45	6.16	0.36	0.45	4.65	0.12	0.57	86.35
	150~220	6.7	5.4	30.56	21.45	5.88	0.35	0.42	2.46	0.06	0.13	91.85
辽-38	0~21	5.1	4.2	21.81	6.66	1.49	0.17	0.17	13.32	2.31	0.93	38.93
	21~42	5.3	4.2	21.96	6.60	1.50	0.19	0.19	13.48	0.66	1.84	38.62
	42~66	5.4	4.1	23.73	5.44	1.95	0.18	0.17	5.99	0.68	2.13	32.62
	66~116	5.8	4.2	19.85	5.56	2.33	0.20	0.21	11.57	1.39	1.67	41.71
	116~160	5.2	4.3	18.15	6.22	2.41	0.25	0.26	9.01	1.21	0.55	50.36

* pH 值测定土水比 CN-B-1 和 CN-B-2 为 1:1，余均为 1:2.5。

表 10-5　棕壤细砂粒级（100~50μm）的矿物组成
（比重 a. <2.87g·cm⁻¹，b. >2.87g·cm⁻¹）

剖面号	深度/cm	50~100μm %（占<2mm 重）	轻矿量 a.和重矿量 b. g·kg⁻¹	磁*矿量/%	细砂粒级中的矿物含量φ 石英	风化正长石	黑云母	白云母	斜长石	微斜长石	植物岩	磁赤铁矿	普通角闪石	绿帘石	石榴子石	锆石
辽-22	17~52	3.4	a. 852	17.1	++	+	++	±	-	n	-	+				
			b. 148	77.6			n	-					+++	-	-	+
	67~80	4.3	a. 980	-	++	+++	+	痕	痕	n	-	n				
			b. 20	10.3			+	痕					+++	痕	-	-	+
辽-7	17~41	4.9	a. 986	-	++	+++	±	痕	±	-	痕	-				
			b. 14	微			痕	痕					+	+-++	++	痕	+
	239~335	4.5	a. 990.5	-	++	+++	±	痕	±	n	痕	痕				
			b. 9.5	微			痕	痕					+	+-++	+++	-	+
	935~1100	13.2	a. 940	-	±	+	+++	痕	+	±		-				
			b. 60	-			+	-					-	+++	+++	-	-

* 磁矿量各占轻、重矿量%；n 为个别可见；φ 按颗粒计数，黑云母偏高。

表10-6 棕壤的铁锰化学特性

剖面号	成土母质	深度/cm	氧化物/g·kg⁻¹		游离氧化物/g·kg⁻¹		活性氧化物/g·kg⁻¹		络合氧化物/g·kg⁻¹		游离度/%		活化度/%		晶化度/%		络合度/%	
			Fe_2O_3	MnO	Fe_2O_3	MnO	Fe_2O_3	MnO	Fe_2O_3	MnO	Fe_2O_3	MnO	Fe_2O_3	MnO	Fe_2O_3	MnO	Fe_2O_3	MnO
辽-22	花岗岩残坡积物	0~4	44.2	0.74	13.3	0.41	3.22	0.31	0.97	0.23	30.0	55.4	24.2	75.6	75.8	24.4	7.3	56.0
		4~15	38.2	0.28	15.9	0.07	3.05	0.01	0.83	0.01	40.9	25.0	19.1	14.2	80.9	85.8	5.2	14.2
		15~52	46.8	0.34	17.0	0.07	1.84	0.01	0.25	0.01	36.3	20.5	10.8	14.2	89.2	85.8	1.4	14.2
		52~67	42.7	0.30	15.8	0.07	1.57	0.02	0.23	0.01	37.0	23.3	9.9	28.5	90.1	71.5	1.5	14.2
		67~80	33.5	0.19	16.3	0.06	0.89	0.01	0.17	Tr	48.6	31.5	5.4	16.6	94.6	83.4	1.0	6.6
		$\bar{x}$	42.3	0.32	16.3	0.09	1.90	0.36	0.03	0.02	38.5	28.1	11.7	33.3	88.7	66.7	2.2	22.2
辽-23	砾岩残坡积物	0~13	39.9	0.65	17.2	0.53	4.74	0.42	0.79	0.03	43.1	31.5	27.6	79.2	72.4	20.8	4.6	15.0
		13~35	47.6	0.53	21.5	0.23	6.35	0.19	1.27	0.08	45.2	54.7	29.5	65.5	70.5	34.5	5.9	10.3
		35~74	53.0	0.51	22.2	0.26	5.13	0.15	1.20	0.03	41.9	59.0	23.1	53.6	76.9	40.4	5.4	7.6
		74~115	55.7	0.58	20.9	0.36	3.04	0.27	0.71	0.02	37.5	55.4	14.5	75.0	85.5	25.0	3.4	5.5
		$\bar{x}$	51.5	0.55	21.0	0.33	4.57	0.23	0.99	0.02	41.1	60.0	21.7	69.7	78.3	30.3	4.7	9.1
辽-7	黄土状沉积物	0~17	52.8	1.52	17.0	1.17	3.6	1.15	0.35	0.03	21.2	77.0	21.2	98.3	78.8	1.7	2.1	6.8
		17~42	57.1	0.93	16.3	0.73	2.5	0.54	0.25	0.02	28.5	78.5	15.3	74.0	84.7	26.0	1.5	2.7
		42~69	58.0	0.97	12.7	0.46	1.8	0.41	0.25	0.02	21.9	47.4	14.3	89.1	85.7	10.9	2.0	4.3
		69~95	57.1	1.15	16.9	0.71	2.1	0.66	0.23	0.02	29.6	61.7	12.6	93.0	87.4	7.0	1.4	2.8
		95~144	57.8	1.19	15.6	0.61	1.9	0.48	0.20	0.01	27.0	51.3	12.1	78.7	87.9	21.3	1.8	1.6
		144~194	53.4	1.16	15.8	0.78	1.8	0.60	0.16	0.01	29.6	67.2	11.1	76.9	88.9	23.1	1.0	1.3
		194~239	57.7	0.97	17.1	0.72	2.1	0.51	0.17	0.01	29.6	74.2	12.2	70.8	87.8	29.2	1.0	1.4
		$\bar{x}$	56.4	1.10	15.9	0.67	2.1	0.55	0.21	0.02	28.8	60.6	13.2	82.5	86.8	17.5	1.3	2.2

表 10-7 辽-22、辽-23、辽-7 等土壤和黏粒全量化学组成

剖面号	深度/cm	烧失量/g·kg⁻¹	全量化学组成（占灼烧土）/g·kg⁻¹										交换量/cmol(+)·kg⁻¹
			SiO₂	Al₂O₃	Fe₂O₃	CaO	MgO	TiO₂	MnO	K₂O	Na₂O	P₂O₅	
辽-22	0~4	114.6	720.9	143.8	49.9	13.9	11.5	6.5	0.84	30.5	22.9	0.96	
	4~15	56.2	743.7	137.6	40.5	6.3	9.1	6.1	0.30	28.9	22.9	0.46	
	15~52	43.6	713.0	167.2	48.9	3.1	10.4	6.5	0.36	27.7	17.9	0.38	
	52~67	38.0	725.6	151.2	44.9	3.1	9.7	5.8	0.31	32.2	20.4	0.33	
	67~80	36.6	725.5	162.3	34.8	2.0	6.6	3.7	0.20	40.6	26.1	0.34	
	岩石	38.4	773.9	141.8	18.8	0.7	1.1	0.8	0.10	40.0	36.2	0.35	
黏粒	0~4	315.8	555.4	261.8	98.6	1.8	28.7	10.5	0.55	33.1	5.7	3.91	75.55
	4~15	193.7	547.7	282.5	90.6	2.0	27.0	10.9	0.54	28.0	8.6	2.17	54.89
	15~52	132.8	535.1	302.3	91.0	1.2	24.8	11.0	0.49	27.1	5.8	1.31	46.18
	52~67	129.4	539.6	298.8	91.2	1.3	23.5	11.3	0.51	27.1	5.5	1.19	45.21
	67~80	138.7	552.0	292.6	88.5	1.2	23.9	10.6	0.48	24.6	4.9	1.19	44.85
CN-B-1	0~12	92.9	758.4	96.5	33.6	24.7	21.2	5.9	0.70	29.0	16.2	0.60	
	12~22	24.4	786.8	90.8	17.7	9.8	13.2	3.4	0.20	35.5	16.0	0.10	
	22~48	23.7	792.9	80.1	18.4	9.8	18.7	4.0	0.20	33.6	14.7	0.20	
	48~71	23.9	798.9	87.6	21.9	8.2	14.1	4.7	0.20	33.3	15.9	0.10	
	71~100	21.3	767.5	61.5	19.9	11.4	18.8	1.3	0.30	39.2	12.2	0.10	
黏粒	0~12	153.1	547.7	246.2	83.5	7.6	45.4	9.0	0.7	39.0	8.0	1.70	
	12~22	122.3	578.5	151.3	75.6	13.8	38.4	9.0	6.0	31.6	11.4	2.20	
	22~48	109.3	590.5	248.9	69.3	11.4	38.0	9.6	0.5	28.8	10.7	0.80	
	48~71	99.6	583.6	253.5	68.0	6.4	35.8	10.2	0.5	28.6	9.6	0.60	
	71~100	104.4	544.3	291.0	78.6	5.9	34.2	6.8	0.4	29.3	5.8	0.50	
辽-23	0~13	181.5	710.9	162.5	48.7	16.0	13.1	8.8	0.73	27.4	14.4	1.93	85.46
	13~35	81.2	707.1	166.8	51.8	6.0	12.1	6.6	0.58	26.7	13.2	0.85	55.29
	35~74	59.6	694.2	181.4	56.4	4.1	13.5	9.3	0.54	28.1	11.8	0.53	48.09
	74~115	50.5	678.9	188.8	58.7	3.2	13.8	5.8	0.61	32.0	11.5	0.56	41.56
黏粒	0~13	173.5	530.0	279.5	96.3	11.2	32.1	10.5	0.89	31.3	6.6	1.55	
	13~35	206.3	523.7	289.5	103.1	4.0	27.7	7.5	0.73	26.9	7.2	4.59	
	35~74	176.3	507.6	310.4	105.5	3.4	27.2	10.6	0.69	24.9	6.7	3.13	
	74~115	144.2	528.2	295.1	100.2	2.9	27.3	11.7	0.86	25.0	5.9	3.00	
辽-7	0~17	44.6	694.0	161.6	55.3	10.7	13.5	8.4	1.58	26.8	16.2	1.13	
	17~42	43.8	684.2	171.6	59.7	9.7	15.0	8.2	0.97	25.1	16.8	0.91	
	42~69	43.9	690.2	170.1	60.7	10.4	14.7	8.0	1.01	27.4	16.8	1.04	
	69~95	45.1	688.9	177.6	59.8	9.7	14.3	8.3	1.20	28.0	15.8	1.16	
	95~144	43.5	688.9	173.0	60.4	9.4	12.9	8.3	1.24	27.3	15.4	1.05	
	144~194	42.6	704.0	168.3	55.8	9.6	13.1	8.3	1.21	27.7	16.0	0.94	

剖面号	深度/cm	烧失量/g·kg⁻¹	全量化学组成（占灼烧土）/g·kg⁻¹										交换量/[cmol(+)·kg⁻¹]
			SiO_2	Al_2O_3	Fe_2O_3	CaO	MgO	TiO_2	MnO	K_2O	Na_2O	P_2O_5	
	194 ~ 239	44.7	688.4	174.6	60.4	9.2	12.6	8.3	1.02	26.4	14.6	0.95	
	239 ~ 335	40.5	687.5	176.9	54.5	11.0	13.3	7.9	1.14	27.3	17.3	1.14	
黏粒	0 ~ 17	139.8	558.4	261.6	95.8	1.7	25.1	11.1	0.78	31.6	4.7	3.13	60.13
	17 ~ 42	121.3	557.0	272.4	99.6	2.0	25.5	10.1	0.63	32.0	4.6	2.46	62.08
	42 ~ 69	121.6	555.6	260.0	101.2	2.4	25.5	9.5	0.65	33.6	4.3	2.58	59.46
	69 ~ 95	128.1	553.0	267.9	100.0	2.1	24.0	10.1	0.60	33.7	4.3	2.72	59.88
	95 ~ 144	123.7	555.2	267.8	94.4	1.8	22.3	10.2	6.56	32.1	4.3	2.83	59.64
	144 ~ 194	118.8	557.2	272.1	97.9	2.7	25.0	10.2	0.71	29.3	3.9	2.58	60.24
	194 ~ 239	124.0	563.1	268.7	100.1	2.6	22.7	10.3	0.58	29.6	4.1	2.72	59.24
	239 ~ 335	122.5	550.9	268.7	96.8	4.4	26.6	9.5	0.65	29.4	4.9	2.46	60.91
CN-B-2	0 ~ 10	41.6	697.9	120.2	44.2	26.8	34.7	7.9	1.1	27.2	15.8	0.9	
	10 ~ 21	40.8	704.1	129.7	45.9	23.5	27.5	8.3	1.4	26.8	15.3	0.5	
	21 ~ 43	44.5	697.5	139.7	48.7	25.0	39.5	8.5	1.2	25.1	16.2	0.5	
	43 ~ 83	39.7	688.9	138.0	53.2	23.3	35.9	8.2	1.1	26.8	15.7	0.8	
	114 ~ 150	35.9	677.8	126.9	44.8	23.2	38.3	7.6	1.0	28.8	15.2	0.9	
黏粒	0 ~ 10	132.7	506.1	222.1	104.7	53.9	63.4	11.1	1.1	30.4	4.7	2.9	
	10 ~ 21	118.1	518.6	258.8	99.9	9.4	39.0	10.5	1.2	30.5	5.4	2.0	
	21 ~ 43	113.5	525.7	241.3	99.3	6.8	39.2	10.6	1.1	31.2	4.6	1.2	
	43 ~ 83	113.2	533.5	242.9	98.5	7.2	44.8	8.9	1.0	25.1	6.1	1.8	
	114 ~ 150	109.2	563.6	268.1	86.6	11.2	47.0	9.0	0.9	22.2	6.5	1.9	
辽 – 5	0 ~ 20	42.0	717.5	150.3	49.3	10.9	12.5	7.1	1.05	26.5	21.2	1.51	
	20 ~ 75	36.6	705.7	155.1	51.6	12.9	13.9	7.5	1.20	27.5	21.3	1.08	
	75 ~ 135	41.7	686.5	171.8	61.1	9.5	15.3	7.1	0.91	26.3	16.9	1.36	
	135 ~ 250	41.1	705.9	164.7	50.3	9.7	13.0	8.4	1.37	26.7	17.2	1.14	
	250 ~ 500	34.5	711.9	155.5	55.8	8.4	14.4	8.1	1.06	27.2	16.1	1.35	
黏粒	0 ~ 20	148.8	547.8	263.6	109.1	1.9	25.7	9.9	9.9	33.0	4.1	4.37	
	20 ~ 75	137.6	541.7	259.3	112.4	2.3	26.8	9.2	9.2	35.3	4.6	2.75	
	75 ~ 135	122.4	571.1	245.2	107.2	1.5	27.0	9.4	9.4	33.6	4.0	3.53	
	135 ~ 250	132.9	543.9	267.3	106.8	1.8	25.0	10.0	10.0	34.0	4.0	3.93	
	250 ~ 500	118.1	556.4	257.3	105.5	1.5	24.9	9.3	9.3	34.5	3.6	2.93	
辽 – 37	0 ~ 24	55.7	709.8	157.7	49.3	10.0	12.7	8.5	1.33	26.5	20.2	1.51	
	24 ~ 52	40.8	705.4	162.6	53.1	6.9	14.6	8.8	0.84	28.4	17.5	0.90	
	52 ~ 70	35.4	676.9	197.2	56.7	6.7	14.8	7.3	1.26	24.8	17.1	1.08	
	70 ~ 102	42.6	662.9	208.9	58.5	6.7	15.6	6.8	1.05	23.7	16.2	1.30	
黏粒	0 ~ 24	213.6	565.5	261.2	81.3	3.7	29.0	10.8	0.79	35.2	4.8	6.64	64.30

剖面号	深度/cm	烧失量/g·kg⁻¹	全量化学组成（占灼烧土）/g·kg⁻¹										交换量/[cmol(+)·kg⁻¹]
			SiO_2	Al_2O_3	Fe_2O_3	CaO	MgO	TiO_2	MnO	K_2O	Na_2O	P_2O_5	
	24～52	120.0	578.6	261.1	78.4	1.8	28.6	11.5	0.43	34.9	4.2	3.48	48.60
	52～70	119.6	559.4	270.3	85.3	3.0	29.4	9.8	0.58	34.8	5.0	4.58	50.58
	70～102	127.5	542.3	276.3	89.9	3.5	26.8	9.4	0.50	35.2	5.3	3.09	55.01
辽－36	0～31	40.2	684.0	185.4	59.1	7.2	14.3	8.3	1.42	24.2	17.4	1.41	
	31～68	38.5	713.8	163.0	50.4	8.0	12.3	9.0	1.62	26.8	18.4	1.21	
	68～92	38.0	693.2	177.1	57.2	9.3	13.6	9.3	1.32	26.9	12.7	1.36	
	92～110	49.6	689.2	180.5	49.3	10.0	12.9	8.3	1.07	27.8	18.8	1.37	
黏粒	0～31	121.0	469.3	261.4	99.3	4.2	27.8	11.3	0.76	33.7	4.8	4.04	48.72
	31～68	132.7	557.2	257.2	102.7	2.1	28.6	12.0	0.10	35.4	4.7	5.52	52.12
	68～92	152.0	556.9	270.2	95.9	2.5	28.9	11.0	0.98	29.6	5.2	5.32	57.70
	92～110	188.4	563.7	274.6	83.2	3.8	30.3	10.5	0.87	32.0	6.3	5.21	64.27
辽－35	0～15	58.0	708.9	162.6	58.5	10.2	9.9	7.8	2.97	23.0	14.1	0.60	
	15～70	50.6	690.1	184.0	68.0	8.6	10.2	8.8	1.16	22.6	10.3	0.47	
	70～105	42.6	740.4	178.1	29.4	7.3	6.1	8.7	0.84	22.5	12.2	0.23	
	105～150	49.6	673.8	187.7	79.9	9.2	8.7	8.8	0.90	22.0	10.3	0.60	
	150～220	47.8	691.1	189.8	58.1	8.6	8.7	8.7	10.84	23.2	11.9	0.45	
黏粒	0～15	145.6	548.5	285.1	99.8	6.1	23.6	9.3	1.04	26.0	6.6	2.41	58.52
	15～70	125.6	550.3	291.5	96.6	3.2	18.1	9.0	0.31	23.7	3.1	1.38	56.32
	70～105	153.9	570.9	319.6	61.2	3.0	15.0	9.8	0.20	23.5	3.3	1.31	52.70
	105～150	134.4	570.7	296.3	85.5	4.1	15.5	9.0	0.30	21.8	4.8	1.42	55.04
	150～220	133.9	566.6	291.7	77.8	6.1	16.3	9.6	0.42	22.9	4.1	1.41	54.58
辽－38	0～21	62.6	716.2	162.3	58.5	6.7	11.5	8.6	1.51	27.1	13.2	1.28	
	21～42	70.4	666.2	195.9	74.4	3.6	12.9	9.6	1.61	26.5	7.9	1.32	
	42～66	62.2	663.8	189.8	71.7	3.0	11.9	9.6	1.73	30.8	8.1	1.13	
	66～116	56.4	671.9	187.8	69.4	3.2	12.4	9.3	1.29	26.2	9.5	1.12	
	116～160	48.8	699.4	176.6	65.9	3.9	12.1	9.5	1.37	26.0	10.4	1.03	
黏粒	0～21	188.1	529.4	297.9	95.7	2.1	20.6	10.3	1.35	30.8	4.3	4.58	58.04
	21～42	146.8	507.9	309.0	105.5	1.7	18.8	11.0	1.10	30.4	4.0	3.02	43.21
	42～66	139.8	511.9	309.7	106.3	1.6	19.2	10.6	0.95	30.0	3.5	2.64	41.61
	66～116	138.4	520.2	301.0	103.3	1.9	18.2	10.7	0.86	31.2	3.9	2.40	43.47
	116～160	118.8	530.4	294.1	106.1	1.1	18.8	11.3	0.84	33.6	2.8	2.59	43.30

表 10 -8　土壤养分含量

剖面号	深度/ cm	有机质/ g·kg^{-1}	全氮/ (N)	全磷/ (P_2O_5) g·kg^{-1}	全钾/ (K_2O)	速效磷/ (P_2O_5) mg·kg^{-1}	速效钾/ (K_2O) mg·kg^{-1}	缓效钾/ (K_2O)
辽-22	0~4	82.5	2.75	0.85	27.0	7.7	182	622
	4~15	22.3	0.82	0.43	27.3	3.3	107	372
	15~50	6.1	0.40	0.36	26.5	2.6	99	371
	50~65	5.4	0.37	0.32	31.0	0	28	302
	65~78	1.4	0.25	0.33	39.1	0	35	155
CN-B-1*	0~12	69.2	2.2	0.60	28.0	1.81		
	12~22	8.0	0.3	0.10	35.5	1.14		
	22~48	4.2	0.2	0.10	32.9	1.17		
	48~71	3.9	0.2	0.10	32.7			
	71~100	2.7	0.1	0.10	38.5			
辽-23	0~13	113.5	6.36	1.58	22.4	8.8	150	133
	13~35	27.7	1.83	0.78	24.5	4.3	74	294
	35~74	10.6	1.02	0.50	26.4	3.4	80	342
	74~115	2.5	0.63	0.53	30.4	1.2	38	129
辽-7	0~17	10.2	0.79	1.08	25.6	7.5	147	670
	17~42	4.5	0.52	0.87	24.0	12.0	176	762
	42~69	4.3	0.49	1.00	26.2	26.6	204	822
	69~95	4.4	0.49	1.11	26.7	28.4	201	845
	95~144	4.1	0.34	1.00	26.1	23.9	192	812
	144~194	3.4	0.28	0.90	26.5	19.5	191	835
	194~239	4.2	0.35	0.91	25.2	21.6	202	887
CN-B-2*	0~10	26.9	1.2	0.8	26.0	1.52		
	10~21	10.3	0.6	0.5	25.7	1.17		
	21~43	7.0	0.4	0.5	24.1	1.27		
	50~70	5.7	0.4	0.7	25.7			
	90~110	5.4	0.3	0.9	27.8			
	130~150	4.0	0.3	0.8	24.6			
辽-5	0~20	14.9	0.99	1.45	25.4	19.8	126	504.5
	20~75	8.2	0.60	1.04	26.5	6.4	128	752
	75~135	5.0	0.46	1.30	25.2	32.8	201	991
	135~250	6.2	0.56	1.09	25.6	34.3	147	939
	250~500	4.8	0.39	1.30	26.3	32.0	154	848
辽-36	0~31	4.6	0.53	1.35	23.2	15.6	106	590
	31~68	8.4	0.75	1.17	25.8	11.0	112	583

剖面号	深度/ cm	有机质/ g·kg⁻¹	全氮/ (N)	全磷/ (P₂O₅) g·kg⁻¹	全钾/ (K₂O)	速效磷/ (P₂O₅) mg·kg⁻¹	速效钾/ (K₂O) mg·kg⁻¹	缓效钾/ (K₂O) mg·kg⁻¹
	68~92	17.2	1.03	1.31	25.9	8.6	124	636
	92~110	36.5	2.39	1.31	26.4	8.5	123	660
辽－37	0~24	37.3	1.92	1.43	25.0	6.1	125	596
	24~52	7.5	0.79	0.87	27.2	7.8	127	625
	52~70	5.0	0.68	1.04	23.8	21.8	131	725
	70~102	4.0	0.70	1.26	22.9	26.6	143	590
辽－35	0~15	18.2	1.21	0.58	21.7	3.9	127	579
	15~70	2.2	0.26	0.45	21.5	5.7	106	795
	70~105	1.7	0.23	0.22	21.5	4.4	160	381
	105~150	2.1	0.27	0.57	20.9	5.7	154	403
	150~220	1.8	0.27	0.43	22.1	5.5	149	391
辽－38	0~21	31.6	1.67	1.20	25.4	8.7	100	552
	21~42	14.0	0.97	1.23	24.6	6.3	113	613
	42~66	9.4	0.73	1.06	28.9	6.4	151	639
	66~116	6.8	0.53	1.06	24.7	6.7	117	635
	116~160	5.1	0.45	0.98	24.7	6.5	187	666

第三节 土壤的黏粒矿物组成

一、酸性棕壤的黏粒矿物

花岗岩母质上发育的酸性棕壤黏粒化学组成（表10－7）的特点是：硅铝率和硅铁铝率各为3.0~3.6和2.5~2.9，交换量为45~55cmol（＋）·kg⁻¹（表层腐殖质特别高除外），烧失量为13~21g·kg⁻¹，变化幅度大。K₂O和MgO较高，分别为24~33g·kg⁻¹和23~31g·kg⁻¹。

从交换量不甚高看出，黏土矿物不应以蒙皂石为主，而应以水云母、绿泥石为主。从烧失量较高而言，应以绿泥石、高岭石和非晶形物质为主。从硅铝率、K₂O和MgO而言，应以水云母、绿泥石－蛭石为主。

从交换量较低、烧失量较高而言，应以高岭石、绿泥石为主。从硅铝率较低而言，则应以高岭石、埃洛石为主。

辽－22和辽－23两剖面发育在花岗岩母质上，基本性质见表10－3、表10－4。现根据X射线衍射分析讨论它们的黏土矿物特征。

由图谱10－1可见，辽－22剖面黏土矿物以蛭石、水云母为主，并伴有高岭石，蛭石的结晶程度较好。水云母衍射峰低而宽，表明脱钾强和水合程度高，若水云母含

表 10-9 白浆化棕壤铁的化学特征

剖面号	发生层次	深度/cm	黏粒/g·kg⁻¹	Fet/g·kg⁻¹	Fed/g·kg⁻¹	Feo/g·kg⁻¹	Fep/g·kg⁻¹	Fed/Fet/%	Feo/Fed/%	Fep/Fed/%	Fed-Feo/Fed/%	Fed/clay/10²	Feo/clay/10²
辽-35	A	0~15	315.0	55.1	24.3	5.06	0.14	44.1	20.8	Tr	79.2	7.71	1.60
湖相沉积物	A$_W$	15~70	528.0	64.6	24.8	0.88	0.06	38.3	3.5	Tr	96.5	4.70	0.17
	A$_{WB}$	70~105	354.0	28.1	20.1	0.2	0.04	71.5	1.0	Tr	99.0	0.59	0.06
	B	105~150	514.0	75.9	25.3	0.93	0.04	33.3	3.7	Tr	96.3	4.92	0.18
黏质潴水	B$_C$	150~220	480.0	55.3	14.3	0.82	0.04	25.8	5.7	Tr	94.3	2.98	0.17
滞水型	$\bar{x}$		467.7	57.5	172.9	1.02	0.05	29.8	5.9	—	94.1	2.80	0.25
辽-37	A	0~24	480.0	46.6	15.3	7.85	0.49	32.8	51.3	3.2	48.7	9.16	4.70
深位测渗型	A$_W$	24~52	167.0	50.9	15.7	7.59	0.45	30.8	48.3	2.9	51.7	5.73	2.77
	B$_1$	52~70	274.0	54.4	17.3	7.04	0.40	31.8	40.6	2.3	59.4	5.46	2.22
	BC	70~102	317.0	56.4	17.6	5.99	0.35	31.2	34.0	2.0	66.0	4.77	1.62
	$\bar{x}$		306.6	52.2	16.5	7.05	0.42	31.6	42.7	2.5	57.3	6.19	2.77
辽-36	A	0~31	311.0	56.7	20.5	9.78	0.33	36.1	47.7	1.6	52.3	6.59	3.14
黄土母质	AW	31~68	258.0	48.5	17.4	8.49	0.52	35.8	48.7	2.9	51.3	6.74	3.29
	B	68~92	243.0	55.0	18.2	8.69	0.56	33.0	47.7	3.0	52.3	6.49	3.58
上层滞水型	BC	92~110	222.0	46.9	15.1	9.51	0.80	32.1	62.9	5.2	37.1	6.80	3.28
	$\bar{x}$		263.8	52.0	18.1	9.06	0.52	34.7	50.1	2.9	49.9	6.65	3.31

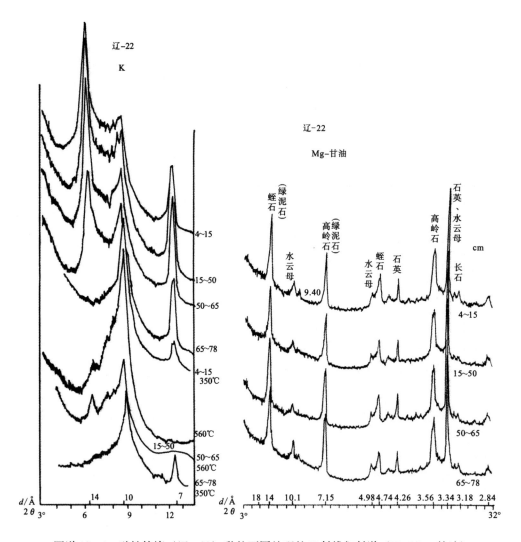

图谱 10 – 1　酸性棕壤（辽 – 22）黏粒不同处理的 X 射线衍射谱（K、Mg – 甘油）

K_2O 按 $60g \cdot kg^{-1}$ 计算，含量可达 $400 \sim 500g \cdot kg^{-1}$。在剖面中由上而下有减弱的趋势，在 $15 \sim 50cm$ 和 $50 \sim 65cm$ 中水化程度略见增大，蛭石化增强，并有羟基夹层成土绿泥石化。此外，$4 \sim 15cm$ 处显示有水云母 – 蒙皂石混层物，高岭石含量在剖面各层都较明显。X 射线衍射分析也表明，黏粒中含有少量石英和微量长石。黏粒 K_2O 量与水云母衍射强度不甚相符，亚表层 $15 \sim 50cm$ 黏粒含量由表层 $80g \cdot kg^{-1}$ 增为 $280g \cdot kg^{-1}$，黏粒硅铝率由 3.6 降为 3.0，K_2O 由 $33g \cdot kg^{-1}$ 降为 $27g \cdot kg^{-1}$。由此可见，有明显的脱钾和矿物蚀变过程，正长石在此特定的水热条件下风化作用强。

此外，由图谱 10 – 2 可见，CN – B – 1 剖面心土层 $10 \sim 22cm$ 羟基夹层物多，底土层显绿泥石化。

由图谱 10 – 3 K – 饱和和 K – 350℃ 可见，除有大量蛭石、水云母外，亚表层和心土层羟基夹层物多，可能有成土绿泥石形成。

由此可以得出，土壤矿物的风化序列主要为黑云母→蛭石（绿泥石）→高岭石，

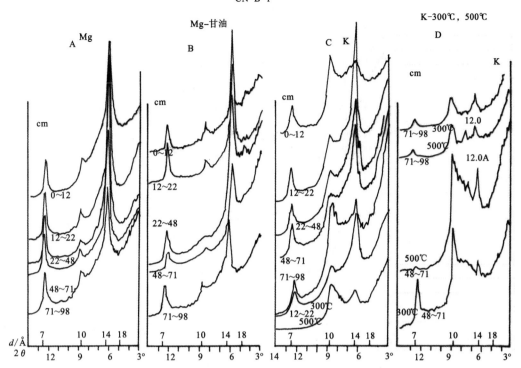

图谱 10 - 2　CN - B - 1 Mg、Mg - 甘油、K - 饱和 X 射线衍射谱

（CuKα　40kV/80mA，测角仪转速 2°/min）

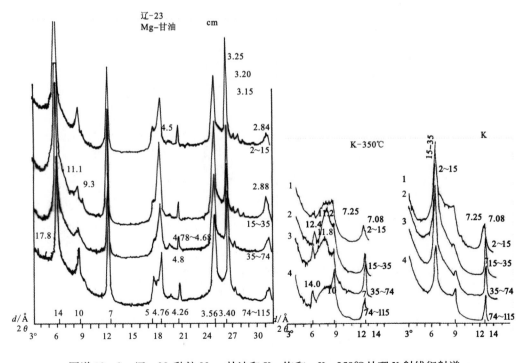

图谱 10 - 3　辽 - 23 黏粒 Mg - 甘油和 K - 饱和、K - 350℃ 处理 X 射线衍射谱

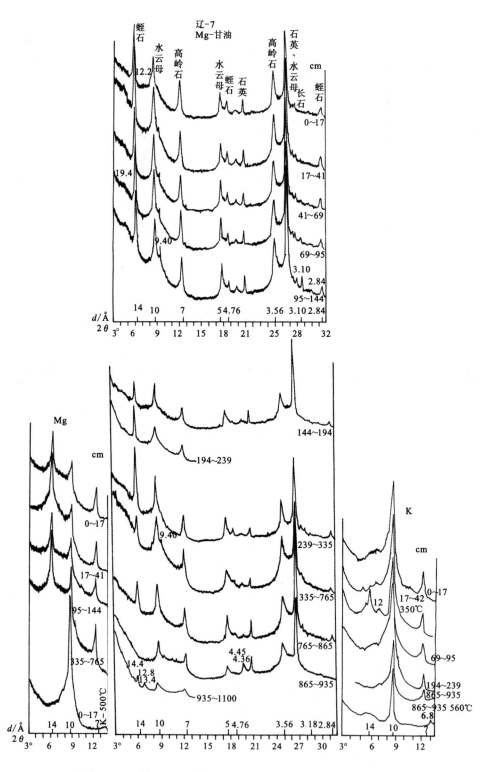

图谱 10-4　剖面辽-7 黏粒（＜2μm）不同处理的 X 射线衍射谱

并有正长石→（水云母）→高岭石。由图谱 10 - 2 见斜坡上的剖面 CN - B - 1 心土层蛭石、绿泥石化（蒙皂石化）更较明显，由图谱 10 - 3 可见，辽 - 23 剖面黏粒矿物全剖面均以蛭石 -（绿泥石）和水云母为主，并可有高岭石，蛭石结晶度好，以 15 ~ 35cm 含量最高。如果水云母含 K_2O 按 60g·kg^{-1} 计算，其含量可达 350 ~ 500g·kg^{-1}。随剖面向下有减低趋势，15 ~ 35cm 和 35 ~ 74cm 心土层最低，水云母与绿泥石、蒙皂石混层以心土层最为明显，晶层间有羟基夹层物稳定存在。底层 74 ~ 115cm 黏粒含钾量和心土层相近似，水云母的结晶程度好。除蛭石外，成土过程绿泥石 - 蒙皂石化较千山酸性棕壤显著。黏粒中还含有少量石英和微量长石（钾长石、斜长石），微形态观察为二长花岗岩，因而有别于剖面辽 - 22 和 CN - B - 1。

二、棕壤的黏粒矿物

辽 - 7 和辽 - 5 两个剖面发育在黄土母质上，基本性质见表 10 - 4 和表 10 - 7。现根据 X 射线衍射分析讨论它们的黏土矿物特征。

由图谱 10 - 4 可见，沈阳东陵漫岗上部（海拔 120m）黄土状沉积物，辽 - 7 剖面黏土矿物以云母 - 水云母和蛭石为主，并有少量高岭石，尚可见有少量蒙皂石成混层物。此外，还有少量石英和微量长石。蛭石和水云母结晶程度较好。按 K_2O 计算，含水云母 450 ~ 500g·kg^{-1}。根据水云母水化和混层程度，同蛭石峰高相比较，K - 饱和晶层收缩程度在剖面分布上略见分异。黏粒化学组成也有变化，可能和多次沉积有关。土壤在弱酸性至中性淋溶较弱的条件下，水云母脱钾慢，矿物蚀变过程并不明显，仅在 194 ~ 239cm 来见羟基夹层。自 335 ~ 765cm 开始蒙皂石混层增强，随剖面向下至 865 ~ 935cm 蛭石峰消失，见水云母、高岭石和原始钙长石（6.7Å 和 6.81Å 小峰，560℃），水云母和高岭石混层增强，直至 935 ~ 1100cm，矿物蚀变弱，亦趋混层。

由图谱 10 - 5 可见，地处沈阳东陵低山（海拔 82m）的深厚黄土状沉积物上的剖面 CN - B - 2 矿物蚀变和淋移亦较弱，与黏化率呈同步增减。

由图谱 10 - 6 可见，辽 - 5 剖面黏土矿物以云母 - 水云母为主，有一定量蛭石，部分蛭石和蒙皂石成混层物，并有少量高岭石。按 K_2O 计算，含水云母 500g·kg^{-1} 左右。黏粒硅铝率和交换量与 X 衍射鉴定结果相符。从 0 ~ 20cm 水云母含量和水化程度稍高，见有蛭石和弱蒙皂石峰，20 ~ 75cm 蒙皂石峰更显。75 ~ 135cm 和 135 ~ 250cm 蛭石含量相对稍高以及黏粒 CaO、Na_2O 和硅铝率在剖面上的某些分异，可以推断辽 - 5 剖面为多次沉积剖面，75cm 以下黏粒含量高并非完全是淋淀作用所致。

三、潮棕壤的黏粒矿物

辽 - 38 剖面 SiO_2 含量较辽 - 7 和辽 - 5 剖面低，而 Al_2O_3 和 Fe_2O_3 较高，CaO 和 Na_2O 亦明显减少，成土物质的化学组成并显二层型。黏粒的基本性质见表 10 - 4 和表 10 - 7。

由 X 射线衍射谱（图谱 10 - 7）可见，黏粒矿物以云母 - 水云母为主，并有一定量蛭石（绿泥石）和高岭石，K - 饱和 10Å 峰收缩小，心土层 14A 峰高，500℃ 见成土绿泥石和蒙皂石混层宽峰，剖面上矿物水化和蚀变程度如同棕壤、酸性棕壤，均与表 10 - 3 中黏化率结果相吻。按 K_2O 计算，含水云母近 40g·kg^{-1}；随剖面向上，云母含量减少，水化程度增大，黏粒烧失量为 13.6～18.8g·kg⁻¹，较棕壤（亚类）高；交换量为 41.6～58.0 cmol（＋）·kg⁻¹，较棕壤低，此结果和 X 射线衍射谱表土层含蛭石，心土层羟基夹层物高相符。

C₁	I	I/V	V	chl	S	K
1～10	47.7	16.7	17.1	10.0	1.7	6.8
10～21	43.2	20.4	21.3	6.5	3.5	5.1
21～43	41.4	16.6	25.5	6.2	2.6	4.7
43～114	49.8	20.8	15	8.8	2.9	2.7
114→	51.3	14.4	16.7	13.4	1.7	2.9

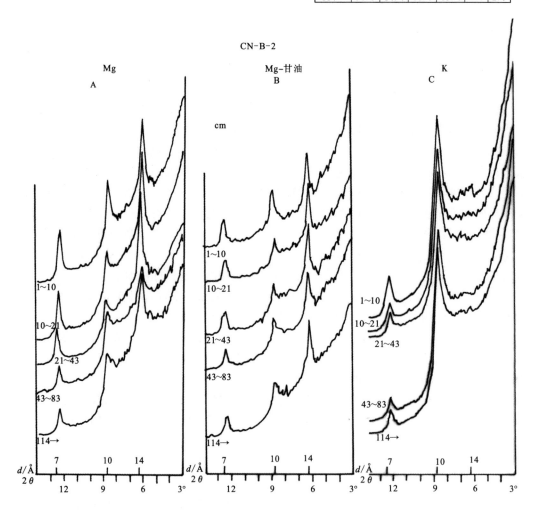

图谱 10 - 5　剖面 CN - B - 2 黏粒（＜2μm）不同处理 X 射线衍射谱
（CuKα　40kV/80mA 测角仪转速 2°/min）

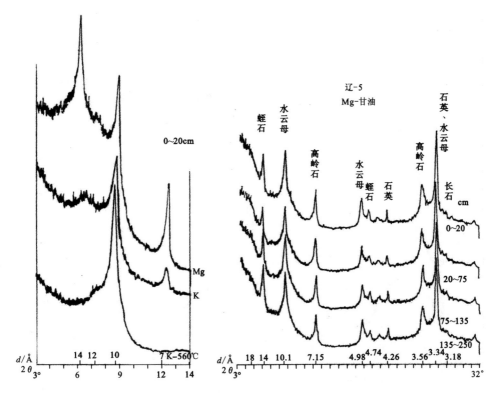

图谱 10 - 6　棕壤（辽 - 5）黏粒 X 射线衍射谱

　　由此可以得出：黄土状沉积物上发育的棕壤，在弱酸性至中性淋溶较弱的化学环境底层受地下水（或侧流水）影响条件下，比酸性棕壤淋失弱，黏粒处于脱钾、铝和铁的羟基物嵌入膨胀性晶层阶段，铁的活动性显著减小，矿物蚀变不明显。

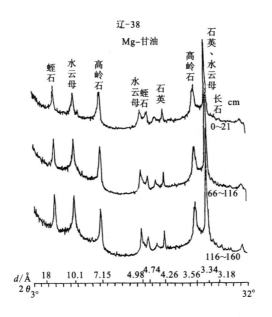

图谱 10 - 7　潮棕壤（辽 - 33）黏粒 X 射线衍射谱

四、白浆化棕壤的黏粒矿物

辽-37、辽-36和辽-35三个白浆化棕壤剖面的黏粒化学组成见表10-7。从白浆层烧失量较低，K_2O含量较高而言，白浆层更富含水云母，从硅铝率较低和MgO含量来看，有一定量的蛭石-绿泥石。

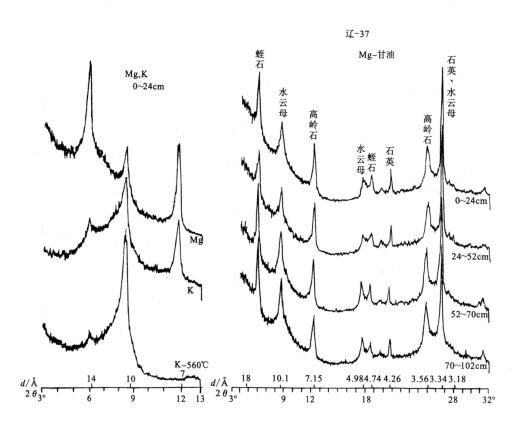

图谱10-8　白浆化棕壤（辽-7）黏粒X射线衍射谱

由X射线衍射分析（图谱10-8）可知，辽-37剖面黏粒矿物以水云母和蛭石（绿泥石）为主，并有一定量高岭石。它们在剖面上的分布是白浆层（24~52cm）蛭石（绿泥石）和云母峰有所降低，有Ca、Mg淋移，离铁作用，原生矿物蚀变弱，而高岭石峰不变，为深位侧渗型活动性黏粒淋移所致。

由图谱10-9可见，辽-36剖面黏粒矿物组成以云母-水云母和蛭石为主，并有一定量高岭石和少量蒙皂石晶层。它们在剖面上的分布是白浆层（31~68cm）蛭石（绿泥石化弱）和水云母峰减低，盐基交换减缓，离铁就地聚铁，且水云母峰变宽，滞水层下的土层有水化度增强的趋势。根据衍射峰呈弥散状和黏粒化学组成硅铝率高而交换量低，可以推断蚀变过程可能有无定形硅酸物质的积累。

由图谱10-10可知，辽-35剖面黏粒矿物组成以水云母为主，并有蒙皂石或蛭石混层物和微量高岭石。如果水云母含K_2O按$60g \cdot kg^{-1}$计算，则含$35g \cdot kg^{-1}$左右水云

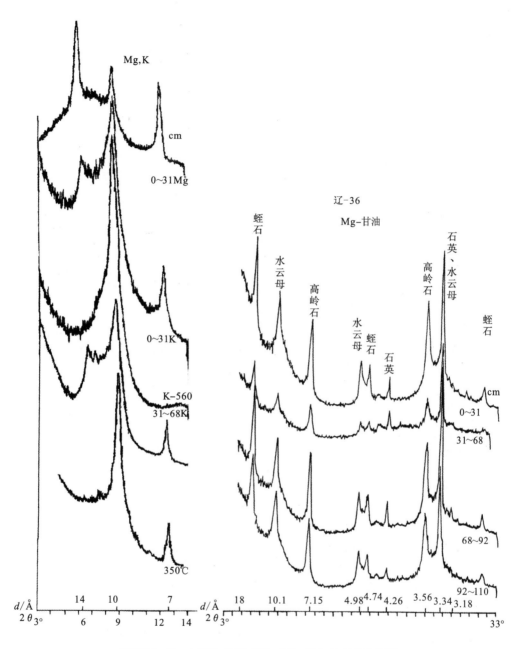

图谱10-9 白浆化棕壤（辽-36）黏粒X射线衍射谱

母。蛭石和水云母衍射峰分别向低高角度呈肩状过渡，表明除水云母水化程度高外，蒙皂石同水云母或高岭石成混层物存在，此外，尚可能有非晶物质。黏粒矿物组成在剖面中有明显的分异：0~15cm蛭石、水云母、高岭石衍射峰较15cm以下土层明显增强，这是有径流物质混合所致。15cm以下，蛭石峰均不见，A_W白浆层针铁矿（4.18Å峰）明显，蒙皂石和水云母、高岭石（9.2Å宽峰）无序混层在白浆层（B_WE）（70~105cm）最为显著。湖相沉积物深位滞水型白浆化过程有机络合低，脱盐基在下层积累，B 和 BC 层，离铁聚铁强有利于水云母和蒙皂石混层物及针铁矿的形成。

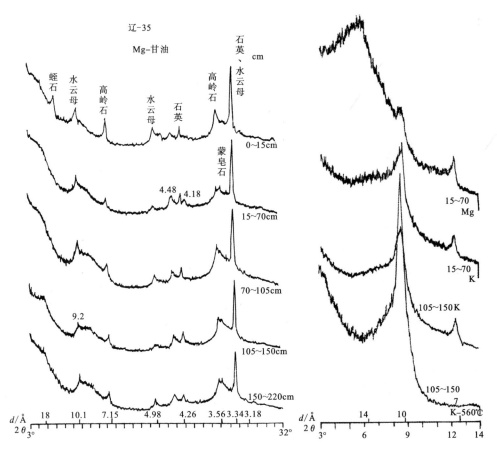

图谱 10 - 10　白浆化棕壤（辽 - 35）黏粒 X 射线衍射谱

第四节　棕壤的微形态特征

一、发育在花岗岩上的酸性棕壤（辽 - 22）

全剖面矿物组成相同，除 0 ~ 15cm 外，均以花岗岩粗碎屑物为主。A 层腐殖质积累和钙的富集，AB 层细粒物质最多，AB 和 B 层正长石变质黏化明显，黑云母模似淀积黏化（Bullock et al., 1985），随剖面向下，母质碎屑物显著增多，BC 层有黄棕色流状黏粒集合体，显定向层叠性、质地反差与相邻物的边界均不很明显。

1）腐殖质层 A（2 ~ 6cm）：黑棕色（10YR4/3），平行光下为均匀的暗棕色，由腐殖质引起；细粒 - 粉砂质基本垒结，基质比 0.2，架桥 - 包膜状胶结形式。骨骼颗粒呈棱角形，多粗粉砂和细粉砂粒，杂有粗砂和砂砾，在基质中分布较均匀。矿物组成主要是石英、正长石、条纹长石；少量黑云母、斜长石，并有微量白云母；磁铁矿较多，并有锆石和角闪石；矿物颗粒轮廓清晰，颗粒面的风化特征很不明显。细粒物质为棕褐色腐殖质黏粒质，腐殖质均匀浸染黏粒物质，质较粗，呈凝聚状；棕色粗有机质多，约占基质的60%，无光性，和矿质部分呈稀疏分布；根孔洞中大部填有棕色弱度分解的根截面，大孔洞中有根截面亮红棕色粗韧皮组织和碳化体；有的残体上有菌丝体，个别粗根韧皮组织中有水草酸钙石晶体充填。微结构由游离链球形团聚体多孔微结构和松散碎裂微结构相组合。由于粗有机质多，团聚体部分多大小互相沟通的不规则弯曲孔隙，碎裂微结构部分多管道状孔，土体孔隙度很大。土体发育为不规则的组合松散团聚体，小至0.1mm，大至1mm。部分基体相连或完全分离，团聚体面和基体物质相同（照片10-1）。

2）过渡层 AB（17~52cm）：棕色（7.5YR6/4），平行光下为棕色，正交下亮黄棕色；粉砂-细粒质，基质比0.3，基质铁质化，腐殖质化，填隙-斑晶嵌埋和架桥状胶结形式。细粒黑云母和正长石较 A 层多，黑云母大，干涉色鲜艳。正长石边沿泥质化，在透射光下一体化而在正交光下双折射率呈明显分异，晶面条带状解理面铁质化（照片10-2）。局部多弯曲细孔的致密海绵状垒结。细粒物质为黏粒质，在个别骨骼颗粒面黏粒走向。孔洞内仍可见有腐殖化植物残根。微结构发育为游离的大小链球状团聚体和海绵状体。多闭合的或沟通的团聚孔隙。团聚性良好，团聚体面光滑，局部有针状绢云母覆被。

3）过渡层 BC（67~80cm）：浊黄澄（7.5YR8/6），平行光下为灰白和黄棕。色不均一，基质比0.2。主要是砂砾岩屑，仅局部土体细粒物质多，呈斑晶嵌埋状胶结（照片10-3）；大的黑云母片增多。细粒物质为黄棕色（铁质）黏粒质，主要由黑云母蚀变形成，在基质中呈岛状定向黏粒析离，骨骼颗粒面和孔壁呈完全和不完全析离。在结构体面，岩屑外缘呈棕色、黄棕色消光带流状泉华，是风化黑云母模似淀积黏粒胶膜的特征（照片10-4）。土体大多为无孔隙和裂隙的岩屑，仅局部有闭合的团聚型弯曲孔隙和孔道。局部组合态规则形团聚体，是以矿物骨骼颗粒为核心，由铁质黏粒质胶结的"假微团聚体"。

4）母质层 C（80~105cm）：浅灰白花岗岩石风化岩块，含大块石英、正长石、条纹长石、绢云母化斜长石，少量铁质化黑云母。长石解理面有铁质化脉；岩屑面黏质化，含弱度光性定向的粗黏粒质流状物（照片10-5）。

二、发育在花岗岩上的酸性棕壤（CN-B-1）

与剖面辽-22同一地区的千山东北向斜坡上的剖面（CN-B-1）发育较差，土层浅薄，多砂粒质。腐殖质层（2~12cm）暗棕色，为较致密凝聚状块体，块体裂隙间多棕-暗棕色弱分解粗根，新鲜植物残体根截面木质纤维光性强，双折率高，与韧皮部之间由水草酸钙晶粒充填（照片10-6）；12~22cm 呈灰棕色，多不规则孔道分立的凝聚块体；22~48cm 骨骼颗粒增大，正长石砂粒周边裂解为细砂块体，边缘泥质化。71~98cm 岩屑（蠕虫状、斑晶状石英、正长石和铁质化黑云母）裂解面棕色，见有半风化黑云母呈不均一黄棕色条纹状似黏粒集合体（照片10-6）（同剖面 CN-B-1）。

三、发育在砾质花岗岩残积物上的酸性棕壤（辽-23）

全剖面矿物组成相同，粗碎屑物多，属粗骨土，含微晶石英、正长石，酸性斜长石，并有黑云母，少量角闪石和辉石，为钙碱性（二长）花岗岩。

2～15cm 暗棕褐色，铁质腐殖质基质所致。细粒－粉砂质基本垒结，基质比1.5，呈絮凝基质，架桥状胶结，亮棕色腐殖质体和褐色根截面多，根截面草酸钙晶体（照片10－20）；菌丝体很多，骨骼颗粒多绢云母化长石，风化斜长石多。基质比随剖面向下有所增加。

15～35cm 棕色，细粒物质为铁质黏粒质细粒物质，多斜长石微晶集合体，基质呈不规则多孔块体和似海绵状垒结，基质比2，呈絮凝基质，基质内黏粒物质析离不明显（照片10－21）。

74～115cm 橙褐色岩屑基质中黑云母、正长石，轻度离铁聚铁，呈不均一的棕褐色凝聚状，见斜长石微晶镶嵌于绢云母、正长石晶层解理面（照片10－22）。局部孔道裂面黑云母假晶，局部脱钾高岭石化（照片10－23）。

四、发育在非钙质黄土上的棕壤（辽－7）

剖面土层深厚直至865cm骨骼颗粒组成（参见表10－6及第一章）基本一致。粉砂（多正长石、钠钙长石及黑云母）－细（黏）粒质基本垒结，铁质－黏粒质基质、致密基底胶结。土壤继棕色森林土土壤形成过程：棕褐色腐殖质层深厚、全剖面根孔洞、内含残余有机质、矿物化学风化较缓和、蚀变较弱。剖面上部（0～144cm）在草本植物和人为耕种作用下，随弱度淋溶和干湿交替条件土层中可能发生各种微过程，使有铁锰质、黏粒质、有机质析离和分异。表土层（0～42cm）腐殖质层基质和结构体弱度脱铁和聚铁，形成有同心圆垒结凝团、扩散凝团、凝团雏形、晕圈浓聚体及各种铁质定向黏粒集合体；腐殖质有机解离络合基质铁，黏粒离铁脱硅，及水合硅酸与基质无定形氢氧化铁胶溶，致使心土层（42～144cm）土体基质胶凝黏结成紧实垒结，并残留硅酸粉末。剖面中部（144～335cm）细粉砂质多，在较温干条件下，淋溶和黏粒蚀变较弱，铁质和黏粒活动性小，裂隙孔面增多和结构体面浓聚减少。随剖面向下（335～765cm）在较温暖条件下，基质显铁锰质黏粒质定向黏粒在大小微孔面唇形析离。近基岩层（765～935cm）黏粒质绢云母明显增多，在较为暖湿条件下，矿物蚀变有所增强，土体和黏粒铁化作用增强，晶质化铁增高，纤维条带状风化黏粒在结构体面定向析离。

基岩碎屑物含正长石、微斜长石、斜长石和黑云母，孔洞和裂隙面黑云母风化流动黏粒体。土壤铁的游离度、活化度、络合度与黏粒游离铁在剖面分布上呈一致关系（表10－10），根据土壤和黏粒的游离氧化铁在剖面中的分布，可能判断铁质黏粒在土体中以胶溶作用抑或以胶凝作用为主导，0～144cm，铁锰有机络合淋溶土壤Fed、黏粒Fed，以17～49cm尤为显著；随剖面向下由大而变小。95～144脱铁－聚铁，淋移小。144～335cm铁锰质黏粒在土体中胶凝聚淀，土壤Fed＜黏粒Fed。335～765和765～935cm相比，后者胶凝更占优势，这些均和黏化率结果相一致，也和微形态观察结果相吻。

同时这也反应出不无可能风成黄土母质沉积的湿热环境有所变异。详细的微形态描述见下表：

表 10 – 10　非钙质黄土上的棕壤（辽 7）微形态特征

深度	基本全结	骨骼颗粒	细粒物质	孔隙	有机质	结构性	团聚体	新形成物	微过程
0~17	棕褐,部分由腐殖质所致,较均匀,5/10,粉砂-黏结质致密基底胶结聚实,层理性	细砂粒-粉砂质,半棱角形,长石和黑云母较多,分布不甚均匀,排列较紧实	腐殖质-细粒物质局部斑流状定向黏粒	多分枝状管道和裂隙,有机物充填(照片10-7)	棕褐色,弱,中度分解植物残体多,基质中多是褐色强分解物和絮凝体,少量黑色微碳质体	碎裂微结构体,多孤立裂隙分立而成	具游离团聚形体	红棕褐,密实铁质同心圆,凝团和稀薄浓聚物少	干湿交替,氧化还原过程频繁
17~42	棕褐,铁质浸染,Fe、Mn凝聚所致6/10,致密基底胶凝	质地同上,黑云母(绢云母)较上层多些,不甚均一,排列紧实	铁质-弱腐殖质细粒物质,斑点条纹定向黏粒少	多孤立裂隙和圆形根孔,裂隙面和部分孔洞橙色定向黏粒胶膜	较少	碎裂微结构,团聚状,裂面多多铁质定向黏粒	无	褐色凝团浓聚体,小,孔洞和多角形凝聚体面定向黏粒胶膜和流状泉华(照片10-8)	铁锰腐殖质胶溶及黏粒淋移作用
42~69	暗棕褐,反射光下棕褐,不甚均一,无定形铁锰质浸染,5.5/10,致密基底胶结	与上下层基本同,有裂隙,排列紧实	铁质-弱腐殖质细粒物质,高倍下骨骼面断续纤维定向黏粒少	根孔和大孔层孔大,橙色,除个别大孔洞孔面,有贝壳状定向黏粒,部分淋洗孔	孔道多有机物黏连,硅质多(照片10-9),腐殖质浓聚物多,棕黑色类碳粒	许多规则孔和收缩裂隙的大块体	无	由基质到单孔孔边缘和孔道周浓聚,晕圈孔边有铁锰凝团,暗棕褐浓聚体很少	边缘扩散,Fe、Mn腐殖质,胶溶态,硅酸、硅囊积实(湿)
95~144	浅橙褐,铁锰质所致较均一,5/10,黏凝-黏结,水平层理,不明显	0.05mm细砂粒较多,棱角较下层圆,0.02~0.03mm砂粒较下,颗粒较分布不均一	铁质-细粒质较少,基质中不连续向黏粒状定向黏粒面基质质薄弱处细纤维条带(照片10-11)	不规则单孔洞,部分面橙色贝定向黏粒充填,大孔洞定向黏粒多	微碳质体分散于基质中,稀少	具大小不规则孔洞的致密块体,局部由基质析离定向黏粒分化聚成微团聚体(照片10-10)	无	棕褐色浓聚体,浅,较小。轮廓不显,有的呈扩散状	淋淀变弱(干)黏粒下移呈胶凝态黏粒集合体
194~239	橙褐-浅橙褐较均一,铁质凝聚,弱,6/10,细砂粉砂细粒质,凝聚基质	同上,棱角较明显,粗粉砂-砂粒较上层多些	铁质-细粒质,大结构面和微孔面定向黏粒续橙黄色浓聚体和铁质浸染(照片10-12)	多0.1mm×0.4mm圆或弯曲合圆形孔或孔壁,大多volsepic,仍见层理裂隙,有的边缘锰质浸染	稀少,微碳质体分散于基质中,可能为真菌体	多为孤立孔隙的致密较大块体	未分化出	锰质凝团和浓聚物较少	淋淀弱(干),铁质(氧化性增高)

基本全结	骨骼颗粒	细粒物质	孔隙	有机质	结构性	团聚体	新形成物	微过程
335~765 橙褐，不均一，6.5/10，细粉砂细粒质，胶凝基质，微区离铁聚集较显	细粉砂质，杂有少量0.05砂粒和个别石英、长石大晶粒	橙褐色铁锰质黏粒质，团裹面和孔隙中贝壳状定向黏粒少	偏圆孔和多角形单孔，部分黏粒走向的唇形孔	稀少，腐殖质微粒或凝聚体	具很多不规则圆孔的大块体	由定向黏粒收缩而成具团聚面的大小块体	基质中棕褐色锰质浓聚物，凝团少（照片10-13），边缘扩散状，裂隙面的定向黏粒少	淋淀较弱（干），基质铁锰凝聚，黏粒析离（氧化性增高）
765~865 黄橙不均一，5/10，细粉砂细粒质，黏结基质，层理性	细砂细粉砂质，长石多，个别绢云母，分布较不均一	铁锰质黏粒质，纤维条带状，裂隙状橙黄色定向黏粒，基质较上多，较下少，基质和孔中多贝壳状	褐色，浅褐－黄褐较均一，块体裂隙多腐根孔，细孔洞（平行光黄橙－橙正交偏光黄橙－橙）	稀少	由定向黏粒干缩分立的小块体（照片10-14）	棕色定向黏粒分立收缩形成凝团锥形	孔洞、裂隙边基质薄弱处凝团较多，边缘清晰，面上有橙色成定向黏粒	较干暖，蚀变增强，氧化性高，基质黏粒析离
865~935 橘红色，不均一，8/10，细粉砂细粒质，凝聚胶结，层理性	细粉砂质，少，0.05mm个别，多为具溶解理裂隙的长石，粗颗粒较上少	铁质黏粒质（多绢云母）多为条带状橘红定向黏粒和橙－橘凝聚体	镯形团聚体面多大小裂隙和弯曲孔道	裂隙间稀少可见	由定向黏粒收缩裂隙分立的大小块体（照片10-16）	局部为红棕色的镯形富铁黏粒分立的粒状凝聚体（凝团）	同上，凝团面橙红色定向黏粒（照片10-15）	湿暖母岩矿物蚀变增强（氧化性高）
935~1100 不整合基岩碎屑体	黑云母极多；斜长石，正长石，绿帘石，角闪石少（照片10-17，照片10-18，照片10-19）	黑云母半铁质流动性黏粒（棕色，黄色）在解理缝	大小岩隙，黑云母定向铁化体和铁质定向黏粒充填					

五、潮棕壤（辽-38）

母质为粉砂-细粒质黄土状沉积物。除表层有花岗岩岩屑外，骨骼颗粒组成较一致，黑云母-鳞片状绢云母多，上部土体絮凝基质，铁质化强，浓聚体富集；Bt₁层海绵状垒结，局部粉砂质漂洗颗粒胶膜弱度潜育，下部Bt₂层受土壤水淋洗作用，微孔壁细粒物质脱铁，活动性大；土体呈漂洗型云彩状块体，在底土BC层淀积。土体长期受土壤水扰动多应力定向胶膜，沉积层理明显。

1）A（0~21cm）：浊棕色（7.5YR6/3），平行光下为棕褐色，反射光下棕带褐，粗粉砂-细粒质基本微垒结，基质比0.4，杂有0.05mm细砂和0.4mm岩屑；斑晶嵌埋胶结形式，局部为填隙-嵌埋分布。骨骼颗粒棱角较明显，多0.01~0.03mm，分布不均一。除石英外，黑云母多，干涉色鲜艳，由细棒、细条状到针尖状逐渐变小，在有的块体中取向一致，具沉积特征。长石风化物多，风化程度不一。细粒物质呈斑点状和条纹状集合体，干涉色低，为棕褐色腐殖质均匀浸染；基质呈凝聚状，无黏粒物质析离。有机质少，仅少量根孔中有残体，纤维素具双折射；黑色和棕黑色类碳粒少（照片10-15）。多孔微结构体内闭合的团聚孔洞和弯曲孔道多，孔壁为未变性的土壤基体，较平整。土体发育为微团聚体形，0.5mm×0.5mm大小；部分为由弯曲形孔隙分割的块体；团聚面有机质和黏粒凝聚较稀薄。长石颗粒铁质化种类和程度不一，微晶面有赭色、赭褐色和橘黄色条纹和浓聚物，由内向外变浅；基质中并有黑褐色铁质凝团块（照片10-24）。

2）Bt₁（42~66cm）：红黄色（7.5YR6/8），平行光下为黄棕色，反射光下棕色，粉砂-细粒质，基质比0.6。骨骼颗粒棱角较不明显，仅个别颗粒大于0.05mm。绢云母很多，大小和风化程度不一，长石少，黏粒质细粒物质仅局部块体中在200倍下可见不明显的条纹状光性定向形式。土体为具孤立孔洞和裂隙的紧实垒结，有的孔边有有机残体，已融合而难以分辨；局部弯曲多角形孔隙多，相互沟通，呈海绵状垒结（照片10-25），孔壁平整，和基体物质相同，土体则发育成组合团聚体。基质中橘黄、褐色铁质凝聚体，有的边缘整齐，也有的呈弥散状。沿结构体裂隙浓聚成粉砂质拟似胶膜（照片10-26）。

3）Bt₂g（66~116cm）：红黄色（7.5YR7/6），平行光下为浅棕褐色，反射光下棕色。粉砂-细粒质，基质比0.5，有个别0.5mm大砂粒，填隙-嵌埋胶结形式。骨骼颗粒中黑云母较上略小，干涉色减弱。细粒物质淡棕色，凝聚团块基体中色棕，呈不明显的层片状、条纹状、斑点状消光，条纹状光性定向形式，形成土体为由大小黏粒胶结的海绵状多孔微结构。孔隙度大，局部可达50%，多为0.3~0.4mm不规则孔洞和0.05~0.1mm沟通孔道；孔壁骨骼颗粒外突，黏粒减少，色浅，呈均一的漂洗型云彩状块体（照片10-27）。土体发育成简单的规则形絮状团聚块体，平行光下可见，基体中褐色、棕褐色铁质凝团和浓聚物析离即"锈斑"（照片10-28）。沉积母质受有潜育和"漂洗"作用。

4）BC（116~160cm）：红黄色（7.5YR6/6），平行光下为棕褐色，反射光下棕色，不均一，局部水平沉积层理带颜色变浅。粉砂-细粒质，斑晶嵌埋分布形式。黏粒质细粒物质（多风化绢云母）在基质中、微孔边和微裂隙面多呈大小岛状-条纹状定向黏粒集合体。在水平层理大裂隙隔立的微结构块体内仅有孤立微孔隙和微裂隙，并有受土壤水扰动形成应力定向黏粒胶膜和黏粒胶膜收缩的弯曲微裂隙（照片10-29）。孔洞和微孔道仍见有机残体，基体多铁质絮状物，棕褐色密实的和不密实的凝团较少。

六、发育在花岗岩冲积坡积物上的白浆化棕壤（辽-37）

壤质深位侧渗型白浆化棕壤全剖面骨骼颗粒组成基本一致，黏粒质-粉砂质基本垒结，剖面受有冲积坡积影响。A层腐殖质少，新鲜禾本科植物残体较多，骨骼基底胶结形式，A$_W$层细粒物质淋溶强，弥散铁质凝团和多水平层理新月形孔；A$_W$B层淋洗型孔多，孔边扩散铁质凝团，基质中多条纹定向黏粒集合体；B层流动性定向黏粒析离，孔道面多黏粒集合体，基质铁聚形成结核凝团。周期性湿润条件下，矿物就地风化离铁和聚铁作用较强，黑云母蚀变为似鳞片状绢云母、沿解理面水化的蛭石黏粒集合体。A层粉砂质基质更易于淋移而成裂隙层理，B层淀积较黏质土更为明显。

1）腐殖质层A（0~24cm）：灰黄棕色，平行光下为浅灰棕，反射光下灰棕，黏粒质-粗粉砂-细粉砂质基本垒结，致密的斑晶骨骼基底胶结形式，均一。骨骼颗粒棱角较明显，主要为0.01~0.03mm颗粒组成，0.04mm以上颗粒很少；多棱角形具裂解面的斜长石，有较多黑云母、绢云母（鳞片状、双折率较高），残有个别大黑云母片，蚀变弱。细粒物质斑点和条纹状，棕褐色，为腐殖质黏粒质，腐殖质均匀浸染；细粒物质成团聚状（照片10-30），有棕黑色腐殖质类碳粒（0.01mm）散布在基质中。有机质为禾本科大小植物根，不多；见有具光性的亮棕色韧皮和中髓弱-中度分解的棕色细碎残体散布于基质中，根孔中都填有根截面，有的根截面有草酸钙生物岩（照片10-31）；残有大的棕黑色碳质体。为具孤立圆形、椭圆形孔洞和闭合、不规则弯曲孔道的多孔微结构体。多新月形水平裂隙孔、根孔和微裂隙，局部为团聚形弯曲孔、孔面平滑。土体和根系紧密相连成不规则微团聚体。铁质凝团和斑块内褐外棕；铁质化长石解离面上离铁就地铁聚絮凝。

2）淋溶层A$_W$（24~52cm）：灰白色，平行光下浅灰棕，色较不均一，弱度离铁基质，基本垒结同上。粗骨骼颗粒多，0.03~0.04mm较上增多：绢云母略多。细粒物质同上。仅少部孔道和孔洞中有棕褐色植物残体，少量类碳粒体，孔隙较上少，多水平新月形和淋洗型不规则孔洞，孔壁平整（照片10-32）。仅局部土体有团聚（体）面。基质褐色铁质浓聚物呈弥散分布，大的呈暗棕褐色、密实，面平整，边更暗。

3）过渡层A$_W$B（52~70cm）：浊橙色，平行光下浅灰棕，较上略暗，基本垒结同上。骨骼颗粒，黑色绢云母较上明显增多，花岗岩岩屑铁质化（照片10-33）。细粒物质粉砂质，基质多细条状，双折射率高，岛状和条纹状定向黏粒和硅酸粉末析离，基质中微黏粒集合体片沿扩散铁质凝团面淋移（照片10-34）。有机质少，孔道中见有根截面真菌孢子（照片10-35）多孔微结构体水平层理明显，裂隙面弱定向黏粒，裂隙交叉处铁质凝团。孔隙度较上小，微裂隙很少，新月形和不规则（淋洗型）孔较上层大，形同。土体为有裂隙的较密实的块体。新生体在孔边呈铁质扩散环状物和铁质胶膜，并有流状泉华。

4）淀积层B（70~120cm）：浊橙色，粉砂-黏粒质细粒物质垒结。绢云母较上多，和定向黏粒集合体不易区分。基质呈细条纹定向黏粒析离及不明显的骨骼颗粒面析离。无植物残体和有机质。土体为仅由裂隙穿过的碎裂微结构（照片10-36），多水平层理大裂隙（0.1~0.2mm）和微裂隙，大小裂隙壁都有流状定向黏粒集合体及硅酸粉末。团聚体不明显，新生体有棕褐和暗棕褐凝团，大小和数量同上，边缘清晰，色较暗。

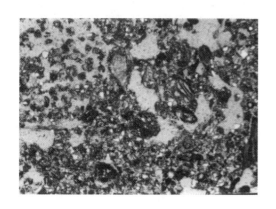

照片10-1 组合团聚体，多根截面和半分解植物残体 单（斜）偏光×30

照片10-2 正长石铁质化和黏质化，光性变弱和解理面溶蚀 单偏光×75

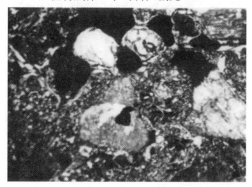

照片10-3 骨骼颗粒泥质化和风化黏粒胶膜 正交偏光×30

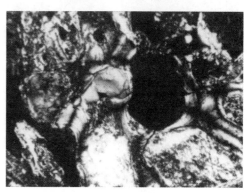

照片10-4 黑云母风化黏粒模似淀积胶膜 正交偏光×75

照片10-5 石英-正长石-黑云母岩屑、裂隙间黑云母就地风化 正交偏光×30

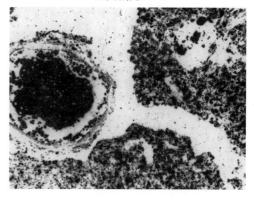

照片10-6 松散块体、根截面纤维质双折率高和韧皮层草酸钙晶体 正交偏光×30

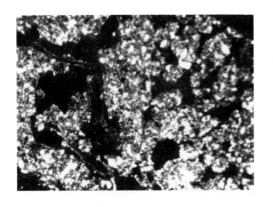

照片 10 - 7　孔道植物残体，多团聚形块体
土体面未变性　正交偏光 ×30

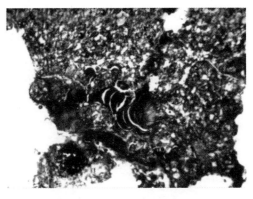

照片 10 - 8　基质中铁质黏粒泉华
（有机络合淋移）　单偏光 ×30

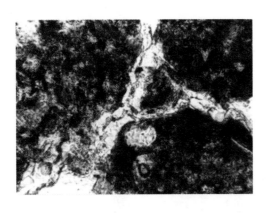

照片 10 - 9　孔道间有机物质黏连，硅藻多
单偏光 ×150

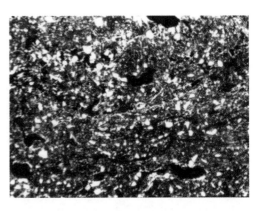

照片 10 - 10　具孤立孔隙的紧实垒结孔面基质
离铁就地凝聚成多裂隙和孔洞层理
正交偏光 ×30

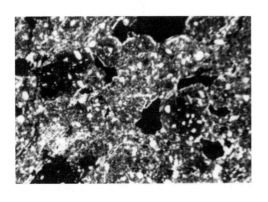

照片 10 - 11　基质铁质凝聚和锥形凝团、孔面
和基质中不连续黏粒集合体　正交偏光 ×30

照片 10 - 12　基质定向黏粒集合体，轻度聚铁
正交偏光 ×30

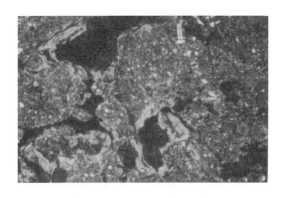

照片 10 - 13　基质铁锰质浓聚、大小孔面棕色
流状定向黏粒集合体　正交偏光×30

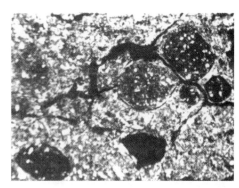

照片 10 - 14　红棕色铁质凝团、孔面和裂隙面
黏粒集合体　正交偏光×30

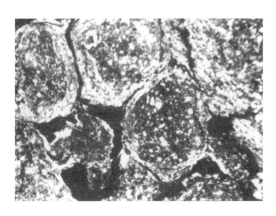

照片 10 - 15　红棕色凝团，中间铁质凝聚，
周边黏粒集合体，较上层多　正交偏光×30

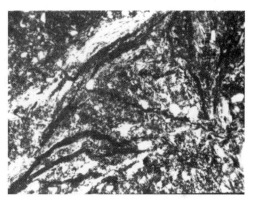

照片 10 - 16　基质和裂隙面多黏粒集合体
正交偏光×75

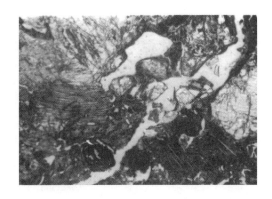

照片 10 - 17　黑云母和正长石解理面铁质绢云
母化、角闪石和暗色矿物　单偏光×30

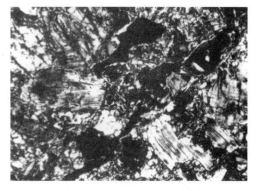

照片 10 - 18　基质和孔面黏粒集合体少
正交偏光×30

照片 10 - 19　微斜长石和风化正长石，石英少
正交偏光 ×30

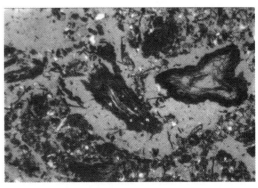

照片 10 - 20　亮棕褐色未分解有机质，根截面
草酸钙晶体，菌丝体　单（斜）偏光 ×70

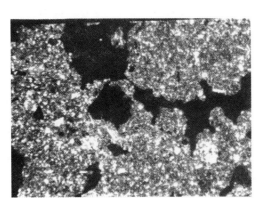

照片 10 - 21　不规则孤立孔洞，无黏粒走向、
多斜长石细晶集合体　正交偏光 ×30

照片 10 - 22　斜长石绢云母化和镶嵌于
正长石晶层解理面　正交偏光 ×30

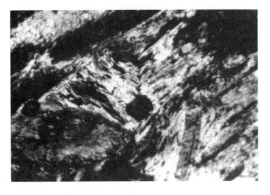

照片 10 - 23　绢云母化斜长石，并有高岭石化
正交偏光 ×30

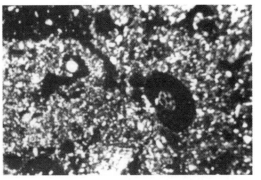

照片 10 - 24　根截面纤维化光性
正交偏光 ×30

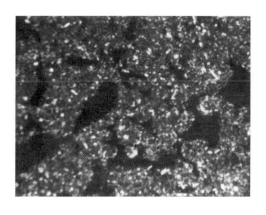

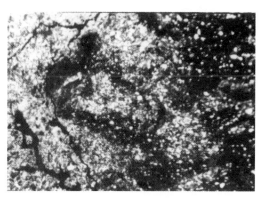

照片 10 - 25　海绵状孔洞和组合团聚体
正交偏光 ×30

照片 10 - 26　沿结构体裂隙面铁质浓聚成粉
砂质拟似胶膜　正交偏光 ×30

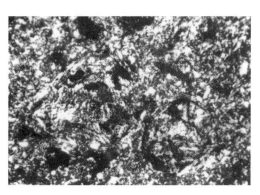

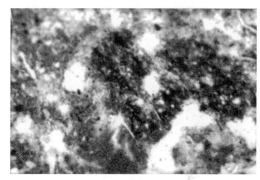

照片 10 - 27　绢云母风化物（为核心）漂洗
云彩状块体，边缘细粒物质脱色，干涉色灰白
正交偏光 ×75

照片 10 - 28　同照片 10 - 27，另一视野
平行光下可见基体中褐色和
棕褐色铁质凝团和铁质浸染斑　平行偏光 ×75

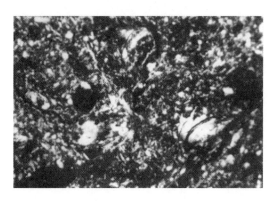

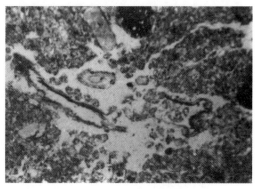

照片 10 - 29　基质铁质化和孔道边大小岛状
- 条纹状黏粒集合体斑点消光，层片卷曲
正交偏光 ×75

照片 10 - 30　根系截面不明显的腐殖质 -
细粒质团聚块体
正交偏光 ×30

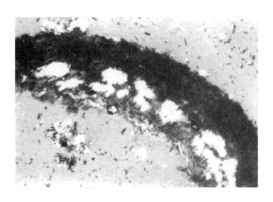

照片 10 – 31　根截面靠韧皮部薄壁细胞中
的钙质生物岩　单（斜）偏光 ×75

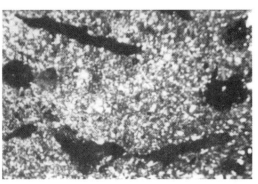

照片 10 – 32　层状新月形孔边基质铁质黏粒
和凝团弥散分布　正交偏光 ×30

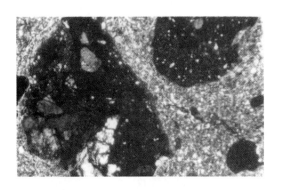

照片 10 – 33　岩屑铁质凝团棕褐色，颗粒面弱
定向黏粒走向　正交偏光 ×30

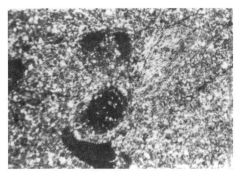

照片 10 – 34　淋洗型孔，基质中不明显条纹定向
黏粒集合体和硅酸粉末，孔边扩散铁质凝团
正交偏光 ×30

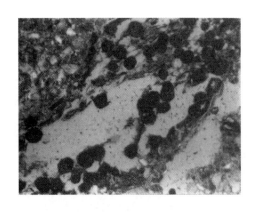

照片 10 – 35　根截面中真菌孢子
单（斜）偏光 ×75

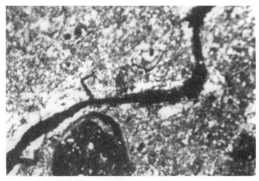

照片 10 – 36　孔隙边棕褐色凝团（结核）边暗，
清晰，孔壁黏粒集合体　正交偏光 ×30

第五节　成土地球化学风化过程特征

1）棕壤的成土母质多为酸性硅铝残积物和非碳酸盐黄土沉积物，温暖湿润和干湿交替的水热条件以及针阔混交林下有机质积累和分解对棕壤的地球化学风化过程和土壤黏土矿物组分具有重要作用，棕壤矿物的风化类型属铝硅酸盐矿物不同程度的脱盐基和脱硅双硅铝化作用，并有铁的离解和就地积累的特征。

2）"棕化"形成过程的基本特点是粗有机质层下具有明显的有机络合淋溶过程的表土层，温暖湿润和干湿条件下原生矿物风化较为缓和，次生硅酸盐黏粒矿物蚀变的同时并就地铁质化，在心土层淀积形成黏化层。底层也随干湿水热条件而呈有不同程度铁（锰）质化或有离铁作用。

3）棕壤黏土矿物类型主要为水云母、蛭石和一定量高岭石，其蚀变过程主要为黑云母→黑水云母→蛭石（成土绿泥石）；长石→水云母→（蒙皂石）→高岭石，膨胀性2:1 层状硅酸盐和铝夹层相嵌是土壤化学风化的特征所在，在弱酸性条件下形成2:1 ~ 2:2层间物，蚀变过程在具有稳定水热状况的亚表层和心土层即 $B/A > 1.2$ 的黏化层最为明显。剖面上矿物水化和蚀变程度均与黏化率变化相吻，黏粒淋移小，黏粒硅铝率和硅铁铝率在剖面上的分布因成土母质类型不同而有很大的差异，心土层硅铝率和硅铁铝率小，变动范围亦小。花岗岩上的酸性棕壤富含较易风化矿物，剖面上分异明显。心土层蛭石（绿泥石）化、蒙皂石化过程较显，底土层见黑云母模似淀积黏化；黄土状沉积物母质中，易风化矿物少，黏粒矿物的蚀变有如水云母绿泥石化，但不如酸性硅铝残积物母质的明显（表 10-6）。黏化率≥1.2 土层膨胀性晶层较多；黏粒晶质铁和铁质胶膜或凝聚体分布相一致。基性玄武岩母质上发育的棕壤（参见第三章），由于富含铁镁矿物，风化指数低，除盐基淋失外离铁脱镁、黑云母蛭石-绿泥石化，斜长石容易转化为高岭石、埃洛石。白浆化棕壤均有比较明显的硅酸黏粒淋移和铁的淀积，滞水条件离铁增强，盐基积累有利于云母水化和蛭石（绿泥石）蒙皂石化。全新世中期 Q_4^2 古湖积物深位滞水型离铁聚铁强，成土母质高度风化晶质针铁矿形成、黏粒矿物剖面上分异小。

4）与山东、河北地区的棕壤相比，本区棕壤的成土地球化学风化程度较低，水云母转化为蛭石的蚀变程度较低，高岭石相对含量较少（参见张俊民，1986）。花岗岩母质上的酸性棕壤与温带湿润型气候下小兴安岭暗棕壤相比，蚀变程度较高，而剖面上组成和心土层较相近似（谢萍若，1987）。

5）沈阳东陵深厚黄土状沉积物上的棕壤剖面（同下伏花岗岩红色风化壳呈不整合接触），根据黏粒矿物组成变化、微形态特征，以及土壤和黏粒游离晶质铁含量高等现有矿物、化学分析资料初步推断，土体除受现代生物成土过程和地质过程作用外，剖面下部并受有湿热气候环境条件的影响。

6）棕壤膨胀性层矿物羟基 Al、Fe 夹层的形成和稳定存在对磷酸吸附和棕壤的磷肥特性有重要意义（表 10-6，表 10-7 和表 10-8）。

第十一章 辽西几种土壤的细粒矿物组成、微形态特征及钾储备与释放

辽西地区属半干旱类型的低山丘陵区，年均温度 7.1℃，年均降雨量 400~500mm，集中夏季。近 100 年来，由于森林砍伐，自然植被破坏，森林覆盖率低，加之受坡度、降雨强度等因素影响，土壤侵蚀，大量水土流失，土壤瘠薄，是辽宁的低产区。

本区的土壤属由棕色森林土过渡到栗钙土的褐土地带，母质主要为花岗片麻岩风化壳，山麓缓坡和河谷两岸多为黄土丘陵，在黄土沉积物覆盖层下，常可见到红色风化壳露头，即红色黏土层。此外，并有松软易风化岩层，如砂页岩和变质岩等类型。已有资料表明，土壤类型和成土母质性状，是影响土壤侵蚀的重要因素。鉴定土壤矿物胶体组成及其特性，不仅可以研究在这特定自然条件下，土壤矿物的形成和转化，而且有助于了解与土壤侵蚀、土壤肥力等有关的土壤特性，为防治水土流失、提高土壤肥力提供基本资料。

本章研究了辽西地区几种土壤的矿物胶体组成；探讨了细粒物质微形态特征和土壤侵蚀问题；有关钾储备的矿物学特性和钾的释放。现分述于下。

第一节 辽西几种土壤的细粒矿物组成

鉴定本区不同母质的土壤矿物胶体组成及其特征、研究半干旱类型自然条件下土壤矿物的转化和形成将有助于了解土壤特性和肥力特征。

一、供试土样和方法

剖面 1 (辽-15)：简称"棕林"，发育在花岗片麻岩残积坡积物上并混有黄土物质的棕色森林土，采自辽宁省建平县卧龙岗丘陵中上部，植被为兴安胡枝子、隐子草，土壤质地为粉砂质中壤-重壤土。

剖面 2 (辽-10)：简称"淋褐"，发育在红色黏土上的淋溶褐土，采自辽宁省建平县卧龙岗丘陵坡中上部，耕地，作物生长不良，土壤质地为中-重壤土。

剖面 3 (辽-20)：简称"辽褐"，发育在黄土母质上的褐土，采自辽宁省建平县卧龙岗丘陵中部，耕地，土壤质地为粉砂轻壤土，呈石灰反应。

剖面 4 (AC-39)：简称"赤褐"，也是发育在黄土母质上的褐土，采自赤峰南山缓坡，植被为百里香，土壤质地为轻-中壤土，呈石灰反应。

剖面 5 (辽-53)：简称"紫褐"，发育在紫色页岩坡积物上的残余碳酸盐褐土，采自辽宁省朝阳地区喀左县大营子东北丘陵缓坡中部，附近种果树，土壤质地为中壤土，呈石灰反应。

土壤矿物胶体组成的研究应用了下列方法。

1) 黏粒样品的提取 将土壤标本除去粗有机质后，用稀盐酸除去碳酸盐，用揉磨

和化学处理（加稀 NaOH）使之分散，采用沉降法分离出全部 <1、1～5、5～10μm 粒级。各粒级悬液加稀盐酸至 pH 3 左右使之絮凝，用蒸馏水更换上清液，直至氯离子基本洗净，在 60℃恒温水浴上烘干，称重，供分析用。

2）黏粒化学全量分析　用 $HClO_4$ – HF 在铂皿中蒸煮，原子吸收分光光度计测定镁和铁，火焰光度计测定钾。

游离氧化铁测定：将 0.200g 样品用连二亚硫酸钠 – 柠檬酸钠 – 碳酸氢钠处理 2～3 次，同上法测铁。

3）X 射线衍射分析　将 <1μm 样品先用双氧水去除有机质，用连二亚硫酸钠 – 柠檬酸钠 – 碳酸氢钠法去除游离铁，再分别用 Mg – 饱和、Mg – 饱和甘油化、K – 饱和、K – 饱和并 550℃灼热 2h 四种处理，制成定向薄膜，主要测定 α（001）衍射峰。同时用 Mg – 甘油法作 1～5μm 部分的衍射谱，并选各剖面的 C 层，用 1N 柠檬酸钠、6N HCl、550℃灼热处理后与水悬液薄膜法对照，对 5～10μm 粒级作 14Å 矿物的鉴定。所有分析都采用铜靶 $K_α$ 辐射，在 YPC – 50и 衍射仪上进行，管压 40kV，管流 10mA，光阑 0.5mm×0.5mm×0.1mm，计数速率 200 脉冲/s，样品转速 1°/min。

4）电子显微镜照像　样品采用分散悬浮和薄膜透射法在 JEM – 100B 电子显微镜上进行观察和照相，放大倍率 4～8 万倍。根据矿物胶体的形状和轮廓、边缘清晰程度和层片结构特征判断黏土矿物类型。

5）差热和失重分析　取 20mg 已在 50% 相对湿度（30℃）下保存一周的样品在 30～720℃下同时作差热和失重分析，在 TG – DSC 微量热分析仪上进行。

6）红外吸收光谱分析　将黏粒样品在玛瑙研钵中细磨 3min，再与 KBr 按 1:100 比例混合研磨，在 8t 压力下压 1min 制成透明薄片，在 IR – 27G 型仪器上进行。

二、结果与讨论

1. 土壤和黏粒的一般性质

从表 11–1 可见，发育在花岗片麻岩碎屑残积物上的土壤具有较粗的机械组成，黏粒含量为 12%～20%。较古老的红色黏土上的土壤，黏粒含量约为 40%。黄土母质和紫色页岩上的土壤，黏粒含量则介于两者之间，为 21%～26%。游离铁是土壤矿物的风化产物，在半干旱排水好的自然条件下，黏粒游离铁和全量铁的相对含量可以作为衡量土壤风化程度大小的标志。一般来说，比值大，风化度较大。我们所得的结果是：花岗片麻岩母质上的土壤，比值为 28%；红色黏土母质上的土壤，比值高达 50%。土壤黏粒最大吸湿量为黏粒外表面和层间吸湿量的总和，后者与膨胀性黏土如蒙皂石、蛭石及其混层矿物含量有关。从表 11–1 可以看出，最大吸湿量和膨胀倍数按紫褐 > 棕林 = 淋褐 > 辽褐 = 赤褐次序递减，即紫色页岩上的土壤为最高，黄土性母质上的土壤最低。土壤黏粒阳离子交换量按紫褐 > 棕林 > 辽褐 > 淋褐 > 赤褐的次序递减。红色黏土上的土壤最大吸湿量和膨胀倍数都较高，而阳离子交换量较低。黏粒中的镁离子是黏土晶格八面体中，尤其是蒙皂石、蛭石晶格中的主要成分，表中黏粒含镁量按紫褐 > 棕林 > 辽褐 > 赤揭 > 淋褐而递减，亦表明以紫色页岩上的土壤含量高，黄土母质上的土壤低，红色黏土上的土壤含镁量最低。黏粒中的钾主要结合于云母类矿物中，以层间阳离子状态存在，其含量按赤褐 > 辽褐 > 棕淋 ≈ 淋褐 ≈ 紫褐次序依次递减。与上述的最大吸湿量和交

表 11-1 土壤及黏粒的一般化学性质

剖面号 成土母质	土层深度/cm	腐殖质/%	pH(H₂O)	CaCO₃/%	土壤交换性阴离子/(meq/100g)				黏粒量/%	最大吸湿量/%	黏粒					
					Ca^{2+}	Mg^{2+}	H^+	Al^{3+}			阳离子交换量/(meq/100g)	膨胀倍数*	K_2O/%	MgO/%	Fe_2O_3/%	游离Fe_2O_3/Free Fe_2O_3/
1 (棕林) 花岗片麻岩	0~11A	0.61	7.65	0.93	22.14	5.77	0.03	0.03	12.5	—	67.3	—	1.70	3.27	13.18	3.76
	15~25AB	0.42	7.19	1.05	24.47	6.43	0.03	0.03	21.0	—	65.3	2.8	1.86	2.81	12.22	3.40
	60~70B	0.34	7.20	1.22	25.12	5.61	0.04	0.01	19.5	25.50	66.3	2.3	2.04	2.79	11.73	3.19
	90~100C	—	8.87	5.70	31.76	3.35	trace	trace	20.4	24.47	67.6	1.8	2.10	3.23	12.10	3.05
2 (淋褐) 红色黏土	0~14A	0.47	7.82	0.30	25.53	2.45	0.03	trace	32.5	—	58.8	2.0	1.85	1.80	10.90	5.01
	25~35B1	0.18	6.70	0.40	25.63	2.47	0.03	0.02	40.0	—	55.6	2.6	1.76	1.76	9.58	4.69
	50~60B2	0.15	6.63	0.40	26.39	2.77	0.03	0.01	40.0	26.08	56.9	2.8	2.12	1.93	9.10	3.40
	80~90C	0.14	6.40	0.40	25.82	2.21	0.04	0.01	38.0	24.08	55.8	2.5	1.67	1.90	9.94	3.36
3 (辽褐) 黄土母质	0~10A	0.86	7.95	5.67	—	—	—	—	20.8	—	63.3	2.0	2.20	2.59	9.40	3.15
	40~50AB	0.78	7.86	14.41	—	—	—	—	21.9	—	65.5	2.3	2.36	2.88	9.21	3.00
	80~90BC	0.55	7.86	11.75	—	—	—	—	24.1	23.00	68.9	2.3	2.30	2.86	9.01	3.33
	110~120C	0.43	8.09	12.55	—	—	—	—	23.5	21.38	64.3	2.5	2.25	2.90	9.00	3.19
4 (赤褐) 黄土母质	0~10A	—	7.5	—	—	—	—	—	—	—	53.5		2.86	2.50	8.15	3.43
	20~30AB	—	7.5	—	—	—	—	—	—	—	52.5	2.4	2.70	2.31	8.01	3.62
	65~75B	—	7.7	—	—	—	—	—	—	22.04	52.5	2.0	2.64	2.44	8.28	3.58
	125~135C	—	7.8	—	—	—	—	—	—	21.41	50.0	2.4	2.70	2.69	8.20	3.00
5 (紫) 紫色页岩	0~14A	1.14	7.76	4.91	—	—	—	—	26.6	—	73.8	3.0	1.77	2.84	7.69	1.95
	14~37B	0.58	8.14	5.48	—	—	—	—	24.5	—	77.1	3.2	1.75	—	—	1.43
	37~70BC	0.35	8.07	3.72	—	—	—	—	24.4	36.37	77.0	3.2	1.92	3.36	6.47	1.43
	70~100C	—	7.95	2.84	—	—	—	—	22.8	29.53	75.0	3.5	2.26	3.52	5.70	1.47

* 1g试样于100ml 0.25NHCl溶液中静置24h后比较原体积增长的倍数。

换量的关系呈相反序列。唯有红色黏土上的土壤例外，含钾量又最低。

2. 土壤细粒矿物组成

在棕色森林土的 X 射线衍射图谱（图谱 11 - 1）中，Mg - 饱和黏粒都有很强的 14.7Å 对称衍射峰，与 10Å 峰相连成较宽峰，7.15Å 峰低。K - 饱和处理使 14.7Å 峰收缩为 10Å 和 12.4Å 两个峰，绿泥石的 14Å 峰不明显。经 550℃ 处理，合并为 10Å 强峰，7.15Å 峰消失。Mg - 甘油处理后，除 A 层留有 14Å 反射外，几乎全都扩展到 17.7Å。以上结果说明棕色森林土黏粒以蒙皂石和水云母为主，并有蛭石和少量高岭石。水云母在 C 层含量较高，结晶度较好，根据全钾含量，可推断约含水云母 30% 左右。1～5μm 粒级的 X 射线衍射图谱（图谱 11 - 2）与黏粒的结果相仿，但 14.2Å 峰较明显，下层 12.2Å 峰随 14.2Å 峰增强而减弱。5～10μm 粒级未经处理前（图谱 11 - 3），除 7Å 峰外，有 14Å 强峰，此峰经 1N 柠檬酸钠温热 10min 后峰变宽，用 6 N HCl 微沸 10min 后有所减弱，并仍有 7Å 峰，经 550℃ 处理后分离成 10Å 强峰和 14Å 小峰，说明其中除蛭石外还有不太稳定的绿泥石存在。1～5μm 情况相同（图略）。由图谱 11 - 4 可见，黏粒在 50% 相对湿度下有较大的低温吸热峰，吸着水量为 11.69%，积分热量曲线吸热谷成非对称形，脱水温度延伸与膨胀性矿物的内表面积有关。485℃ 吸热峰属水化针铁矿及层间铁铝氢氧化物的热效应。在电子显微镜下观察，大多黏粒为边缘轮廓不清晰的等度片状体。

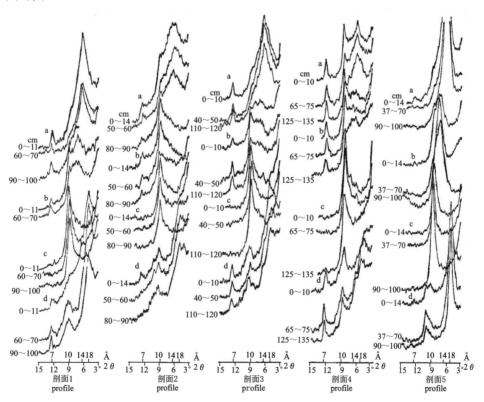

图谱 11 - 1　剖面 1～5 黏粒（<1μm）不同处理的 X 射线衍射谱（CuKα）

　　a. Mg - 饱和，风干，Mg, air dry；b. K - 饱和，风干，K, air dry；

　　c. K - 饱和，550℃，K, 550℃；d. Mg - 饱和，甘油化；Mg, glycerol

由图谱 11-1 剖面 2 淋溶褐土 X 射线衍射图谱可见，Mg-饱和黏粒都呈 14.7Å 为主的不对称宽衍射峰，与 10Å 峰相连，并有 7.15Å 低峰。K-饱和处理使 14.7Å 峰收缩，呈肩状向 10Å 峰过渡，10Å 峰显著增强。经 550℃ 灼热处理，合并为 10Å 峰，7.15Å 的高岭石峰也消失。Mg-甘油处理的样品表明有蒙皂石低峰和水云母宽峰，C 层并出现 22Å 峰，可能有水云母-蒙皂石无序混层物。水云母的 001 和 003 衍射分别向低角度和高角度弥散成不对称峰，似属变质（degraded）伊利石。1~5μm 粒级的 X 射线衍射图谱（图谱 11-2）表明主要为伊利石，并有水云母混层物，高岭石少（7.15Å）。黏粒的红外吸收光谱分析（图谱 11-5）表明，剖面 2 高岭石的吸收带（3690，3620cm^{-1}）最明显，含量约 5%，结晶度低。由热谱（图谱 11-4）可见，吸着水量为 10.77%，表明其内表面积小；485℃ 吸热谷较强，即水化针铁矿和层间氢氧化铁（铝）含量高。由电子显微镜照相可见，矿物呈边界清晰、衬度低的片状晶体，由解理面风化的层状结构特征很明显，细粒状矿物成链状集合体，具赤铁矿的形态（照片 11-1A 和 B）。

剖面 3 和剖面 4 都是石灰性黄土母质上的褐土，但矿物组成有比较明显的差异。

由图谱 11-1 中剖面 3（辽褐）黏粒的 X 射线衍射图谱可见，Mg-饱和时都有明显的对称 14.7Å 强衍射峰，与 10Å 峰连成较宽峰，7.15Å 峰高。K-饱和处理使 14.7Å 峰收缩为 14.4~11.3Å 宽峰和 10Å 峰。经 550℃ 处理合并为 10Å 强峰，并有明显的 14.2Å 绿泥石峰。Mg-甘油处理后，14Å 反射扩展为 17.7Å 峰。以上结果说明这种褐土的黏粒主要含水云母，并有蒙皂石和绿泥石，以及它们的混层矿物，高岭石含量很少。矿物结晶度较好，在剖面中分布较均匀。由 1~5μm 粒级的图谱（图谱 11-2）可见 17.7Å 峰大为减弱，14 和 10Å 峰明显增强；在 B 和 BC 层随着 12.2Å 峰消失，14.4Å 和 7.15Å 峰增强，整个剖面绿泥石含量都很高。二八面体云母（060）晶面 1.50Å 衍射峰较强。显然，这有别于剖面 1（棕林）的组成。未经处理的 5~10μm 原样有 14Å 强峰，经 1N 柠檬酸钠温热 10min，14Å 峰不变，6N HCl 微沸 10min，14Å 峰大为减弱，550℃ 灼热 2h 剩下 14Å 和 10Å 强峰，说明此粒级中稳定的绿泥石含量较剖面 1 为高（图谱 11-3）。在电子显微镜观察中见有轮廓较清晰、衬度较低的薄片状矿物集合体，可能是风化的水云母，由于水化膨胀、晶片呈卷曲状；同时，可见到薄片重叠引起的干涉波纹（照片 11-1C）。

由图谱 11-1 中剖面 4（赤褐）黏粒的 X 射线衍射图谱可见，Mg-饱和时除 14Å 峰外，尚有很明显的 10Å 较强衍射峰，由表层向下 14.4Å 峰逐渐增强变宽，而 10Å 峰降低，并有 12Å 峰，7.15Å 峰相当高。K-饱和处理使 14.4Å 部分收缩为 10Å 峰。经 550℃ 处理结果，合并为 10Å 峰，全剖面有 14.4Å 峰，7.15Å 峰也消失。Mg-甘油处理的样品，14Å 反射扩展到 17.7Å，A 层水云母峰强，较对称。以上结果说明这一种褐土剖面内黏粒矿物组成虽和剖面 3（辽褐）相似，但水云母和绿泥石含量显著增高，它们在剖面中的分异明显，随剖面向下水云母蒙皂石混层矿物增加，并见有水化黑云母。黏粒全钾量和全镁量的变化，与此鉴定结果相符。

由图谱 11-1 中剖面 5（紫褐）黏粒的 X 射线衍射图谱可见，Mg-饱和黏粒的 14.7Å 峰非常强，10Å 峰不明显，7.15Å 峰仅见于 A 层。K-饱和处理结果，14.7Å 峰收缩为 12.4Å 峰，在表层并与 14Å 和 10Å 峰连成稍宽峰。经 550℃ 处理，合并为 10Å 强峰，A 层的 7.15Å 小峰也消失。Mg-甘油处理样品中 14Å 峰扩展为 17.7Å 强峰，并

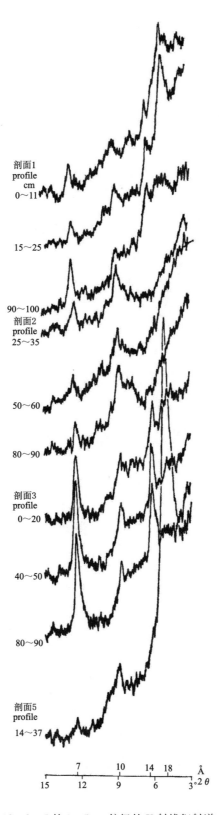

剖面1
profile
cm
0～11

15～25

90～100
剖面2
profile
25～35

50～60

80～90

剖面3
profile
0～20

40～50

80～90

剖面5
profile
14～37

7   10   14   18   Å
15   12   9   6   3 °2 θ

图谱 11 - 2　剖面 1、2、3、5 的 1～5μm 粒级的 X 射线衍射谱，Mg - 甘油取向薄膜

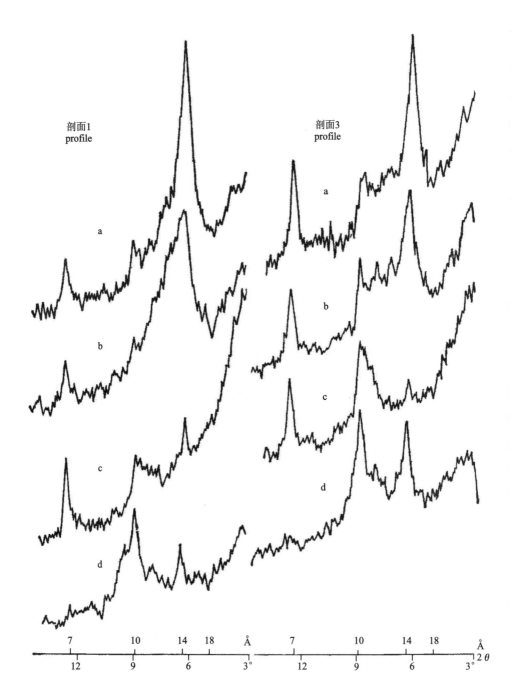

图谱 11 - 3　剖面 1 和 3C 层 5~10μm 粒级的 X 射线衍射谱

a. 未处理　untreated；b. 1N 柠檬酸钠　1N sodium citrate；

c. 6N HCl；d. 550℃

有 8.85Å 的 002 衍射。以上结果说明这个剖面的黏粒中蒙皂石含量很高，BC 层尤为显著，矿物结晶度好；此外，表层并有水云母和极少量绿泥石（14.2 和 7.15Å）。1~5μm 粒级的矿物组成（图谱 11 - 2）大体与黏粒相同。二八面体云母（060）晶面 1.50Å

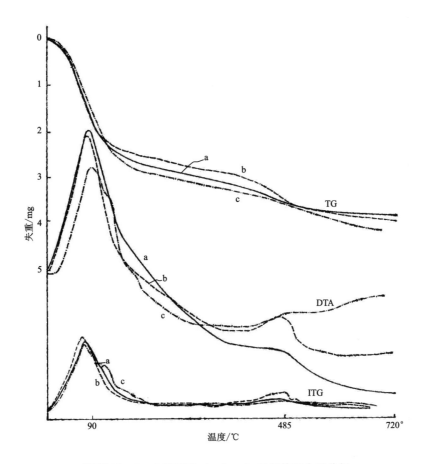

图谱 11 - 4　土壤黏粒（<1μm）的差热和失重分析

a. 剖面 1 （profile 1）15～25cm（sample weight 19.25mg，30℃）

b. 剖面 2 （profile 2）25～35cm（sample weight 19.5mg，30℃）

c. 剖面 5 （profile 5）37～70cm（sample weight 20.0mg，27℃）

　　差热曲线　　　　　DTA （differential thermal curves）

　　热重曲线　　　　　TG （thermogravimetric curves）

　　微分热重曲线　　　ITG （integral thermogravimetric curves）

衍射峰较其他土壤为强（图略）。由（图谱 11 -4）热谱可见，吸着水量为 12.75%，低温吸热峰宽，积分热重曲线呈双谷形，是内表面积和有效表面积较大的特征。电子显微镜照相中轮廓模糊的絮状集合体和雾状背景显示其中主要是蒙皂石（照片 11 -1D）。

　　根据以上各方面的研究结果，五种土壤的黏粒矿物可大致归纳为表 11 -2　剖面 1 （棕林）为水云母 - 蒙皂石 - 蛭石，吸湿量、交换量和含镁量均较高。剖面 2 （淋褐）主要为水云母和水云母 - 蒙皂石无序混层物，矿物分散度大，含钾量相对较少，水化度、膨胀性和交换量较一般土壤中水云母为高。剖面 3 （辽褐）和 4 （赤褐）为水云母 - 绿泥石 - 蒙皂石组成，钾、镁含量较高，吸湿量和交换量相对较低。尤其是剖面 4 水云母结晶度好、绿泥石含量较高，阳离子交换量减少。剖面 5 为富含蒙皂石的沉积母质，其最大吸湿量、膨胀性和含镁量均最高。

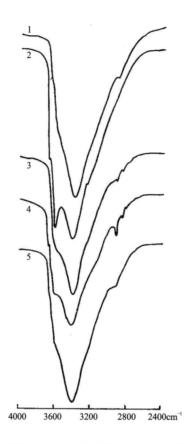

图谱 11-5　土壤黏粒红外吸收光谱图

1. 60~70cm；2. 25~35cm；3. 40~50cm；4. 125~135cm；5. 37~70cm

　　上述土壤中，除紫色页岩上的土壤主要含蒙皂石外，都富含云母类矿物。由四种土壤 1~5μm 的 X 射线衍射结果对比更清楚可见（参见图谱 1-1）。这些云母类矿物随母质来源和土壤风化的环境条件而进行着不同的分解和转化过程：（1）黑云母→三八面体蛭石→次生绿泥石或三八面体蒙皂石（2）二八面体云母和水云母→伊利石→二八面体蛭石和二八面体蒙皂石。

　　剖面 1（棕林）的母质系花岗片麻岩的风化物。XRD 1~5μm 粒级，水云母及蛭石混层物（14.4 和 10Å，并有 5、4.48Å）高岭石和多水高岭石（7.1~7.2Å），长石较少（6.41Å），主要为 Na-、Ca-长石（3.18Å）。镜检 5~10 和 10~50μm 粒级，长石较少，黑云母（金云母）风化体多，白云母自形体较多，并见有晶形好的绿泥石，在中性和弱碱性介质中，主要有（1）式的演变过程。

　　剖面 2（淋褐）的母质为红色黏土，是古代湿热气候下脱硅富铝作用的产物。XRD 1~5μm 粒级，仅见有水云母混层物（伊利石），白云母绢云母化，高岭石、多水高岭石甚少。镜检 5~10、10~50μm 粒级，碎屑状白云母和鳞片状绢云母多，并多风化集合体，风化长石他形体多，XRD 见有风化 K-长石（3.23，2.99Å）和 Na-、Ca-长石（3.17Å），并有赤铁矿、钛铁矿（2.51，2.54Å），在中性介质中有（2）式的演变过程。

剖面 3 和 4 系更新世石灰性松散黄土堆积物所发育。XRD 1～5μm 粒级，蛭石和绿泥石（14.2，7.1，4.72Å）水云母（10Å）及无序混层物，长石较多，为 Na－、Ca－长石，并有辉石（2.98，2.94，2.91 和 2.87Å 峰）。镜检 5～10，10～50μm 粒级，突起的白云母多，黑云母风化不明显，多长石自形体，有少量晶形好的绿泥石；处于（1）式和（2）式的演变过程。

剖面 5（紫褐）为中生代紫色页岩所发育的，有黑云母和白云母风化体，XRD 1～5μm 粒级，云母多蚀变为蒙皂石及其混层物（15～15.5Å 及蛭石混层 12.4Å 宽峰），仍有白云母、金云母（4.95～5.05Å 和 2.57Å 宽峰），多长石他形体，钾长石（3.24，2.99Å）Na－、Ca－长石甚少；并有水铁矿、磁（赤）铁矿（2.54～2.56 和 2.51Å），表层可能有绿泥石化过程。

表 11－2　土壤黏粒中矿物的相对含量比较*

矿物组成 \ 剖面号	1 (棕林)	2 (淋褐)	3 (辽褐)	4 (赤褐)	5 (紫褐)
水云母	＋＋	＋＋	＋＋＋	＋＋＋＋	＋＋
蒙皂石	＋＋	＋	＋	＋	＋＋＋＋
蛭石	＋	＋	－	－	－
绿泥石	少	－	＋	＋	微
蒙皂石－水云母混层物	＋	＋＋	＋	少	－
高岭石	微	少	微	微	微
针铁矿物赤铁矿	少	少	少	少	微

三、小　结

辽西五个土壤剖面的研究结果表明，在花岗片麻岩、红色黏土、黄土和紫色页岩上发育的土壤黏粒都普遍富含水云母和蒙皂石类矿物。蒙皂石多以混层矿物存在，绿泥石除碎屑继承外还有蛭石的绿泥石化过程。黏土矿物在剖面内的分异不很明显。各土壤黏土矿物组成和黏粒阳离子交换量等结果很一致。

第二节　辽西几种土壤的微形态特征和土壤侵蚀问题

土壤微形态特征是土壤物质的物理、化学和生物过程的综合反映，它有助于更进一步研究土体性状和成土过程。本章应用偏光显微镜和扫描电镜观察了这几种土壤的微形态，着重研究土壤结构体中细粒矿物的形态特征及其在空间的排列状况和微垒结，讨论了细土物质在土壤的稳定性和某些抗蚀性能方面的作用。

一、供试土壤和方法

供试土壤　剖面 1：发育在花岗片麻岩残积坡积物上的棕色森林土；剖面 2：发育

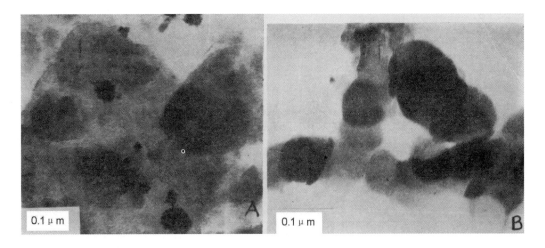

A. 剖面 2　0～14cm	B. 剖面 2　0～14cm
由解理面风化的片状晶体	链状赤铁矿　链球状（1μm）

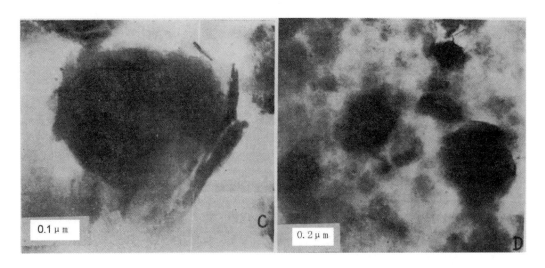

C. 剖面 3　110～120cm	D. 剖面 5　37～70cm
风化水云母集合体（7μm）	蒙皂石晶体

照片 11-1　辽西土壤黏粒的透射电子显微镜照相

照片 11-2　辽西土壤薄片显微照相

I-A. 半风化黑云母和就地风化黏粒，正交偏光，×300（剖面1　0~11cm）

I-B. 条纹定向黏粒交错镶嵌骨骼颗粒，正交偏光，×300（剖面2　0~14cm）

I-C. 团聚体为针状碳酸钙晶霜包围，正交偏光，×300（剖面3　0~12cm）

I-D. 多级团聚体，正交偏光，×300

I-E. 腐殖质-黏粒团聚体，平行偏光，×300（剖面5　0~14cm）

I-F. 半分解有机质和黏粒的胶结，平行偏光，×300

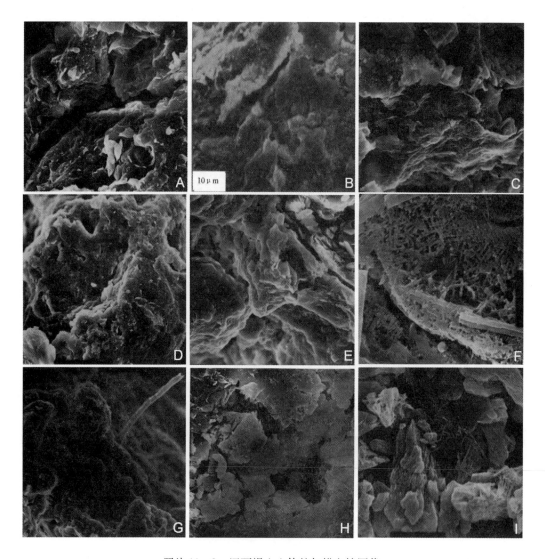

照片 11 - 3　辽西褐土土体的扫描电镜图像

A. 就地风化黏粒，桥接弱（剖面 1　12 ~ 32cm）

B. 收缩微裂隙（ <5μm）（剖面 2　0 ~ 14cm）

C. 瓦状微垒结

D. 结构体表面特征和铁质黏粒胶膜

E. 细土物质黏连形成中，小孔洞和腔状孔道（剖面 3　32 ~ 65cm）

F. 针状碳酸钙微晶膜

G. 蒙皂石的团聚性和植物根（剖面 5　0 ~ 14cm）

H. 薄片状黏粒集合体（剖面 5　37 ~ 70cm）

I. 块状方解石晶粒和重结晶的针状微晶

在红色黏土上的淋溶褐土；剖面3：发育在黄土母质上的褐土；剖面5：发育在紫色页岩坡积物上的残余碳酸盐褐土。土壤的剖面形态、一般性质和黏粒矿物组成详见参考文献。

土壤微形态特征观察　首先按发生层选择土壤样块，用SZ－III型实体显微镜在30～40倍下观察和记载。取代表性样块用3301不饱和聚酯树脂浸渍、固化、制成薄片，在偏光显微镜下观察微团聚体状况和基质微垒结。同时，选取1mm²代表性样块在JEM－100B电镜扫描装置上观察和照相。观察侧重于土壤黏粒物质和土壤形成物的形态及其在空间的排列状况和基质微垒结特征。每个样品均重复取样3次，并作多视野观察和照相。文中仅选用其代表性图像。

二、结果和讨论

1）剖面1　AB层土体：在实体显微镜下为不均匀的浅棕色，有较多暗色矿物，石英砂粒不少。粗粉砂粒多，排列较疏松，结构不明显。0.1mm细根多，1mm大孔隙和0.1mm裂隙较多，50cm以下偶见有微量针状晶体。

偏光显微镜下观察的微形态特征列于表11－3剖面1。由照片11－2，1－A可见，半风化黑云母多，多色性弱，干涉色鲜艳，部分铁质化。有绿泥石化黑云母颗粒。除就地风化黏粒和绿泥石化颗粒外，部分风化黏粒淀积于骨骼颗粒面，优选定向差。基质主要为斑点消光、无细粒物质离析（plasma separation[1]）的微垒结。孔多不规则，团聚体轮廓不明显。

由扫描电镜图像（照片11－3A）可见，土体主要为50μm左右的骨骼颗粒和连结颗粒的片状黏土所组成，骨骼颗粒清楚可见，部分骨骼颗粒表面覆盖有非移动性云母状细土物质，黏粒和骨骼颗粒之间的桥接弱。未见碳酸钙晶体。孔洞呈堆集状，微孔隙（5～30μm）和超微孔隙（<5μm）多。土壤胶结团聚作用弱。

2）剖面2　A层土体：在实体显微镜下为黄棕色带红的均一色彩，20μm粉砂较多。块状结构，由20～300μm小自然结构体构成，此小结构体为带红色的5～10μm白云母碎片组成。细裂缝多，有细根。

偏光显微镜下观察的微形态特征列于表11－3剖面2。由照片（11－2 I－B）可见，泥浊化和铁质化长石风化物较多，并有风化黏粒和绢云母。细条状定向黏土交错镶嵌骨骼颗粒，带状铁质－黏粒胶膜成弱条块状消光，分布不均一，与土体骨骼颗粒形成铁染基质的自然结构单元。基质为斑点条纹消光，骨骼面间有格子状细粒物质离析物的微垒结。

由扫描电镜图像（照片11－3 B）可见，土体多为<1μm的片状细土物质所覆盖，细土物质连结成片，易干缩，造成微裂隙多。湿时膨胀产生剪压，造成瓦片状微垒结（照片11－3 C）。

B₁层土体：在实体显微镜下为红棕色，不规则棱块状结构，干缩后龟裂状裂隙交错，结构较紧实。土体由各种不规则鳞片状自然结构体构成，结构体上有棕红色铁质黏

1）细粒物质离析是指细粒物质或细粒物质团聚体重新定向和排列的方式，而不是指属于土壤形成物中的细粒物质离析物。

表11-3　土壤的微形态特征

剖面号	土层	细粒矿物	团聚体	孔隙	腐殖质	细粒物质微垒结*	新形成物
1	A	黑云母就地风化黏粒，泥浊化长石	轮廓不明显较松散	堆集孔洞片状裂隙	棕褐色半分解植物残体，少	斑点消光，析离少，优选定向弱	就地风化黑云母，很多
	B		较致密	沟孔多	—		泥浊状，针状 $CaCO_3$，少
2	A	长石风化黏粒集合体，白云母，绢云母	轮廓清楚的致密团聚体和块状体	不规则小孔洞片状裂隙	半分解植物根，混油腐殖质颗粒	斑点条纹消光，骨骼面同格子状离析，优选定向好	骨骼面带状铁质－黏粒胶膜
	B		致密块状体	片状裂隙	—		骨骼面带状铁质－黏粒胶膜
3	A	白云母多，泥浊点长石，黑云母	多级团聚体，块状体	许多交错孔洞	半分解植物根	斑点条纹消光，骨骼面薄层离析，优选定向较弱	$CaCO_3$ 颗粒分布均匀，根孔面扩散凝团多，孔壁微团聚体内外针状微晶多
	B		轮廓较上差	孔洞孔道多	—		—
5	A	长石，白云母和黑云母的风化黏粒	轮廓较清楚的团块	多植物根孔洞，孔洞	棕褐色半分解植物残体，暗褐色混浊，无定形腐殖质	斑点条纹消光，骨骼面薄层离析，优选定向较弱	混油密集 $CaCO_3$ 凝团
	BC		不明显	—	—		块状 $CaCO_3$

* 仿用 Brewer（1964）细粒物质微垒结术语表示。

粒胶膜；后者在薄片中表现为更为浓集的条块状消光的定向铁质－黏粒胶膜。照片11－3 D为结构体表面特征和铁质黏粒胶膜。

3）剖面3 AB层土体：在实体显微镜下为浅棕色较均一色彩，有少许暗色矿物，20～30μm粒级较多，不明显团块结构，较疏松。1mm左右和0.5mm以下大孔隙多，孔隙面上分布有白色丝状物，并见50μm的裂隙。剖面上下层较为一致，下层团聚结构较不明显，大孔隙中常见有白色粉状沉淀物。

偏光显微镜下观察的微形态特征列于表11－3剖面3。在A层除少数大骨骼颗粒外，大多为0.02～0.04mm粉砂颗粒镶嵌于光性定向黏粒基质中，骨骼颗粒面无细粒物质离析物，黏粒呈斑点条纹消光。由于土体大多为微晶碳酸钙胶结而显混浊，细粒物质呈凝聚状，定向性弱。在B层局部碳酸钙少的地方，显示出骨骼颗粒面有定向平行的薄层细粒物质离析物，中度优选定向。碳酸钙除呈根际环状物外，在土体中常以泥浊体（在A层）或均匀散布的自生方解石颗粒（0.04～0.08mm，在B层）为核心形成团聚体，在团聚体面上和内外孔洞边沿常覆有针状微晶（照片11－2，I－C），大小沟孔和面孔多，形成多级团聚体（照片11－2，I－D）。

从扫描电镜图像（照片11－3 E）来看，土体主要为10～50μm矿物颗粒或片状黏粒集合体组成。颗粒表面几乎完全被细土物质所覆盖（在另外一些图像中，2～10μm矿物颗粒则完全裸露堆集）而相互黏连，形成各种中、小孔洞和腔状孔道，孔壁较光滑。常见有棒状碳酸钙晶体。由照片11－3 E可见，在B层的大孔隙面上棒状碳酸钙晶体经过土壤中的溶解、运移和脱水重结晶，在微孔面上形成0.1×0.5～2μm的针芽晶膜。因此，不仅土壤碳酸钙含量高（达14%），而且碳酸钙活动性和比表面积大，团聚胶结作用强。

4）剖面5 A层土体：在实体显微镜下为浅紫褐色，呈不明显核块状，0.5mm细根多，根孔边面多碳酸钙丝状体。30μm的细裂缝较多。

偏光显微镜下观察的微形态特征列于表11－3剖面5。在薄片中可见，骨骼颗粒除石英外，风化长石多，游离铁呈斑条状析出；黑云母和白云母风化强。黏粒呈针形细条状消光，为不均匀棕色腐殖质泥团所染，在平行偏光下土体呈棕褐色纤维状物凝团（照片11－2，I－E），定向性弱。大骨骼颗粒面上常有定向细粒物质离析物淀积。植物根孔很多，多为半腐殖质化残体所填充，并与细粒物质胶结（照片11－2，I－F）。碳酸钙凝团和自生方解石常可见得。

由扫描电镜图像（照片11－3 F）可见，土体主要为蒙皂石黏土，黏粒物质与腐殖质成团聚状，黏连较紧密，在孔隙面上常有棒状碳酸钙晶体和植物根系。BC层黏粒成薄片状集合体（照片11－3 G），保持沉积物母质的性状。主要有微孔隙和超微孔隙，即储存孔（Storage pores），通透性不良。此层的石灰结核中，只有少量由块状方解石重结晶的针状微晶，碳酸钙的活动性较在黄土中差。（照片11－3 H、I）。

由上可见，本区土壤除剖面5，发育在紫色页岩上的土壤A层外，腐殖化程度低，土壤胶结物质主要是土壤黏粒、碳酸钙和游离氧化铁。就土壤的稳定性和抗蚀性能而言，土壤黏粒含量和矿物种类是土壤侵蚀的重要因素，2:1膨胀性矿物的剪力大，较能抵制崩塌，它们抗径流侵蚀的能力较小，但在钙质介质中呈团聚状，有一定的稳固性。已有文献资料表明，成土作用可大大提高石灰性土壤中碳酸钙的表面活度，使土壤中碳酸钙含量和碳酸钙总表面积呈双曲线型的负相关，因此，就抗蚀力来说，碳酸钙的活动性和比表面积比碳酸钙含量具有更大的实际意义。游离氧化铁的胶结作用也与其形态有关，游离氧化铁的水合能力则在很大程度上取决于其表面积。从上述细土物质的微形态特征可以看出，由于土壤普遍富含膨胀性蒙皂石混层物，土壤细土物质的团聚性较好，黏粒亲水性较强，分散性大，团聚体稳固性较弱，易受径流侵蚀，但不易崩塌和滑塌。仅剖面1，发育在花岗片麻岩上的土壤由于黏粒较少，基质主要为黑云母等粗风化黏粒，黏粒重新排列的定向性差，黏粒和骨骼颗粒之间桥接弱，碳酸钙胶结甚少，多大小裂隙，以接触式胶结为主，故较易崩塌。剖面2，发育在红色黏土的土壤中，基质主要为高度铁质化的变质伊利石，云母类颗粒易于平行排列，光性定向性好，但稳定性差。由差热和X射线衍射等分析结果得知，基质中除晶格铁外，氧化铁是成游离铁和黏粒矿物层间氢氧化物存在，在结构体表面形成铁质－黏粒胶膜状物质即铁染基质，干时胶结力强，故土壤有一定抗冲力。游离铁在中性、弱碱性条件下对带负电荷的黏土硅酸盐的聚集力是较弱的。土体呈基底式胶结，其中黏粒为变质伊利石，具膨胀性层，其缩胀力甚大（照片11－3 B），湿时，一旦胶膜状物质经饱和水合作用，黏粒胶结力弱，由于胶溶而使抗蚀力迅速降低，很易促成径流侵蚀。剖面3，发育在黄土母质的土壤的基质主要为光性定向黏粒蒙皂石－水云母混层矿物，呈斑点条纹消光形式镶嵌于骨骼颗粒面，与碳酸钙成黏土－碳酸盐基底式胶结。碳酸钙活动性大，湿润时黏粒为溶液中钙质凝聚电解质饱和，干时在土壤结构体内、结构体面上以及微孔隙中均有碳酸钙微晶呈网膜状包结，较能抵制侵蚀。剖面5中蒙皂石团聚力强，表层有机质含量较高，土壤团聚性好，由于亚表层植物根系少，碳酸钙活动性小，黏粒湿时膨胀性大，多储存孔，水分仅能沿孔隙渗漏，土壤渗透性差，因此，易于塌陷成坑洼。同时，必须指出，上述土壤由于含有较多蒙皂石膨胀性（层）矿物，在田间持水量范围内，土壤具有保肥保水能力。黏粒阳离子吸附量高。半风化细粒矿物多，植物所需的盐基含量丰富。这些都是生物治理水土流失的有利因素。采用生物措施，适当增加土壤有机物质含量，将可大大改善土壤结构和提高土壤的稳定性，增强土壤抗径流侵蚀的能力。

三、小　结

从辽西褐土的微形态特征可以看出：

1）土壤的微团聚性和稳定性除与细粒矿物的组成和含量有关外，并与黏粒和细粒物质的结构和团聚性，以及它们与骨骼颗粒之间的垒结方式有关。

2）红土中游离铁质－黏粒胶膜的离析和定向浓聚可以影响土体的崩解速度和程度。

3）方解石在风化和成土过程中，随土壤溶液在土体中扩散和运移，由自生方解石颗粒→扩散的微晶方解石集合体→根孔扩散状灰泥或团聚体灰泥核→团聚体晶膜→土体晶芽薄膜→钙质黏土凝聚体。碳酸钙活动性大对黄土母质上褐土的团聚性和稳定性有很大作用。

4）由紫色页岩上的褐土表层可见，增加有机质含量对形成腐殖质－黏土（蒙皂石）基质及其团聚作用有特殊意义。

第三节　辽西几种土壤有关钾储备的矿物学特性和钾释放

本区褐土钾素含量一般比较丰富，全钾量 K_2O 平均在2%左右，钾的储备多以矿物形态存在，土壤供钾能力取决于土壤矿物的组成和风化程度。

本区为受侵蚀割切的低山丘陵区，土壤成土母质多样性，除黄土和黄土性沉积物及部分变质岩系的残积物外，并有相当多的白垩系砂页岩和石灰岩分布。严重侵蚀地区，下伏红土广泛出露。因而本区土壤钾的储备与供钾能力相差很大。本章应用四苯硼钠浸提法和电超滤（EUF）法[1]研究了辽西不同母质上发育的四种土壤有关钾储备的矿物学特性和释钾能力。为研究土壤钾源的有效性提供了矿物学根据。

一、供试样本和方法

剖面 1（辽 – 15）（花棕）的母质系现代残积的花岗片麻岩风化物。

剖面 2（辽 – 10）（红褐）的母质为红色黏土，是第四纪中、早更新世古代湿热气候下脱硅富铝作用的均质红土堆积物。

剖面 3（辽 – 20）（黄褐）系晚更新世石灰性松散黄土堆积物所发育。

剖面 4（辽 – 53）（紫褐）为中生代紫色页岩沉积物所发育。

土壤样本分析应用了下列方法：

1）样品的制备：样本用稀盐酸脱钙，用揉磨和稀 NaOH 分散沉降法提取各粒级。样品分级为 <1、1~5、5~10、10~50 和 50~100μm。黏粒用稀 HCl 制成氢质胶体。

2）石英、云母和长石的测定：用焦硫酸钠溶融法分离粒级中的云母和长石，HF – $HClO_4$ 消化和 Na_2CO_3 熔融颗粒和残渣样品，分别测定云母钾和长石钾、钠、钙。

3）土壤各粒级可释放的非交换性钾：将 0.5g 样品置于 10ml 1N NaCl – 0.2N NaT-PB – 0.01N、EDTA 二钠盐中，在 25℃ 恒温下保持 3 个月，然后转移入 800ml 0.5N NH_4Cl（含 $HgCl_2$）中煮沸 20min、冷却、过滤，用火焰光度计测定。

4）土壤 EUF – 钾的测定：取 5g 土样或 1g 黏粒或细粉砂于 724 型 EUF 仪作解吸 K 速率测定，在电压上升到定值条件下，分七组分（或三组分）溶出，火焰光度计测定各组分中的钾。

5）矿物组成鉴定：1~5μm 部分的矿物（XRD）鉴定是用镁离子饱和、甘油处理。在 Philip 1040 X 射线衍射仪上用 CuKα 辐射（2θ 4°~36°），衍射图谱（图谱 1 – 1）。5~10、10~50、50~100μm 粒级经重液（比重 2.63）分离后，在偏光显微镜下用油浸法镜检，观察矿物颗粒特征。

6）土壤和黏粒全钾：用 HF – $HClO_4$ 消化法。

交换性钾：1N 中性醋酸铵提取。

缓效性钾：1N HNO_3 煮沸 10min 提取。

1）电超滤工作得到北京农业大学李酉开教授合作与帮助，谨表谢意。

二、结果和讨论

1. 土壤的基本性质和钾位

土壤的基本性质见表11-4。

表11-4 土壤的基本性质

剖面号	土壤	层次/cm	腐殖质/%	CaCO₃/%	黏粒量/%	物理黏粒/%	全量 土壤%	全量 黏粒%	缓效 K₂O/(mg/100g)	速效 K₂O/(mg/100g)	缓效 K₂O/(mg/100g) 土壤全 K₂O/%
1	棕色森林土	0~11	0.61	0.93	12.5	24.3	2.06	1.70	80.0	6.0	38.8
	(花棕)	15~25	0.42	1.08	21.0	37.5	2.00	1.86	56.5	8.5	28.2
		60~70	0.34	1.22	19.5	33.7	2.00	2.04	39.0	7.0	19.5
		90~100	—	5.70	20.4	36.4	1.93	2.10	40.0	6.0	20.7
2	淋溶褐土	0~14	0.47	0.30	30.2	51.4	2.13	2.20	110	16.1	51.6
	(红褐)	25~35	0.18	0.40	40.0	57.1	2.10	2.36	84	19.0	40.0
		50~60	0.15	0.40	40.4	56.3	2.10	2.30	78	18.0	37.1
		80~90	0.14	0.40	38.0	55.1	2.20	2.25	84	16.0	38
3	碳酸盐褐土	0~10	0.86	5.67	22.5	40.2	2.13	1.85	50	13.4	23.5
	(黄褐)	40~50	0.78	14.41	19.8	36.7	1.97	1.76	51	8.0	25.9
		80~90	0.55	11.75	22.1	35.7	1.94	2.12	43	7.0	22.2
		110~120	0.43	12.55	20.8	35.0	1.81	1.67	42	7.0	23.2
4	碳酸盐褐土	0~14	1.14	4.91	26.6	48.7	2.42	1.77	70.5	12.0	29.1
	(紫褐)	14~37	0.58	5.48	29.5	63.7	2.69	1.75	43	8.8	16.0
		37~70	0.35	3.72	24.0	56.4	3.17	1.92	50	6.0	15.8
		70~100	—	2.84	22.8	60.3	3.19	2.26	59	7.9	15.1

本区土壤全钾含量均较高，一般为1.8%~2.2%，剖面4的C层超过3%。它们在剖面上分布较均匀，并按剖面4>剖面2≈剖面1>剖面3而递减。黏粒全钾量除剖面2外，一般低于土壤全钾量，按剖面2>1>3≈4而递减。剖面1（花棕）黏粒全钾量且随剖面向上而减少，此与母质残积风化类型有关。黏粒钾和土壤钾，不呈同步增减，表明钾的储备遍布于不同粒级中。1N HNO₃处理的缓效钾含量以剖面2为高，一般是表层大大高于底层，HNO₃对黏粒蛭石、绿泥石结构的破坏作用已被公认，故从底层土来看，缓效性钾占土壤全钾比值可按剖面2>3≈1>4而递减。1N中性NH₄OAc浸提的交换性钾也显示同样序列。由此可见，剖面2中的钾遍布于黏粒级，剖面4中的钾遍布于砂粒级。剖面1则随剖面向上而偏于砂粒级。含钾矿物的释钾性能并和不同粒级的矿物组成密切有关。

2. 土壤的矿物组成和钾的储备

在土壤细粒矿物组成鉴定（参见参考文献）的基础上，根据和焦硫酸钠熔融化学测定石英、长石和云母含量的化学分析结果（参见表1-2），X射线衍射谱分析和显微镜矿物鉴定，估算得土壤各主要粒级半定量的矿物组成结果列于表11-5。由表可见，在细砂和中粉砂粒级中，石英含量均高，一般达60%左右，剖面2中可达70%。

表11-5 土壤各粒级的矿物组成相对含量比较

剖面号	土壤	颗粒粒级/μm	绿泥石	蛭石	云母-水云母	水云母-蒙皂石	蒙皂石	石英	碳酸盐	长石 K.Na	长石 Ca	镜检
1	花棕	<1	少	++	+	+	++	+	-	-	-	棕色黑云母很多。斜长石多，表面光滑
	15~25cm	1~5	-	+	++	少	+	+++	-	少	-	
		5~10	-	+	++	-	-	+++	-	++	少	
		10~50	-	+	+	-	-	+++	-	++	+	
		50~250	-	-	+	-	-	+++	-	++	+	
2	红褐	<1	-	+	++	++	+	+	-	-	-	绢云母和风化黑、白云母及风化长石
	25~35cm	1~5	-	+	++	+	-	+++	-	少	-	
		5~10	-	-	++	-	-	+++	-	++	-	
		10~50	-	-	少	-	-	+++	-	++	少	
		50~250	-	-	-	-	-	+++	-	++	少	
3	黄褐	<1	+	-	+++	+	+	+	-	-	-	白云母突起高，表面光滑，黄棕色黑云母、斜长石、钾长石多
	40~50cm	1~5	+	-	++	-	少	+++	-	少	少	
		5~10	+	-	+	-	-	+++	+	++	少	
		10~50	+	-	+	-	-	+++	+	++	少	
		50~250	-	-	少	-	-	+++	+	++	+	
4	紫褐	<1	少	-	++	+	+++	+	-	-	-	风化黑白云母，风化正长石，表面点状刻蚀，云母突起低，多色性弱
	14~37cm	1~5	-	-	++	++	++	++	少	少	-	
		5~10	-	-	+	-	+	++	少	++	-	
		10~50	-	-	+	-	-	+++	少	++	少	
		50~250	-	-	+	-	-	+++	少	++	少	

除剖面4页岩沉积物外，均随粒级变小而有所增高。长石总量可达20%～30%，随粒级变小而逐渐减少，钾、钠长石多存在于中粉砂以上的粒级，X衍射分析证明细粉砂粒级中的含量甚少（图谱略）。粉砂粒级中均含有约5%～10%的云母和水云母，在剖面1和剖面3中随粒级增大而又逐渐减少。在剖面2和4中，中、细粉砂粒级富集，且随粒级增大而成倍地减少，尤以剖面2最显著。镜检剖面2和4细粒级中风化云母和风化长石含量显著，云母突起低，多色性弱，前者并含有大量绢云母，后者多风化正长石，表面泥化和点状刻蚀。剖面1和3并含有大量含钙长石，前者棕色黑云母很多，后者白云母突起高，表面光滑，黑云母呈黄棕色，原生矿物处于风化的初级阶段。黏粒中云母-水云母含量以剖面3为最高，可达40%左右，以剖面1为最低，约为20%～30%，它们的混层和水化程度各异（参见参考文献）。由此可知，土壤钾的释出主要来自云母、水云母和其混层物的风化，来自风化长石，亦可见诸于较古老的页岩沉积物。

3. 土壤粒级中可释放的非交换性钾

已有研究表明，用1N NaCl-0.2N NaTPB-0.01N EDTA浸提土壤，使与晶面交换点上的钾进行持续缓和的离子交换反应，不易破坏矿物结构，经不同时间，可以测定其潜在钾的可移出量。浸提15min，可释放云母层、蛭石或混层矿物类云母带或高度无序面上的钾。浸提100h，可释放边缘和层面上的钾，其释出量和时间成对数关系，而与总钾量无关。若经长时间浸提，则可测知云母类矿物中可释放的非交换性层间钾的相对量，从而可了解相对的释钾能力。钾的移出量也与矿物种类和矿物颗粒大小有关。在粉砂粒级中，可提取出黑云母中大部分钾，蛭石钾的移出速率则更快，而长石类矿物是三度架状结构，钾离子包围在结构内部，只能溶出表面和架状结构的间隔即蚀面的钾。本章应用四苯硼钠法在25℃下浸提3个月，并进行了土壤各粒级组分测定，根据细粒级的矿物组成和结构特征（参见参考文献）探讨了释钾状况。

表11-6　土壤各粒级中可释放的非交换性钾

剖面号	土层深度/cm	颗粒粒径/μm				黏粒全钾量/%	黏粒可释放层间钾占全钾量/%
		>10	5～10	1～5	<1		
1	0～11A	0.32	0.62	0.95	0.14	1.70	8
（棕林）	15～25B	0.24	0.84	1.23	0.22	1.86	12.5
	90～100C	0.25	0.80	1.45	0.48	2.10	23
2	0～14A	0.27	0.92	1.52	0.63	1.85	34
（淋褐）	25～35B	0.29	1.10	1.65	0.62	1.76	35
	50～60B	0.30	1.26	1.52	0.67	2.10	32
	80～90C	0.31	1.28	1.55	0.71	1.67	43
3	0～10A	0.28	0.78	1.39	0.68	2.20	31
（辽褐）	40～50B	0.28	0.83	1.37	0.54	2.36	23
	80～90BC	0.29	0.93	1.44	0.70	2.30	30
	110～120C	0.27	0.85	1.34	0.73	2.25	30
4	0～14A	0.34	0.90	1.38	0.25	1.77	14
（紫褐）	37～70BC	0.62	1.15	1.46	0.28	1.92	14
	70～100C	0.62	1.14	1.45	0.31	2.26	14

　　结果表明（表11-6），非交换性钾含量在1～5μm粒级中最高，在氢质黏粒中最低。黏粒样品释放序列是：剖面2和剖面3>剖面1和剖面4，而粉砂粒级样品的释放序列是：剖面2和剖面4>剖面3和剖面1，此与各矿物学特性有关。剖面1表层黏粒非交换性钾含量低达0.14%，仅占总钾量8%，在剖面中由上而下明显增加，表明黑云母三八面体钾的键力小，风化时层间电荷密度逐渐变小，钾的移出速率逐渐增大的特性；1～5、5～10μm非交换性层间钾含量显著增高，主要来自粉砂粒级中的黑云母或水化黑云母。剖面2黏粒含钾量并不高，可释放的非交换性钾却高达0.63%～0.71%，占黏粒全钾量32%～43%；1～5、5～10μm粒级中释放出的钾亦更较其他土壤为高，这是变质伊利石边缘风化的特征。随着颗粒变大，其晶核层间电荷密度增大，层间面裸露少，边缘处呈膨胀性夹层裸露，在此楔带适于NH_4-K离子的交换反应，所以，非交换性钾含量高，它们在剖面中变化也小。剖面3黏粒中含水云母量高，并有蒙皂石和绿

泥石，非交换性钾占23%～31%；1～5和5～10μm粒级云母脱钾过程较为缓慢，且绿泥石对钾的固定亦小。剖面4黏粒非交换性层间钾含量低，占黏粒全钾量14%～15%，主要成分为含镁蒙皂石和水云母的混层物，部分层间面裸露大，易受水合阳离子交换，钾离子饱和度低。随粒级增大，水云母混层物增多，层间收缩增加而相对增高。由此可见，土壤的释钾能力和层状硅酸盐矿物的组成和风化阶段有密切关系。

4. 土壤细粒级钾的EUF解吸速率

为了解土壤细粒矿物在解钾的强度、容量以及钾的储备功能，采用电超滤，从层状硅酸盐矿物吸附点上释放钾，释放速率一方面与钾离子的饱和程度有关，另一方面也与钾离子在片位上、在晶格层间饱和的能级有关。电超滤的解钾速率直接和所用电压成正比，而和钾离子在矿物表面上的结合力成反比。因此，直接由电压控制可进行不同结合能级上各组分钾离子解吸速率测定，同时也反映出矿物的结构特性。根据黑云母、页岩和土样农大黏粒2号EUF解吸前后的X射线衍射结果，对比其矿物的结构变化功能。由图谱1号与图谱2号对比可见，原样黑云母等特有的衍射峰10.1、3.36、2.54、2.02Å峰连续4次电超滤后增高，细粒云母增加，14.0Å峰增高，并扩展为14.6Å峰，并出现7.24、3.58和2.86Å小峰，蛭石化增强；黑云母蒙皂石化（9.0Å）不甚明显。细粒矿物主要为黑云母，边缘晶层间钾和三八面体位都有阳离子充填，较易释放。此与电超滤浸提和原样沸热硝酸处理的比较结果甚相符合：K和（Ca＋Mg）高，Na低，释放快。随EUF释放次数增加，释Na/K值减小，释Ca、Mg比值增大，除去交换性离子后，释Na/K值相同，释CaMg/K值仍有所增大（详见表11－7）。

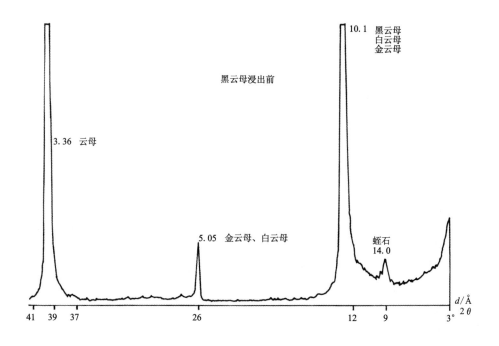

a

图谱1号　黑云母EUF前

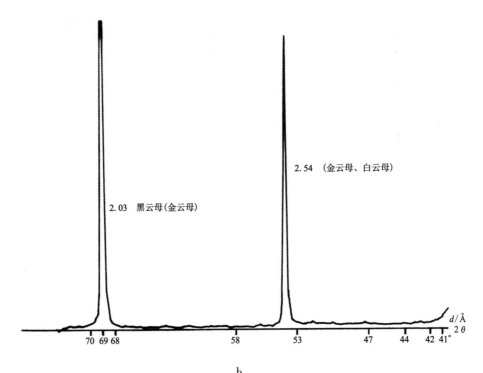

b

图谱 1 号 黑云母 EUF 前

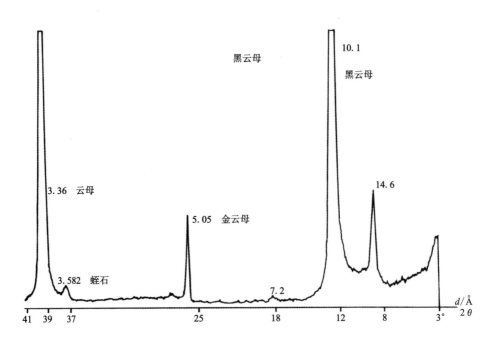

a

图谱 2 号 黑云母 EUF 后

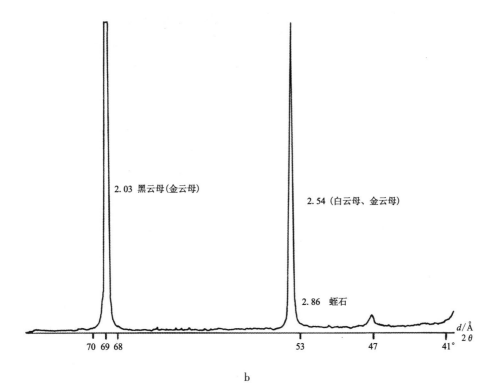

b

图谱 2 号　黑云母 EUF 后

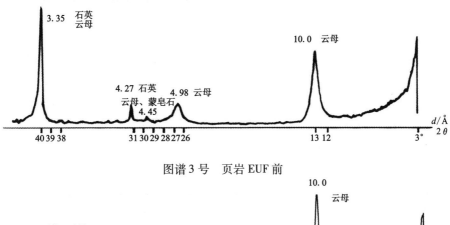

图谱 3 号　页岩 EUF 前

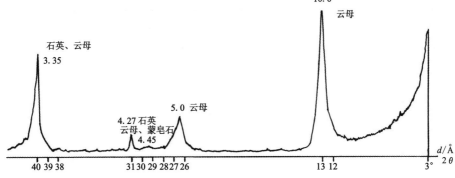

图谱 4 号　页岩 EUF 后

表 11-7 黑云母、页岩和土壤黏粒 2 号的浸提结果

浸 提 处 理	各次浸出总量/mg/100g 样品				总计
	第 1 次	第 2 次	第 3 次	第 4 次	
原样品连续 4 次电超滤：					
K：黑云母 （0.1g）	334.0	150.1	105.2	92.7	682.0
页岩 （1g）	26.2	7.9	5.8	4.7	44.6
黏粒 2 号 （2g）	27.6	9.0	5.1	3.7	45.4
Na：黑云母	205.2	113.9	96.5	93.7	509.3
页岩	21.8	10.5	9.5	9.3	51.1
黏粒 2 号	36.9	21.5	20.9	19.7	99.0
Ca + Mg：黑云母	972.8	628.0	546.4	521.2	2668.4
页岩	150.3	82.6	62.6	78.7	374.2
黏粒 2 号	52.1	58.6	67.1	76.3	254.1
原样品连续 4 次用 1N NH₄OAC 浸提（"交换性"离子）：					
K：黑云母 （1g，液每次 50ml）	74.2	6.4	2.9	3.1	86.6
页岩 （1g，液每次 50ml）	14.6	3.1	2.6	2.8	23.1
黏粒 2 号 （2g，液每次 50ml）	39.9	4.0	1.6	1.1	46.6
Na：黑云母	40.9	12.7	3.9	4.3	61.8
页岩	8.3	4.9	3.8	4.1	21.1
黏粒 2 号	13.7	2.6	2.0	1.8	20.1
NH₄OAC 浸 4 次后的残样品，再连续 4 次电超滤：					
K：黑云母	80.9	50.9	36.8	26.9	195.5
页岩	3.0	2.9	3.5	3.5	12.9
黏粒 2 号	1.9	3.8	2.9	1.5	10.1
Na：黑云母	4.8	2.5	2.0	1.3	10.6
页岩	1.8	0.6	0.5	0.5	3.4
黏粒 2 号	0.8	1.4	0.3	0.1	2.6
Ca + Mg：黑云母	33.3	43.3	35.8	30.2	142.1
页岩	1.8	3.8	7.6	14.1	27.3
黏粒 2 号	1.8	2.4	1.6	7.5	13.3
原样品连续 4 次用沸热 1N HNO₃ 浸提（"缓效"）：					
K：黑云母 （0.1g，液每次 50ml）	1623	122	0	0	1745
页岩 （1g，液每次 50ml）	153	103	94	84	434
黏粒 2 号 （2g，液每次 50ml）	240	112	92	73	517
Na：黑云母	595	4	6	0	605
页岩	16	5	3	2	26
黏粒 2 号	27	7	4	4	42

各样品的称样重因含量悬殊而不同，但结果均以 mg/100g 计算。

由图谱 3 号和图谱 4 号对比可见，页岩样含金云母、白云母，有 10、5.0～4.98 和 3.35Å 峰，仅有微量石英（4.27Å）白云母二八面体位阳离子充填，晶层间 K 吸附力大，连续 4 次电超滤后，仅 10Å 峰有较为明显增高，（001）峰向低角度倾斜，（003）峰向高角度倾斜，4.98Å 峰变宽；显有 4.45Å 云母蒙皂石小峰；云母仅楔位晶层增宽，层电荷密度高；4.27Å 石英峰不变。X 射线衍射鉴定结果与电超滤和沸热 HNO_3 浸提结果相符。NH_4OAC 浸提 4 次后仍释有相对较多的 Na；残样再连续 4 次电超滤释 K，释 Ca + Mg 仍随 EUF 次数增加而又增高，表明为白云母、金云母少，蚀变小，结构内晶层间潜在钾及钙镁释放滞后。

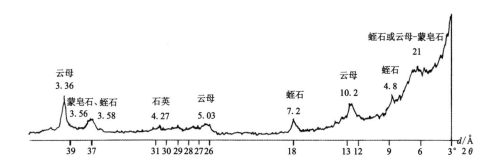

图谱 5 号　农大 2 号黏粒 EUF 前

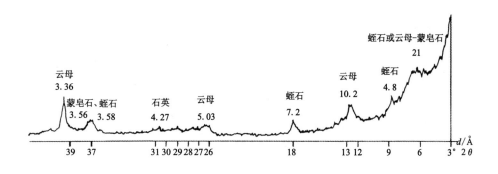

图谱 6 号　农大 2 号黏粒 EUF 后

由图谱 - 5 与图谱 - 6 对比可见，农大土壤黏粒 2 号样含水云母（10.1，5.0，3.36Å）、蒙皂石（20Å）- 蛭石（14.6，7.2 和 3.58Å）及混层物。连续 4 次电超滤后，云母峰减弱、变宽，晶层间距有所扩展，云母、蒙皂石峰增宽，3.56Å 和 3.59Å 蒙皂石和蛭石晶层面间距更相汇合，主要为蚀变较强的水云母及其蒙皂石化混层物，黑云母少，EUF Ca、Mg、Na 均较页岩样高，NH_4OAC 浸提出交换性阳离子后，连续浸提量显著减少，潜在性钾（钠、钙、镁）释放快。由此可见，电超滤释钾速率与含钾矿物的组成和结构与释钾及钾储备的功能有关。

由黑云母、页岩和黏粒 2 号三个样品结果比较出 EUF 释 K 的同时，释 Ca、Mg 比率不同，页岩和黏粒 2 号均较黑云母高，这是云母固 K 作用较强，蛭石化、蒙皂石化释 Ca、Mg 强所致。

　　已有大量实验证明，EUF 解钾曲线中，电压在 50V 第 I 组分浸出的可称为"速效"养分（强度）；连同电压控制到 200V 第 II 组分浸出的可总称为"有效"养分（容量）；当电压控制在温度 80℃、400V 第 III 组分浸出的可称为"潜效性"或养分（贮备）。第 III 组分上升的程度可说明黏粒矿物选择吸附钾的含量状况。从而得出作物可利用速率（EUF 值）和利用速度（EUF 比值）。

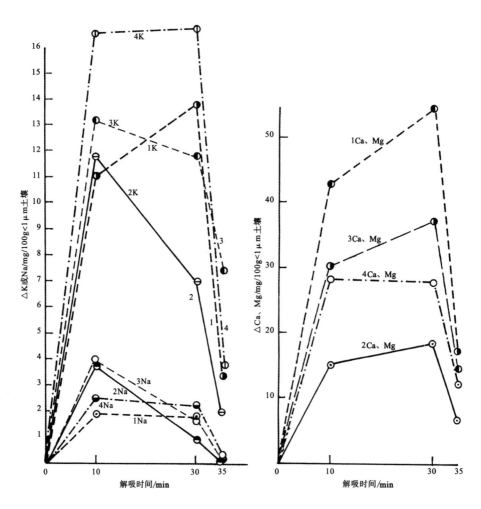

图 11-1　黏粒级（<1μm）样品 EUF 解吸 K、Na 和 Ca、Mg 动态变化（见附表1）

　　由前供试土样剖面中选择了代表性土层的黏粒和细粉砂粒级样品，进行了 EUF-K 动态变化测定。由图 11-1 可见，四个黏粒样品的钾解吸趋势大致相似，都有水云母的延续的释钾特征。剖面 1（辽-15　15~25cm）多含黑云母风化蛭石，初始解钾强度低，随电压升高，键力较弱的层间钾易于转入交换位，而成"有效"态，故使 II 组 K 容量增高，同时在电压为 400V 的解吸过程中可使黑云母风化蛭石水化，晶层间吸附力有所减弱而选择吸附钾量较高。剖面 2（辽-10　25~35cm）多含变质伊利石，解钾强度大，随着电压升高，钾容量显著降低，电压 400V 时 K 值最小，表明随着风化进程，层间的水化作用，选择吸附钾越趋减少。剖面3（辽–20　80~90cm）和剖面4（辽–53　70~100cm）相比较，两者解钾强度都较高，前者解钾容量略低，电压升到400V时，选择吸附钾量高，此决定于白云母、黑云母的弱度风化过程，虽然非交换性层间K亦较高，晶层间的水化作用较弱，富含盐基的介质亦可减缓矿物的风化；剖面4的黏粒部分，虽然可释放的非交换性层间钾释出总量少（表11–6剖面4紫褐），但吸附钾易于解吸，解钾强度和容量高，而选择吸附钾量则相对很低，此与蒙皂石混层物的结构有关，因而有效K（容量）为：剖面4 >3 = 1 >2（33 24 24 18），潜效性K（贮备）为：剖面3 >4 >1 >2（7 4 3 2），由图11–3低电压解钾量高可得到证实。$\dfrac{EUF-K80℃}{EUF-K20℃}$比率可表示选择吸附钾和交换性钾之比。它们是按剖面3（0.3）>剖面1（0.14）>剖面2和剖面4（均为0.11）。由此也可见得，剖面3和1钾的贮备是相对较高的。

　　1~5μm粒级的EUF–K值均远远小于<1μm黏粒的值（图11–2）。尽管随着粒级

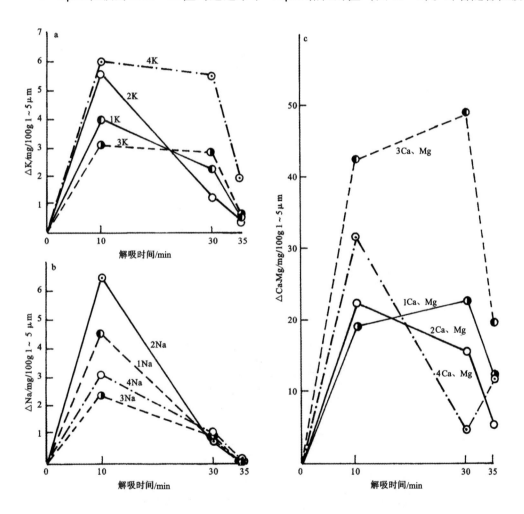

图11–2　1~5μm粒级样品EUF解吸K、Na和Ca、Mg动态变化（见附表1）

a. 钾的解吸曲线；b. 钠的解吸曲线；c. 钙和镁的解吸曲线

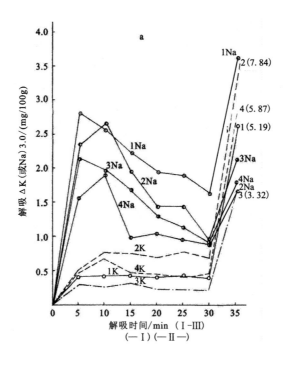

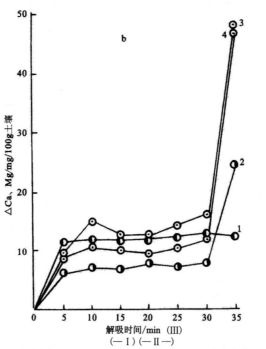

图 11 – 3　土壤样品 EUF 解吸 K、Na 和 Ca、Mg 动态变化（见附表 2）

a. 钾或钠的解吸曲线　　　　　　　b. 钙和镁的解吸曲线

1. 剖面 1　15~25cm；2. 剖面 2　25~35cm；

3. 剖面 3　110~120cm；4. 剖面 4　70~100cm

增大，具选择吸附钾的黏土矿物含量减少，对照相应的 X 衍射图谱（参见参考文献、图 11-2 和本章第一部分），更为明显地表明，各组分钾的解吸和矿物类型（包括水化程度、混层程度）和含量变化的一致性。四个剖面相比之下剖面 2（50~60cm）和剖面 4（37~70cm）解吸强度仍属较高。前者是由于变质伊利石中微晶集合体层片位水化度高，钾的结合力仍低，后者是由于水云母混层物含量增加，上升到 III 组分时，因而前者选择吸附钾较黏粒级更为降低，而后者相对增高。剖面 1（0~14cm）第 II 组分大大降低，除粒级增大原因外，尚和此是表层样品，蛭石脱钾程度大有一定关系，此由表 3NaTPB 结果亦可见得。剖面 3（90~100cm）除云母类矿物减少外，绿泥石含量相对增高，解钾强度和容量均低，因而有效 K（容量）为剖面 4>2>1>3（12 7 6 6）mg/100g/30min 潜效性 K（贮备）为剖面 4>3>1>2（2.0 0.7 0.6 0.4）mg/100g/5min。但是，$\dfrac{EUF-K80℃}{EUF-K20℃}$ 的比率是剖面 4（0.16）>剖面 3（0.11）和剖面 1（0.1）>剖面 2（0.06）。和黏粒结果相比，剖面 4 1~5μm 粒级钾的储备相对也高。这归因于紫色页岩风化云母和风化钾长石的古地层沉积过程。

应该说明的是，在 EUF 测定中，由于解吸过程溶液电解质浓度增大而使电压偏低，对某一时段的解吸量会有一些影响。据 EUF 测定实验，控流时这种电压的剧降，对各离子的 EUF 浸出总量并无严重影响[1]。

由土壤样品的 EUF-K 解吸曲线（图 11-3）可综观土壤的释钾特性和供钾潜力。土壤的解钾速率均按剖面 2>4>1>3 递减，即有效钾（容量）I 组 + II 组（4.26）（2.98）（2.53）（1.62），潜效性钾（贮备）III 组（3.58）（2.89）（2.66）（1.70），此结果和各剖面层次的缓效性钾相对含量很相一致（表 11-4）和可释放的层间钾变化趋势相符（表 11-6）。解钾强度和解钾容量均以剖面 2 和剖面 4 为高；此并与风化含钾长石有关。土壤的供钾相对潜力则按剖面 3 和 1（均为 1.05）>剖面 4（0.97）>剖面 2（0.84）（见 EUF 附表 2）。

由此可见，就半干旱的辽西地区，富含云母类矿物的土壤，其释钾能力和解钾功能是不同的。土壤钾位和云母类矿物的类型和含量密切有关。但云母类矿物的地质起源和地表风化历史过程（四种土壤各为花岗岩现代残积过程、第四纪中、更新世均质红土堆积过程、上更新世松散黄土堆积过程和中生代页岩沉积过程）和风化程度（水化程度、混层程度）及其环境条件（pH、碳酸盐、氧化性）对钾的释放和贮备均具有重要作用。

由 EUF 解钾的同时可得知，①<1μm 剖面 1 和剖面 3 黑云母（金云母）并释有大量 Ca、Mg，剖面 4 蒙皂石"有效性"Ca、Mg 多，剖面 4 和剖面 2 风化长石并释有 Na，因而 Ca、Mg 释放速率的序列：剖面 1（97.9）>剖面 3（67.2）>剖面 4（56.0）>剖面 2（33.6）；供 Ca、Mg 相对潜力：剖面 1（17.5）>剖面 3（14.5）>剖面 4（7.2）>剖面 2（6.6）；Na 释放速率和供应潜力均为剖面 3>剖面 4>剖面 2>剖面 1。②随粒级增大 1~5μm 剖面 3 和剖面 1 黑云母混层和绿泥石晶层增多，释 Ca、Mg 较为

1）李酉开等. 1984. 电超滤（EUF）浸提石灰性土壤养分的特殊问题. 34~43 页.

北京土壤-作物测试系统建立与施肥建议的研究（1982~1983 年度）报告，北京农业大学.

显著：剖面4蒙皂石、蛭石混层物"速效性"Ca、Mg则高，因而Ca、Mg释放速率：剖面3（91.1）＞剖面1（41.9）＞剖2面（38.2）＞剖4面（36.0），供Ca、Mg相对潜力：剖面3（19.5）＞剖面1（12.2）＞剖面4（12.0）＞剖面2（5.3）；剖面2风化Na、Ca较剖面4多，释Na速率：剖面2＞剖面1＞剖面4＞剖面3，剖面1有效养分低与表土层有关；③土样剖面3和剖面4释Ca、Mg高并与碳酸盐母质有关，剖面1解Ca、Mg后选择吸附贮备最低，剖面2和剖面4释钾速率高的同时并有同步释Na高或Ca、Mg高，并与风化长石有关，因而释Ca、Mg序列：剖面4（79.6）＞剖面1（71.9）＞剖面3（60.5）＞剖面2（43.2），供Ca、Mg潜力：剖面3（47.6）＞剖面4（46.8）＞剖面2（24.6）＞剖面1（12.0）；释Na序列：剖面1＞剖面2＞剖面3＞剖面4；供Na潜力：剖面1＞剖面3＞剖面4＞剖面2（参见附表1和附表2）。

附表 1　EUF Condition and EUF – Values of Soil and Clay Samples（mg/100g）

EUF Conditions and Values	辽-15 Soil No. 1	辽-15 Clay No. 1 (1~5μm)	辽-15 Clay No. 5 (<1μm)	辽-10 Soil No. 2	辽-10 Clay No. 2 (1~5μm)	辽-10 Clay No. 6 (<1μm)	辽-20 Soil No. 3	辽-20 Clay No. 3 (1~5μm)	辽-20 Clay No. 7 (<1μm)	辽-53 Soil No. 4	辽-53 Clay No. 4 (1~5μm)	辽-53 Clay No. 8 (<1μm)
Conditions:												
Sample: H_2O	5:50	1:50	1:50	5:50	1:50	1:50	5:50	1:50	1:50	5:50	1:50	1:50
Voltage												
Fract. I	50→70	50→130	30→40	50→110	50→105	50→100	50→60	40→50	50→100	50→60	50→200	50→70
II	80→100	190→200	40→200	145→180	125→200	150→200	65→70	75→175	200	60→65	200	200
III	400→380	400	400	400	400	400	400→185	400	400	400→160	400	400
Current												
Fract. I	—	6→15	15	—	10→15	8→15	—	15	10→15	—	4→9	15
II	—	15→5	15→13	—	15→2	15→7	—	15	13→5	—	5→3	10→5
III	—	7→16	15→20	—	8→13	8→15	—	15→26	7→20	—	5→16	10→12
EUF – K: mg/100g												
I. 0~10min	0.83	4.03	10.93	1.28	5.56	11.08	0.57	3.10	13.08	1.15	6.06	16.52
II. 10~30min	1.70	2.18	13.82	2.98	1.20	6.93	1.05	2.80	11.78	1.83	5.53	16.70
III. 30~35min	2.66	0.55	3.45	3.58	0.40	1.95	1.70	0.70	7.20	2.89	1.90	3.67
I–III. 0~35min	5.19	6.76	28.20	7.84	7.16	19.96	3.32	6.60	32.06	5.87	13.49	36.89
EUF – Na: mg/100g												
I. 0~10min	5.40	4.56	1.84	4.99	6.49	3.81	4.12	2.38	3.98	3.46	3.16	2.51
II. 10~30min	7.89	0.78	1.61	5.76	0.70	0.91	5.18	1.00	1.61	3.97	1.09	2.25
III. 30~35min	3.62	0.10	0.15	1.64	0.10	0.16	2.21	0.14	0.39	1.86	0.15	0.23
I–III. 0~35min	16.91	5.44	3.60	12.39	7.29	4.88	11.51	3.52	5.98	9.29	4.40	4.99
EUF – Ca + Mg: mg/100g												
I. 0~10min	23.5	19.1	43.5	13.2	22.4	15.2	19.0	42.2	30.3	24.8	31.6	28.3
II. 10~30min	48.4	22.8	54.4	30.0	15.8	18.4	41.5	48.9	36.9	54.8	4.4	27.7
III. 30~35min	12.0	12.2	17.5	24.6	5.3	6.6	47.6	19.5	14.5	46.8	12.0	7.2
I–III. 0~35min	83.9	54.1	115.4	67.8	43.5	40.2	108.1	110.6	81.7	126.4	48.0	63.2

附表2 EUF Values of Four Soil Samples（mg/100g 土壤）

Sample No.	Items	1	2	(I)	3	4	5	6	(II)	(I~II)	7 (III)	(I~III)
		0~5μm	5~10μm	0~10μm	10~15μm	15~20μm	20~25μm	25~30μm	10~30μm	0~30μm	30~35μm	0~35μm
1	V	50	70		80	90	95	100			400↘380	
	ΔK	0.41	0.42	(0.83)	0.43	0.42	0.44	0.41	(1.70)	(2.53)	2.66	(5.19)
	ΔNa	2.80	2.60	(5.40)	2.26	2.00	1.93	1.70	(7.89)	(13.29)	3.62	(16.91)
	ΔCa+Mg	11.59	11.89	(23.48)	11.69	11.89	12.10	12.70	(48.38)	(71.86)	11.98	(83.84)
2	V	50	110		145	165	180	180			400	
	ΔK	0.51	0.77	(1.28)	0.76	0.71	0.80	0.71	(2.98)	(4.26)	3.58	(7.84)
	ΔNa	2.34	2.65	(4.99)	1.96	1.42	1.42	0.96	(5.76)	(10.75)	1.64	(12.39)
	ΔCa+Mg	6.15	7.06	(13.21)	6.85	7.76	7.44	7.96	(30.01)	(43.22)	24.60	(67.82)
3	V	50	60		65	70	70	70			400↘185	
	ΔK	0.30	0.27	(0.57)	0.33	0.25	0.24	0.23	(1.05)	(1.62)	1.70	(3.32)
	ΔNa	2.17	1.95	(4.12)	1.64	1.31	1.20	1.03	(5.18)	(9.30)	2.21	(11.51)
	ΔCa+Mg	8.87	10.08	(18.95)	9.88	9.48	10.28	11.89	(41.53)	(60.48)	47.58	(108.06)
4	V	50	60		60	60	65	50			400↘160	
	ΔK	0.47	0.68	(1.15)	0.48	0.46	0.41	0.48	(1.83)	(2.98)	2.89	(5.87)
	ΔNa	1.56	1.90	(3.46)	0.99	1.07	0.98	0.93	(3.97)	(7.43)	1.86	(9.29)
	ΔCa+Mg	9.48	15.32	(24.80)	12.50	12.50	13.81	16.03	(54.84)	(79.64)	46.77	(126.41)

Sample No.	$\dfrac{EUF-K80°}{EUF-K20°}$	$\dfrac{EUF-Ca80°}{EUF-Ca20°}$	Amount of cations desorbed（me/100g 土壤）			
			Total	Ca	K	Na
1	1.05	0.167	2.81	2.42	0.05	0.34
2	0.84	0.569	1.83	1.50	0.08	0.25
3	1.05	0.787	2.33	2.08	0.03	0.22
4	0.97	0.587	2.96	2.74	0.05	0.17

主要参考文献

曹升赓. 1991. 土壤微形态的鉴定. 土壤实验室分析项目及方法规范（中国土壤系统分类用）. 167～193

曹升赓. 1989. 土壤微形态学的历史、进展和将来. 土壤专报，（43）：1～14

曹升赓. 1986. 我国土壤的微形态特征. 土壤专报，（40）

曹升赓. 1989. 我国铁铝土发生层的划分及其微形态诊断指标. 土壤专报，43：15～29

曹升赓. 1980. 土壤微形态在土壤发生、分类研究中的应用. 土壤专报，37：25～50

陈尊贤，黄政恒. 1991. 台湾地区具有乌黑披被层火山灰土壤之特性与粘土矿物. 中国农业化学会
　　志，29（4）：415～426

陈恩凤，张同亮，王汝楣等. 1957. 吉林省郭前旗灌区碱化草甸盐土及其改良. 土壤专报，30

陈忠佐. 1979. 北京香山地区褐土粘土矿物研究. 土壤学报，10（4）

程伯容等. 1980. 我国东北地区土壤中的硒. 土壤学报，17（1）：55～61

程伯容. 1961. 松嫩平原盐渍土概况及其改良问题. 黑龙江综合考察报告文集. 北京：科学出版社，3：
　　150～157

高子勤等. 1988. 白浆土形成过程中某些物理、化学性质的研究. 土壤学报，25（1）：13～21

顾新运. 1989. 土壤超微形态在土壤研究中的应用. 土壤专报，43：37～55

顾新运. 1989. 土壤氧化铁的电子显微学研究. 土壤专报，43：57～66

胡童坤. 1986. 辽宁棕黄土母质的特征及其成因初探. 沈阳农业大学学报，17（2）

黄政恒，陈尊贤. 1990. 七星山地区两个火山灰土壤之特性、化育与分类. 中国农业化学会志，28
　　（2）：135～147

黄政恒，陈尊贤. 1992. 七星山东北侧火山灰土壤之性质与分类. 中国农业化学会志，30（2）：216～228

贾文锦. 1992. 辽宁土壤. 辽宁：辽宁科学技术出版社

贾文锦. 1990. 辽宁土壤和景观的演化. 辽宁省第二次土壤普查专题研究文选. 辽宁大学出版社

贾文锦等. 1984. 辽宁省的成土母质类型及在成土中的作用. 辽宁省第二次土壤普查专题研究文选.
　　辽宁大学出版社

辽宁省海岸带办公室编. 1989. 辽宁省海岸带和海洋资源综合调查及开发利用报告. 大连理工大学出
　　版社

刘嘉麒. 1998. 巍巍长白山. 中国科学报（大众科学周刊）

刘哲明. 1987. 三江平原农业地理（农业地理丛书）. 北京：农业出版社

刘朝端. 1985. 云南省腾冲县火山灰土的发生特性. 土壤学报，22（4）：377～389

刘东生等. 1985. 黄土与环境. 北京：科学出版社

骆国保，黄标. 1995. 五大连池火山灰土的诊断特性和系统分类. 土壤学报，32（增刊）

罗承德. 1985. 大兴安岭北部针叶林植被下成土特征初步研究. 森林与土壤. 北京：中国林业出版
　　社，85～99

罗家贤，蒋梅茵. 1985. 我国主要土壤的云母含量与供钾潜力的关系. 土壤学报，2：150～156

孙肇春. 1939. 东北地区新构造运动及其在自然地理中的作用. 地理学报，25（6）

宋达泉等. 1959. 黑龙江流域的土壤与农业资源. 黑龙江流域综合考察队自然条件组学术报告汇编.
　　北京：科学出版社，1

宋达泉，唐耀先，严长生，南寅镐，孙鸿烈，沈善敏. 黑龙江中游的土壤及农业资源. 黑龙江流域综
　　合考察队自然条件组学术报告汇编. 北京：科学出版社，2：15～25

宋达泉，程伯容，曾昭顺. 1958. 东北及内蒙东部土壤区划. 土壤通报，4

宋达泉等. 1958. 东北及内蒙东部土壤区划. 土壤通报，4

土壤理化分析. 1978. 中国科学院土壤研究所. 上海：上海科学技术出版社

王汝楣，王春裕. 1978. 对东北地区盐土和碱土分类问题的商榷. 土壤通报，5：181～182

汪寿松. 1982. 海南岛第四纪玄武岩的红土化作用. 地质科学. 北京：科学出版社

肖荣寰，陈鹏等. 1982. 长白山. 北京：科学出版社

肖笃宁，苏文贵. 1988. 大兴安岭北部地区的森林土壤及其生产特征. 生态学报，7：41～48

谢萍若，张国枢，胡思敏，刘春萍. 1994. 我国东北地区火山灰土的矿物性质与诊断特性. 中国土壤
　　系统分类新论. 北京：科学出版社，329～335

谢萍若. 1990. 长白山北坡火山灰土的矿物学特性（英文）. 第14届国际土壤学会，1：165～170

谢萍若. 1987. 小兴安岭山地暗棕色森林土粘土矿物学特性. 土壤学报，24（1）

谢萍若等. 1981. "温州试验区的粘土矿物". 全国海岸带和海涂资源综合调查温州试点区报告文集.
　　上海：华东师范大学出版社

谢萍若等. 1980. 应用扫描电镜对几种土壤特征层的微形态观察. 土壤学报，17（2）

谢萍若等. 1985. 我国辽西几种褐土的微形态研究. 土壤学报，22（2）

谢萍若. 1983. 辽西褐土的细粒矿物组成. 土壤学报，20（2）

谢萍若. 1981. 扫描电镜在微土壤学中的应用. 土壤学进展，（2）

谢萍若，左敬兰，国际翔. 1985. 我国辽西几种褐土的微形态研究. 土壤学报，22（2）

熊毅等. 1985. 土壤胶体. 第二册（土壤胶体研究法）. 北京：科学出版社

熊国炎等. 1979. 大兴安岭北部的灰化土. 土壤学报，16（2）：110～125

熊毅等. 1983. 土壤胶体. 第一册. 土壤胶体的物质基础. 北京：科学出版社

熊毅等. 1985. 土壤胶体. 第二册. 土壤胶体研究法. 北京：科学出版社

许冀泉，熊毅. 1983. 粘粒层状硅酸盐. 土壤胶体. 北京：科学出版社，1

许冀泉. 1979. 土壤矿物学与土壤分类的关系. 土壤分类及土壤地理论文集. 杭州：浙江人民出版
　　社，98～101

许冀泉，蒋梅茵等. 1988. 华南热带和亚热带土壤中的矿物. 中国土壤. 北京：科学出版社

杨豁林，王翔等. 1984. 松嫩平原西部土壤盐碱化特点及其改良途径. 土壤通报，15（6）

尹昭汉，鞠山见，马晓丽，崔剑波. 1989. 硒（Se）的生物地球化学及其生态效应. 生态学杂志，8
　　（4）：45～50

叶炳等. 1983. 土壤理化分析. 北京：科学出版社

于天仁等. 1976. 土壤的电化学性质及其研究法. 北京：科学出版社

俞仁培，杨道平，石万普，蔡阿兴. 1984. 土壤碱化及其防治. 北京：农业出版社

俞仁培. 1987. 土壤水盐运动和盐碱化防治. 北京：科学出版社

赵宗溥. 1956. 中国东部新生代玄武岩类岩石化学的研究. 地质学报，36（3）

赵其国. 1983. 中国的火山灰土. 土壤学报，25（4）

赵美芝，陈家坊. 1981. 土壤对磷酸离子（H_2PO_4）吸附的初步，18（1）：71～78

赵兰坡等. 1992. 长白山及五大连池火山灰土基本特性的研究. 吉林农业大学学报，14（2）：47～54

赵其国等. 1976. 黑龙江省黑河地区土壤资源评价. 土壤专报，37

张俊民主编. 1986. 山东省山地丘陵区土壤. 济南：山东科技出版社

张之一. 1986. 黑龙江省白浆土形成机理及改良途径研究. 黑龙江八一农业大学学报，1

张学询，庄季屏等. 1980. 辽宁叶柏寿地区土壤的基本物理性质与土壤侵蚀. 土壤通报，5：12～15

曾昭顺，徐琪，高子勤，张之一. 1997. 中国白浆土. 北京：科学出版社

曾昭顺，庄季屏等. 1963. 论白浆土的形成和分类问题. 土壤学报，11（2）：111～129

中华地理志编辑部. 1957. 东北区自然地理资料. 北京：科学出版社

中国科学院南京土壤研究所土壤系统分类课题组. 1991. 土壤实验室分析项目及方法规范（中国土壤系统分类用），3：149～156

中国科学院林业土壤所编著. 1980. 中国东北土壤. 北京：科学出版社

中国科学院南京土壤研究所黑龙江队. 1982. 黑龙江省与内蒙古自治区东北部土壤资源. 北京：科学出版社

中国科学院黑龙江流域综合考察队. 1963. 黑龙江流域及其毗邻地区地质 Vol. 2. 大兴安岭北部地质. 北京：科学出版社

中国科学院南京土壤研究所. 1989. 土壤专报（43）. 土壤微形态专辑. 北京：科学出版社

中国科学院南京土壤研究所. 1977. 土壤理化分析法. 上海：上海科学技术出版社，274～277

柯夫达 B. A（苏）. 1961. 黑龙江及松花江流域的土壤改良. 黑龙江综合考察报告论文集. 北京：科学出版社，3：118～128

科夫达 B. A.（陆宝树等译. 1981）. 土壤学原理. 北京：科学出版社

罗吉斯 A F，凯尔 P F.（李学清，孙鼐，王德滋译）1956. 光性矿物学. 北京：地质出版社

须藤俊男（严寿鹤等译）. 1981. 粘土矿物学. 北京：地质出版社

威维尔，C B. 和普拉德（张德玉译）. 1983. 粘土矿物化学. 北京：地质出版社

Andronikov V L, Yarilova E A. 1968. Micromorphological diagnostics of solonetzic soils in the southern chernozem subgone 9th International congress of soil science. Transactions Adelaide Australia. 467～479

Allen B L. 1985. Micromorphology of Aridisols. 1985. In lowell A. Douglas and Michael L. Thompson (ed.) Soil Micromorphology and soil classification. 197～216

Allen B L. 1985. Micromorphology of Aridisols. Soil Micromorphology and Soil Classification. 197～216 Soil Sci. Soc. of Am. Madison, WI53711

Allen B L. 1985. Micromorphology of Aridisols, 197～216 Lowell A, Douglas & Michael L, Thompson (Editors). Soil Micromorphology and Soil Classification, 216p. SSSA Special Publication No. 15 Soil science Society of America

Allen B L. 1985. Micromorphology of Aridisonls, "Soil Micromorphology and soil classification", SSSA special Publication, (15)：197～216

Aomine S, Wada K. 1962. Differential weathering of volcanic ash and pumice, resulting in formation of hydrated halloysite The American Mineralogist, 47：1024～1048

Alperovitch N, Shainberg I, Rhoades J D. 1986. Effect Mineral Weathering on the Response of Sodic Soil to Exchangeable Magnesium. SSSAJ, 50：901～904

AL－Kanani T, Mackenzie A F, Ross G J. 1984. Potassium status of some Quebec soils：K released by nitric acid and sodium tetraphenyl－boron as related to particle size and mineralogy. Can. J. Soil Sci. , 64 (1)：99～106

Brewer R. 1964. Fabric and Mineral Analysis of Soils. John Wiley d Sons, Inc. , New York

Brewer R. 1972. The Basis of Interpretation of Soil micromorphological Data. Geoderma, 8：81～94

Berndt－Michael Wilke, Wolfgang Zech. 1987. Mineralogies of silt and Clay Fractions of Twelve Soil Profiles in the Bolivian Andes (Callavaga Region) Geoderma, 39：193～208

Brinkman R. 1977. Problem hydromorphic soils in north－east Thailand. 2. physical and chemical aspects, mineralogy and genesis. Neth. J. Agric. Sci. , 25：179～181

Brinkman R. 1977. Surface－water gley soil in Bangladesh：genesis. Geoderma, 17：111～144

Brinkman R. 1970. Ferrolysis, A hydromorphic soil forming process. Geoderma, 3 (3)：199～206

Brewer R. 1964. Fabric and Mineral Analysis of Soils, John Wiley Sons, New York. 470

Brewer R. 1976. Fabric and Mineral Analysis of Soils. RoBert E. Krieger Publ. Co. , New York, N. Y. ,

2nd printing: 470

Brewer R. 1972. The Basis of Interpretation of Soil micromorphological Date. Geoderma, 8: 81~94

Brewer R. 1964. Fabric and Mineral Analysis of Soils. John wiley and Sons. Inc. , New York

Bonor B F, Randall E. Hughes. 1971. Scanning electron Microscopy of clays and clay minerals. Clay and Clay Minerals, 19: 45~54

Bullock P, Thompson M L. 1985. Micromorphology of Alfisols soil micromorphology and soil classification. SSSA Special Pubication Number 15. Madison

Bullock P, Thompson M L. 1985. Micromorphology of Alfisols 17~48. In Lowella. Douglas et al. (ed) "Soil Micrmorphology and Soil Classification" Madison, WI 5371

Biswas T D, Karale R L. 1974. Clay minerals and soil physical properties, in "Mineralogy of Clay and Clay Minerals (Mukherjee, S K. and Biswas, T D. eds.)", Indian Society of Soil Science, New Delhi. 165 ~180

Brown G, Brindley G W. 1980. X-ray diffraction Procedures for clay Mineral Identification. In Crystal struetures of clay Minerals and their x-ray Identificaton (G. W. Brindley and G. Brown eds) 305~360, Mineralogical society Monograph No. 5

Chartres C J, Vanreuler H. 1985. Mineralogical changes with depth in a layered Andosol near Bandung Java (Indonesia) Journal of Soil Science, 36: 173~186

Chareres C J, Pain C F. 1984. A climosequence of soils on late Quaternary volcanic ash in highland PaPua New Guainea. Geoderma, 32: 131~155

Craig R, Hunter, Alan J. Busacca. 1987. Pedogenesis and Surface charge of Some Andic Soils in Washington, USA. Geoderma, 39: 249~265

Chitoshi Mizota. 1977. Phosphate Fixation by Ando Soil different in their Clay Mineral Composition. Soil Sci. Plant Nutr, 23 (3): 311~318

Crook, Keith A W. 1968. Weathering and roundness of Quartz sand grains, Sedimentology, 11: 171~182

Carstea D D, Harward M E, Knox E G. 1970. Formation and stability of Hydroxy-Mg interlayers in phyllosilicates Clays and clay Minerals, 18: 213~222

Caurty M A, Fedoroff. 1985. Micromorphology of recent and buried soils in a semiarid region of Northwestern India. Geoderma, 35 (4): 287~332

Dixon T B. et al. 1977. Minerals in Soil environ ments. Soil Sci. Soc. Am. Madison Wisconsin USA

Darab K, Remenyi m. 1978. The role of clay composition in the Formation and Properties of some Magnesium Soils. Agrox ES Talajtan Tom, 27 (3~4): 357~375

Eswaran H, Wong Chaw Bin. 1978. A study of a Deep Weathering Profile on Granite in Peninsular Malaysia: I. Physicochemical and Micromorphological Properties, 144~149 II. Mineralogy of the clay, Salt and sand fraction, 149~153 III. Alteration of Feldspars. 154~158

Eswaran H. 1972. Morphology of allophane, imogolite and halloysite Clay Minerals, 9: 281~285

Elgawhary S M, Lindsay W L. 1972. Solulility of Silica in Soils. Soil sci. soc. Amer. Proc. , 36

Fedoroff N, Eswaran. 1985. Micromorphology of Ultisols. In Lowell A. Douglas and Michael L. Thompson (ed) Micromorphology and Soil Classification. 145~164

Fawzy M, Kishk H M, Sheemy E L. 1974. Potassium selectivity of clays as Affected by the state of oxidation of their crystal structure Iron. Clays and clay Minerals, 22: 41~47

Frenkel H, Goertyze J O, Rhoades J K. 1978. Effect of clay type and content, exchangeable sodium. Percentage, and Electrolyte Concentration on clay Dispersion and Soil Hydaulic Conductivity, SSSAJ, 42 No. 1: 32~39

Gupta G C, Malik W U. 1969. Chloritiz (y) ation of Montmoril – Ionite by its coprecipitation with Magnesium Hydroxide. Clays and clay Minerals, 17: 331~338

Gieseking J E. 1975. "Soil component vol 2 Inorganic components", Springer – Verlay, New York

Glenn A. 1977. Brochardt. Montmorillonite and other Smectite Minerals. In "Minerals in Soil Environments". 293~330

Gerei L. 1990. The Mineralogy of Hungarian Salt – Affected Soils. Transactions of 14 th International Congress of Soil Science, 7: 66~71

Guolinhai, Xiao Duning, Zhang Guoshu (ed) Guidebook. 1990. (China tour – B) Post – Congress Tour of 14th. International Congress of Soil Science. The soil science Society of China

Gieseking T E, et al. 1975. Soil components part 2, Inorganic components. Splinger – Verlag New York Inc. New York

Graf von Reichenbach H, Rich C I. 1975. Fine – grained Micas in Soils. Soil components v. 2. inorganic components ed. John E. Gieseking. 59~95

Harris D C, Vaughan D J. 1972. Silhydrite, $3SiO_2 \cdot H_2O$ a new mineral from trinty county, Callfor Amercan Mineralogist, 57: 1053~1065

Holford I C R, Mattingly G E G. 1975. Surface areas of calcium carbonate in soils. Geoderma, 13 (3)

Ismail F T. 1969. Role of ferrous iron oxidation in the altteratfion of biotite and its effect on the type of clay Minerals formed in soils of arid and humid regions. The American Mineralogist. 54

lewin and Reimann. 1969. Silica and plant growth. Annu Rev. Plant Physiol, 20: 289~304

Jawahar L, Sengal G, Stoops. 1973. Pedogenic calcite accumulation in arid and Semi – arid regions of the Indo – Gangetic alluvial plain of erstwhile Pujal (India) – their morphology and origin. 59~72 Geoderma

Jackson M L. 1965a. Clay transformations in soil genesis during the Quaternary, Soil Sci, 99: 15~22

Jawahar L, Sengal, stoops. 1972. Pedogenic calcite accumulation in arid and semi – arid regions of the Indo – gangetic alluvial plain of Erstwhile Punjaв (India) – Their morphology and origin. Geoderma, 8: 59~72

Jia Xian Luo, Marion L, Jackson. 1985. Potassium release on drying of soil samples from a variety of weathering regimes and clay mineralogy in China. Geoderma, 35: 197~208

Kirkman J H, McHardy W J. 1980. A comparative study of the morphology, chemical composition and weathering of rhyolitic and andesitic glass. Clay Minerals, 15: 165~173

Kiely P V, Jackson M L. 1965. 焦硫酸盐熔融测定土壤石英、长石和云母. Soil Science Society of America Proceedings, 29 (2): 159~163

Koji Wada. 1990. Minerals and mineral formation in soils derived from volcanie ash in the tropics. Proceedings of the 9th International Clay Conference, Stras bourg. V. C. Farmer and Y. Tardy (Eds). 69~78

Koji Wada, Yasuko Kakuto. 1985. Embryonic Halloysites in Ecuadorian Soils Derived from Volcanic Ash. Soil Science Society of America Journal, 49 (5): 1309~1318

Koji Wada M E. Harward. 1974. Amorphous clay constituents of soils. Advances in Agronomy, 26: 211~254

Koji Wada. 1987. Minerals formed and mineral formation from volcanic ash by weathering. Chemical Geology, 60: 17~28

Kornblyum E A, Zimovets B A. 1967. On the origin of soils with a whitish horizon on the plains of the Near – the – Amur area. Soviet Soil Science, (6): 55~66

Kiely P V, Jackson M L. 1964. Selective dissolution of micas from potassium feldspars by sodium pyrosulfate fusion of soils and sediments. Am, Miner, 49: 1648~1659

Karamanos R E, Turner R C. 1977. Potassium – supplying power of some Northern – Greece Soils in relation to clay – mineral composition. Geoderma, 17: 209 ~ 218

Kanno and Arimura. 1958. Plant opal in Japanese soils, soil Plant Food, 4: 62 ~ 67

Lowell A. 1977. Douglas Vermu cul, tes In "Minerals in Soil Environments". 259 ~ 292

Larry P, Wilding, Neil E, Smeck and larry R, Drees. 1977. Silica in Soils: Quartz, Cristobalite, Tridymite, and Opal In "Minerals in Soil Environments". 471 ~ 552

Mermut A R, St. Arnaud R J. 1986. Quantitative Evaluation of Feldspar weathering in two Boralfs (Gray Luvisols) from Saskatchewan. Soil science Society of America Journal, 50 (4): 1072 ~ 1084

Mizotoc, chapelle J. 1988. Characterization of some Andepts and Andic soils in Rwanda, Central Africa. Geoderma, 41: 193 ~ 209

Michael singer F C, Ugolini J. Zachara. 1978. In situ study of podzolization on Tephra and Bedrock. SSSAJ, 40 (1)

Makedonov A V. 1965. Comtemporary concretions in sediments and soils. M. Nauka, 284

MacEwan D M C, Ruig Amil A. 1975. Interstratified clay Minerals in "Soil components" v. 2 "inorganic components" (John E. Gieseking ed) 309 ~ 321, Springer – Verlag New York Inc

Margaret D. Foster. 1953. Geochemical studies of clay minerals III. The determination of free silica and free alumina in montmorillonite Geochimica et Cosmochimica Ac ta, 3: 143 ~ 154

Nemeth K. 1979. The availability of nutrients in the soil as determined by Electro – Ultrafiltration (EUF). Advances in Agronomy, 31: 155 ~ 188

Nemeth K. 1972. The determination of desorption and solubility rates of nutrients in the soil by means of Electroultrafil – tration (EUF) 171 ~ 181 in "Potassium in soil" Proceedings of 9th Colloquium of Intern. Potash Institute

Philip W, Moody, David J, Raddiffe. 1986. Phosphorus sorption by andepts from the southern highlands of Papua New Guinea. Geoderma, 37: 137 ~ 147

Ross G J. 1980. Mineralogical, physical and chemical characteristics of amorphous constituents in some podzolic soils from British Columbic Can. J. Soil Sci, 60: 31 ~ 43

Rich C I. 1968. Hydroxy Interlayers in Expansible layer Silicates. Clays and clay Minerals, 16: 15 ~ 30

Riquier J. 1960. Les phytoliths de certain sols Tropicaux et des podzols. Int. Congr. Soil Sci, Trans. 7th (Madison, Wis) IV: 425 ~ 431

Richard I, Barnhisel. 1977. Chlorites and Hydroxy Interlayered Vermiculate and Smectite In "Minerals in Soil Environments". 326 ~ 356

Rachel Levy, Sala Feigenbaum. 1977. Effect of dilution on soluble and exchangeable sodium in soils differing in Mineralogy. Geoderma, 18: 193 ~ 205

Reichenbach H, Graf von, Rich C I. 1975. Fine – grained micas in soils. In "Soil Components V. 2 (John E, Gieseking ed.)". 59 ~ 95, Springer – Verlag, New York

Romashkevich A I. 1962. Microstructure and micro – aggregation of soils in relation to erosion and formation of deposits. Pochvovedenie, 10: 56 ~ 61

Roslikova V I. 1973. Geochemical peculiarities of neoformations in various soils of the Suifun – Khankai lowland. Soviet Soil Science, (1): 12 ~ 21

Sawhney B L. 1972. Selective sorption and Fixation of cations by clay Minerals: A review. Clays and clay Minerals, 20: 93 ~ 100

Shainberg I, Rhoades J D, Suareg D L, Prather R J. 1981. Effect of Mineral Weathering on Clay Dispersion and Hydaulic Conductivity of Sodic Soils, SSSAJ, 45: 287 ~ 291

Slaughter M, Milne I H. 1960. The formation of chlorite – like structures from Montmorillonite. Clay and clay Minerals, 7: 114 ~ 124

Silica in Soils. 1977. Quartz, Cristobalite, Tridymite, and Opal, In "Minerals in soil Environments". 471 ~ 552

Schnitzer M, Kodama H. 1977. Reactions of Minerals with Soil Humic Sabstances. In "Minerals in soil Environ – ments". 741 ~ 770

Somasiri S, Huang P M. 1971. The nature of K – feldspars of a chernozemic Soil in the Canadian Praries. Soil Sci Soc Am Proc, 35: 810 ~ 815

Sokhina E N, Boyarskaya T D, et al. 1978. A section of lastest deposits of the lower. Near – the – Amur area. M. Nauka. 104

Szaволcs I. 1979. Soil salinization and Alkalization Processes. Arpochemistry and soil Science T. 28 "Modelling of soil salinization and alkaligation". 11 ~ 32

Sehgal J L, Stoops G. 1972. Pedogenic calcite accumulation in arid and semiarid region of the Indo – Gangetic alluvial plain of erstwhile Punjab (India) – Their morphology and origin. Geoderma, 98: 59 ~ 72

Sparks D L, Huang P M. 1985. Physical Chemistry of Soil potassium. 99 ~ 201 ~ 276. In "Patassium in Agriculture" ASA – CSSA – SSSA, Madison, WI.

Song S K, Huang P M. 1988. Dynamics of Potassium Release from Patassium – Bearing Minerals as Influence by Oxalic and Citric Acids SSSAJ, 52 (2)

Smith S G, Scott A D. 1966. Extractable potassium in Grundite illite. 1. Method of extraction. Soil Science, 102: 115 ~ 112

Scott A D. 1968. Effect of particle size on interlayer potassium exchange in micas. 9th Int. Congr. Soil Sci, Trans, Adelaide, Australia, 2: 649 ~ 660

Schwertmann Udo, Reginald M. 1977. Taylor, Iron Oxides In "Minerals in Soil Environments", 9: 145 ~ 180

Tazak K. 1981. Analytical electron microscopic studies of Halloysite formation processes, morphology and composition of Halloysite "Developments in sedimentology 35" H. Van Olphen (eds) International clay conference EL Sevier. 573 ~ 583

Tanner C B, Jackson M L. 1947. Nomographs of sedimentation times for soil particles. Soil Sci. Soc. Am. Proc., 12: 60 ~ 65

Tokashiki Y, Wada K. 1975. Weathering Implications of the Mineralogy of Clay Fractions of Two Ando soils. Kyushu Geoderma, 14: 47 ~ 62

Violante P, Wilson M J. 1983. Mineralogy of some Italian Andosols with special reference to the origin of the clay fraction. Geoderma, 29: 157 ~ 174

Wilke B M, Mishva V K, Rehfuess K E. 1984. Clay Mineralogy of A soil sequence in slope deposits derived from Hauptdolomit (dolomite) in the Bavarian Alps Geoderma, 32: 103 ~ 116

Wada K, Kakuto Y, Ikawa H. 1990. Clay Minerals of Two Eutran depts of Hawaii, Having Isohyperthermic Temperature and Ustic Moisture Regimes. Soil Science Society of America Journal, 54 (4): 1173 ~ 1178

Wada K, Kakuto Y, Ikawa H. 1986. Clay Minerals, Humus Complexes, and Classification of Four "Andepts" of Maui, Hawaii. Soil Science Society of America Journal, 50 (4): 1007 ~ 1013

Wada K, Kakuto Y, Muchena F N. 1987. Clay Minerals and Humus Complexes in Five Kenyan Soils Derived from Volcanic Ash. Geoderma, 39: 307 ~ 321

Wada K, Greenland D J. 1970. Selective dissolution and differential infrared spectroscopy for characterization of 'amorphous' constituents in soil clays. Clay Minerals, 8: 24

Wada K, Allophane, imogolite. 1977. In "Mineral in soil environment". J. B. Dixon, and S. B. Weed (eds) Soil sci Soc. Am, Madison, Wis, USA. 603 ~ 638

Wada K. 1980. Mineralogical characteristics of andisols. 1980. In "Soils with variable charge" (ed. by B. K. G. Theng), New Zealand society of Soils. Lower Hutt. 87 ~ 107

Wielemaker W G, Wakatsuki Ty. 1984. Properties, Weather and classification of some soils formed in peralkaline volcanic ash in kenya Geoderma, 32: 21 ~ 44

Warkentin B P, Macda T. 1980. Physical and mechanical characteristics of Andisols. In "soils with variable charge" B. K. G. Theng New Zealand society of soil science, Lower Hutt. 281 ~ 301

Wilding L P, Smeck N E, Drees L R. 1977. Silica in soils: Quartg, Cristbalite, Tridymite, and Opal. In "Mineral in Soil environment" J. B. Dixon, and S. B. Weed (eds) Soil Sci. Soc, Am., Madison, Wis, USA. 471 ~ 552

Wada K, Wilson M, Kokuto Y, Wada SI. 1988. synthesis and characterization of hollow spherical form of monolayer aluminosilicate: Clays Clay Minerals, 36: 11 ~ 18

Whitty L D. 1965. X – ray diffraction techniques for mineral identification and mineralogical composition. In "Method of Soil Analysis, Part 1 (Balck, C. A. ed.)" American Society of Agronomy. 671 ~ 698, Wisconsin, USA.

Wentworth, Sally A, Rossi N. 1972. Release of potassium from layer silicates by plant growth and by Na TPB extraction. Soil Sci, 113: 410 ~ 416

Xie Pingruo. 1990. Mineralogy of volcanic ash soils on northern slope of changbai mountain, 14 th Inter. congress of Soil sci. Transaction (Vol VII). Kyoto Japan

Бочко Р А, Спивак Г В, et al. 1981. Закономерности изменения почвенночо поглощающечо комплекса под влиянием внешних условии. Отчёты лаборатории почвенных процессов хабкнии ДВНЦ АН СССР, Хабаровск, 43

Горбунов Н И. 1976. Минералогия и коллойдная почв. 100 ~ 146 Изд 《Hayka》

Гонинова А Б. 1983. Микроморфологическое строение лугово глеевых дифференцированных почв (на примере ставционара баботово). Рациональное использование почв Приамурья, владивосток: ОВНЦА Ⅱ СССР, 66 ~ 75

Григорьева Е Е, Соколова Т А. 1984. Подготовка илистой фракции, содержащей почвенные хлориты, К рентгендифракто метрическому анализу, Почвоведение, (2): 128 ~ 131

Ливеровский Ю А. 1962. Рослиова Е. Т. О генезис некоморых луговых почв Приамурья Почвоведение, (8): 36 ~ 49

Мамвеева Л А. 1976. Рось Физико – химическцц свойств скорости движения вод в процессах выветривания, in: Кора Выветривания 15, 1976, Изд, 《Hayka》

Матюшкина Л А, Чижикова Н. П. 1983. Химико – минералогичуске особенности тонкодисперсных фракций в почвах Среднеамурской низменности В кн.: Рациональное использование почв Приамурья. Владивосток

Матюшкина Н В. 1983. Марьян Удельная поверхность тонкодисперсных фракций в почвах среднеамурской низменности, В кн.: Рациональное использование почв Приамурья. Владивосток ДВНЦ АН СССР, 94 ~ 102

Никольская В В. 1972. Минералогичекие провинции В аловии бассейна Амура В Кн: Проблема четвертичного периода. М: Наука, 78 ~ 83

Овчаренко М М, Алешин С Н, Куратов А И. 1974. О превращение первичных и вторичных минеролов в профиле солонцов северного Казахстана. Труды Х Международного конгресса почвоведов Ⅶ Москва, 146～155

Парфёнова Е И, И Ярилова Е А. 1962. Исследования в Почвоведении. ИЗ－во АН СССР, Москва

Пустовойтов Н Д. 1978. Разоуз Новейших отложений Нижнего Приамурья╱Сохина Э. Н., Боярскаят. Д., Олаладиксв А. П., Росликова В. И., чернюк А. Н. М., Наука, 104

Парфенова Е И, Ярилова Е А. 1962. Минлогические исслезования в Почвоведении Изд. АН СССР, Москва

Парфенова Е И, Ярилова Е А. 1977. Руководство К Микроморфологическим исследованиям в почвоведении изд. 《Наука》 Москва

Росшликова В И, Сохина Э Н. 1983. Особнности почвообразования Посреднеамурской низменности, В кн.: Раццональное использование почв Приамурья, Владивосток. ДВНЦ, Ан СССР, 40～51

Росликова В И. 1981. Градусов Б. П. Генезис илистого материала в связи эволюцией ландшафтов Приханкайской низменности. Почвоведение, (2): 27～40

Феофалова И И. 1960. Оптически ориентированные глины в Почвах. Докл. Почвоведов к Ⅶ Междунар. Конгр. Почвоведов, М., ИЗ－во АН СССР, 461～464